大学软件学院软件开发系列教材

Android 程序开发实用教程

邵长恒　赵焕杰　编著

清华大学出版社
北　京

内 容 简 介

本书循序渐进地介绍 Android 程序开发技术。全书共分为 17 章，深入分析 Android 的核心知识，并通过丰富、典型的案例，从实践的角度展示如何更好地使用 Android 开发手机应用程序。本书最后的综合开发案例是对全书的内容进行总结，使读者对 Android 技术能够融会贯通。

本书内容全面，实例丰富，易于理解，每章的内容都是从最佳实践的角度入手，为读者更好地使用 Android 开发手机应用程序提供很好的指导。

本书适合高等院校计算机科学、软件工程、数字媒体技术、通信及相关专业本、专科作为 Android 移动开发相关课程的教材使用，也是学习和从事无线应用系统开发的优秀教材和参考书籍。

图书在版编目(CIP)数据

Android 程序开发实用教程/邵长恒，赵焕杰编著. —北京：清华大学出版社，2014(2019.3 重印)
(大学软件学院软件开发系列教材)
ISBN 978-7-302-35417-8

Ⅰ. ①A… Ⅱ. ①邵… ②赵… Ⅲ. ①移动终端—应用程序—程序设计—高等学校—教材
Ⅳ. ①TN929.53

中国版本图书馆 CIP 数据核字(2014)第 023146 号

责任编辑： 杨作梅　桑任松
装帧设计： 杨玉兰
责任校对： 宋延清
责任印制： 董　瑾

出版发行： 清华大学出版社
网　　址：http://www.tup.com.cn, http://www.wqbook.com
地　　址：北京清华大学学研大厦 A 座　　邮　　编：100084
社 总 机：010-62770175　　邮　　购：010-62786544
投稿与读者服务：010-62776969, c-service@tup.tsinghua.edu.cn
质量反馈：010-62772015, zhiliang@tup.tsinghua.edu.cn
课件下载：http://www.tup.com.cn, 010-62791865
印 装 者： 北京九州迅驰传媒文化有限公司
经　　销： 全国新华书店
开　　本： 185mm×260mm　　印　张：27　　字　数：655 千字
版　　次： 2014 年 4 月第 1 版　　印　次：2019 年 3 月第 5 次印刷
定　　价： 48.00 元

产品编号：045180-01

根据工信部2013年三季度的数据统计，我国移动互联网用户已经超过8.2亿，相当于美国人口总量的近3倍。这是一个巨大的市场，蕴藏着无限的机遇。我国已经成为全球最大的手机用户大国、手机产销大国；发展速度之快，令世界震惊。

移动互联网产业是目前正在高速成长、快速发展的产业，是政府大力扶持的新兴产业，也是一个充满传奇、创造奇迹的产业。在移动电商、移动游戏、移动支付等领域需要大量的移动开发人才，希望更多的移动互联网专家推出相关教材和相关的教育、培训服务，来推动产业人才建设和行业发展。

全国移动开发工程师认证考试(www.cemd.org.cn)是我国针对移动互联网领域人才培养制定的人才标准评价和职业资格认证体系，我们向广大对移动开发感兴趣的读者推荐本教材，并作为认证考试推荐教材广泛使用。

移动互联网作为新兴的朝阳产业，正期待更多人才加入，期待大家共同创造产业辉煌的未来，为我国移动互联网产业的发展做出贡献！

全国移动开发工程师认证考试管理中心

2014年3月

前　　言

自从 Google 于 2007 年 11 月 5 日发布基于 Linux 平台的开源手机操作系统 Android 后，移动信息设备的开发平台进入了一个崭新的领域。Android 是 Google 开发的基于 Linux 平台的开源手机操作系统，由操作系统、中间件、用户界面和应用软件组成。它涵盖移动信息设备工作所需的全部软件，包括操作系统、用户界面和应用程序。目前已经成为移动信息设备应用程序开发的最主要的平台，而且必将成为今后移动信息设备应用程序开发的主流工具。

Android 平台采用了软件堆栈(Software Stack)。从架构来看，从高层到低层分为 4 层：底层以 Linux 核心为基础，并包含各种驱动，只提供基本功能；中间层包括程序库(Libraries)和 Android 运行时环境；再往上一层是 Android 提供的应用程序框架；最上层是各种应用软件，包括通话程序、短信程序等，这些应用软件由开发人员自行开发。Android 系统因其移植性、跨平台性以及开放性等优点，被移动终端商广为使用。随着 Android 的普及，Android 的版本已经从最初的 1.0 版发展到现如今的 4.1 版。

本书共分 17 章，各章的主要内容说明如下。

第 1 章：对 Android 的历史、发展和功能进行简单介绍，并详细介绍 Android 应用程序的各个组成部分，使初学者对 Android 平台有一个清晰的认识和了解。

第 2 章：讲解 Android 开发平台的安装和配置过程，详细介绍使用 Eclipse 集成开发环境中的 ADT 插件进行 Android 应用程序开发的步骤和需要注意的细节。

第 3 章：讲述编程语法、数据类型、用于实现数值操作的运算符和表达式、实现程序过程的基本控制语句以及类对象等。对于已有程序设计语言基础的读者，对该章可以快速浏览，然后通过实训题加以复习和巩固；对于程序设计的初学者来说，必须认真学习该章，打下坚实的程序设计语言基础。

第 4 章：讲解 Android 人机界面组件。该章通过实现基本的 Android 界面，详细介绍 Android 中的基本 UI 设计方法、UI 的基本属性。并在此基础上讲述 Android 生成用户界面的两种方式：XML 文件和代码生成方式。

第 5 章：介绍 Android 应用的基本组成单位——Activity。通过一个完整的单 Activity 的 Android 应用，详细介绍 Activity 的程序结构和生命周期，并在此基础上讲解应用程序界面设计的两种方式。通过该章的学习，读者将对 Android 的应用，特别是 Activity，有更深层次的认识。

第 6 章：主要介绍 Android 后台服务应用——Service 程序，详细介绍 Service 的作用及其工作原理。

第 7 章：主要介绍 Android 桌面组件，桌面组件是指能显示到 Android 设备桌面的组件，包括程序的快捷方式和 Widget 组件等。通过创建桌面组件，用户能更方便快捷地操作 Android 应用程序，不仅能够节省用户开启程序的时间，还能对界面的美观起到一定的作用。

第 8 章：介绍 Intent 的启动机制以及常用的 Intent 行为，重点讲解在 Activity 中使用 Intent 的过程以及在 Broadcast 中使用 Intent 的过程。

第 9 章：讲解 Android 处理图形化的开发库——OpenGL ES。通过对该章的学习，可以对 OpenGL 有一定的了解，能使用 OpenGL 做简单的 2D 或者 3D 效果程序开发。

第 10 章：主要介绍 Android SDK 中的资源、国际化技术。通过这些技术，开发人员可根据不同的语言环境显示不同的界面、风格，也可根据手机的特性做出相应的调整。

第 11 章：介绍 Android 数据存储机制，详细介绍 5 种常用的数据存储方式：使用 Preferences 存储数据、使用文件存储数据、使用数据库(SQLite)存储数据、使用内容提供程序(ContentProvider)存储数据。

第 12 章：主要讲解 Android 通信业务接口，包括 Wifi、电话、短信、上网。重点介绍使用 Webkit 和 HttpComponents 访问 Internet 的方法、Socket 通信原理。

第 13 章：主要讲解 Android 的 GPS 应用和搜索引擎相关的技术，最后通过一个实例介绍使用 Google Map 实现地图的应用。

第 14 章：讲述 Android 的多媒体应用开发，该章重点介绍如何使用 MediaPlayer、MediaRecorder、VideoView 和 SurfaceView 组件开发多媒体应用。

第 15 章：详细介绍 NDK 的下载、安装以及配置过程，并介绍如何用 NDK 开发 Android 应用程序。

第 16 章：主要介绍 Android 开发过程中编码、编译以及运行时常见的一些错误，有些错误可能是开发人员的疏忽，有些错误也可能是因为缺少某些东西造成的。重点介绍一些常见错误和错误的捕捉方法，希望通过对该章的学习，使开发人员在开发过程中能尽量避免错误和快速解决错误。

第 17 章：实现手机新浪微博功能，该实例涉及到 Android 开发的主要组件。通过对该章内容的学习，不仅有利于读者了解一个完整的 Android 综合应用的设计和实现过程，还能加深对以前所学知识的理解和运用。

本书按照循序渐进的原则组织内容，由易到难，从入门到精通讲解 Android 关键技术和应用开发。基于最新的 SDK(Android 4.1)进行设计和开发实例，详细介绍每个知识点的重要接口，涵盖 Android 平台的环境搭建、语言基础、Android 组件开发和 Android 的高级应用等所有主题。

本书采用先分析后实现的方法描述 Android 的组件，所有知识点都包含至少一个实例，读者不仅能够以实例为基础来学习，而且还可以自己动手开发。每章都配备了一定量的章节习题和实训习题，帮助读者加深对知识点的理解。

除了署名作者外，参与本书编写的还有杨霞等同学。另外张文军、广红、吴文邦、纪文峰、赵汝腾等对本书的编写提出了宝贵的意见，在此表示感谢。

由于作者水平有限，书中难免存在疏漏之处，欢迎读者给予指正。

目　　录

第 1 章 Android 概述

学习目的与要求：

Android 是 Google 开发的基于 Linux 平台的开源手机操作系统的名称，该平台由操作系统、中间件、用户界面和应用软件组成，是首个为移动终端打造的真正开放和完整的移动软件开发平台。本章将首先对 Android 的历史、发展和功能进行简单介绍，并在此基础上详细介绍 Android 应用程序的各组成部分，为后续的应用程序开发打下良好的基础。

1.1 什么是 Android

Android 是 Google 开发的基于 Linux 平台的开源手机操作系统(中文名为安卓)，它涵盖移动信息设备工作所需的全部软件，包括操作系统、用户界面和应用程序，正在逐渐成为目前移动信息设备应用程序开发的最主要的平台，而且必将成为今后移动信息设备应用程序开发的主流工具。

1.1.1 移动信息设备分类

随着计算机技术和无线通信技术的发展，移动信息设备正在深刻地改变着人们的生活，以手机、PDA 等为代表的移动信息设备已经渗透到生活中的各个角落，无处不在。一方面，新的移动设备与移动应用不断涌现。另一方面，人们从网络信息服务中受益，并正以前所未有的主动性去创建信息、共享信息。这些事实必将带来移动设备上大量应用程序的需要，因此，移动信息设备编程将成为今后计算机软件开发的热点之一。

移动信息设备不像 PC 市场，它有许多的平台可供选择。从世界市场的占有率来说，PC 中的 Windows 系列占了 90%以上的市场，而移动信息设备中的操作系统却呈现出群雄割据的局面。通常使用的操作系统有 Symbian、Windows Mobile、iPhone OS、Linux(含 Android、Maemo 和 WebOS)、Palm OS 和 BlackBerry OS。它们之间的应用软件互不兼容。所以移动信息设备中的应用程序需要根据不同的操作系统进行专门的开发。

Symbian 是一家软件公司，研发与授权 Symbian 操作系统。Symbian 将代表全球行业标准的 Symbian OS 操作系统授权给全球手机领导厂商使用，包括摩托罗拉、诺基亚、三星、西门子与索尼爱立信。目前，Symbian OS 的获授权厂商的销售额已超过全球手机总销售额的 50%。运行于 Symbian 操作系统之上的应用程序需要使用由 Symbian 公司发布的指定版本的 Symbian OS C++ SDKs 构建。一个 SDK 包含工具、应用程序接口、类库和文档等，以方便开发者能够开发新的应用程序。Symbian 手机如图 1-1 所示。

在以前，移动信息设备中的应用程序开发的市场基本上都是面向 Symbian 和 Windows Mobile 的。但自从 iPhone 上市以来，使用 iPhone 的用户越来越多。iPhone 是由苹果公司的 Mac OS X 发展而成的，iPhone 结合多种功能于一体，包含网络、桌面级的电子邮件、网页浏览及地图搜索等功能。全新的用户界面基于一个大型综合触摸显示屏。iPhone 平台采用 Object-C 作为开发语言，Object-C 的内核是 C 语言的，并基于 C 语言实现了一些面向对象的特性。iPhone 手机如图 1-2 所示。

BlackBerry(黑莓)是 RIM 公司的手提无线通信设备品牌。其特色是支持推动式电子邮件、移动电话、文字短信、互联网传真、网页浏览及其他无线资讯服务。较新的型号亦加入了个人数字助理(PDA)功能以及电话簿、日程表、话音通信等功能。大部分 BlackBerry 设备附设小型但完全的 QWERTY 键盘，方便用户输入文字。

BlackBerry 开发平台分为三部分，分别是 BlackBerry Browser Development(黑莓浏览器开发)、Rapid Application Development(快速程序开发)和 Java Application Development(Java

应用程序开发)。它既支持标准 Java ME 程序，也可以开发黑莓专用的 Java 程序。BlackBerry 手机如图 1-3 所示。

网络巨头 Google 于 2007 年 11 月 5 日发布的基于 Linux 平台的开源手机操作系统 Android 的诞生，标志着移动信息设备的开发平台进入一个崭新的领域。该平台由操作系统、中间件、用户界面和应用软件组成，是首个为移动终端打造的真正开放和完整的移动软件开发平台。Android 上的应用程序开发使用 Java 语言，并提供了专门的 SDK。Android 手机如图 1-4 所示。

图 1-1　Symbian 手机

图 1-2　iPhone 手机

图 1-3　BlackBerry 手机

图 1-4　Android 手机

1.1.2　Open Handset Alliance 和 Android

BlackBerry 和 iPhone 都提供了受欢迎的、高容量的移动平台，但是却分别针对两个不同的消费群体。BlackBerry 是企业业务用户的不二选择。但是，作为一种消费设备，它在应用程序的易用性和新奇性等方面难以与面向普通个人用户的 iPhone 抗衡。Android 则是一个年轻的、不断完善中的平台，它有潜力同时涵盖移动通信设备的两个不同消费群体，甚至可能缩小工作和娱乐之间的差别。

Android 平台是 Open Handset Alliance(开放手机联盟)的成果，Open Handset Alliance 组织由一群共同致力于构建更好的手持移动信息设备的公司组成。这个组织由 Google 领导，包括移动运营商、手持设备制造商、零部件制造商、软件解决方案和平台提供商以及市场营销公司。

在 2007 年 11 月 Google 宣布 34 家终端和运营企业加入开放手机联盟。Google、中国移动、T-Mobile、宏达电(HTC)、高通、摩托罗拉等领军企业将通过开放手机联盟携手开发 Android 及其上的应用程序。

首先让我们来看看这个联盟中的成员。

(1) 手机制造商：

- 台湾省宏达国际电子(Palm 等多款智能手机的代工厂)。
- 摩托罗拉(美国最大的手机制造商)。
- 韩国三星电子(仅次于诺基亚的全球第二大手机制造商)。
- 韩国 LG 电子。
- 中国移动(全球最大的移动运营商，7.03 亿用户)。
- 日本 KDDI(2900 万用户)。
- 日本 NTT DoCoMo(5200 万用户)。
- 美国 Sprint Nextel(美国第三大移动运营商，5400 万用户)。
- 意大利电信(意大利主要的移动运营商，3400 万用户)。
- 西班牙 Telefónica(在欧洲和拉美有 1.5 亿用户)。
- T-Mobile(德意志电信旗下公司，在美国和欧洲有 1.1 亿用户)。

(2) 半导体公司：

- Audience Corp(声音处理器公司)。
- Broadcom Corp(无线半导体主要提供商)。
- 英特尔(Intel)。
- Marvell Technology Group。
- Nvidia(图形处理器公司)。
- SiRF(GPS 技术提供商)。
- Synaptics(手机用户界面技术)。
- 德州仪器(Texas Instruments)。
- 高通(Qualcomm)。
- 惠普 HP(Hewlett-Packard Development Company，L.P)。

(3) 软件公司：

- Aplix。
- Ascender。
- eBay 的 Skype。

- Esmertec。
- Living Image。
- NMS Communications。
- Noser Engineering AG。
- Nuance Communications。
- PacketVideo。
- SkyPop。
- Sonix Network。
- TAT-The Astonishing Tribe。
- Wind River Systems。

这 34 家公司中并不包含把持 Symbian 的诺基亚，以及凭借 iPhone 占有目前市场绝对份额的苹果公司，当然微软公司也未加入，独树一帜的加拿大 RIM 及其 Blackberry 也被挡在门外。

随着 Android 平台的发展，越来越多的相关企业加入开放手机联盟，最新的开放手机联盟成员名单可以在其官方网站 http://www.openhandsetalliance.com/oha_members.html 中查看到。像我国的电信、移动、联通这三大运营商以及华为、中兴等通信设备制造商都已经加入。

开放手机联盟旨在开发多种技术，大幅削减移动设备和服务的开发和推广成本。因为开放手机联盟中的厂商都将基于 Android 平台开发手机的新型业务，应用之间的通用性和互联性将在最大程度上得到保持。

开放手机联盟表示，Android 平台可以促进移动设备的创新，让用户体验到最优越的移动服务，同时，开发商也将得到一个新的开放级别，更方便地进行协同合作，从而保障新型移动设备的研发速度。随着越来越多的移动运营商和手机厂商的 Android 手机的推出，Android 平台的发展必将进入到一个全新的快速发展的阶段。

1.2　Android 简介

Google 公司的 Android 平台就像 Google 其他产品一样出人意料，在正式推出之前，与之相关的传言已经沸沸扬扬好几个月，可当 Android 轰轰烈烈推出的时候，原来并非手机产品，而是手机操作系统。

下面我们就带领读者揭开 Android 这层神秘的面纱。

1.2.1　Android 的历史

虽然出现时间不长，但作为移动信息设备的操作系统中的重量级一员，Android 开发平台正吸引越来越多的追随者加入她的怀抱，包括开发者、设备生产商、软件开发商等。

通过 Android 发展历程中的大事记，我们可以看到 Android 迅猛发展的势头。

2007 年 11 月 5 日，Google 公司宣布组建一个全球性的开放手机联盟。这一联盟将会支持 Google 发布的手机操作系统或者应用软件，共同开发名为 Android 的开放源代码的移动系统。开放手机联盟包括手机制造商、手机芯片厂商和移动运营商等。创建时，联盟成员数量已经达到了 34 家。

2008 年 9 月 22 日，美国运营商 T-Mobile 在纽约正式发布第一款 Google 手机——T-Mobile G1。该款手机为中国台湾宏达电子代工制造，是世界上第一部使用 Android 操作系统的手机，支持 WCDMA/HSPA 网络，理论下载速率为 7.2Mbps，并支持 Wi-Fi。

2009 年 1 月 1 日，Google 宣布 Android 应用程序市场(App Market)在 2009 年初开始出售 Android 付费应用程序。标志着 Android Market 营收的开始。

2009 年 12 月 23 日，知情人士透露，Google 将于 2010 年 1 月 1 日在中国大陆推出中文版 Android Market。国内已经有开发者推出针对国内用户的 Android Market。易联致远 CEO 靳岩介绍称，其公司已经推出名为 eoeMarket 的专门针对国内用户的第三方 Android Market。

2009 年 12 月 9 日，宏达电子宣布将逐渐放弃 Windows Mobile 系统，继而转向 Android 系统。

2009 年 11 月 25 日，AdMob 的调查显示，在美国，10 月份使用苹果 iPhone 操作系统所浏览的智能手机广告量占美国市场的 55%；第二位的是 Android 系统的 20%。至于全球市场，10 月份透过 iPhone 系统浏览的广告量，以市场占有率 50%居冠；其次是 Symbian 操作系统的 25%，接着是 Android 系统的 11%，居于第三位。作为一个智能手机平台的新成员来说，Android 系统的受欢迎程度正在快步上升。

2010 年 1 月 6 日，Google 正式发布首款自有品牌手机 Nexus One，该机采用 Android 2.1 操作系统，裸机的定价为 529 美元(约合人民币 3600 元)。

2010 年 2 月 24 日，全球瞩目的世界移动大会(Mobile World Congress 2010)如期而至，华为公司在此次大会上展出了 5 款 Android 终端机，并创造性地把 Android 平台运用到家庭互联网终端上，首次发布了其 SmaKit S7 Tablet。

2010 年 3 月 3 日，运营商 AT&T 宣布即将推出首款 Android 手机，但默认搜索引擎却不是 Google，而是雅虎。

2010 年 3 月 3 日，网络分析公司 Quantcast 最新报告显示，同年 2 月份 Google 和 RIM 移动互联网流量份额增长，而苹果 iPhone 份额则下滑。报告指出，Android 份额在过去一年中几乎翻番，RIM 份额增长 7.5%，iPhone 份额同期下滑 10.2%。但苹果产品仍是移动互联网流量份额的遥遥领先者，2 月份份额近 64%，其次是 Android，份额约 15%；RIM 份额约 9%。

将上面的 Android 发展大事记串联起来，就会明显感受到 Android 的咄咄逼人和当仁不让的气势。Android 的市场占有率正飞速攀升，带来的周边利益也越来越被从事相关产品开发的业界人士所关注和重视。

1.2.2 Android 的版本介绍

随着 Android 的普及，Android 版本已经从最初的 1.0 发展到现如今的 4.1，如表 1-1 所示。

表 1-1　Android 版本介绍

Android Version	Code Name	Release Date	Linux Kernel Version	API Level
1.0		2008.10.21	2.6.25	1
1.5	Cupcake 纸杯蛋糕	2009.4.30	2.26.27	3
1.6	Donut 甜甜圈	2009.9.15	2.6.29	4
2.0	Eclair 松饼	2009.10.26	2.6.29	5
2.1	Eclair 松饼	2010.1.12	2.6.29	7
2.2	Froyo 冻酸奶	2010.5.20	2.6.32	8
2.3	Gingerbread 姜饼	2010.12.7	2.6.35	9，10
3.0	Honeycomb 蜂巢	2011.2.2		11

下面介绍 Android 的各种版本。

1. Android 1.0 (T-Mobile G1)

T-Mobile G1 于 2008 年 10 月 22 日上市，在它身上集合了诸多重要的 Android 特性：

- 下拉式通知栏。
- 桌面小部件。
- Gmail 的深度整合。
- Android 电子市场。

2. Android 1.5 (Cupcake)

这个版本引入了支持全触屏手机功能的模块，包括：

- 屏幕键盘。
- 剪贴板的增强(开始支持浏览器内容)。
- 视频录制与回放。

3. Android 2.3 (Gingerbread)

Gingerbread 带来界面上的微创新，包括时钟、电子市场、桌面小部件、状态栏等。

4. Android 3.x (Honeycomb)

Honeycomb 并不是一个智能手机系统，是为平板设备设计的 Android 系统。在它身上集中体现了 Android 的发展趋势：

- 部分实体按键消失。
- 改进的多任务系统。
- 新的应用程序界面布局。

5. Android 4.0 (Ice Cream Sandwich)

Ice Cream Sandwich 拥有 Android 史上最复杂的版本代号，但却是 Android 史上最简约的版本——“统一系统”。作为 Ice Cream Sandwich 的首发设备，Galaxy Nexus 具备了一

台旗舰智能手机所能囊括的全部特性。Ice Cream Sandwich 的 Logo 如图 1-5 所示。

图 1-5 Ice Cream Sandwich 的 Logo

1.2.3 Android 的未来

Android 作为一个出现不久的移动信息设备开发平台，因为具有的一些巨大的先天优势，使其具有良好的发展前景。

(1) Android 的优势主要体现在下列方面。

① 系统的开放性和免费性

Android 最震撼人心之处在于 Android 手机系统的开放性和服务免费。Android 是一个对第三方软件完全开放的平台，开发者在为其开发程序时拥有更大的自由度，突破了 iPhone 等只能添加为数不多的固定软件的枷锁，同时与 Windows Mobile、Symbian 等操作系统不同，Android 操作系统免费向开发人员提供，这一点对开发者来说是最大的诱惑。

② 移动互联网的发展

Android 采用 WebKit 浏览器引擎，具备触摸屏、高级图形显示和上网功能，用户能够在手机上查看电子邮件、搜索网址和观看视频节目等，比 iPhone 等其他手机更强调搜索功能，界面更强大，可以说是一种融入全部 Web 应用的互联网络平台。这正顺应了移动互联网这个大潮流，也必将有助于 Android 的推广及应用。

③ 相关厂商的大力支持

Android 项目目前正在从手机运营商、手机制造厂商、开发者和消费者那里获得大力支持。Google 移动平台主管鲁宾表示，与软件开发合作伙伴的密切接触正在进行中。从组建开放手机联盟开始，Google 一直向服务提供商、芯片厂商和手机销售商提供 Android 平台的技术支持。

(2) 但是 Android 也不是一个完美的系统，它同样面临着许多挑战。

① 技术的进一步完善

目前，Android 系统在技术上仍有许多需要完善的地方，例如，不支持桌面同步功能，还有自身系统的一些 Bug。这些都是 Android 需要去继续完善的地方。

② 开放手机联盟模式的挑战

Android 由开放手机联盟去开发、维护、完善，还有未来的创新。很多人会担心，最终的结局是否会像当年的 Linux 和 Windows 操作系统之争那样？这种开发式联盟的模式，对 Android 未来的发展、定位是否存在阻碍作用？这些未知的隐忧，也会影响到一些开发者的信心。

③　其他技术的竞争

提到移动信息设备，特别是智能手机，永远都要注意 Windows Mobile，因为它的背后是微软公司，微软拥有 PC 操作系统市场最大、最牢不可破的占有率。而智能手机与 PC 互相连动，实现无缝对接，这都是智能手机的一个发展趋势。在这方面，Android 和 Windows Mobile 就显得稍逊一筹。此外，即使在智能手机自身的操作系统上，苹果公司的 iPhone 目前也占有绝对的霸主地位，还有 Nokia 公司的 Symbian 以及 RIM 的 Blackberry 都会与 Android 展开激烈的竞争。

1.3　Android 平台的技术架构

Android 平台采用了软件堆栈(Software Stack)，又名软件叠层的架构，主要分为 4 部分：底层以 Linux 核心为基础，并包含各种驱动，只提供基本功能。中间层包括程序库(Libraries)和 Android 运行时环境。再往上一层是 Android 提供的应用程序框架。最上层是各种应用软件，包括通话程序、短信程序等，这些应用软件由开发人员自行开发。

Android 平台的架构如图 1-6 所示。

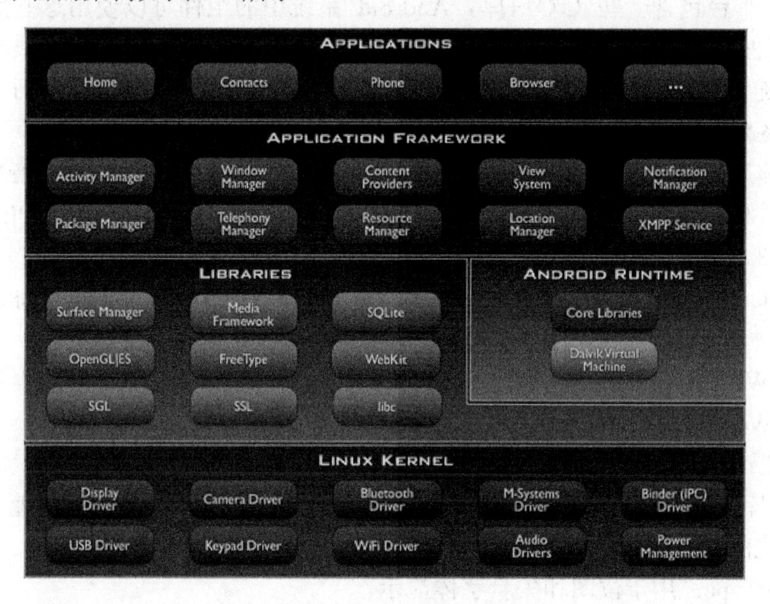

图 1-6　Android 平台的架构

1. 应用程序(Applications)

Android 会附带一系列核心应用程序包，这些应用程序包包括 E-mail 客户端、SMS 短信程序、日历、地图、浏览器、联系人管理程序等。Android 中所有的应用程序都是使用 Java 语言编写的。

2. 应用程序框架(Application Framework)

开发者也可以访问 Android 应用程序框架中的 API。该应用程序架构简化了组件的重用，任何一个应用程序都可以发布它的功能块，并且任何其他的应用程序都可以使用这些发布的功能块(应该遵循框架的安全性限制)。同样，该应用程序的重用机制也使用户可以方便地替换程序组件。

隐藏在每个应用程序后面的是 Android 提供的一系列的服务和管理器。

- 丰富且可扩展的视图(Views)：有列表(Lists)、网格(Grids)、文本框(Text Boxes)、按钮(Buttons)，甚至包括可嵌入的 Web 浏览器，这些视图可用来构建应用程序。
- 内容提供器(Content Providers)：使得应用程序可以访问另一个应用程序的数据(例如联系人数据库)，或者可以共享它们自己的数据。
- 资源管理器(Resource Manager)：提供非代码资源的访问，例如本地字符串、图形和布局文件(Layout Files)等。
- 通知管理器(Notification Manager)：使得应用程序可以在状态栏中显示自定义的提示信息。
- 活动管理器(Activity Manager)：用来管理应用程序生命周期，并且提供常用的导航回退功能。

3. 程序库(Libraries)

Android 平台包含一些 C/C++库，Android 系统中的组件可以使用这些库。它们通过 Android 应用程序框架为开发者提供服务。

- 系统 C 库：一个从 BSD 继承的标准 C 系统函数库，是专门为基于嵌入式 Linux 设备定制的。
- 媒体库：基于 PacketVideo 的 OpenCORE，该库支持多种常用的音频、视频格式文件的回放和录制，同时支持静态图像文件，编码格式包括 MPEG4、H.264、MP3、AAC、AMR、JPG 和 PNG 等。
- Surface Manager：管理显示子系统，并且为多个应用程序提供 2D 和 3D 图层的无缝融合。
- LibWebCore：一个最新的 Web 浏览器引擎，支持 Android 浏览器和一个可嵌入的 Web 视图。
- SGL：底层的 2D 图形引擎。
- 3D 库：基于 OpenGL ES 1.0 API 实现，该库可以使用 3D 硬件加速或者使用高度优化的 3D 软加速。
- FreeType：用于位图和矢量字体显示。
- SQLite 库：一个对于所有应用程序可用的、功能强劲的轻型关系型数据库引擎。

4. Android 运行时环境

Android 运行时环境由一个核心库和 Dalvik 虚拟机组成。核心库提供 Java 编程语言核心库的大多数功能。每一个 Android 应用程序都在自己的进程中运行，都拥有一个独立的 Dalvik 虚拟机实例。Dalvik 被设计成一个设备可以同时高效地运行多个虚拟系统。它依赖于 Linux 内核的一些功能，例如线程机制和底层内存管理机制等。Dalvik 虚拟机执行扩展名为.dex 的 Dalvik 可执行文件，该格式文件针对小内存的使用进行了优化，同时虚拟机是基于寄存器的，所有的类由 Java 编译器编译，然后通过 SDK 中的“dx”工具转化成.dex 格式，最后由虚拟机执行。

5. Linux 内核

Android 核心系统服务依赖于 Linux 2.6 内核，如安全性、内存管理、进程管理、网络协议栈和驱动模型等。Linux 内核也同时作为硬件和软件栈之间的抽象层。

1.4 Android 应用程序的构成

在通常情况下，一个 Android 应用程序是由以下 4 个组件构成的：活动(Activity)、广播(Broadcast)、服务(Service)和内容提供器(Content Provider)。

这 4 个组件是构成 Android 应用程序的基础，但并不是每个 Android 应用程序都必须包含这 4 个组件，除了 Activity 是必要部分之外，其余组件都是可选的，在某些应用程序中，可能只需要其中部分组件构成即可。

1.4.1 活动(Activity)

活动(Activity)是最基本的 Android 应用程序组件。在应用程序中，一个活动通常就是一个单独的屏幕。每个活动都是通过继承活动基类被实现为一个独立的类，活动类将会显示由视图控件组成的用户接口，并对事件做出响应。

大多数的应用程序都是由多个屏幕显示组成。例如，一个发送信息的应用也许有一个显示发送消息的联系人列表屏幕，第二个屏幕用来写文本消息和选择收件人，第三个屏幕查看历史消息或者消息设置操作等。这里每个屏幕都是一个活动，很容易实现从一个屏幕到一个新屏幕并且完成新的活动。因为 Android 会把每个从主菜单打开的程序保留在堆栈中，所以当打开一个新屏幕时，先前的屏幕会被置为暂停状态并且压入历史堆栈中。用户可以通过回退操作，回到以前打开过的屏幕，也可以有选择性地移去一些没有必要保留的屏幕。

1.4.2 广播(Broadcast)

在 Android 系统中，广播(Broadcast)是在组件之间传播数据(Intent)的一种机制。这些组件甚至可以位于不同的进程中。广播的发送者和接收者事先是不需要知道对方的存在的，这样的优点就是系统的各个组件可以松耦合地组织在一起，使得系统具有高度的可扩展性，容易与其他系统进行集成。

1.4.3 服务(Service)

服务是 Android 应用程序中具有较长的生命周期但是没有用户界面的代码程序。它在后台运行，并且可以进行交互。它跟 Activity(活动)的级别差不多，但是不能自己运行，需要通过某一个 Activity 来调用。

Android 应用程序的生命周期是由 Android 系统来决定的，不由具体的应用程序的线程来左右。若应用程序要求在没有界面显示的情况还能正常运行(要求有后台线程，而且直到线程结束，后台线程不会被系统回收)，这个时候就需要用到 Service(服务)了。

Service 的典型例子是一个具有播放列表功能的正在播放歌曲的媒体播放器。在媒体播放器应用中，可能会有一个或多个活动，让使用者可以选择并播放歌曲。然而活动本身并不处理音乐播放功能，因为用户期望在切换到其他屏幕后，音乐应该还在后台继续播放。

1.4.4 内容提供器(Content Provider)

Android 应用程序可以使用文件或 SQLite 数据库来存储数据。ContentProvider 提供了一种多应用间数据共享的方式。当开发者希望自己的应用数据能与其他应用共享时，内容提供器将会非常有用。一个内容提供器类实现了一组标准的方法，能够让其他的应用保存或读取此内容提供器处理的各种类型数据。

也就是说，一个应用程序可以通过实现一个 ContentProvider 抽象接口将自己的数据暴露出去。外界根本看不到，也不用看到这个应用程序暴露的数据在应用程序中是如何存储的，但是外界可以通过这一套标准及统一的接口与应用程序里的数据打交道，可以读取应用程序的数据，也可以删除应用程序的数据。

1.5 Android 的网上资源

Google 为 Android 平台和基于该平台的 Android 应用程序开发提供了大量的信息和有用的服务。例如扩展 Android 平台的外部库、Android 应用程序、托管的服务和 API、Android 开发人员竞赛等。这些信息和服务都在 Google 为 Android 设置的官方网站中。此网站的所有内容均由 Google 为了 Android 开发人员的利益而提供。

如果要查找关于 Android 的一般信息，应访问 www.android.com 网站。如果对开发用于 Android 设备的应用程序感兴趣，可访问 Android 开发人员网站 developer.android.com。

除了 Google 提供的 Android 官方网站之外，还有许多 Android 爱好者和组织构建的一些相关的技术网站和论坛，Android 开发者和初学者可以通过下列网上资源进行学习和技术交流。

91 手机娱乐门户：http://android.sj.91.com/

Android 手机网：http://www.android123.com/

Android 手机资讯网：http://android.hk.cn/

Android 开发者：http://www.androidin.com/

Android 开发网：http://www.android123.com.cn/

Android 论坛：http://bbs.android123.com/

Android 实验室：http://www.androidlab.cn/

Android 论坛中文论坛：http://www.androidin.net/bbs/index.php
Android 中文网：http://www.androidcn.net/
Google Android 爱好者论坛：http://www.loveandroid.com/
台湾省 Android 中文资源站：http://android.cool3c.com/
Android 手机资源中文共享社区：http://www.apkcn.com/
Google Android 论坛：http://www.android1.net/
Android 开发者论坛：http://bbs.androidin.com/
Android 开发资源下载：http://www.androidhere.cn/

1.6 本章习题

(1) Android 主要有哪些优势？
(2) 简述 Android 的技术架构。
(3) Android 的四大组件分别是什么？

第 2 章 Android 开发环境与开发工具

学习目的与要求：

“工欲善其事，必先利其器”，要进行 Android 应用程序开发，必须学会搭建 Android 开发环境并学会使用 Android 开发过程中常用的开发工具。本章将以快速掌握开发条件、开发环境、开发工具为目的，详细介绍搭建 Android 开发环境所需要的诸如系统要求、Android SDK、IDE 等需求，在此基础上重点介绍在 Windows 操作系统中搭建开发环境的过程和步骤，并为读者讲述常用的开发工具(开发人员使用这些开发工具设计、开发、测试和发布 Android 应用)，为读者学习开发 Android 应用做好前期准备。

搭建 Android 开发环境需要预先准备如表 2-1 所示的工作环境及程序。

表 2-1　Android 开发环境所需的程序

所需项目	版本要求	说　明
操作系统	Microsoft Windows XP/Microsoft Windows Vista 操作系统或 Mac OS X 10.4.8 或更新的版本(硬件必须是 x86 版本)或 Linux	本书以 Windows 操作系统为例
SDK	Android SDK 4.0 (本书所有范例皆以最新的 Android SDK 4.0 版本为开发环境)	截至目前，最新版本为 4.0
IDE	Eclipse 3.3 以上 (本书所有范例皆以 eclipse-SDK-3.5.2-win32 版本为编译环境)	使用 Eclipse IDE for Java Developers 版本
开发插件 ADT	ADT(Android Development Tools) 0.9.5 以上	Eclipse 开发 Android 应用的必需插件
其他	Java Development Kit(JDK) v5.0 以上 (本书使用 JDK 6.0)	不可以只有 JRE，必须要有 JDK

JDK 6.0 可以从 Sun 公司的官方网站 http://java.sun.com/javase/downloads/index.jsp 进行下载。

Eclipse 3.5 可以从网址 http://www.eclipse.org/downloads/下载。

Android SDK 4.0 可以从 Google 公司的 Android 开发网站 http://developer.android.com 下载。

下面将详细介绍表 2-1 中各种软件的下载、安装以及配置的详细步骤和注意事项。

2.1　Java 开发组件的安装和配置

JDK 全称是 Java Development Kit，翻译成中文就是 Java 开发工具包，它主要包括 Java 运行时环境(Java Runtime Environment)、一些 Java 命令工具和 Java 基础的类库文件。

JDK 包含的基本组件如下。

- javac：Java 编译器，将源程序转成字节码。
- jar：Java 打包工具，将相关的类文件打包成一个文件。
- javadoc：Java 文档生成器，从源码注释中提取文档。
- jdb：Java 查错工具。
- java：运行编译后的 Java 程序。
- appletviewer：小程序浏览器，一种执行 HTML 文件上的 Java 小程序的 Java 浏览器。
- javah：产生可以调用 Java 过程的 C 过程，或建立能被 Java 程序调用的 C 过程的头文件。
- javap：Java 反汇编器，显示编译类文件中的可访问功能和数据，同时显示字节代码含义。
- jconsole：Java 进行系统调试和监控的工具。

JDK 是开发任何类型 Java 应用程序的基础。开发 Android 应用程序时，使用的开发语言是 Java，而且安装 Eclipse 集成开发环境也需要 JDK 的支持，如果没有 JDK，则启动 Eclipse 时将会报错。所以首先在系统中必须正确地安装和配置 JDK。

注意： 编译后的 Java 程序是以“.class”为后缀的。

为了支持不同的应用类型特色化的开发，JDK 定义了 J2SE、J2EE 和 J2ME 等三个版本的开发工具包。

- SE(J2SE)：Standard Edition，标准版，是我们通常用的一个版本，从 JDK 5.0 开始，改名为 Java SE。
- EE(J2EE)：Enterprise Edition，企业版，使用这种 JDK 开发 J2EE 应用程序，从 JDK 5.0 开始，改名为 Java EE。
- ME(J2ME)：Micro Edition，主要用于移动设备、嵌入式设备上的 Java 应用程序，从 JDK 5.0 开始，改名为 Java ME。

2.1.1　安装 Java 开发工具包

JDK 程序安装包可以从 Sun 公司的官方网站免费下载，目前最新的 JDK 版本是 JDK 6.0。一般情况下，一个版本的 JDK 会同时提供支持不同操作系统的多个版本，所以在下载时，用户要根据所使用的操作系统来选择支持其操作系统的 JDK。本书介绍的 Android 开发是基于 Windows 操作系统的，所以下面以 Windows 下的 JDK 为例，介绍其安装的具体步骤。

(1) 双击下载的 JDK 安装文件，弹出如图 2-1 所示的初始化安装对话框。

(2) 初始化完成后，将进入如图 2-2 所示的“许可证协议”界面。

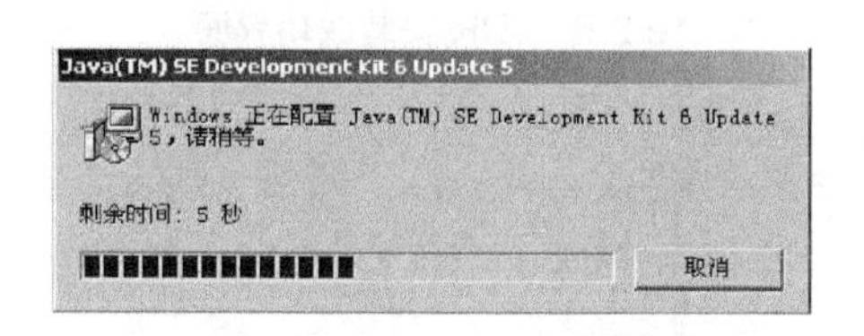

图 2-1　初始化安装对话框

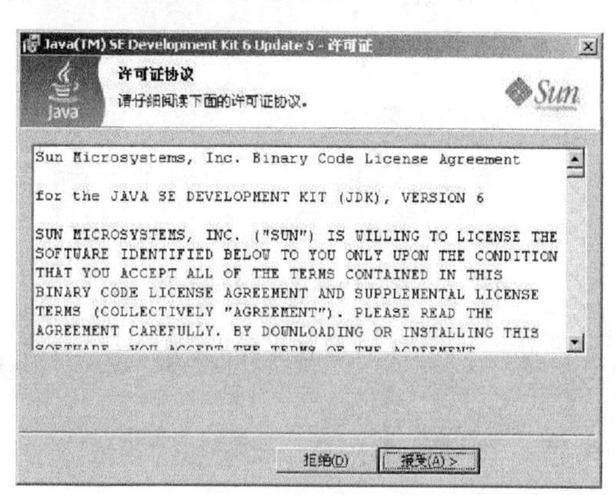

图 2-2　“许可证协议”界面

(3) 在其中阅读安装许可协议并单击“接受”按钮后，将显示如图 2-3 所示的“自定义安装”界面，在其中可以选择安装的组件以及更改安装路径。

(4) 单击“下一步”按钮，将自动开始 JDK 的安装，显示如图 2-4 所示的“正在安装”界面。

(5) 在安装完 JDK 后，自动进入到 JRE 的安装，JRE 的安装步骤同 JDK，将显示如

图 2-5 所示的“自定义安装”界面。

注意： JRE(Java Runtime Environment，Java 运行时环境)是属于 JDK 的一个组件。JRE 是运行 Java 程序所必需的环境的集合，包含 JVM 标准实现及 Java 核心类库。因此不需要单独安装 JRE，安装 JDK 后会自动安装 JRE。

(6) 安装完成后将显示如图 2-6 所示的安装成功界面。

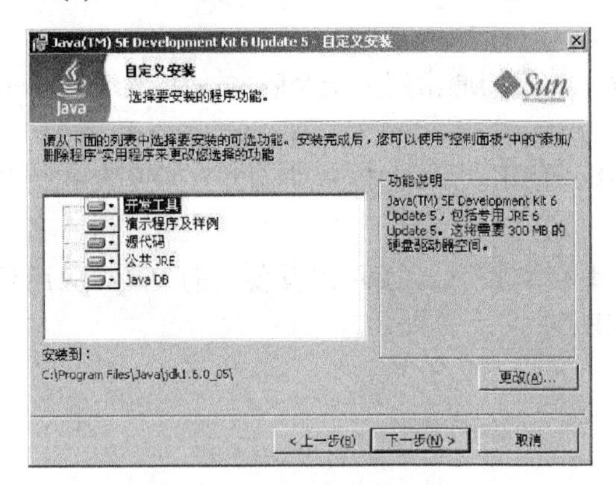

图 2-3 “自定义安装”界面

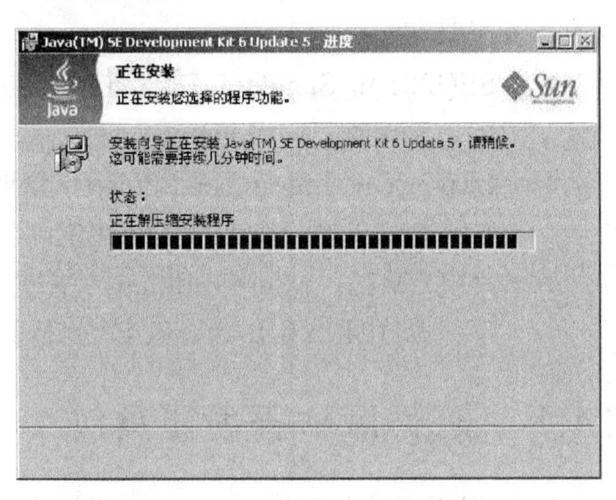

图 2-4 “正在安装”界面

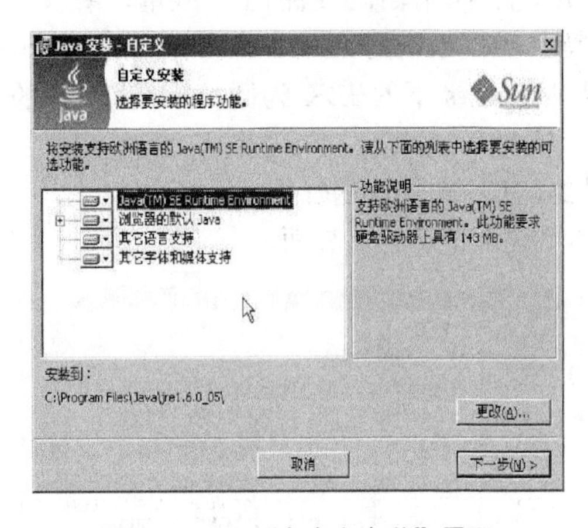

图 2-5 JRE“自定义安装”界面

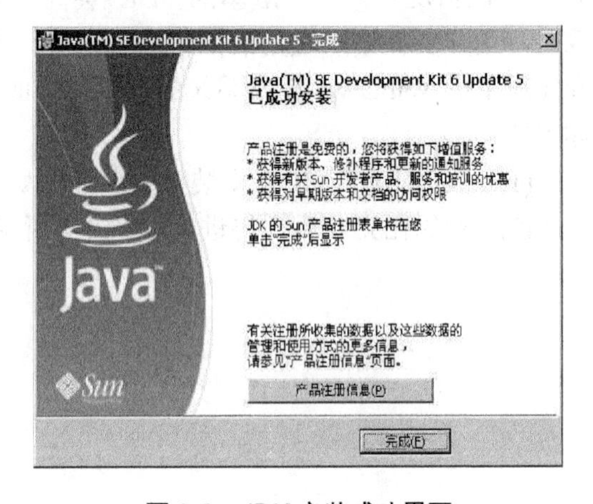

图 2-6 JDK 安装成功界面

至此，已经成功地在系统中安装了 JDK 6.0。

2.1.2 配置 Java 开发组件

JDK 安装成功后，必须对其进行配置，才能够正确使用。JDK 的配置主要是手动设置环境变量，其具体步骤如下。

(1) 在 Windows 操作系统中右击桌面上“我的电脑”图标，在弹出的快捷菜单中选择“属性”命令，如图 2-7 所示。

(2) 在弹出的对话框中单击“高级”选项卡，将出现如图 2-8 所示的“系统特性”对话框。

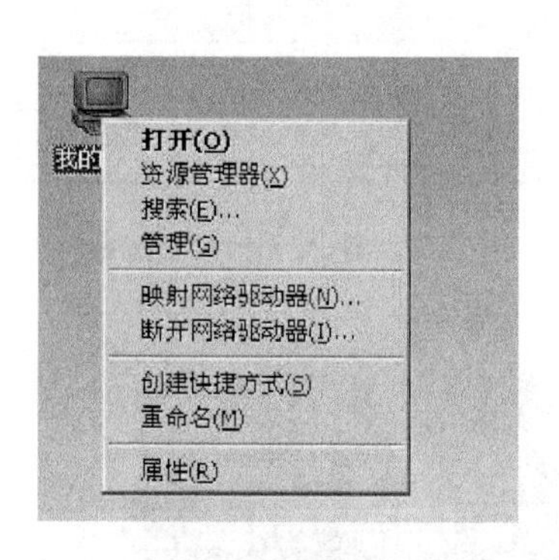

图 2-7　选择“属性”命令

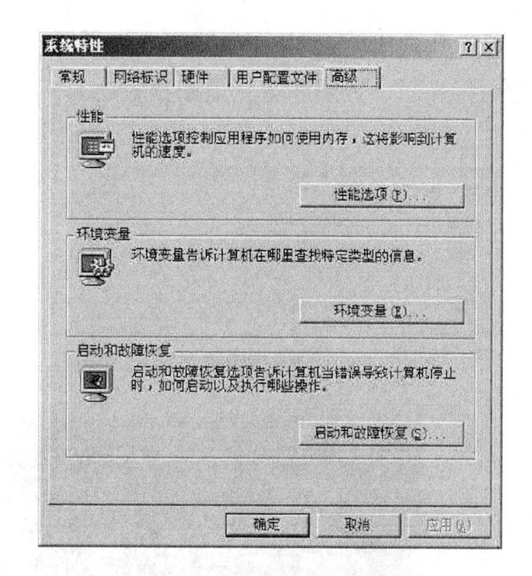

图 2-8　“系统特性”对话框

(3) 单击“系统特性”对话框中的“环境变量”按钮，将会出现设置环境变量的对话框，如图 2-9 所示。

(4) 单击“系统变量”区域的“新建”按钮，将会出现“新建系统变量”对话框，在对话框中新建环境变量 JAVA_HOME，环境变量的值为 JDK 6.0 的安装目录。注意，如果已经创建了该变量，可单击“编辑”按钮重新编辑，如图 2-10 所示。

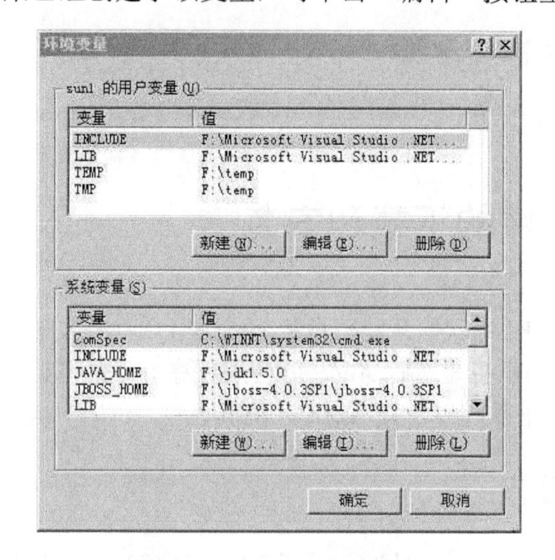

图 2-9　“环境变量”对话框

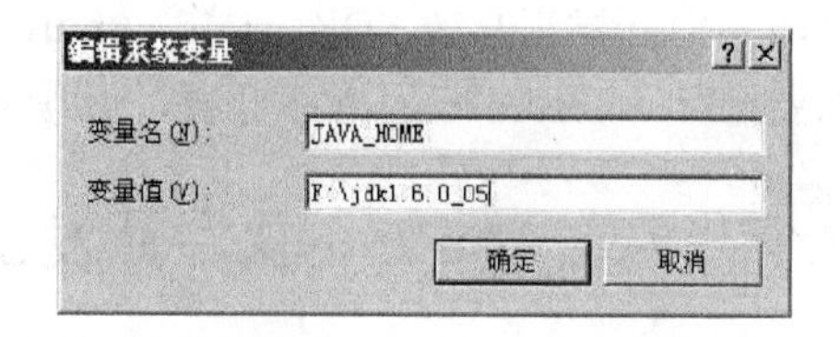

图 2-10　设置 JAVA_HOME 环境变量

(5) 设置 JAVA_HOME 环境变量后，在“系统变量”区域中选择“Path”环境变量，然后单击“编辑”按钮，将弹出“编辑系统变量”对话框，在其中添加 JDK 6.0 安装目录下的 bin 子目录的路径，如图 2-11 所示。

(6) JDK 安装配置完毕后，可以检验配置是否正确。在 Windows 操作系统中选择“开始”→“运行”，在弹出的对话框中输入“cmd”命令，如图 2-12 所示。

(7) 在弹出的DOS窗口的命令提示符下输入“java -version”命令，出现如图2-13所示的运行界面，说明环境变量配置成功。

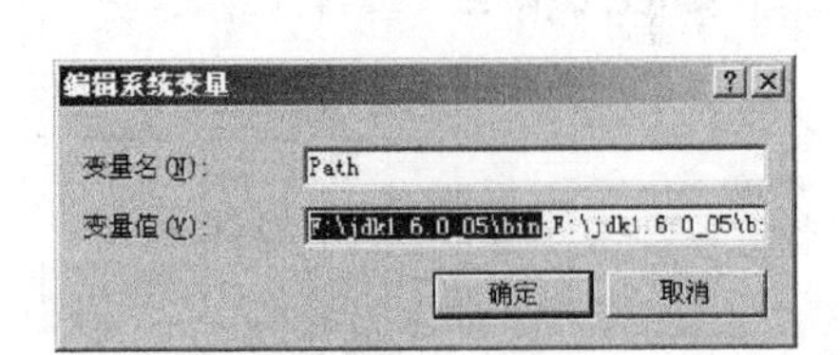

图2-11 向Path环境变量添加JDK路径

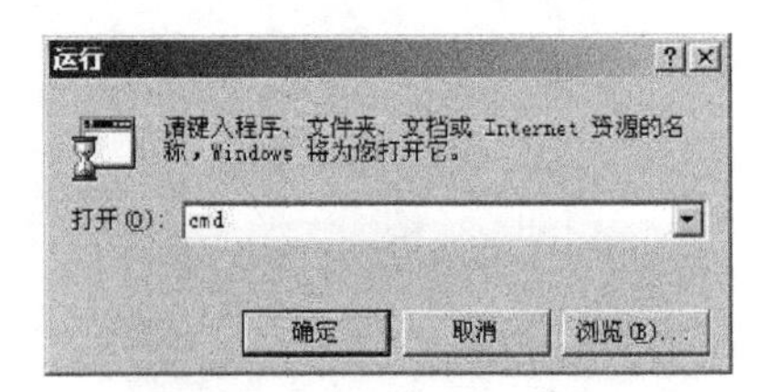

图2-12 输入“cmd”命令

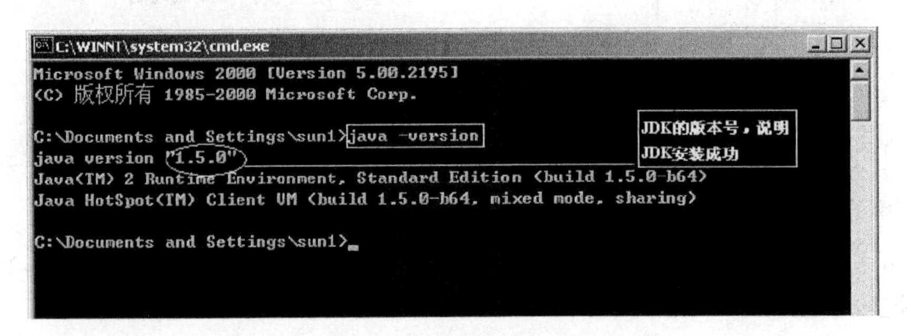

图2-13 JDK 6.0安装配置成功

注意：除了使用Windows的GUI界面来设置环境变量外，还可以通过set命令来设置环境变量。

上述的环境变量设置可通过以下命令来实现：

```
set PATH=%PATH%;F:\jdk1.6.0_05\bin
```

2.2 软件开发组件的下载和安装

有过软件开发经验的读者可能都知道，SDK是软件开发工具包，是进行软件开发的基础。与其他开发工具的SDK一样，Android SDK也是进行Android应用程序开发的基础，所以要进行Android应用程序开发，必须首先在系统中安装Android SDK。

2.2.1 下载Android软件开发工具包

Android SDK的官方开发网站是http://developer.android.com，可以从该网站下载最新版的Android SDK，目前最新版本是4.0。

Android SDK的下载页面如图2-14所示。

选择对应的操作系统所使用的Android SDK后，点击对应的链接，就将开始下载，下载后的Android SDK为压缩文件，应该将它解压缩到磁盘中。解压缩后的Android SDK目录如图2-15所示。

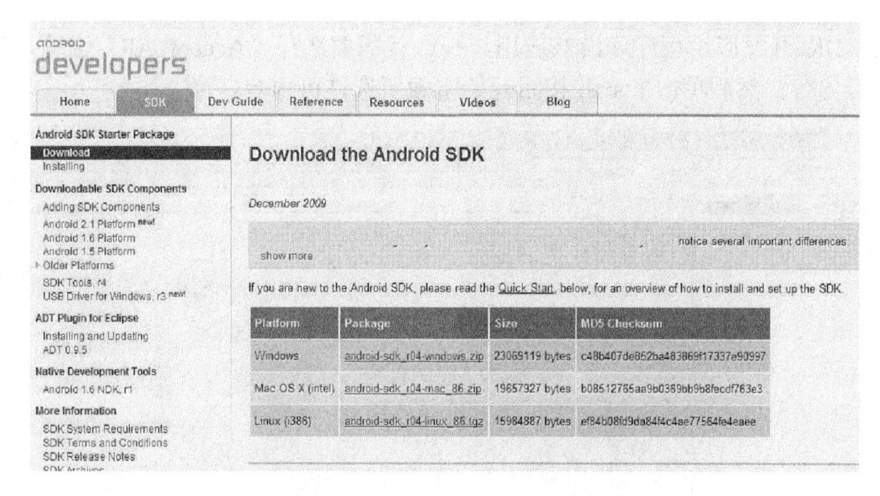

图 2-14　Android SDK 的下载页面

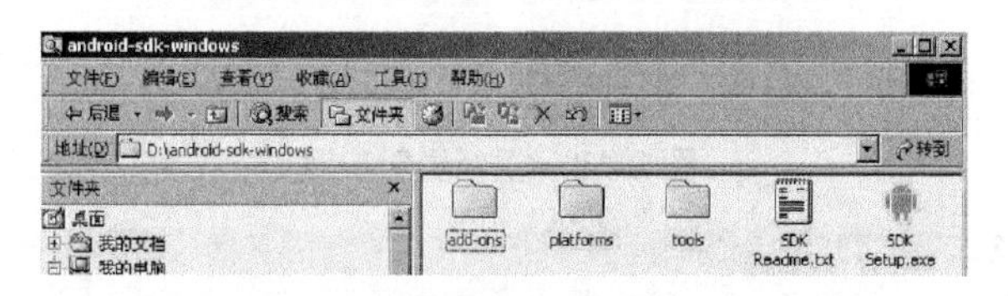

图 2-15　解压缩后的 Android SDK 目录

2.2.2　安装 Android 软件开发工具包

(1) 双击 Android SDK 目录中如图 2-16 所示的 Setup 程序，就将开始安装 Android SDK。

(2) 安装开始将显示如图 2-17 所示的更新资源窗口。

图 2-16　Android SDK 安装程序　　　　图 2-17　更新资源窗口

(3) 如果在更新过程中遇到了消息为“Failed to fetch URL...”的错误提示，那么就需要将获取更新信息的协议由 HTTPS 方式改为 HTTP 方式。这就需要在“Android SDK and AVD Manager”窗口左侧选择“Settings”选项，然后在窗口右侧选中“Force https://...”选项，如图 2-18 所示。这样将重新更新资源。

(4) 当成功获取要更新的资源信息后，将显示如图 2-19 所示的选择要安装的包窗口。在该窗口中可以选择要安装的 API 版本、驱动、文档以及实例代码等。如果只要使用 Android 2.1 的模拟器，那么只选择“SDK Platform Android 2.1. API 7, revision 1”即可，如果要使用 SDK 开发应用程序和游戏应用，那么就需要选择“Accept All”选项，接受并遵守所有许可内容。然后单击 Install 按钮开始下载所选许可内容。

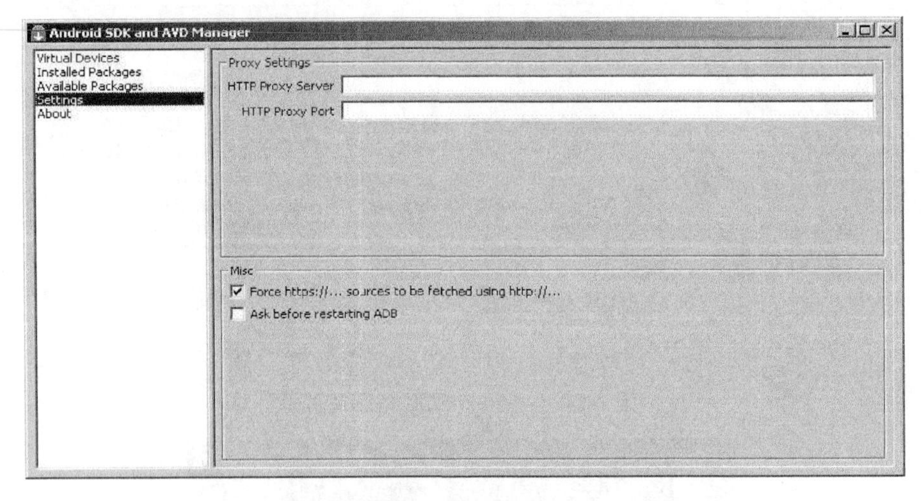

图 2-18　重新更新资源

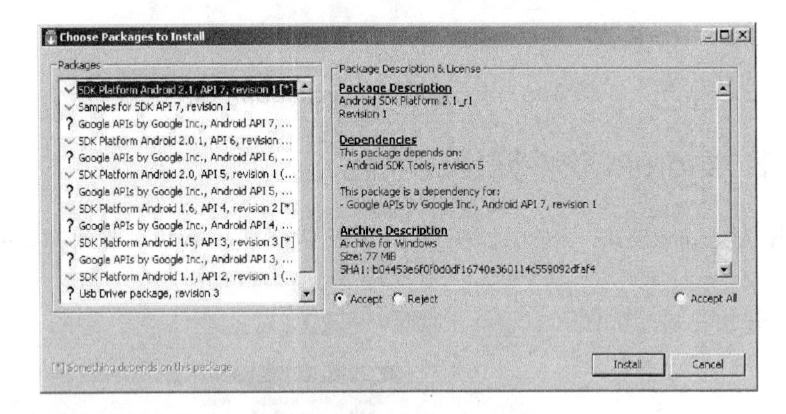

图 2-19　选择要安装的包

(5) Android SDK 4.0 需要在线下载安装，安装窗口如图 2-20 所示。

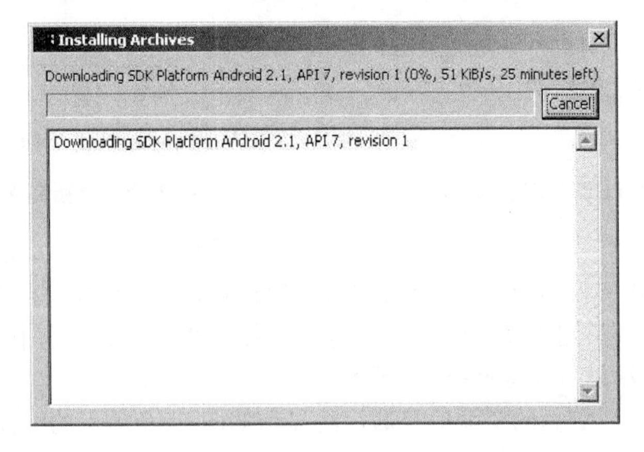

图 2-20　Android SDK 4.0 在线安装窗口

(6) 下载安装完成后，在如图 2-21 所示的 Android SDK and AVD Manager 窗口的左侧选择“Installed Packages”选项，将在窗口右侧显示出已经正确下载并安装好的包。

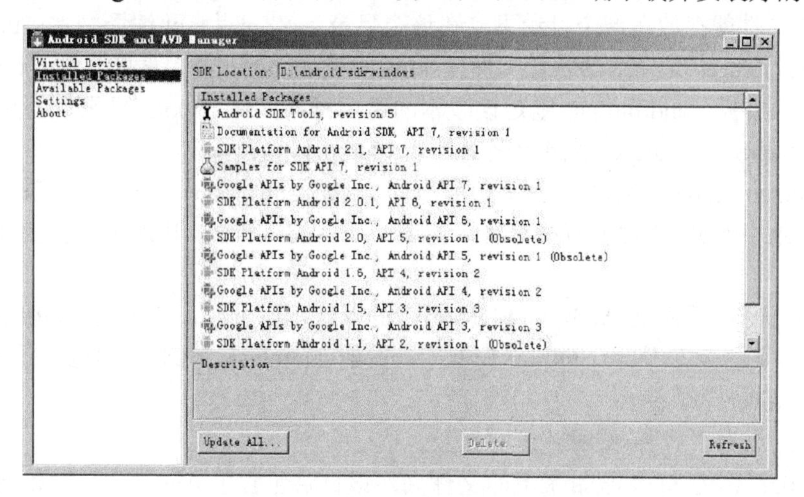

图 2-21　显示正确下载并安装好的包

2.3　使用 Android SDK 开发 Android 应用

2.3.1　Android SDK 的目录结构

安装完成后，Android SDK 的安装目录中包含了 add-ons、docs、platforms、platforms-tools、samples、temp、tools 和 usb_driver 等文件夹，如图 2-22 所示。

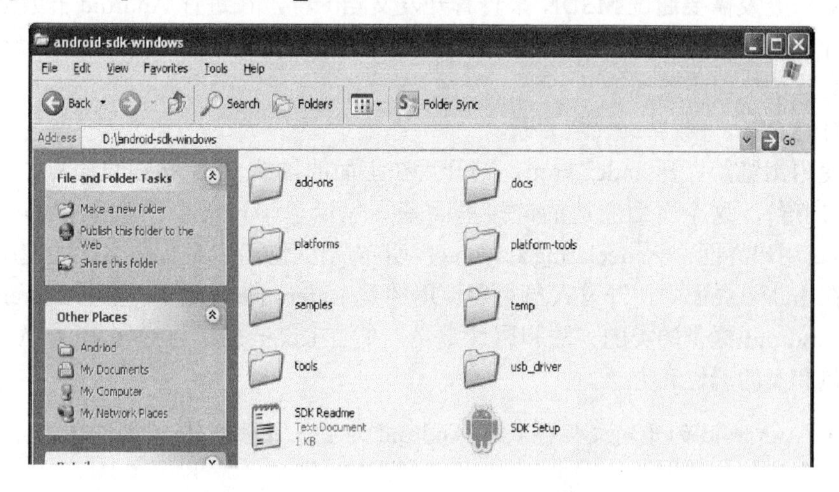

图 2-22　Android SDK 目录结构

下面介绍 Android SDK 这些目录的作用。

(1) add-ons：文件夹中保存着附加库，例如 Google Maps。如果安装了 OPhone SDK，这里也会有一些类库在里面。

(2) docs：文件夹存放 Android SDK API 参考文档，所有的 API 都可以在这里查到。

(3) platforms：存放每个平台的 SDK 真正的文件，里面会根据 API Level 划分 SDK 版本。以 Android 2.2 为例，进入该目录后，有一个名为 android-8 的文件夹，Android 2.2 SDK 的主要文件就存放在这个目录下。在这个目录下，ant 为 ant 编译脚本，data 保存着一些系统资源，images 是模拟器映像文件，skins 则是 Android 模拟器的皮肤，templates 是工程创建的默认模板，android.jar 则是该版本的主要框架文件，tools 目录里面包含了重要的编译工具，例如 aapt、aidl、逆向调试工具 dexdump 和编译脚本 dx。

(4) platform-tools：保存着一些通用工具，例如 adb、aapt、aidl、dx 等文件，这里与 platforms 目录中 tools 文件夹有些重复，主要是从 Android 2.3 开始，这些工具被划分为通用了。

(5) samples：里面是 Android SDK 自带的默认示例工程，其中的 apidemos 强烈推荐初学者运行学习，例如使用 SQLite 数据库开发的 NotePad 实例、贪吃蛇(Snake)、月球登陆器(LunarLander)等实例。

(6) temp：为下载 SDK 时的缓存目录。

(7) tools：作为 SDK 根目录下的文件夹，该目录包含了 Android 开发和调试的重要工具，其中包括用于启动 Android 调试工具的 ddms、获取日志的 logcat、屏幕截图和文件管理器，还包括绘制 Android 平台的可缩放 PNG 图片的工具的 draw9patch、可以在 PC 上操作 SQLite 数据库的 sqlite3、压力测试工具 monkeyrunner、模拟器 SD 映像的创建工具 mksdcard，以及 Android 模拟器 emulator。

注意： 从 Android 1.5 开始，需要输入合适的参数才能启动模拟器 emulator。

2.3.2 使用 Android SDK 文档

就像 C++开发需要通过 MSDN 来查看开发文档一样，在进行 Android 开发之前，也需要相应的开发文档。为了便于开发人员查阅帮助文档，Android 提供了类似于 MSDN 的帮助文档。具体的使用步骤如下。

(1) 打开 SDK 下载帮助文档目录。

(2) 使用浏览器打开 index.html，打开后在上面的导航 Tab 按钮里面点击 Dev-Guide 链接(开发向导)。这个页面左边的链接里面基本包括了 Android 开发入门的介绍。例如 userinterface(用户界面) → declaring Layout(声明布局)就包括了对布局文件的使用和介绍。

(3) 在 Index 页面中，开发人员主要使用的是 Reference 标签。通过 Reference 标签，可以查看 Android 提供的类的方法和属性定义。单击 Reference，会列出所有 Android 开发中常用的包和类的属性和方法。

注意： Android 的开发文档存放在 Android 的安装目录的 docs 文件夹下。

2.3.3 Android SDK 中的示例

在 Android 安装目录的 samples 的目录下，存放了一些经典的 Android 实例。初学者可以通过这些实例学习如何开发一个完整的 Android 程序。

- BluetoothChat：蓝牙聊天的实例程序。

- ContactManager：手机通信录的实例程序。
- CubeLiveWallpaper：动态壁纸的实例程序。
- GestureBuilder：手势库建立的实例程序。
- JetBoy：打陨石的实例程序。
- LunarLander：月球登陆器的实例程序。
- NotePad：基于 SQLite 的笔记本实例程序。
- SampleSyncAdapter：账号验证和同步的实例程序。
- Snake：贪吃蛇游戏的实例程序。

可以通过 Eclipse 导入这些程序，分析并运行这些实例。以贪吃蛇的游戏为例，该实例分为以下部分。

(1) Snake：主游戏窗口。

(2) SnakeView：游戏视图类，是实现游戏的主体类。

(3) TileView：一个处理图片或其他问题的视图类。

(4) Coordinate：这是一个包括两个参数，用于记录 X 轴和 Y 轴坐标的简单类。

(5) RefshHandler：用于更新视图的类。

2.3.4　使用 Android SDK 命令行

Android SDK 提供的操作都定义在 Android 安装目录的 tools 的目录下。该目录包含了 Android 开发和调试的重要工具。其中包括用于启动 Android 调试工具的 ddms、获取日志的 logcat、屏幕截图和文件管理器。为了在任何目录中都可以使用这些工具，需要将 tools 目录加到 Path 环境变量中。

Android SDK 的命令行是在开发过程中的必不可少的操作，下面介绍几个常用的命令行操作。

(1) 启动和关闭 ADB 服务：

```
adb kill-server  //关闭 ADB 服务
adb start-server  //启动 ADB 服务
```

注意： 模拟器在运行一段时间后，ADB 服务有可能会出现异常。这时需要重新对 ADB 服务关闭和重启来恢复该服务。

(2) 查询当前模拟器/设备的实例：

```
adb devices
```

(3) 安装、卸载程序(adb install、adb uninstall)：

```
adb install package //安装 package 指定的程序
adb uninstall package //卸载 package 指定的程序
```

注意： 在卸载应用程序时可以加上-k 命令行参数，该参数目的是要求系统只卸载应用程序，而保留数据和缓冲目录，只卸载应用程序。例如：

```
adb uninstall -k package
```

(4) 创建 AVD 设备。

建立 AVD 设备的命令如下：

```
android create avd -n myandroid1.5 -t 2
/*其中 myandroid1.5 表示 AVD 设备的名称，该名称可以任意设置，但不能和其他 AVD 设备冲突。
-t 2 中的 2 指建立 Android 1.5 的 AVD 设备，1 表示 Android 1.1 的 AVD 设备，以此类推*/
```

2.3.5 使用 Android 模拟器

在 Android SDK 1.5 版本以后的 Android 开发中，必须创建至少一个 AVD，AVD 全称为 Android Virtual Device(Android 虚拟设备)，每个 AVD 模拟了一套虚拟设备来运行 Android 平台，这个平台至少要有自己的内核、系统图像和数据分区，还可以有自己的 SD 卡和用户数据以及外观显示等。

所以在 Android SDK 安装完成之后，必须创建 AVD，才能够使用 SDK 来开发和运行 Android 应用程序。

在 Android SDK 中创建一个新的 AVD 的步骤如下。

(1) 在 Android SDK and AVD Manager 窗口的左侧选择“Virtual Devices”选项，将显示如图 2-23 所示的 AVD 管理窗口。

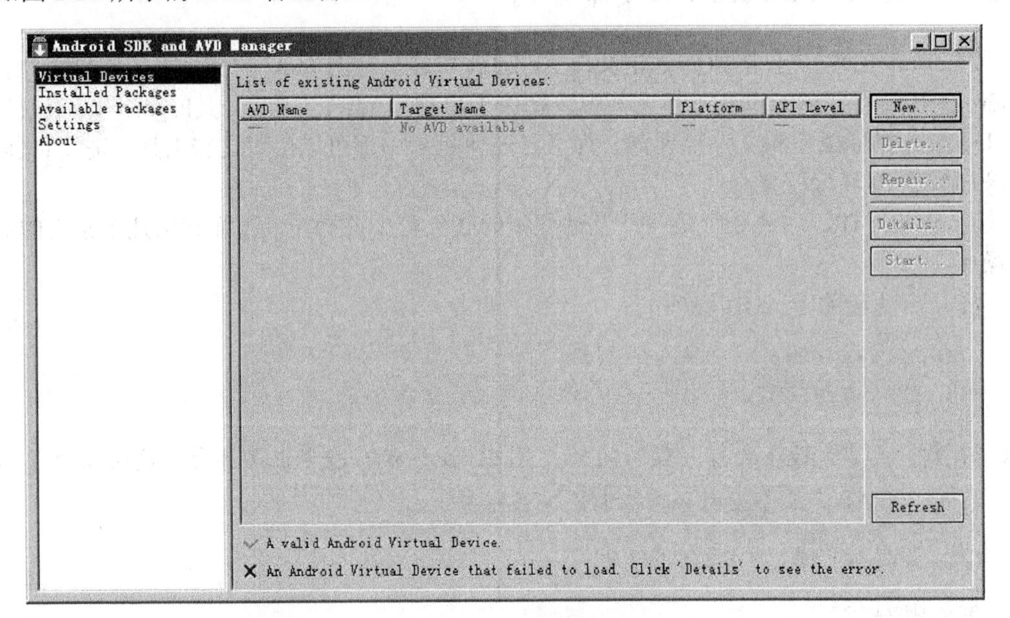

图 2-23 AVD 管理窗口

(2) 单击 New 按钮，将弹出如图 2-24 所示的创建新的 AVD 窗口。

在 Name 文本框中输入新创建的 AVD 的名字，在 Target 下拉列表框中选择目标平台版本规范，在 SD Card 选项组中设置模拟的 SD Card 的容量大小，在 Hardware 选项组中设置模拟的硬件设备的属性参数。

(3) 设置完成后，单击 Create AVD 按钮，将显示如图 2-25 所示的创建 AVD 成功提示对话框。

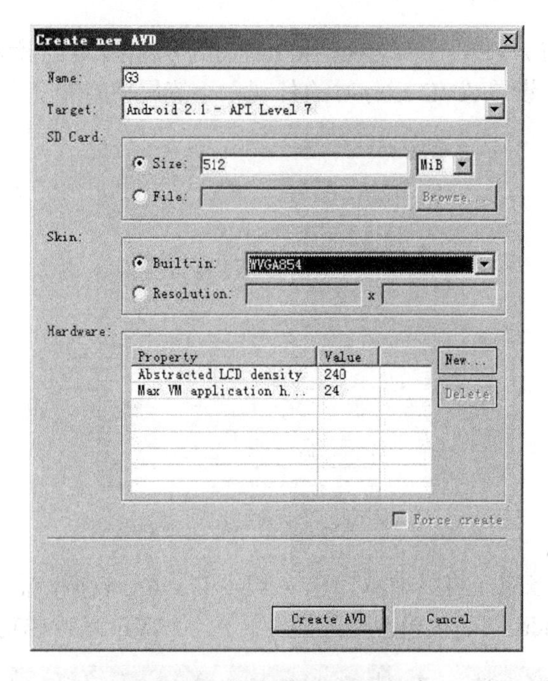

图 2-24　创建新的 AVD 窗口

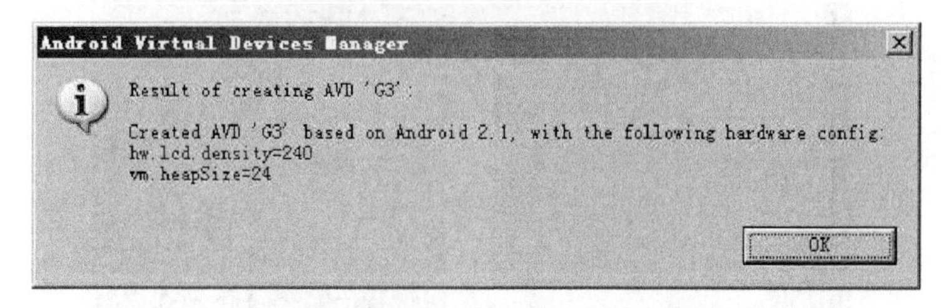

图 2-25　创建 AVD 成功的提示对话框

(4) 新的 AVD 创建成功后，将会出现在如图 2-26 所示的现存的 AVD 列表中。

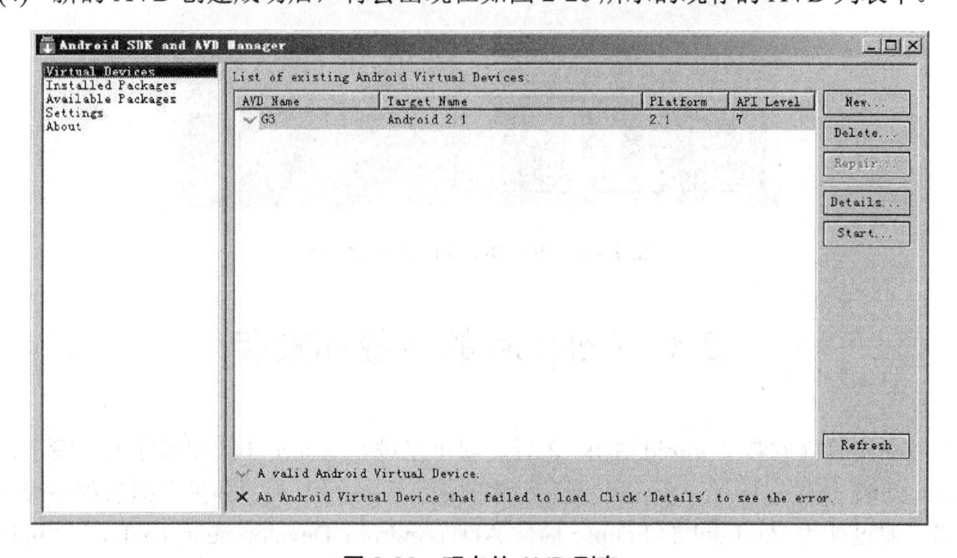

图 2-26　现存的 AVD 列表

(5) 选中要运行的 AVD，单击 Start 按钮，将显示如图 2-27 所示的加载运行选项对话框。在该对话框中可以设置 AVD 运行时的外观大小等属性。

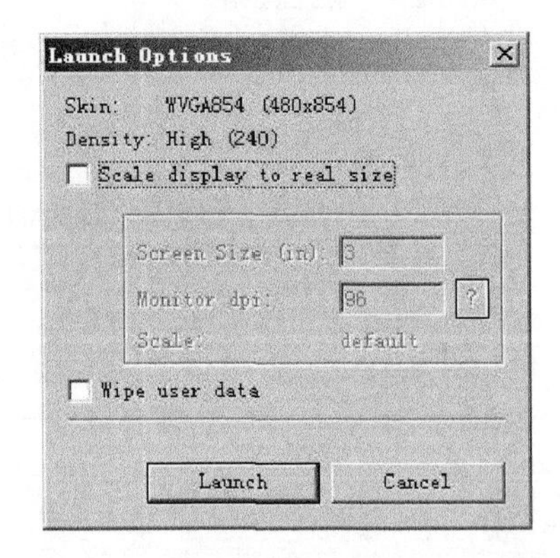

图 2-27　AVD 加载运行选项对话框

(6) 单击 Launch 按钮，将启动 AVD，AVD 首次运行较慢，需要几分钟的时间。当显示如图 2-28 所示的 Android 手机模拟器界面时，表示 AVD 运行成功。

图 2-28　Android 模拟器运行界面

2.4　Eclipse 的下载和安装

虽然在正确地安装 Android SDK 之后，就可以进行 Android 应用程序的开发了，但是 Android SDK 仅仅提供了 Android 应用程序的编译和执行工具，并没有提供程序代码编写的环境。通过使用 Android 的 Eclipse 插件 ADT(Android Development Tools)，就可以在强大的 Eclipse 集成开发环境中构建 Android 应用程序了。

2.4.1　下载 Eclipse

Eclipse 是可以免费使用的软件，从 Eclipse 的官方站点 http://www.eclipse.org 上可以直接下载。本书使用的是 Eclipse 最新版本 3.5。该版本需要在 JDK 5.0 及以上版本下运行。Eclipse 3.5 的下载页面如图 2-29 所示。

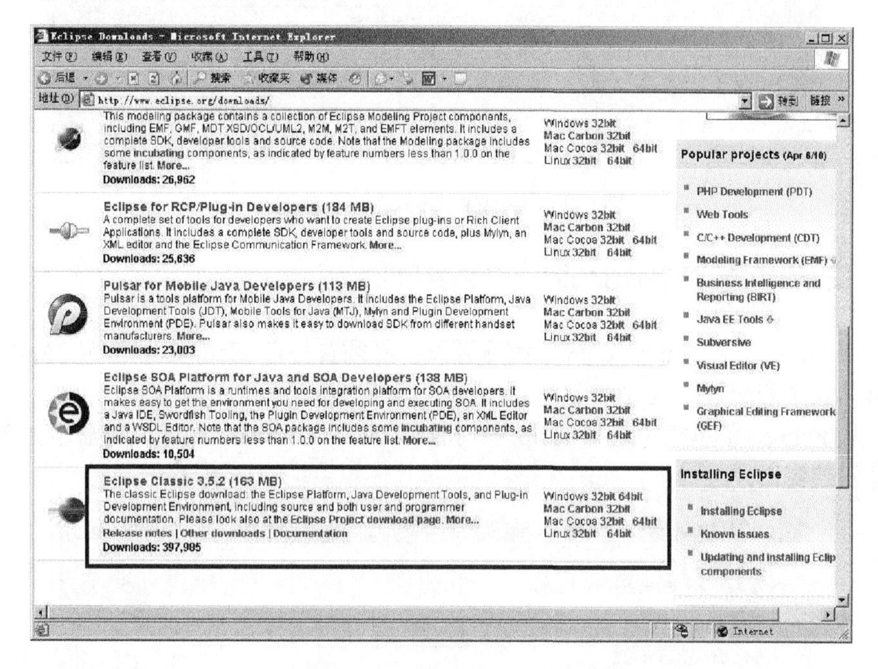

图 2-29　Eclipse 3.5 的下载页面

2.4.2　安装 Eclipse

下载完成后，将 Eclipse 压缩文件直接解压到例如“F:\”的某个路径下面，解压后的目录名称为 eclipse。

然后，双击 eclipse 文件夹中的可执行文件 eclipse.exe，如果系统中已经正确安装和配置过 JDK，Eclipse 就将正确启动，会显示如图 2-30 所示的启动界面。

图 2-30　Eclipse 启动界面

启动界面过后，将显示如图 2-31 所示的选择 Eclipse 工作台路径的窗口，在其中设置工作台的路径后，单击 OK 按钮，就将进入 Eclipse 的主界面。

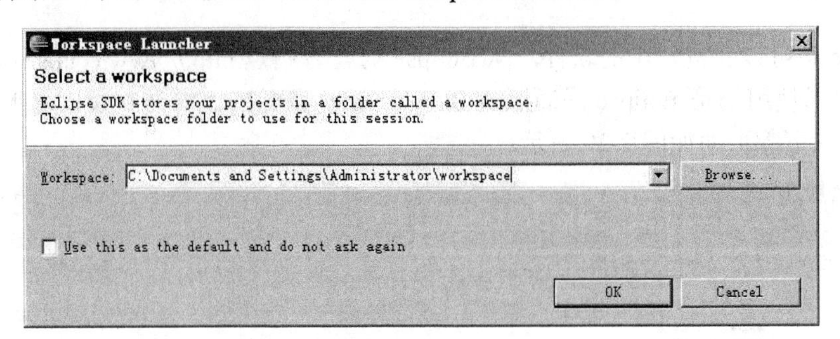

图 2-31 选择 Eclipse 工作台的路径

2.4.3 安装和配置 Android 插件(ADT)

要使 Eclipse 支持 Android 应用程序开发，必须首先在 Eclipse 中安装 Android 插件 ADT。具体安装和配置的过程如下。

(1) 从 Eclipse 菜单栏中选择 Help → Install New Software 命令，将显示如图 2-32 所示的软件安装窗口。

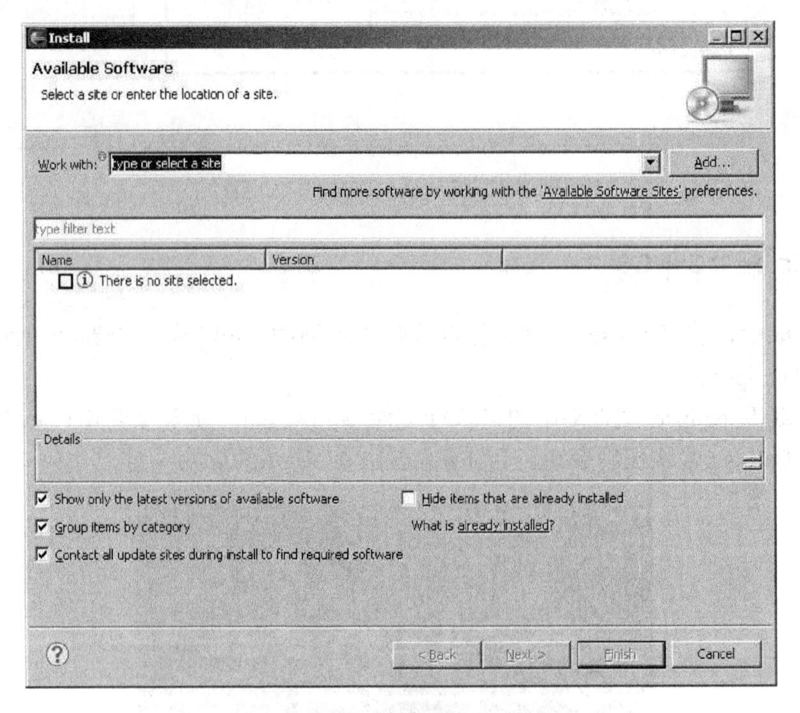

图 2-32 软件安装窗口

(2) 单击 Add 按钮，将弹出如图 2-33 所示的添加站点对话框。在 Name 文本框中输入站点的名称，在 Location 文本框中输入站点的地址。

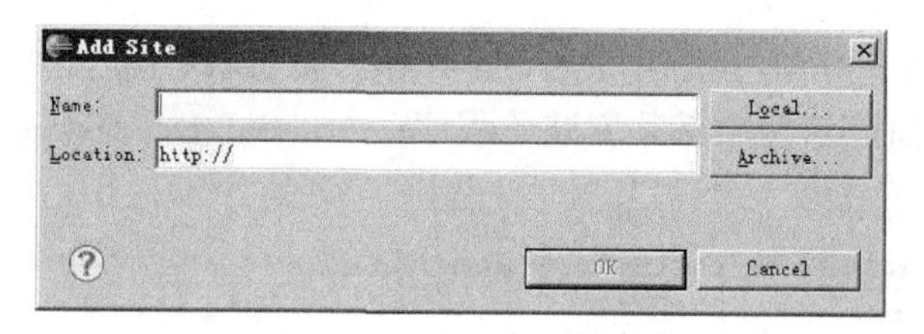

图 2-33　添加站点对话框

(3) 安装 ADT 插件时，可以选择在线安装，也可以选择将插件下载到本地进行安装。在线安装时，在 Location 文本框中输入如下地址：

```
http://dl-ssl.google.com/android/eclipse/
```

本地安装时，单击 Archive 按钮，选择对应的 zip 插件文件。本书采用的是本地安装方式，选择插件后的安装界面如图 2-34 所示。

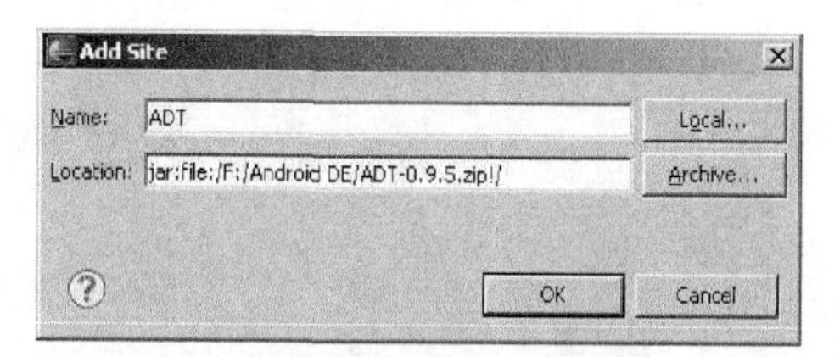

图 2-34　本地安装 ADT 插件

(4) 设置完成后，单击 OK 按钮，将显示安装向导对话框，该对话框中包括可以安装的内容，如图 2-35 所示。

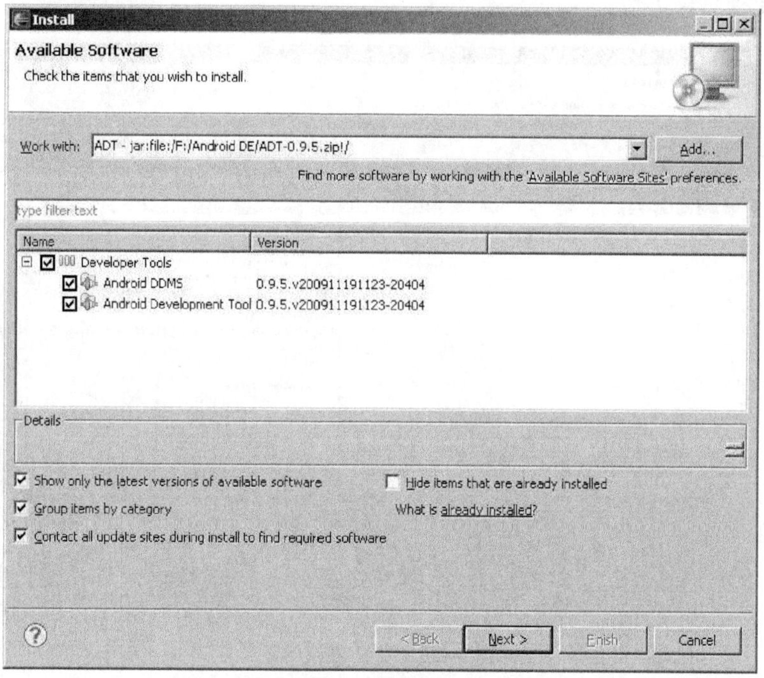

图 2-35　显示要安装的内容

(5) 选中要安装的内容之后，单击 Next 按钮，将显示如图 2-36 所示的检查安装软件的信息界面。该界面显示两项必须安装的程序：Android Development Tools 和 Android DDMS。

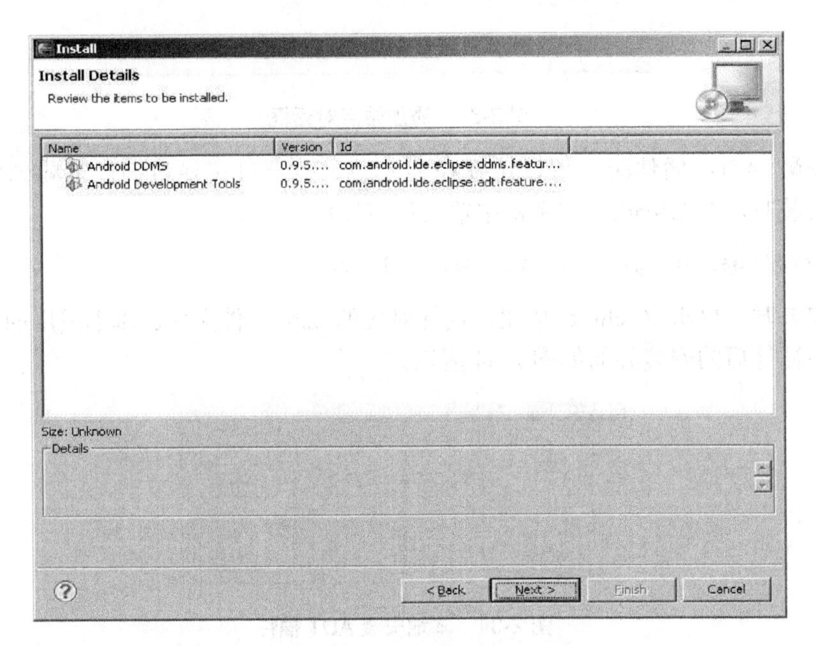

图 2-36 检查安装软件的信息界面

(6) 确认无误后，单击 Next 按钮，将显示如图 2-37 所示的安装协议界面。它跟一般应用程序的授权协议类似。

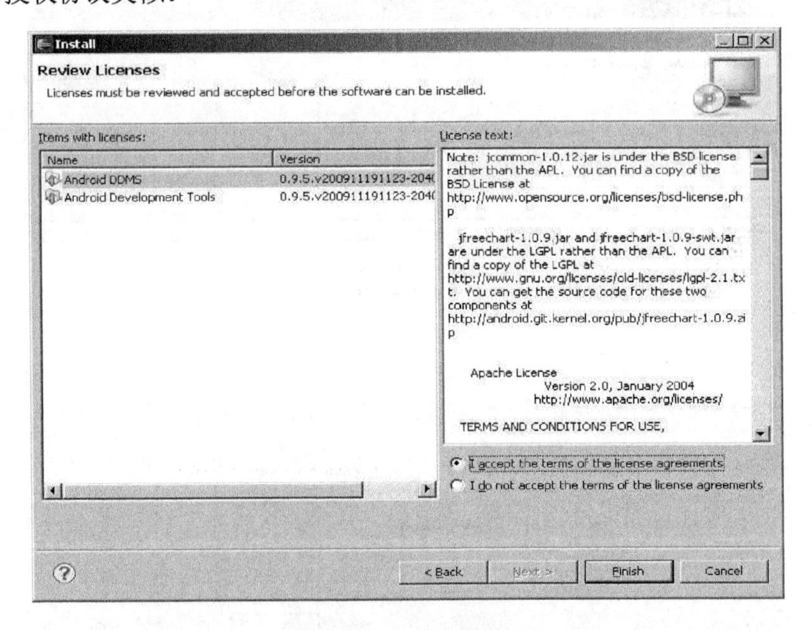

图 2-37 安装协议界面

(7) 选择“I accept the terms of the license agreements”选项，同意接受安装协议后，单击 Finish 按钮，将开始安装 ADT 插件，并显示如图 2-38 所示的安装进度对话框。

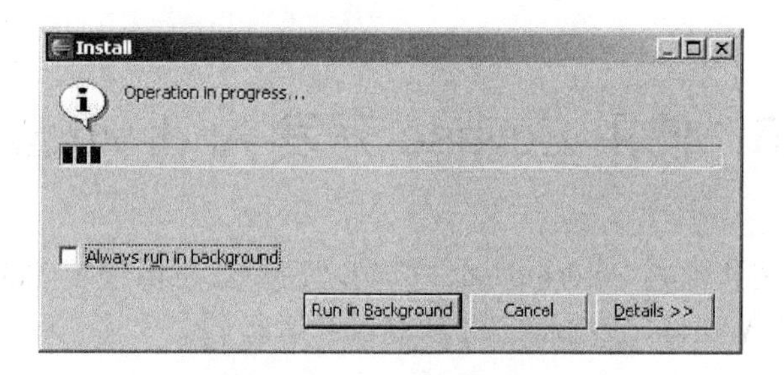

图 2-38　安装进度对话框

(8) 当安装完成后，将显示如图 2-39 所示的软件更新成功对话框，单击 Yes 按钮重新启动 Eclipse，则安装在 Eclipse 中的 ADT 插件将生效。

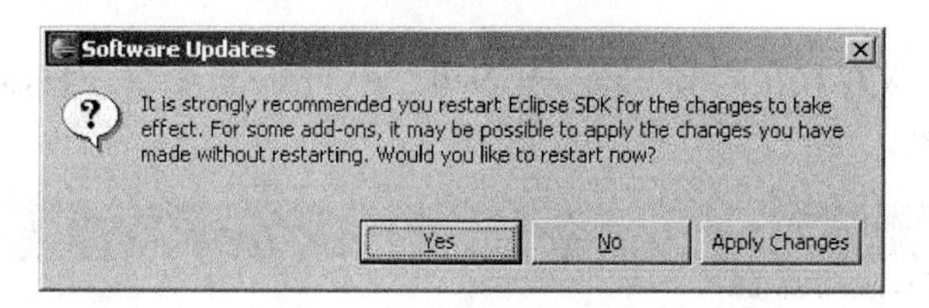

图 2-39　显示软件更新成功的对话框

(9) ADT 插件安装完成之后，需要在 Eclipse 中进行配置。选择 Eclipse 菜单栏中的 Window → Preferences 命令，在弹出的如图 2-40 所示的对话框的左侧选择“Android”选项，在窗口的右侧选择 Android SDK 的安装目录，这时下面的列表中将显示所有可用的目标平台版本规范。至此，所有准备工作都已经就绪，随时可以开始建立 Android 项目。

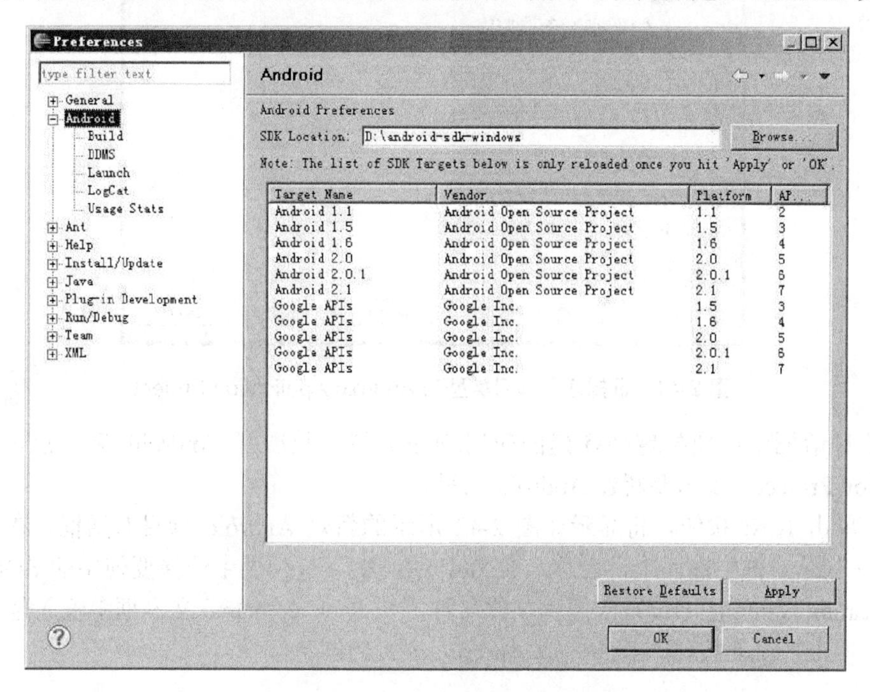

图 2-40　Eclipse 中配置 ADT 插件

2.5 使用 Eclipse 开发 Android 应用

在 Eclipse 中安装和配置 Android 插件成功之后，就可以使用 Eclipse 开发 Android 应用程序了，并可以对 Android 应用程序进行调试和运行。

2.5.1 使用 Eclipse 创建 Android 项目

ADT 插件提供了一个工程向导，可以帮助开发者快速地建立 Android 项目，具体步骤如下。

(1) 从 Eclipse 菜单栏中选择 File → New → Project 命令，将显示如图 2-41 所示的新建项目向导对话框。

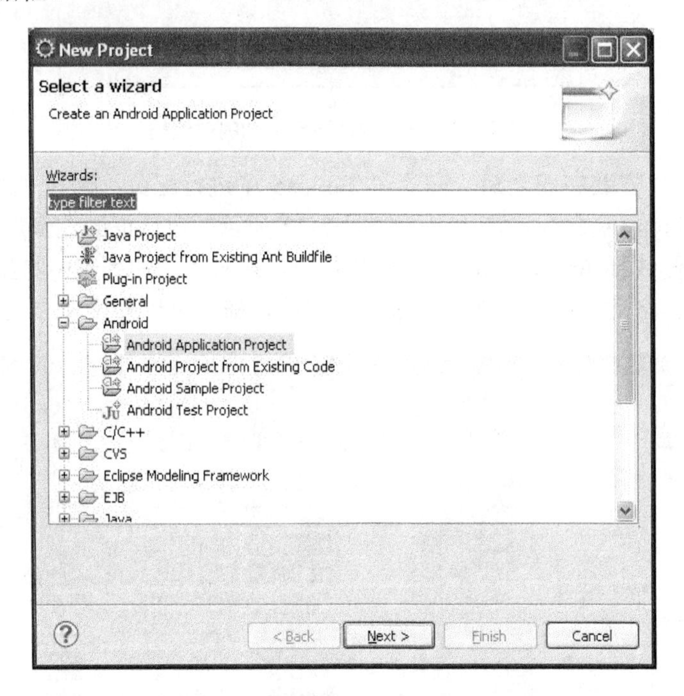

图 2-41 选择建立项目类型为 Android Application Project

在该对话框中需要指定要新建的应用程序类型，故展开 Android 后，点击 Android Application Project，表示要新建 Android 项目。

(2) 单击 Next 按钮，将显示如图 2-42 所示的新建 Android 项目对话框，在该对话框的 Project Name 框中输入项目名称，在 Build SDK 下拉列表中选择要使用的 SDK 版本，在 Application Name 框中设置应用程序的名称，在 Package Name 文本框中输入包名。

(3) 单击 Finish 按钮，就将完成 Android 项目的创建。

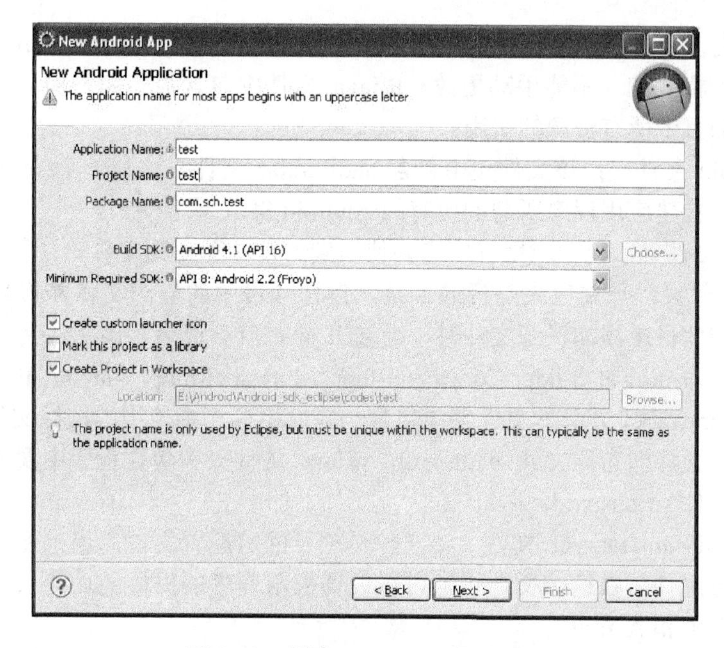

图 2-42　新建 Android 项目对话框

2.5.2　Eclipse 中 Android 项目架构

Eclipse 的 Package Explorer 透视图中，新创建的 Android 项目的架构如图 2-43 所示。

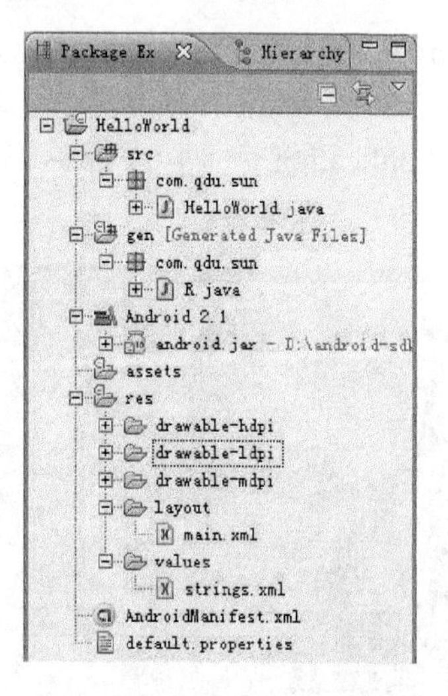

图 2-43　Android 项目架构

通过该透视图可以看到，项目的根目录 HelloWorld 中包含了一些自动生成的文件和文件夹，它们是组成 Android 应用程序的必需部分，它们在应用程序中所起到的作用和主要功能如下。

- src 文件夹：该文件夹用来存放项目中的所有源文件，当项目刚创建时，该文件夹中将包含 activity 的源文件，以后用户创建的所有源文件也都将存放在该文件夹中。

- gen 文件夹：该文件夹中包含一个在创建项目时自动生成的 R.java 文件，该文件是只读模式的，不能手动更改。R.java 文件中包含很多静态类，这些静态类用来表示项目中所有资源的引用。
- Android 文件夹：该文件夹中包含 android.jar 文件，这是一个 Java 归档文件，其中包含构建应用程序所需的所有的 Android SDK 库和 APIs。
- assets 文件夹：包含应用程序需要使用到的视频和音频文件。
- res 文件夹：该文件夹是资源目录，包含项目中的资源文件并将其编译进应用程序。向此目录添加资源文件时，会被 R.java 自动记录。该文件夹下会有 5 个子文件夹，即 drawabel-hdpi、drawabel-ldpi、drawabel-mdpi、layout 和 values。其中，三个 drawabel 开头的文件夹中包含一些应用程序中使用的图标文件，layout 文件夹中包含界面布局文件 main.xml，values 文件夹中包含程序中要使用到的字符串引用文件 strings.xml。
- AndroidManifest.xml 文件：该文件是项目的总配置文件，用来配置应用中所使用的各种组件。在这个文件中，可以设置应用程序所提供的功能以及应用程序使用到的服务和 Activity。
- default.properties 文件：该文件负责记录项目中所需要的环境信息，例如 Android 的版本信息等。

2.5.3 Eclipse 中 Android 项目的调试和运行

使用 Eclipse 新创建的 Android 项目是可直接运行的，从 Eclipse 菜单栏中选择 Run → Run As → Android Application 命令，或者在项目名称上单击鼠标右键，从弹出的快捷菜单中选择 Run As → Android Application 命令，Eclipse 将打开默认的 Android 模拟器，显示如图 2-44 所示的 HelloWorld 程序运行结果。

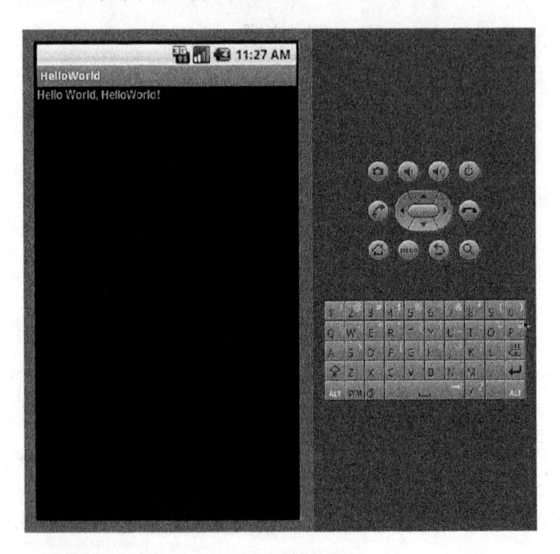

图 2-44　Android 应用程序的运行结果

如果要对 Android 应用程序进行调试，可以从 Eclipse 菜单栏中选择 Run → Debug As → Android Application 命令，或者在项目名称上单击鼠标右键，从弹出的快捷菜单中选择

Debug As → Android Application 命令，就将进入程序调试过程。

2.5.4　创建一个 Android 应用：Welcome Android

下面，通过一个在屏幕上显示 Welcome Android 的实例，来描述 Android 应用的开发过程。

1. 创建 Android 工程

根据 2.5.1 小节中所述的步骤，创建一个名为“HelloWorldText”的 Android 应用，其中创建的 Activity 的类名也是 HelloWorldText。项目创建完成后，该类中的默认代码如下所示。

【例 2.1】 HelloWorldText 类代码：

```
import android.app.Activity;
import android.os.Bundle;

public class HelloWorldText extends Activity {
    /** Called when the activity is first created. */
    @Override
    public void onCreate(Bundle savedInstanceState) {
        super.onCreate(savedInstanceState);
        setContentView(R.layout.main);
    }
}
```

该类开头的 import 语句表示从 Android SDK 的 android.jar 中导入特定的类，这两句导包语句是必需的。

在定义用户的 Activity 类时，必须继承 Android 提供的 android.app.Activity。该类中包含的代码用来定义如何创建、显示和运行应用程序，在该类的默认代码中，只包含了一个 onCreate()方法，在该方法中首先调用父类中的 onCreate()方法，然后调用 setContentView()方法，该方法的作用是根据 main.xml 文件中的配置代码来设置 Activity 的界面内容。该方法中所需的参数是“R.layout.main”，其中 R 表示在创建项目时自动生成的 R.java 文件，该文件中的代码不要手工修改。

项目创建后，该文件的默认代码如下所示：

```
package com.qdu.sun;

public final class R {
    public static final class attr {
    }
    public static final class drawable {
        public static final int icon = 0x7f020000;
    }
    public static final class layout {
        public static final int main = 0x7f030000;
    }
    public static final class string {
```

```
        public static final int app_name = 0x7f040001;
        public static final int hello = 0x7f040000;
    }
}
```

通过上述代码可以看到，该类中定义了很多静态最终类，实际上这些静态类是指向项目中资源的指针。这时候理解 HelloWorldText 类中的代码 setContentView(R.layout.main)就很容易了，该方法的参数就是表示 R 类中的 layout 内部类中的 main 变量，通过该变量就可以引用 main.xml 文件了。

2. 修改 android:text 属性

修改布局文件项目的 res/layout 目录中包含一个 XML 文件 main.xml，该文件中定义了程序界面布局以及界面中所需的组件的声明，因此程序界面的设计实际上可以通过编写该 XML 文件来完成。

HelloWorldText 项目中 main.xml 文件的默认代码如下所示：

```
<?xml version="1.0" encoding="utf-8"?>
<LinearLayout xmlns:android="http://schemas.android.com/apk/res/android"
  android:orientation="vertical"
  android:layout_width="fill_parent"
  android:layout_height="fill_parent">
    <TextView
      android:layout_width="fill_parent"
      android:layout_height="wrap_content"
      android:text="@string/hello" />
</LinearLayout>
```

<TextView>标签用来声明一个 TextView 组件对象，在该标签中，android:text 属性表示 TextView 组件所显示的内容，该属性的属性值@string/hello 表示引用项目 res/values 目录中的 strings.xml 文件中 name 为“hello”的字符串。

strings.xml 文件的默认代码如下所示：

```
<?xml version="1.0" encoding="utf-8"?>
<resources>
    <string name="hello">Hello World, HelloWorldText!</string>
    <string name="app_name">HelloWorldText</string>
</resources>
```

通过上述代码可以看到，strings.xml 文件中 name 为 hello 的字符串是“Hello World, HelloWorldText!”，也就是说，在界面中将通过 TextView 组件显示字符串“Hello World, HelloWorldText!”。当然，用户可以修改要显示的字符串内容，例如，如果要在屏幕中显示“Welcome Android”字符串，则需要将 strings.xml 中对应的代码修改如下：

```
<string name="hello">Welcome Android</string>
```

修改完成后，运行 HelloWorldText 项目，在打开的 Android 模拟器中将显示如图 2-45 所示的运行结果。

图 2-45　HelloWorldText 运行结果

注意：除了使用 XML 设置显示的字符串之外，还可以通过 View 类提供的 setText()方法设置要显示的字符串，具体代码如下：

```
TextView HelloWorldTextView = new TextView(this);
HelloWorldTextView.setText("Welcome Android ");
setContentView(HelloWorldTextView);
```

2.6　Android 常用的开发工具

2.6.1　配置工具(AVD)

AVD(Android Virtual Device)就是 Android 运行的虚拟设备。建立的 Android 要运行，有两种方式，一种是连接外接设备；一种是创建 AVD，每个 AVD 上可以配置很多的运行项目。

创建 AVD 的方法有两种，一种是通过 Eclipse 创建，另一种是通过 Android SDK 提供的命令创建。创建 AVD 的方式已经在 2.3.5 小节中详细介绍了，下面再详细讲述如何使用命令行创建 AVD。

(1) 在命令行方式中找到 Android SDK 所在的 Tools 的路径，输入命令：

```
android create avd --target 2 --name Test_AVD
```

(2) 然后输入命令，启动虚拟：

```
emulator -avd Test_AVD
```

这样所编写的 Android 的程序就可以在 AVD 上面运行了。

注意：低版本 SDK 的程序可以运行在高版本之上，所以当我们创建了多个 AVD，并有几个版本等于或者高于所运行的项目的 SDK 时，就会让我们选择所运行的 AVD。

2.6.2　Android 仿真器(Emulator)

Android 中提供了一个仿真器来模拟 ARM 核的移动设备。仿真器的出现无疑是广大程序开发人员的福音，它为开发人员提供了很多开发和测试时的便利。不管是在 Windows 下、Linux 下，还是 Mac OS 下，Android 仿真器(也称模拟器)都可以顺利运行。如前面所讲，开发人员可以通过 Eclipse 创建仿真器，同时也可以通过命令行创建。

Emulator 的功能非常齐全，可以使用电话本、通话等功能，使用其内置的浏览器和 Google Maps 来访问外部网络，使用键盘输入，鼠标点击模拟器按键输入，甚至还可以使用鼠标点击、拖动屏幕进行操纵。当然仿真器毕竟是仿真器，与真实的 Android 设备还是存在差别的，Android 仿真器与真机的不同之处如下。

- Android 仿真器不支持呼叫和接听实际来电；但可以通过控制台模拟电话呼叫(呼入和呼出)。
- Android 仿真器不支持 USB 连接。
- Android 仿真器不支持相机/视频捕捉。
- Android 仿真器不支持音频输入(捕捉)；但支持输出(重放)。
- Android 仿真器不支持扩展耳机。
- Android 仿真器不能确定连接状态。
- Android 仿真器不能确定电池电量水平和交流充电状态。
- Android 仿真器不能确定 SD 卡的插入/弹出。
- Android 仿真器不支持蓝牙。

图 2-46 显示了仿真器里面 Android 自带的一些应用。

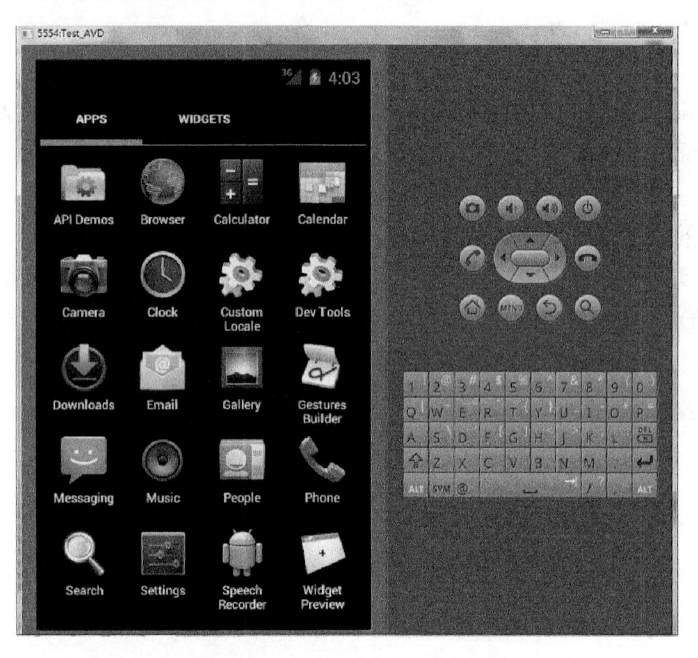

图 2-46　Android 仿真器应用程序

2.6.3　图形化调试工具(DDMS)

DDMS 的全称为 Dalvik Debug Monitor Service。DDMS 为 IDE 和 Emulator 及真正的 Android 设备架起了一座桥梁，Android DDMS 将捕捉到终端的 ID，并通过 ADB 建立调试器，从而实现发送指令到测试终端的目的。它给我们提供了很多服务，例如，为设备截屏，查看进程及信息，广播状态信息，模拟电话呼叫，接收 SMS，虚拟物理坐标等。

当我们在开发的时候，程序的调试是必不可少的，当然这是最直接、有效定位问题的方法，但是使用该方式来定位问题效率相对较低，如果可以查看问题日志，就可以使定位问题的效率提高。

在系统维护的时候，DDMS 的重要性就更为突出了，因为此时系统已经运行在服务端，我们很难去调试，即使调试有时也无法还原、捕捉到当时的异常(测试环境与真实环境难免有差异)，特别是一些我们认为很“灵异”的异常(经常维护系统的人就会了解)，尤其是文件读写权限、Office 的读写权限、网络异常、性能瓶颈等外部异常。这个时候，我们就很有必要在有可能出现这些异常的地方 try catch，一旦系统出现异常，我们的第一反应就是查看日志文件，分析问题的所在，快速定位，及时处理，DDMS 可以为我们解决这些问题。启动 DDMS 有两种方法：

- 从命令行进入到 SDK 所在目录 tools 下，运行 DDMS.bat 启动。
- 在 Eclipse 中启动，如图 2-47 所示。

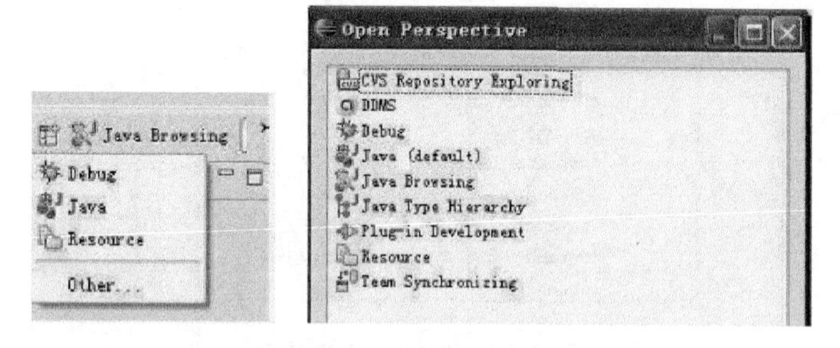

图 2-47　运行 DDMS

在 Eclipse 界面的右上角，点击添加工具图标，选中 DDMS 并确定，Eclipse 窗口的右上角就会出现 DDMS 图标，点击该图标开启 DDMS。运行效果如图 2-48 所示。

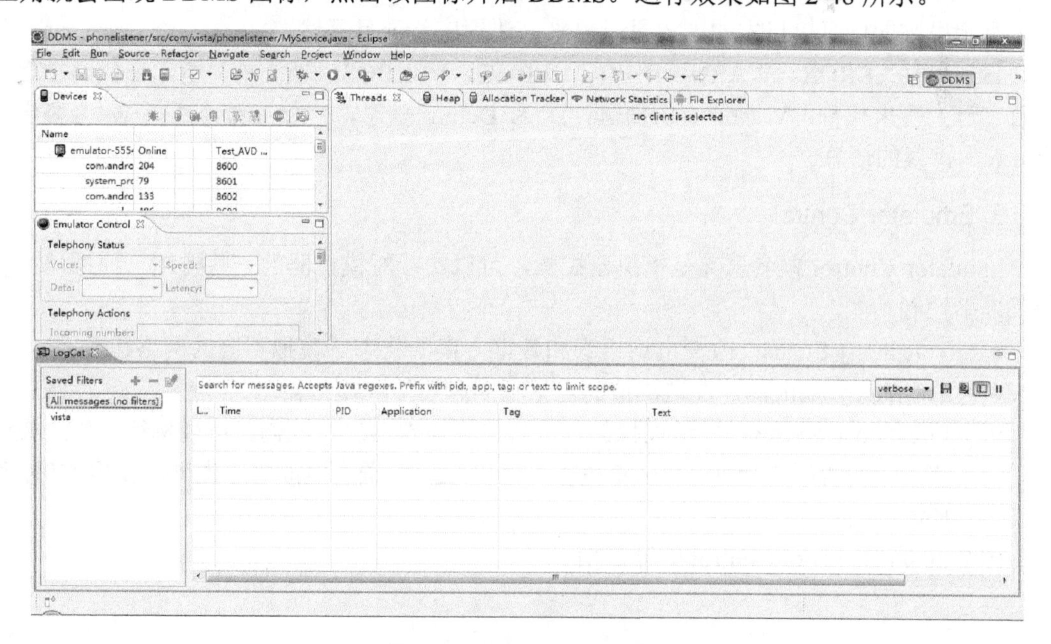

图 2-48　DDMS 的运行效果

对 DDMS 的部分功能介绍如下。

1. Device 窗口

Device 窗口显示了所有当前能找到的所有模拟器或设备列表、每个设备当前正在运行的以及每个模拟器正在运行的 APP 进程。

进程名称是按程序的包名来显示的，同时提供如下功能：调试某个进程，更新某个进程，更新进程堆栈信息，停止某个进程。最后一个工具按钮是用来抓取模拟器或者设备当前的屏幕，如图 2-49 所示。

Devices

Name			
emulator-5554	Online		Test_AVD ...
com.andro	204		8600
system_prc	79		8601
com.andro	133		8602
com.andro	406		8603
android.pr	225		8604
com.andro	258		8605
com.andro	424		8606
android.pr	291		8607
com.andro	322		8608
com.andro	159		8609
com.andro	334		8610
com.andro	298		8611

图 2-49　Device 窗口信息

2. LogCat

LogCat 主要是显示日志信息，它是最实用的一个 Android 程序的调试工具。它会把系统所显示出来的信息以日志的形式显示出来，让程序员一目了然。

日志包括 ERROR、WARN、INFO、DEBUG、VERBOSE 等 5 种类型，在代码中使用其首字母大写来代替：V 为所有的信息，D 为 Debug 信息，I 为 info 信息，W 为警告信息，E 为错误的信息。

3. Emulator Control

Emulator Control 顾名思义是模拟器控制，可以实现对模拟器的一些控制。模拟器控制提供以下控制功能。

- Telephony Status：改变电话语音和数据方案的状态，模拟不同的网络速度。
- Telephony Actions：发送模拟的电话呼叫和短信到模拟器。
- Location Controls：发送虚拟的定位数据到模拟器里，我们就可以执行定位之类的操作。可以手工地在 Manual 里输入经度纬度发送到模拟器，也可以使用 GPX 和 KML 文件。

图 2-50 为 Emulator Control 的窗口信息。

图 2-50　Emulator Control 窗口信息

2.6.4　命令行调试工具(ADB)

ADB 的全称是 Android Debug Bridge，是 Android 提供的一个调试工具，通过这个工具，我们可以方便地管理设备或模拟器。ADB 命令在 SDK 目录 tools 下，建议开发人员将其配置到 PATH 环境变量中。

1. 启动和关闭 ADB 服务

在虚拟机运行一段时间之后，ADB 有可能会因为一些异常而不能正确运行，这时候就需要我们来手动关闭，然后再启动。

- 关闭命令：adb kill-server
- 启动命令：adb start-server

2. 查看当前运行的设备或模拟器

不仅可以在 Eclipse 中通过 Device 查看当前运行的设备，同时也可以通过 ADB 命令进行查看。执行 adb devices 命令后，就可以查看设备信息，如图 2-51 所示。

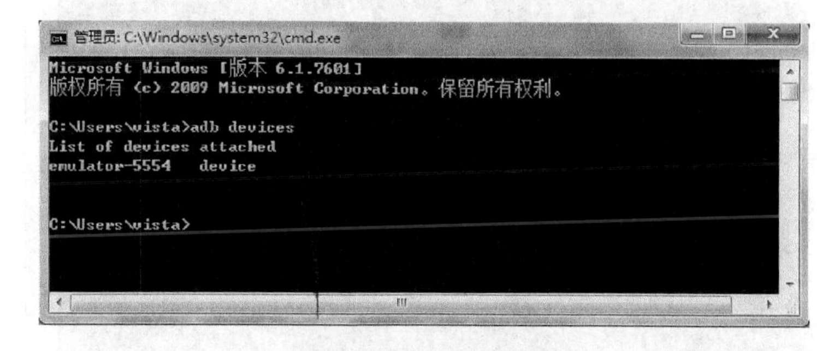

图 2-51　查看设备信息

emulator-5554 表示模拟器，其中 5554 表示 adb 服务为该模拟器实例服务的端口号，每启动一个模拟器实例，该端口号都不同。

3. ADB 的一些常用方法

(1) 安装、卸载

首先，在安装或者卸载之前，要保证至少有一个设备或者模拟器处在运行状态。可以通过上面介绍的命令来查看。比如说，要安装 weibo.apk 到 emulator-5554 这个虚拟机，使用如下命令：

```
adb install weibo.apk
```

这样 weibo 的这个程序就安装到 emulator-5554 这台虚拟机上面了。假设 weibo 中的 package 是 com.sina.weibo，我们可以使用如下命令卸载：

```
adb uninstall com.sina.weibo
```

注意： 上面的方法只针对 devices 中只有一个设备或虚拟机的情况，如果有多个，那就要用 -s 这个参数来进行指定了，如 adb -s emulator-5554 install weibo.apk。所以使用 adb 操作命令时，在遇到多个设备或模拟器的时候都要进行指定。

(2) 运行程序

运行设备或模拟器上面指定的程序需要用到 am 命令，同时我们需要知道有关程序的两个内容，即 package name 和 Activity name，例如，weibo 程序的 package name 为 com.sina.weibo，Activity name 为 WeiboActivity，使用如下命令运行：

```
adb shell am start -n com.sina.weibo/.WeiboActivity
```

(3) Shell 控制台

众所周知，Android 底层是 Linux，那么 Linux 的命令当然可以在 Android 上面运行了，还是通过 ADB 这个工具，运行 adb shell 命令，即可进入到 Shell 控制台。控制台如图 2-52 所示。

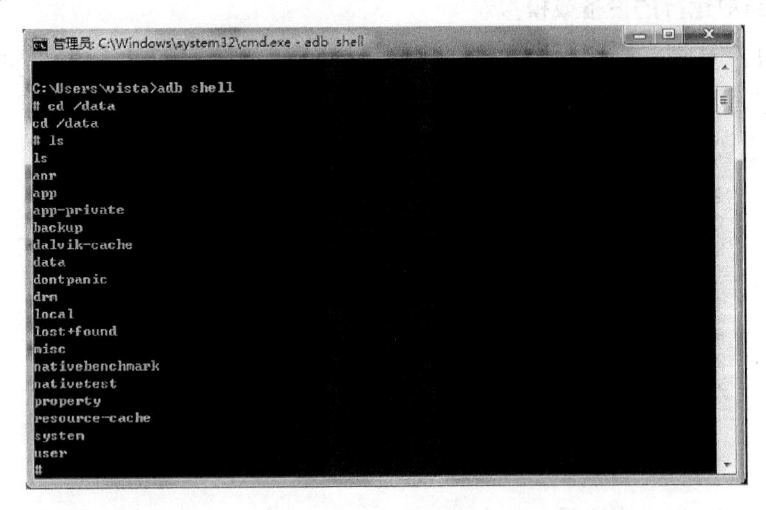

图 2-52 Shell 控制台

(4) 与 PC 交换文件

ADB 还有一个强大的功能，通过 pull 命令可以把设备或模拟器中的文件传到 PC，也可以通过 push 把 PC 上的文件传到设备或模拟器。传文件到 PC 的命令如下：

```
adb pull /data/weibo.jpg weibo.jpg
```

传文件到设备或模拟器的命令如下：

```
adb push weibo.jpg /data/weibo.jpg
```

2.6.5　资源打包工具(AAPT)

AAPT(Android Asset Packaging Tool)是标准的 Android 辅助打包工具，位于 SDK 的 tools/文件夹下。该工具允许查看、创建或更新 ZIP 兼容格式(zip、jar、apk)的文档，并且能将资源编译到二进制格式的包中。

1. 列出 apk 包的内容

列出 apk 包的内容的命令如下所示：

```
aapt l Test.apk
```

图 2-53 显示了该命令的执行结果。

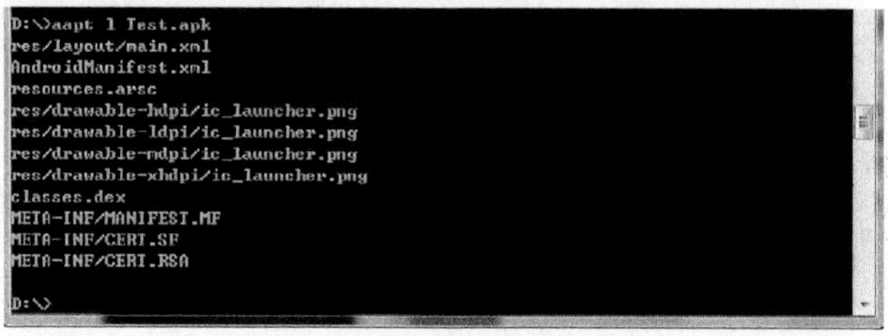

```
D:\>aapt l Test.apk
res/layout/main.xml
AndroidManifest.xml
resources.arsc
res/drawable-hdpi/ic_launcher.png
res/drawable-ldpi/ic_launcher.png
res/drawable-mdpi/ic_launcher.png
res/drawable-xhdpi/ic_launcher.png
classes.dex
META-INF/MANIFEST.MF
META-INF/CERT.SF
META-INF/CERT.RSA

D:\>
```

图 2-53　列出包的内容

2. 查看 apk 的信息

查看 apk 包信息的命令如下所示：

```
aapt d badging Test.apk
```

图 2-54 显示了该命令的执行结果。

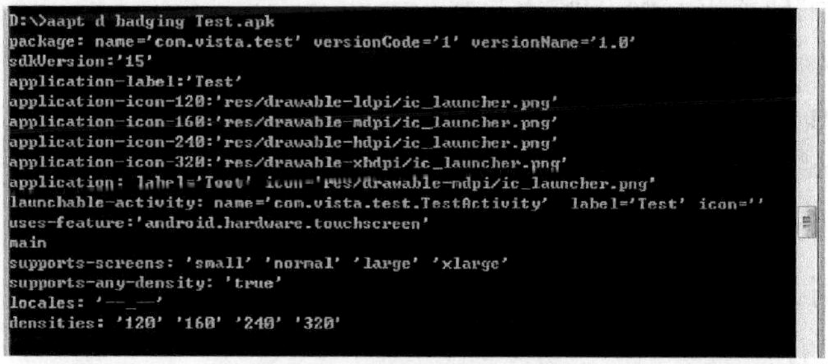

```
D:\>aapt d badging Test.apk
package: name='com.vista.test' versionCode='1' versionName='1.0'
sdkVersion:'15'
application-label:'Test'
application-icon-120:'res/drawable-ldpi/ic_launcher.png'
application-icon-160:'res/drawable-mdpi/ic_launcher.png'
application-icon-240:'res/drawable-hdpi/ic_launcher.png'
application-icon-320:'res/drawable-xhdpi/ic_launcher.png'
application: label='Test' icon='res/drawable-mdpi/ic_launcher.png'
launchable-activity: name='com.vista.test.TestActivity'  label='Test' icon=''
uses-feature:'android.hardware.touchscreen'
main
supports-screens: 'small' 'normal' 'large' 'xlarge'
supports-any-density: 'true'
locales: '--_--'
densities: '120' '160' '240' '320'
```

图 2-54　查看 apk 信息

3. 编译 Android 资源

(1) 将工程的资源编译到 R.java 文件

该命令的格式为：

```
aapt package -m -J -S -I -M
```

注意： 编译 Android 资源前，首先需要查看资源文件来确定 Android SDK 的版本。查看资源文件时，通常会看到很多 Android 版本(如图 2-55 所示)，选择相应的版本进行编译。

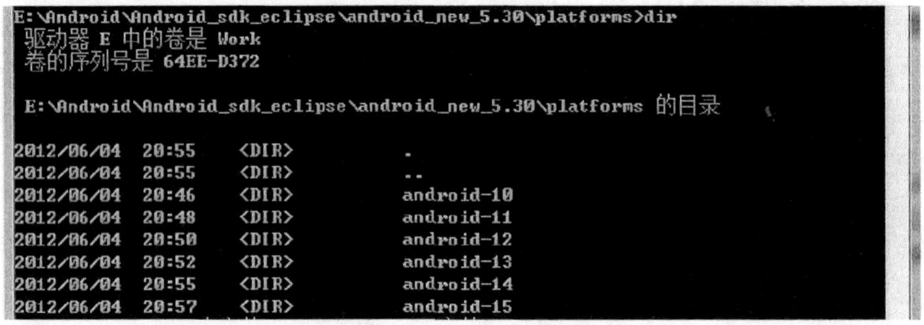

```
E:\Android\Android_sdk_eclipse\android_new_5.30\platforms>dir
 驱动器 E 中的卷是 Work
 卷的序列号是 64EE-D372

 E:\Android\Android_sdk_eclipse\android_new_5.30\platforms 的目录

2012/06/04  20:55    <DIR>          .
2012/06/04  20:55    <DIR>          ..
2012/06/04  20:46    <DIR>          android-10
2012/06/04  20:48    <DIR>          android-11
2012/06/04  20:50    <DIR>          android-12
2012/06/04  20:52    <DIR>          android-13
2012/06/04  20:55    <DIR>          android-14
2012/06/04  20:57    <DIR>          android-15
```

图 2-55 Android 的资源文件

例如，可用如下命令把当前目录下的资源(AndroidManifest.xml)编译到 R.java 文件：

```
aapt p -f -m -J gen\com\perf\ -S res -I android-1.6\android.jar -M
AndroidManifest.xml
```

(2) 将工程的资源编译到一个 APK 包里

该命令的格式为：

```
aapt package -f -S -I -A -M -F <输出的包目录+包名>
```

例如，可用如下命令把当前目录下的资源(AndroidManifest.xml)编译到 APK 文件：

```
aapt p -f -S res -I android-1.6\android.jar -A assets -M AndroidManifest.xml
-F Test.apk
```

其中：

- -f：如果编译出来的文件已经存在，强制覆盖。
- -M：使生成的包的目录存放在-J 参数指定的目录。
- -J：指定生成的 R.java 的输出目录。
- -S：res 文件夹路径。
- -A：assert 文件夹路径。
- -I：某个版本平台的 android.jar 的路径。
- -F：具体指定 APK 文件的输出。

4. 添加文件到打包好的 apk 中

该命令的格式为：

```
aapt a <你的 apk 文件路径> <想要添加的文件路径>
```

5. 移除打包好的 apk 中的文件

该命令的格式为：

```
aapt r <你的 apk 文件路径> <想要移除的文件名>
```

2.6.6　获取日志工具(LogCat)

LogCat 主要是显示日志信息，它是最实用的一个 Android 程序的调试工具。日志都是从各种软件和一些系统的缓冲区中记录下来的，缓冲区可以通过 LogCat 命令来查看和使用，它会把系统所显示出来的信息以日志的形式显示出来。LogCat 有两种使用方法，可以在 PC 机输入“adb logcat”来运行，也可以在 Shell 控制台中输入 LogCat 来运行。

在 LogCat 中，每一个输出的 Android 日志信息都有一个标签和它的优先级。日志的标签是系统部件原始信息的一个简要的标志。LogCat 的日志优先级是按照从低到高顺序排列的，如下所示：

- V——Verbose(最低优先级)。
- D——Debug。
- I——Info。
- W——Warning。
- E——Error。
- F——Fatal。
- S——Silent(最高优先级，无任何输出)。

在运行 LogCat 的时候，在前两列的信息中可以看到 LogCat 的标签列表和优先级别(<priority>/<tag>)。下面是一个 LogCat 输出的例子：

```
I/ActivityManager(585): Starting activity: Intent
{ action=android.intent.action... }
```

这个 log 的优先级是 I，标签列表是 ActivityManager。

日志信息包括了许多元数据域，包括标签和优先级。可以通过修改日志的输出格式，以显示出特定的数据域，通过-v 选项得到格式化输出日志的相关信息。例如用 thread 来产生的日志格式的命令为：

```
adb logcat -v thread
```

2.6.7　视图层次工具(Hierarchy Viewer)

Hierarchy Viewer(视图层次工具)也是 Google 提供的又一强大的工具，名为 SDK 目录 tools 下的 hierarchyview.bat，可以帮助程序员设计 UI、检视界面，获得 UI 布局的结构和各种信息。使用视图层次工具的过程如下。

启动模拟器或设备，并使模拟器或设备处于连接状态，然后运行 hierarchyview.bat。Hierarchy Viewer 的运行效果如图 2-56 所示。

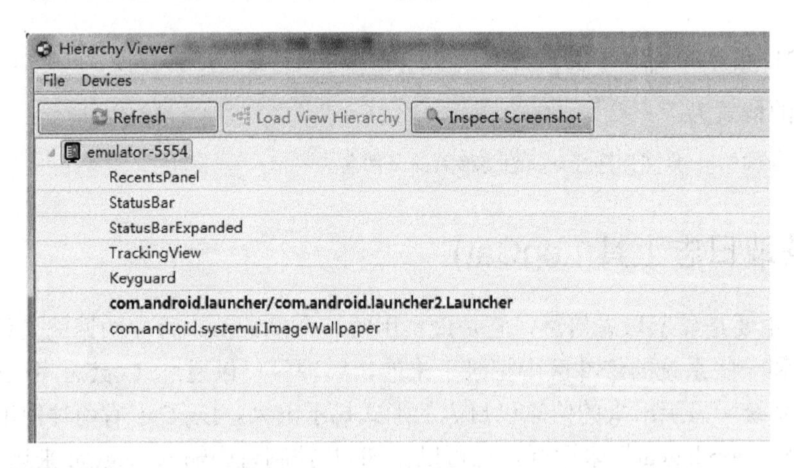

图 2-56 Hierarchy Viewer 的运行效果

图 2-56 显示了我们的模拟器或设备在当前的状况下所显示的 view 的结构信息，选中其中的某个 view，可以进入到所选 view 的一个 Layout View 的界面。如这里的 com.android.launcher/.com.android.launcher2.launcher 项，双击此项，就进入到此项的 Layout View 中，如图 2-57 所示。

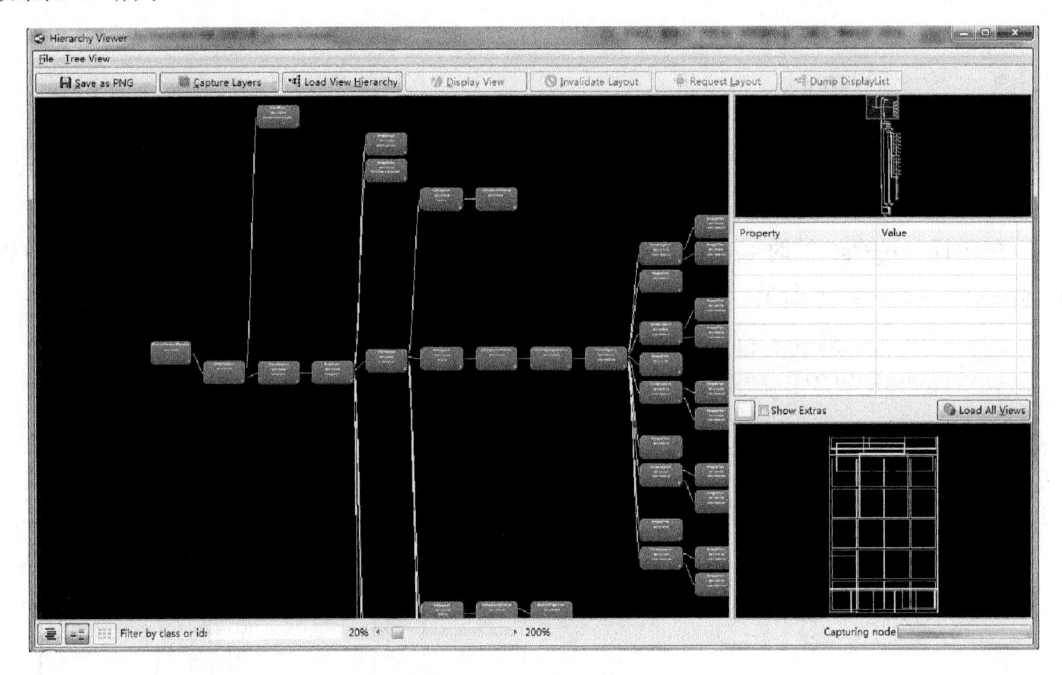

图 2-57 Layout View

右上角显示树形布局结果全局图及当前 view 在窗口中的位置，右中间显示的是某个 view 的属性信息，右下角显示界面布局图，左边页面显示的是当前窗口的树形布局结构图及当前 view 在窗口中的位置。

例如，在右下角中选择 clock 图片，则在右上角会显示此 view 在整个树形中的位置，右中部显示此 view 的属性信息，可以通过在右上角全局布局图中点击 view 标示的位置，在左边会定位到此 view，如图 2-58 所示。

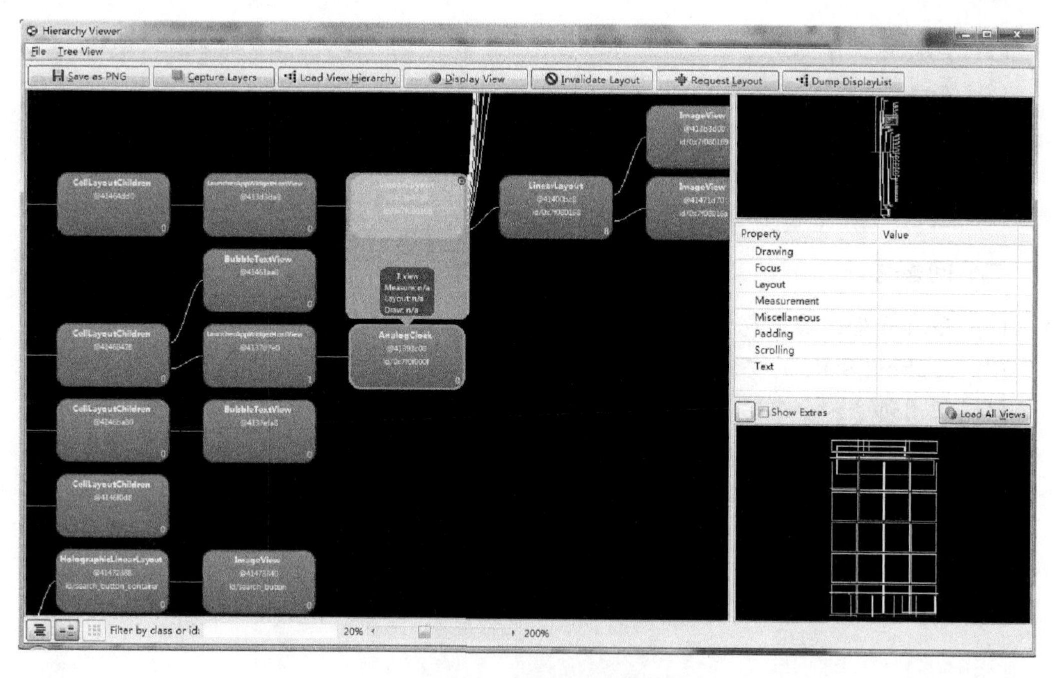

图 2-58　clock 的位置

2.7　上 机 实 训

1. 实训目的

(1)　掌握 Java 开发工具包的安装和配置。

(2)　学会下载和安装 Android 软件开发工具包。

(3)　掌握 Eclipse 的下载和安装。

(4)　学会使用 Android 开发环境开发 Android 应用。

(5)　掌握常用的 Android 开发工具。

2. 实训内容

(1)　搭建 Android 的开发环境，其中包括 JDK、SDK 和 Eclipse。

(2)　修改 2.5.4 小节中的 XML 布局，将显示的内容更改为“Hello Android”。

(3)　使用 setText 方法实现 2.5.4 小节中包含的实例。

2.8　本 章 习 题

一、填空题

(1)　开发 Java 程序的基础是____________。

(2)　编译后的 Java 程序的后缀是____________。

(3) JDK 定义了__________、__________和__________三个版本。

(4) Android SDK 安装目录下的__________存放了 Android SDK API 参考文档。

(5) Android SDK 安装目录下的__________是下载 SDK 时的缓存目录。

(6) Android SDK 安装目录下的__________存放了 Android 的开放的实例程序。

(7) LogCat 的日志优先级的最低级别是__________，最高级别是__________。

二、问答题

(1) Java 开发工具包包含哪些组件？

(2) Android SDK 的安装目录包含哪些目录，这些目录的作用分别是什么？

(3) 使用哪个命令来启动和关闭 ADB 服务？

(4) 简述 Android 项目的架构。

(5) 简要介绍 Android 仿真器与真机的不同之处。

第3章

Android 编程基础

学习目的与要求：

在学会编写 Android 程序之前，必须了解 Android 的编程基础。本章讲述编程语法、数据类型、用于实现数值操作的运算符和表达式、实现程序过程的基本控制语句以及类与对象等。对于已有程序设计语言基础的读者，本章可以快速浏览，然后通过实训题复习和巩固。而对于程序设计初学者来说，必须认真学习本章，打下扎实的程序设计语言基础。

3.1 语言要素

语言要素包括注释、标识符、分隔符以及关键字等 4 个部分。其中注释用于提高程序可读性；标识符是指常量、变量、函数、类和对象的名称，不同的语言有不同的标识符命名规则；分隔符用于区分程序中的基本元素，可分为注释、空白符和普通分隔符三种；关键字也被称为保留字，它是程序设计语言预先定义的、有特殊意义的标识符。下面将详细讲述 Android 程序开发的语言要素。

3.1.1 注释

注释是程序设计者与程序阅读者之间沟通的重要手段，注释可以改善源程序代码的可读性，使得程序条理清晰。在程序中加入作者、时间、版本、要实现的功能等内容注释，能够方便后来的维护以及程序员的交流。良好的注释风格是“优质”程序的要素，也是程序员必备的素质。当第一次接触某段代码时，代码中的注释能帮助后来的程序员更有效地分析代码。特别对于需要多人协同开发的场景而言，注释可以有效地保证程序被其他协同人员快速理解，最大限度地提高团队开发的合作效率。

注意： 注释不是程序代码，既不被编译器所编译，也不被执行。编译器在编译程序时，会忽略注释部分。

在 Android 程序设计中，注释分为三种类型：单行(Single-line)注释、块(Block)注释和文档注释。下面分别介绍这三种注释的用法。

1. 单行(Single-line)注释

单行注释只能包含一行的注释内容，有两种实现单行注释的方式：

```
//注释内容
/*注释内容*/
```

下面举一个使用单行注释的例子。

【例 3.1】单行注释实例：

```
import android.widget.TextView; //导入 TextView 类

public class HelloAndroid extends Activity {

    @Override //标注 onCreate 方法是重写父类的方法
    public void onCreate(Bundle savedInstanceState) {
        TextView myTextView; //声明一个 TextView 的对象
        String str =
          "Welcome to Android World!";//定义 TextView 中显示的字符串
        super.onCreate(savedInstanceState);
        setContentView(R.layout.main);
        myTextView = (TextView)this.findViewById(R.id.myTextViewID);
```

```
        /*调用 setText()方法设置 Android 屏幕上显示的字符*/
        myTextView.setText(str);
    }
}
```

上述程序中很多地方被放置了单行注释内容，是一段“优质”的程序代码。即使没有任何 Android 开发经验的程序员，也能快速理解这段程序的功能。

注意： “//”只能包含一行的注释内容。当使用单行注释来包含多行注释内容时，需要每一行都使用“//”；否则编译会出错。

2. 块(Block)注释

“//”或者“/*……*/”是单行注释符，无法包含多行的注释内容。当注释内包含多行时，可以通过改造“/*……*/”来实现。即通过在每一注释前加上*来实现多行注释。下面是一个使用“/*……*/”注释多行的例子：

```
/*
  * 注释内容 1
  * 注释内容 2
  */
```

块注释通常是一个多行注释，用于提供文件、方法、数据结构等的意义与用途的说明，或者算法的描述。一般位于一个文件或者一个方法的前面，起到引导的作用，也可以根据需要放在合适的位置。例如，可以在例 3.1 的开始部分添加描述程序作用的块注释。

【例 3.2】多行注释实例：

```
/*
*链接：android.widget.TextView
*作者：张三
*版本号：v1.0
*/

import android.widget.TextView; //导入 TextView 类
public class HelloAndroid extends Activity {
    @Override //标注 onCreate 方法是重写父类的方法。
    public void onCreate(Bundle savedInstanceState) {
        TextView myTextView; //声明一个 TextView 的对象
        String str =
          "Welcome to Android World!"; //定义 TextView 中显示的字符串
        super.onCreate(savedInstanceState);
        setContentView(R.layout.main);
        myTextView = (TextView)this.findViewById(R.id.myTextViewID);
        /*调用 setText()方法设置 Android 屏幕上显示的字符*/
        myTextView.setText(str);
    }
}
```

上面的实例利用块注释在程序的开头添加程序相关资料的链接、版本号以及作者的描述等信息。

3. Java 文档(Javadoc)注释

API 文档(例如 Microsoft 的 MSDN)是程序开发人员必不可少的参考文档，程序员可以通过 API 文档获取相关的 API 的信息，例如参数个数、参数意义以及参数的类型。

Android 也不例外，在其 API 文档中提供了详细的类、方法和属性等描述。开发人员只需查看 Android 的 API 文档就能快速理解并使用 Android 系统所提供的类。这里需要思考一个问题，上面描述的 Android API 文档都是由 Google 提供的，开发人员能否生成自己的 API 文档？答案是肯定的，Android 提供了文档注释(Javadoc)来帮助开发人员生成自己的 API 文档。

Javadoc 是一种生成 API 文档的方式，该技术是由 Sun 公司提供的。Javadoc 从程序源代码中抽取类、方法、成员、程序功能描述等注释，并生成相应的 API 文档，Javadoc 输出的是 HTML 文件，开发人员可以通过 Web 浏览器来查阅该文档。开发人员只要按照 Javadoc 定义的规则来对程序注释，在程序编写完成后，通过 Javadoc 就可以查看程序的开发文档。

Javadoc 必须以/**为开始符而以*/为结束符，整个注释文档由描述块和块标记组成。块标记是以@开头，后面紧跟 Javadoc 的标签。

下面是一个文档注释的实例：

```
/**该方法用于打印字符串
* @author Ellen
* @version 1.2
*/
```

上面讲到块标记的@后紧跟 Javadoc 的标签，表 3-1 列举了几个常用的 Javadoc 标签。

表 3-1　Javadoc 标签

标 签 名	作　用	举　例
@author	用于描述编写该段代码的作者	“@author 张三”表示该段代码的作者为张三
@version	用于描述该段代码的版本号	“@version 1.1”表示该段代码的版本是 1.1
@param	用于描述该段代码的形参及其意义	“@param String 要显示的字符串”表示该段代码的形参是一个 String 类型，用于控制所显示的字符串
@return	用于描述该段代码的返回值	“@return 没有返回值”表示该段代码没有返回值
@see	用于描述该段代码的相关链接，可以通过这个标签在当前点链接到某个类、值域或方法的说明上	“@return #get()”表示连接到当前类的 get()方法
@since	用于描述该段代码所支持的版本	“@since JDK1.6”表示该段代码需要在 JDK 1.6 的环境下运行

除了表 3-1 列举的标签，Javadoc 还提供了@deprecated、@throws、@link、@value、@serial、@serialField、@serialData、@literal、@code 等标签。

更多有关文档注释和标签的详细资料，参见 Javadoc 的主页 http://java.sun.com/Javadoc/index.html，这里不再赘述。

注意： 注释文档必须写在类、域、构造函数、方法以及字段(Field)定义之前。

下面以例 3.2 为例，介绍使用 Eclipse 产生 Javadoc 文档的步骤。

(1) 使用文档注释来替换例 3.2 中程序开头的注释：

```
/**
*@see android.widget.TextView
*@author 张三
*@version v1.0
*/
```

(2) 在 Eclipse 中选择 File → Export → Javadoc 菜单命令，弹出如图 3-1 所示的 Export 对话框，单击 Next 按钮。

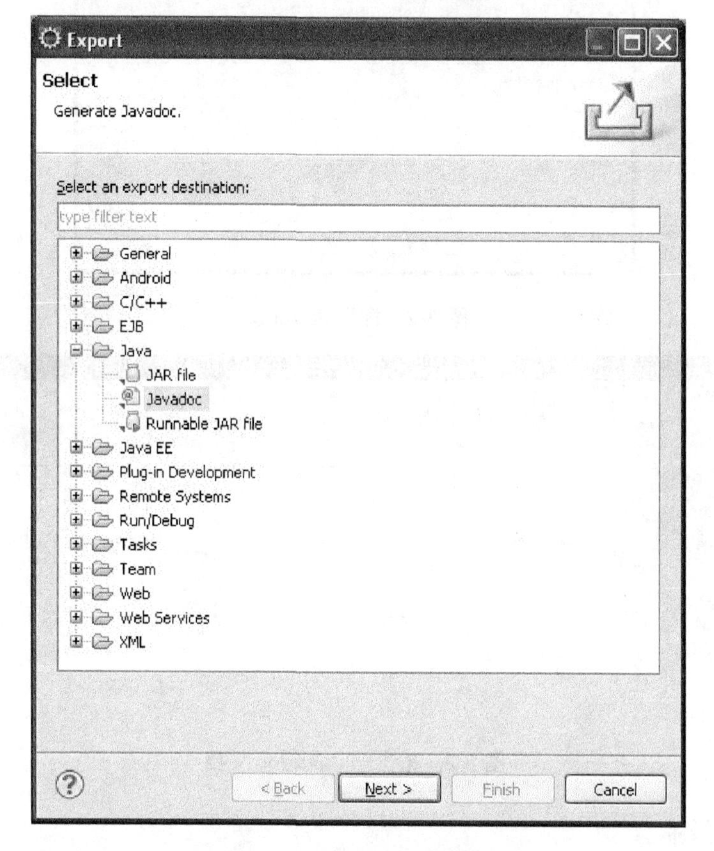

图 3-1　选择 Javadoc 选项

(3) 在出现的 Generate Javadoc 界面上，选择 JDK 提供 Javadoc 命令的路径、要生成的源代码和 Javadoc 保存的目的路径，如图 3-2 所示，单击 Finish 按钮。

(4) 这样，Javadoc 文档就会在指定的输出目录“D:\MyJavadoc”中被创建，如图 3-3 所示。

注意： Javadoc 只能为 public 或者 protected 成员进行文档注释，而 private 的成员的注释会被忽略掉。

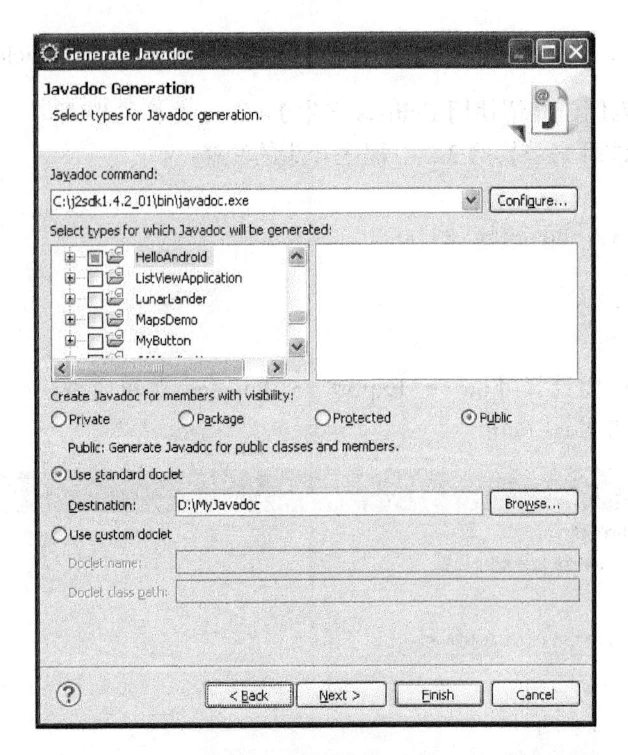

图 3-2 配置 Javadoc

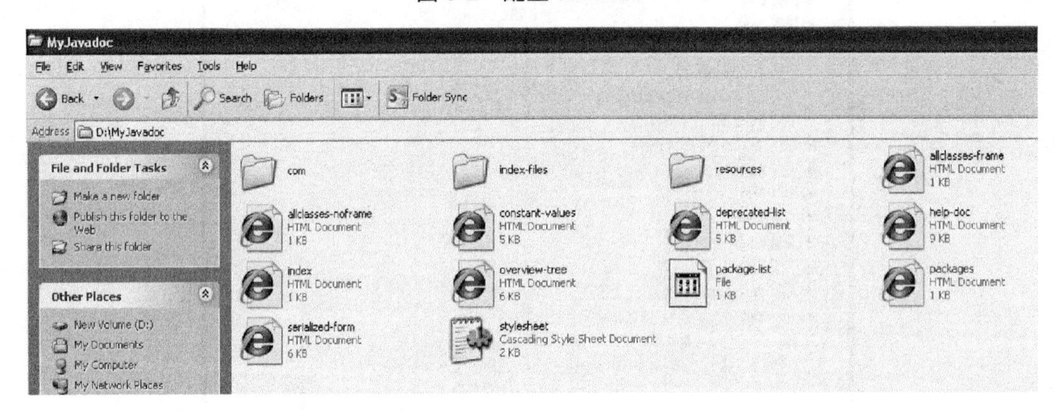

图 3-3 输出的 Javadoc 文档

3.1.2 标识符

变量、类、对象和方法等元素的名字就是标识符。因此定义变量、类、对象和方法时，需要注意：

- 标识符必须以英文字母(A~Z，a~z)、下划线(_)或美元符号($)开始，并且后跟数字(0~9)、字母(A~Z，a~z)、下划线(_)或美元符号($)的字符序列，不能包含空格、“*”、“&”等特殊字符。例如“*123”、“%123”、“abc@”等都是非法的标识符，而“abc”、“_c123$”、“$abcd”是合法的标识符。
- 标识符没有长度限制，可以为标识符取任意长度的名字。
- 标识符对大小写敏感，例如 Abc 和 abc 是不同的标识符。

- 标识符不能使用 Android 定义的关键字，例如 int 不能作为变量、类、对象和方法的名字。

注意： 关键字是 Android 语言中具有特殊用途的单词。

虽然标识符可以任意定义，但是标识符应当在某种程度上反映所命名元素(变量、类、对象和方法)的实际意义。与注释的作用一样，“设计良好(Well Designed)”的标识符也同样可以提高程序的可读性。需要注意，注释和标识符有着不同的作用域。标识符只能作用于变量、类、对象和方法等元素，无法作用于程序的控制过程、逻辑流程，而注释可以作用于控制过程、逻辑过程等。合适的标识符加上良好的注释风格是提高程序可读性的必备要素。因此，良好的标识符命名习惯也是程序设计人员必备的技能，良好的标识符应当满足意义清晰、言简意赅和一目了然的要求。意义清晰就是要求标识符应该能够反映所代表元素的真实意义；言简意赅就是要求标识符本身不能过于冗长，尽可能用简单的单词或者缩写来命名；一目了然就是要求标识符应该能够容易理解，满足可读性的需求。为增强程序可读性，在定义标识符时应当遵守下列规则。

- 方法：一般使用动词且首字母小写，其后用大写字母分隔每个单词。例如方法名 getAgeFromDB、getBirthdayFromDB 就有很高的可读性，因为其名字隐含了这个方法的意义，即 getAgeFromDB 的作用就是从一个数据库中获取年龄，而 getBirthdayFromDB 的作用就是从一个数据库中获取生日。
- 常量：一般全部大写，单词之间用下划线分隔，例如 DEFAULT_AGE。
- 类和接口：通常使用名词，且每个单词的首字母要大写，例如 Person、Car 等。
- 变量：通常首字母小写且使用名词，其后用大写字母分隔每个单词，避免使用 $符号。例如 myAgeFromDB、myBirthdayFromDB。

下面就是一个具有良好风格的标识符程序示例。

【**例 3.3**】标识符的使用：

```
public class Person  //定义 Person 类：类名使用名词，且首字符大写
{
    //定义常量：全部大写，单词之间用下划线分隔
    final static int DEFAULT_AGE = 20;
    //定义常量：全部大写，单词之间用下划线分隔
    final static string DEFAULT_BIRTHDAY= "1990-01-01";
    //定义变量：首字母小写且使用名词，其后用大写字母分隔每个单词
    int myAgeFromDB;
    //定义方法：使用动词且首字母小写，其后用大写字母分隔每个单词
    getAgeFromDB(DB whichDB);
}
```

3.1.3　分隔符

分隔符是在语句、变量、类和成员、对象和成员和程序之间起着分隔作用的符号。

Android 包含了 5 种分隔符，其中包括圆点(.)、分号(;)、逗号(,)、空格( )和花括号({})，这些分隔符有着不同的使用场景。

- 圆点(.)：分隔类和成员以及对象和成员。类通过圆点引用其静态成员，即类名.成员名；对象通过圆点引用该对象的成员，即对象名.成员名。
- 分号(;)：作为语句结束的标记或者在 for 循环中分隔不同的成分。
- 逗号(,)：分隔多个变量、形参以及实参。例如：

```
int count,loop; //分隔多个变量
public void fun(int count, int loop); //分隔多个形参
fun(count, loop); //分隔多个实参
```

- 空格( )：用于分隔源代码中不同的部分，例如定义变量时，需要在类型和变量之间放置至少一个空格。
- 花括号({})：用于限定某一部分的范围，一定要成对使用。

注意： 值得指出的是，分隔符不能相互替代，有些场景下只能用逗号分隔，有些场景下只能用空格分隔。不能混淆使用，否则可能会出现编译错误。

3.1.4 关键字

在编程语言中，关键字是一种具有特殊意义的标识符。这种标识符是在语言里预先定义的，而且这种标识符不能作为变量名、类名、对象名以及方法名，因此这种标识符也被称为保留字。表 3-2 列出了 Android 编程语言中定义的保留字，这些保留字被用来做访问控制、修饰符、逻辑控制、错误处理、包处理等。

表 3-2 Android 编程语言中定义的保留字

abstract	continue	break	boolean	final	assert
case	double	class	char	const	catch
default	float	else	extends	byte	do
for	import	if	long	implements	goto
native	interface	instanceof	null	int	new
package	short	public	protected	return	private
static	this	switch	super	synchronized	strictfp
while	try	throws	throw	transient	void
volatile					

3.2 数据类型

对于程序设计语言来说，数据类型是对存储空间的一个抽象表达，可以理解为针对内存的一种抽象的表达方式。数据类型是语言中最基本的单元定义，学习和了解程序设计语言的时候，都需要了解程序设计语言中的数据类型。按照存储方式划分，数据类型分为基本数据类型和引用数据类型两种。

基本数据类型包括整型、浮点型、字符型和布尔型，是不能再分的、内置的数据类

型；引用数据类型包括类、接口类型、数组类型、枚举类型、标注类型，一般由基本数据类型组成。

注意： Java 语言不支持共用体(union)或结构体(struct)数据类型。

3.2.1　基本数据类型

基本数据类型采用“直接存储”作为存储模型，也就是基本数据类型数据的值是直接存储在栈空间中的，不存在“引用”的概念。例如使用 int Age = 25;语句定义了整型数据 Age，Age 对应的存储模型如图 3-4 所示。

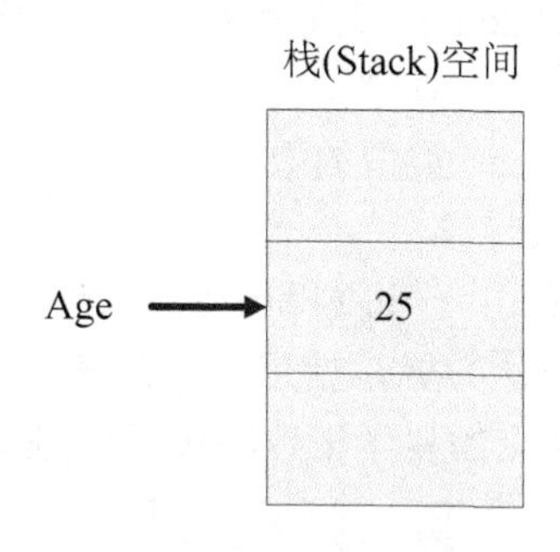

图 3-4　直接存储模型

基本数据类型包括整型、浮点型、字符型和布尔型，下面介绍这几种数据类型。

1. 整数类型

表示整数的数据类型有 byte、short、int、long 四种，这四种数据类型有不同的取值范围，其中，int 是使用最多的整型类型。程序设计人员需要定义一个整型数据时，可以根据具体的应用场景来选择所使用的数据类型。

(1) byte(字节类型)：byte 类型的数据占一个字节的空间(8bit)，取值范围是-128~127(包括边界值)，默认值为 0。

(2) int(整型)：int 类型的数据占 4 个字节的存储空间(32bit)，int 类型的数据取值范围是-2147483648 ~ 2147483647(包括边界值)，默认值为 0。

(3) short(短整型)：short 类型的数据占 2 个字节的空间(16bit)，short 类型的数据取值范围是-32768 ~ 32767(包括边界值)，默认值为 0。

(4) long(长整型)：long 类型的数据占 8 个字节的空间(64bit)，long 类型的数据取值范围是-9223372036854774808 ~ 9223372036854774807(包括边界值)，默认值为 0。

2. 字符型

在 Android 程序中，一个字符(char)表示 Unicode 字符集中的一个元素。Unicode 是国际组织制定的可以容纳世界上所有不同语言的字符以及数学、科学、文字中的常用符号的编码方案。Unicode 用数字 0~0x10FFFF 来映射这些字符，最多可以容纳 1114112 个字符。

Unicode 解决了传统的字符编码方式的局限性问题，使得电脑得以呈现世界上数十种文字的系统。Unicode 为每一个字符提供一个唯一的代码(即一组数字)，而不是一种字形。

也就是说，Unicode 是将字符以一种抽象的方式来呈现的，而将视觉上的演绎工作(例如字体大小、外观形状、字体形态、文体等)留给其他软件(例如网页浏览器或是文字处理器)来处理。

注意： Unicode 的前 128 字节编码与 ASCII 一致，因此 Unicode 兼容 ASCII 编码。

3. 浮点型

浮点型分为 float 和 double 两种，这两种数据类型有不同的精度范围。double 型比 float 型存储范围更大，精度更高，通常的浮点型的数据在不声明的情况下都默认为 double。

- double(双精度浮点型)：double 类型的数据占 8 个字节的空间(64bit)，其取值范围是 $10^{-308} \sim 10^{308}$ 和 $-10^{308} \sim -10^{-308}$。
- float(单精度浮点型)：float 类型的数据占 4 个字节的空间(32bit)，其取值范围是 $10^{-38} \sim 10^{38}$ 和 $-10^{38} \sim -10^{-38}$。

有两种表示浮点型常量的形式：十进制和十六进制。

十进制形式是常用的数字表达方式，使用十进制表达浮点数时，需要包含小数点(.)，如 3.14、0.0001 等。也可以用常见的科学记数法表示十进制浮点数，如 9.99E6，其中 E 或 e 后面跟的是十进制的指数。

浮点数也可以用十六进制来表示，但是只能采用科学记数法表示，其形式为：

```
<0x 或 0X><十六进制位数><p 或 P><以 2 为底数的指数>
```

其中 p 是指数符号；0x 或 0X 是程序中表示十六进制的专有符号。比如 0x1.1p2 转化为十进制的计算方法为$(1\times16^0 + 1\times16^{-1}) \times 2^2 = 4$。

4. 布尔型

布尔型是一种表示逻辑值的简单类型，它只有两个值：真(true)或假(false)。布尔型的变量值只能为这两个值中的一个，默认情况下为假(false)。布尔型是所有的关系运算表达式的返回类型，例如：

```
int a = 2; //定义整型变量 a

int b = 3; //定义整型变量 b

bool c = a<b; //c 的值为真(true)
bool d = a>b; //d 的值为假(false)
```

3.2.2 引用数据类型

引用数据类型主要包括类类型、接口类型、数组类型等，它与基本数据类型有三个主要的区别：

(1) 存储模型

基本数据类型采用“直接存储”作为存储模型，而引用数据类型采用“间接存储”作为存储模型。创建引用数据类型时，首先要在栈上给其引用(句柄)分配一块内存，而对象的具体信息则存储在堆内存上，然后由栈上面的引用指向堆中的对象。

例如定义一个 Person 类，其中属性有 age 和 gender 等，构造方法为 Person(int myAge, bool myGender)。

现在为其创建一个对象：

```
Person Jack = new Person(30, 0);
```

下面介绍在内存中具体创建 Person 对象 Jack 的过程。

① 首先在栈内存中为 Jack 分配一块空间，作为对象句柄。

② 然后在堆内存中为 Jack 对象分配一块空间，用于存储对象 Jack 的 age 和 gender 属性。

③ 根据构造方法，为对象 Jack 的 age 和 gender 属性赋值。

④ 将对象 Jack 在堆内存中的地址，赋值给栈中的句柄，这样，通过这个句柄就可以引用对象 Jack 的具体信息。Jack 对应的存储模型如图 3-5 所示。

(2) 存储空间

基本数据类型使用栈作为存储空间，而引用数据类型主要使用堆作为存储空间。

(3) 读取速度

基本数据类型的读取速度要优于引用数据类型的读取速度。

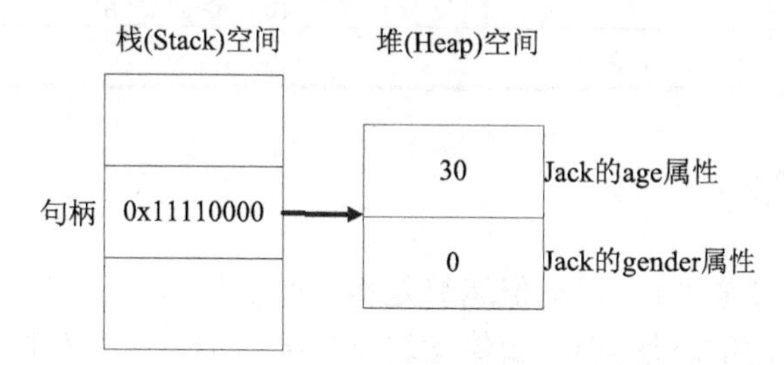

图 3-5 引用存储模型

3.3 运算符和表达式

运算符指定了所进行操作的类型，而表达式则是由运算符连接的符合程序设计语言规则的语句。

运算符分为赋值运算符、算术运算符、关系运算符、位运算符、逻辑运算符、条件运算符及其他运算符等。

运算符的四个要素是操作数数目、优先级、结合性和操作类型。其中操作数数目是该运算符所需要的操作数数目，例如算术运算符“+”需要两个操作数。运算符的优先级决定了表达式中运算执行的先后顺序，例如算术运算符“+”的优先级要比“-”高(表 3-3 按照从高到低的优先级列举了几种常用运算符)。运算符的结合性决定了并列相同级别的运算符计算时的先后顺序，例如算术运算符“+”是按照从右到左的顺序来计算的。操作类型是运算符的实际功能，例如“+”是对两个操作数值取和。

表 3-3　常用运算符的优先级

运 算 符	分　类	举　例	结 合 性
++　--	算术运算符：自加、自减	int a=2, b; b=++a;	自右向左
*　/　%	算术运算符：乘积、除法、取余	int a=2, b; b=a*2;	自左向右
+　-	算术运算符：加法、减法	int a=2, b; b=a+1;	自左向右
<<　>>　>>>	移位运算符	int a=2, b; b=a>>1;	自左向右

>　<　>=　<=	关系运算符	int a=2, b;
		if(a>1)
		System.out.println("Hi");
			自左向右

&&	逻辑运算符：逻辑与	int a=2, b=1;
		if(a>1 && b>0)
		System.out.println("Hi");
			自左向右

||	逻辑运算符：逻辑或	int a=2, b=1;
		if(a>1 || b>0)
		System.out.println("Hi");
			自左向右

? :	三目运算符	int a=2, b=1; b = a>1? 2 : 4;	自右向左
=	赋值运算符	int a = 2;	自右向左

3.3.1　赋值运算符

赋值运算符的符号是“=”，赋值运算是将一个表达式的值赋给一个左值(左值是指一个能用于赋值运算左边的表达式)。赋值运算符“=”与数学表达中的“=”不同，前者的作用是为变量或常量指定数值，而后者的作用类似于关系表达式“==”。赋值时必须要求左值和右值的类型一致，如果类型不匹配时，需要能自动转换为对应的类型，否则编译时会出现语法错误。下面是赋值运算符的示例代码：

```
byte myByte = 21; //类型匹配，直接赋值
int myInteger = 22; //类型匹配，直接赋值
double double1 = 333; //类型不匹配，系统首先将 333 转换成 333.0
char char1 = -98;  //类型不匹配，无法自动转换，语法错误！
a + b = 100; //不能为运算式 a + b 赋值，语法错误！
```

表 3-4 给出了赋值运算符的特性。

表 3-4　赋值运算符的特性

操作数数目	优 先 级	结 合 性	操作类型
2	低于算术运算符、位运算符、逻辑运算符、关系运算符	自右向左	将一个表达式的值赋给一个左值

注意：赋值符号的左值不能是常量，必须能够被修改；而右值可以是常量，也可以是变量。

3.3.2　算术运算符

算术运算符分为一元运算符和二元运算符两种。一元运算符的操作数数目为 1；二元运算符的操作数数目为 2。

注意：算术运算符的操作数的值必须是数值类型。

1. 一元运算符

一元运算符包含 4 种符号，分别为正(+)、负(-)、自增(++)和自减(--)。这里重点讲解自增和自减。

在循环与控制中，我们经常会用到类似于计数器的运算，它们的特征是每次的操作都是加 1 或减 1。实现自动加 1 或减 1 的操作符就是自增(++)或自减(--)运算符，++使当前变量值每次增加 1，而--使当前变量值每次减 1。自增(++)和自减(--)既可放在变量之前，例如++num，也可放在变量之后，例如 num++。这两种方式的区别是：如果放在变量之前(如++i)，则变量值先加 1，然后进行其他相应的操作(主要是赋值操作)；如果放在变量之后(如 i++)，则先进行其他相应的操作，然后再进行变量值加 1。例如：

```
int num1=6, num2;
num2 = +num1;        //取原值，即 num2=6
num2 = -num1;        //取负值，即 num2=-6
num2 = num1++;       //先执行 num2 = num1，再执行 num1 = num1+1
num2 = ++num1;       //先执行 num1 = num1+1，再执行 num2 = num1
```

注意：一元运算符与其操作数必须不能有空格等任何字符，否则程序无法通过编译。

2. 二元运算符

二元运算符包括加(+)、减(-)、乘(*)、除(/)、取余(%)。其中+、-、*、/完成加、减、乘、除四则运算，%是求两个操作数相除后的余数。由于二元运算符需要两个操作数参加运算，这里需要讲到一个精准度的问题。精准度就是当两个操作数之间的类型不一致时，系统需要将不同的数据类型转变为精度最高的数据类型，以便尽可能地保证计算结果的准确性。满足精准度的运算规则如下。

(1) 当使用运算符把两个操作数结合到一起时，在进行运算前，两个操作数会转化成相同的类型。

(2) 两个操作数中有一个是 double 类型的，则另一个将转换成 double 类型。

(3) 两个操作数中有一个是 float 类型的，则另一个将也转换成 float 类型。

(4) 两个操作数中有一个是 long 类型的，则另一个将也转换成 long 类型。

(5) 任何其他类型的操作，两个操作数都要转换成 int 类型。

加、减、乘的操作都是非常容易理解的，这里不再赘述，重点讲一下除(/)和取余(%)的运算。

对于除法运算，程序中两个整数相除的结果一定是整数，得到的小数部分被“去掉”了；而数学中两个整数相除的结果可能是小数。例如程序中的 12/5 等于 2，而数学运算的结果则是 2.4。

对于取余(%)运算，该运算等价于：

<变量 1 >%<变量 2> = <变量 1> - (<变量 1> /<变量 2>) *<变量 2>

下面是除法和取余运算的几个例子：

```
7 / 3        //整除，运算结果为2
7.0 / 3      //除法，运算结果为2.33333，即结果与精度较高的类型一致
7 % 3        //取余，运算结果为1
7.0 % 3      //取余，运算结果为1.0
-7 % 3       //取余，运算结果为-1，即运算结果的符号与左操作数相同
7 % -3       //取余，运算结果为1，即运算结果的符号与左操作数相同
```

3.3.3 关系运算符

关系运算符包括大于(>)、大于等于(>=)、小于(<)、小于等于(<=)、等于(==)和不等于(!=)，其返回结果只有两个值：true 和 false。

表 3-5 给出了关系运算符的特性。

表 3-5 关系运算符的特性

操作数数目	优 先 级	结 合 性	操作类型
2	高于逻辑运算符、赋值运算符；低于算术运算符、位运算符、关系运算符	自左向右	判断两个操作数之间的关系，并返回 true 或者 false

下面介绍每个关系运算符的用法。

(1) 大于(>)

用法：操作数 1 >操作数 2

返回值：若<操作数 1>大于<操作数 2>，则返回 true，否则返回 false。

(2) 大于等于(>=)

用法：操作数 1 >=操作数 2

返回值：若<操作数 1>大于或者等于<操作数 2>，则返回 true，否则返回 false。

(3) 小于(<)

用法：操作数 1 <操作数 2

返回值：若<操作数 1>小于<操作数 2>，则返回 true，否则返回 false。

(4) 小于等于(<=)

用法：操作数 1 <=操作数 2

返回值：若<操作数 1>小于或者等于<操作数 2>，则返回 true，否则返回 false。

(5) 等于(==)

用法：操作数 1 ==操作数 2

返回值：若<操作数 1>等于<操作数 2>，则返回 true，否则返回 false。

(6)　不等于(!=)

用法：操作数 1 !=操作数 2

返回值：若<操作数 1>不等于<操作数 2>，则返回 true，否则返回 false。

在使用时，关系运算符与逻辑运算符常在一起，来作为控制语句的判断条件，例如：

```
if(count>0 && loop==0) //若 count 大于 0 且 loop 等于 0，则执行 System.exit()
    System.exit();
```

注意： 任何数据类型的数据(包括基本类型和引用类型)都可以通过==或!=来比较是否相等。当比较基本类型时，以基本类型的值是否相等作为比较条件；比较引用类型时，则使用句柄而不是其内容作为比较条件。下面的程序输出结果为 false，这是由于被比较的两个对象的内容虽然一样，但句柄不同。

```
Byte byte1 = new Byte(2);
Byte byte2 = new Byte(2);
System.out.println(byte1 == byte1);
```

3.3.4　位运算符

二进制是计算机所采用的进制，也就是所有的数据都是以二进制的方式使用的。因此我们可以直接对二进制位进行相关的操作，包括与(&)、或(|)、非(~)、异或(^)，这些符号就是位运算符。这些运算符只有非(~)是一元运算符，其余都是二元运算符。下面介绍这几种位运算符的运算规则。

1. 按位与(&)

仅当两个运算位都为 1 时，“与”的结果才为 1，其余都为 0。真值表如表 3-6 所示。

表 3-6　与(&)真值表

A	B	A&B
1	1	1
1	0	0
0	1	0
0	0	0

2. 或(|)

仅当两个运算位都为 0 时，“或”的结果才为 0，其余都为 1。真值表如表 3-7 所示。

表 3-7　或(|)真值表

A	B	A|B
1	1	1
1	0	1
0	1	1
0	0	0

3．非(~)

运算位取反，当为 1 时，运算结果为 0；而当为 0 时，运算结果为 1。

其真值表如表 3-8 所示。

表 3-8　非(~)真值表

A	~A
1	0
0	1

4．异或(^)

仅当两个运算位全为 0 或者全为 1，“异或”结果才为 0，其余都为 1。

其真值表如表 3-9 所示。

表 3-9　异或(^)真值表

A	B	A^B
1	1	0
1	0	1
0	1	1
0	0	0

3.3.5　逻辑运算符

逻辑运算也被称为布尔运算，是逻辑量之间的运算，包括三种运算：非(!)、与(&&)以及或(||)。其中非(!)是一元运算符，与(&&)和或(||)是二元运算符。逻辑运算符组成的逻辑表达式常被用来作为控制语句的判断条件，下面介绍逻辑运算符的运算规则。

1．非(!)

取反操作，形式为!A。当布尔值 A 为假时，这个表达式才为真；反之亦然。非(!)的逻辑关系真值表如表 3-10 所示。

表 3-10　非(!)的真值表

A	!A
true	false
false	true

2．与(&&)

参与运算的两个布尔表达式或者布尔变量都为 true 时，整个表达才为 true；否则为 false。与(&&)逻辑关系的真值表如表 3-11 所示。

表 3-11　与(&&)的真值表

A	B	A && B
true	true	true
false	true	false
true	false	false
false	false	false

3．或(||)

参与运算的两个布尔表达式或者布尔变量都为 false 时，整个表达式才为 false；否则为 true。或(||)的逻辑关系真值表如表 3-12 所示。

表 3-12　或(||)的真值表

A	B	A && B
true	true	true
false	true	true
true	false	true
false	false	false

3.3.6　其他运算符

前面讲解了赋值、算术、关系、逻辑等几种常用的运算符的用法。除这些运算符之外，还有移位运算符、三目运算符等，但这几种运算符在程序设计中使用较少，下面简单介绍这两种运算符。

1．移位运算符

移位运算符主要包括两种：左移运算符(<<)和右移运算符(>>)。

(1)　左移运算符(<<)

使用格式为：

```
op1 << op2
```

其中，op1 是需要左移的值，op2 是 op1 移动的位数。这个表达式的意义是将 op1 向左移 op2 个位数，丢弃最高位，低位以 0 补齐。

例如 4 <<3，其计算过程为：

①　将 4 对应的二进制位 00000100 的最高三位丢弃，结果为 00100。

②　将低位以 0 补齐，结果为 00100000。

③　最后得出 4 <<3 的结果为 32(00100000)。

(2)　右移运算符

右移运算符正好与左移运算符相反，使用格式为：

```
op1 >> op2
```

其中，op1 是需要右移的值，op2 是 op1 移动的位数。这个表达式的意义是将 op1 向右移 op2 个位数，丢弃最低位，高位以 0 补齐。

2. 三目运算符

三目运算符的格式为：

```
<表达式 1> ？ <表达式 2> ： <表达式 3>
```

其含义是：先求表达式 1 的值。如果表达式 1 为真，则执行表达式 2，并返回表达式 2 的结果；如果表达式 1 的值为假，则执行表达式 3，并返回表达式 3 的结果。

3.3.7 表达式与语句

语句是标识符的集合，由常量、关键字、变量和表达式构成。语句可分为方法调用语句、表达式语句、复合语句、控制语句、package 语句和 import 语句 5 种。

- 方法调用语句：调用系统或者程序提供的方法。
- 表达式语句：由表达式构成的语句。
- 复合语句：由若干个语句构成，这些语句是用{}括起来的。
- 控制语句：用于控制程序过程的语句，例如 if。
- package 语句和 import 语句：实现打包和导入包的功能。

上述的 5 种语句中，比较常用的是表达式语句。表达式是一种常量、变量、运算符的组合，并且表达式以分号(;)作为结束标志。表达式本身什么事情都不做，只是返回结果值。在程序不对返回的结果值做任何操作的情况下，返回的结果值不起任何作用。

3.4 控制语句

控制语句用于控制程序的流程，以实现程序的各种结构方式。控制语句分为选择控制语句、循环控制语句和转移控制语句三种。

- 选择控制语句：包括 if 语句和 switch 语句。
- 循环控制语句：包括 for 循环语句、while 循环语句和 do-while 循环语句。
- 转移控制语句：包括 break 语句、continue 语句和 return 语句。

3.4.1 选择控制语句

正常情况下，程序中的语句是按照顺序来执行的。选择语句结构可以根据条件控制程序的流程，改变程序执行的顺序。Android 有两种分支控制结构：if 结构和 switch 结构，其中 if 语句使用布尔表达式作为分支条件来实现分支控制；而 switch 语句则使用整型值来实现分支控制。下面介绍 if 结构和 switch 结构的用法。

1. if 语句

if 语句可以根据条件来控制程序的执行过程，是最基本的选择控制语句。if 语句的语法格式为：

```
if (expression)
   statement1;
else
   statement2;
```

其中 if 和 else 关键字后跟的 statement1 和 statement2 既可以是语句，也可以是程序块；expression1 是一个布尔表达式；if 子句是必须存在的，而 else 子句是可选的，可以省略。

上述语句实现的功能就是当 expression 的值为 true 时，statement1 分支被执行；当 expression 的值为 false 时，statement2 会被执行，逻辑流程如图 3-6 所示。

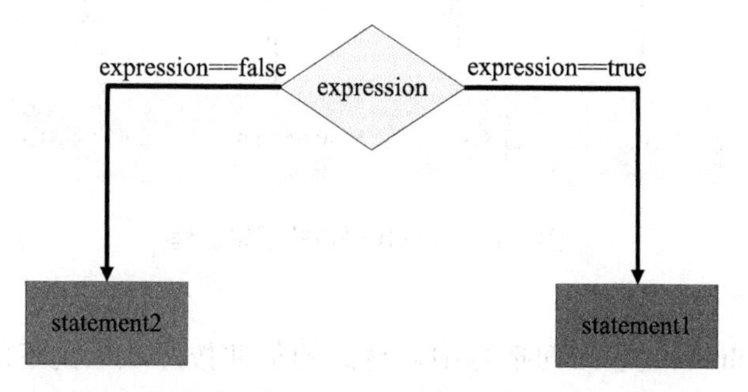

图 3-6　if 语句的逻辑流程

注意： 注意 if 和 else 的匹配关系。一个 else 子句总是对应着它的同一个块中的最近的 if 语句，而且该语句没有与其他的 else 语句相关联。

2．switch 语句

switch 语句也被称为开关语句，与 if 语句不同，if 语句最多只能执行一个分支。而 switch 是一条多分支语句，能执行多个分支。

switch 的语法格式为：

```
switch (expression) {
   case lable1:
      statement1;
      break;
   case lable 2:
      statement 2;
      break;
   ...
   default:
      statement n;
}
```

其中，case 后面跟的标签值(label)必须是整数或字符型常量，并且一个 switch 语句中所有 case 后面跟的标签值不能重合。如果某个标记与表达式的值相等，则从该标记的冒号后面紧接的语句开始执行，直到遇到一个可选的 break 语句，或到达 switch 语句的末尾为止。当没有任何一个标签值与表达式相匹配时，default 定义的子句会被执行，逻辑流程如图 3-7 所示。

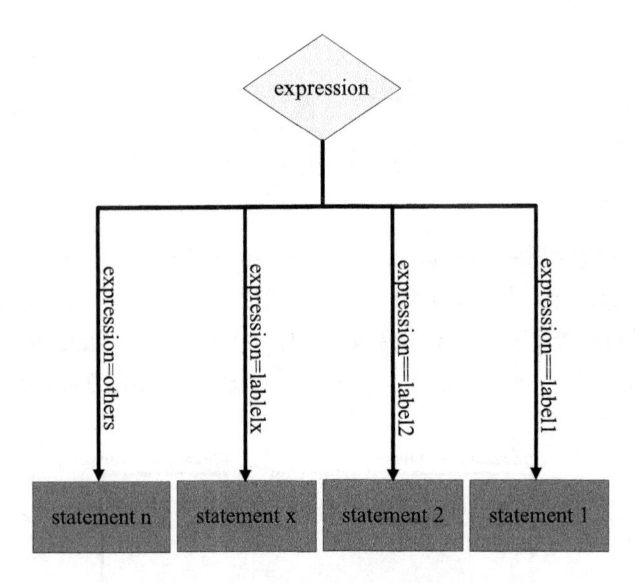

图 3-7　switch 语句的逻辑流程

switch 语句执行流程如下。

(1) 计算 switch 关键字后面括号中表达式的值并按照从上到下的顺序与标记逐个比较，若找到与关键字一致的标记，则执行步骤(2)，否则执行步骤(3)。

(2) 从该标记的冒号后面紧接的语句开始执行，直到遇到一个可选的 break 语句，或到达 switch 语句的末尾为止。

(3) 执行 default 子句。

3.4.2　循环控制语句

Android 有三种循环语句，包括 for 循环语句、while 循环语句和 do-while 循环语句。

1．for 循环语句

这种循环方式的次数一般是确定的。如果需要程序的一部分内容按固定的次数重复执行，通常可以使用 for 循环。for 循环采用一个计数器控制循环次数，每循环一次，计数器就加 1，直到完成给定的循环次数为止。for 循环的语法格式为：

```
for (expression1; expression 2; expression 3)
    循环体
```

其中 expression1 是一个赋值语句，定义了循环次数的初始值；expression2 是一个逻辑表达式，该表达式定义了循环结束条件；expression3 是一个赋值语句，定义了循环增量。

2．while 循环语句

这种循环方式没有确定的次数，需要根据条件来决定是否循环。while 循环的语法格式如下：

```
while (expression)
    循环体
```

其中 while 是关键字。每次循环之前，都要计算条件表达式 expression，当该表达式的值为 true 时，就执行一次循环体中的语句，然后再计算条件表达式，决定是否再次执行循环体中的语句；如果条件表达式的值为 false 时，就跳出该循环。

3. do-while 循环语句

与 while 循环执行流程不同，do-while 循环先执行循环体中的语句，然后再计算 while 后面的条件表达式，若条件表达式值为 false 则跳出循环，否则继续下一次的循环。因此这种循环至少执行一次循环体的语句，do-while 循环的语法格式为：

```
do {
    循环体
}
while (expression);
```

3.4.3　转移控制语句

有三种跳转语句：break、continue 和 return，下面介绍这几种语句的用法。

1. break

break 语句可以应用在三个场景中。

- 第一个场景：在 switch 语句中使用，用来终止一个子句序列，跳出 switch 语句。
- 第二个场景：是在循环语句中使用，用于跳出循环。
- 第三个场景：使用带有标签的 break 语句，可直接跳转到标号处。

带标签的 break 语法格式为：

```
label:
...
break label;
```

其中，标签 label 是标记程序位置的标识符。使用带有标签的 break 语句，程序可以跳转到任意的位置，这个功能与 C 语言中的 goto 语句一样。

2. continue

continue 语句只能用在循环结构中，它跳过循环体中尚未执行的语句，重新开始下一轮循环，从循环体第一个语句开始执行。

另外 Android 也支持带标签的 continue 功能，带标签的 continue 通常被用在嵌套循环的内循环中，可直接跳到标签处继续执行程序。它的语法格式为：

```
标识符:
...
continue 标识符;
```

3. return

return 语句的作用就是终止当前方法的执行，返回到调用这个方法的语句。return 语句可以带参数，也可以不带参数，带参数的 return 语句后跟的参数是方法的返回值，而不带参数的 return 语句对应的方法的返回值类型必须是 void。

注意：在函数或者方法中，return 语句总是最后被执行的语句，因此它通常被放置于方法的最后。

3.5 数　　组

数组是若干变量按照有序的形式组织起来的集合，并且数组中的变量具有相同的数据类型。数组所包含的变量个数被称为数组长度，按照数组的长度是否可以动态变化，可将数组分为动态数组和静态数组两种类型。前者的数组长度是固定的，不能动态变化；而后者的数组长度是可以按照需要动态增加或者减少的。

3.5.1 静态数组

静态数组是最常用的数组类型，这种数组不能按照需要来动态改变数组长度。有两种定义静态数组的语法格式。

语法格式 1：

```
类型说明符 数组名[]
```

语法格式 2：

```
类型说明符[] 数组名
```

其中，类型说明符是任一种基本数据类型或构造数据类型；而数组名是用户定义的数组标识符。例如：

```
float array1[11]; //定义了一个浮点型数组 array1，该数组的数组长度是 11
int array2[22]; //定义了一个整型数组 array2，该数组的数组长度是 22
```

上述语句定义了一个浮点型数组 array1 和一个整型数组 array2，array1 的数组长度是 11，而 array2 的数组长度是 22。

3.5.2 动态数组

动态数组是一种可以任意伸缩数组长度的对象，ArrayList 和 Vector 是比较常用的动态数组。ArrayList 和 Vector 不是简单的数据类型，而是类。程序开发人员可以通过 ArrayList 和 Vector 对外开放的方法来动态改变数组的长度。下面以 ArrayList 为例讲述动态数组的用法。

ArrayList 提供了三个构造方法：

```
/*默认的构造方法，将会以默认(10)的大小来初始化内部的数*/
public ArrayList() {
    this(10);
}
```

```
/*该构造方法可以指定数组长度*/
public ArrayList(int initialCapacity) {
    super();
    if (initialCapacity < 0)
        throw new IllegalArgumentException(
          "Illegal Capacity: " + initialCapacity);
    this.elementData = new Object[initialCapacity];
}

/*用 Collection 对象来构造数组*/
public ArrayList(Collection<? extends E> c) {
    elementData = c.toArray();
    size = elementData.length;
    if (elementData.getClass() != Object[].class)
        elementData = Arrays.copyOf(elementData, size, Object[].class);
}
```

add()、remove()和 size()方法是 ArrayList 中常用的方法，其中，add()是添加一个新的数组元素的方法，remove()是删除一个数组元素的方法，size()是计算当前数组长度的方法。下面是使用动态数组的方法改变数组结构的实例。

【例 3.4】使用动态数组的方法改变数组结构：

```
ArrayList arrayList = new ArrayList(); //定义动态数组 arrayList


arrayList.add("a"); //向动态数组 arrayList 中添加数据
System.out.println(arrayList.size()); //输出数组长度

arrayList.add("b"); //向动态数组 arrayList 中添加数据
System.out.println(arrayList.size()); //输出数组长度

arrayList.add("c"); //向动态数组 arrayList 中添加数据
System.out.println(arrayList.size()); //输出数组长度


for(int i=0; i<arrayList.size(); i++) {
    String element = (String)arrayList.get(i);
    System.out.println(element);
}
```

从上述程序可以看出，arrayList 的数组长度可以根据需要动态地变化。因此这个程序的输出如下：

```
1
2
3
a
b
c
```

3.6 字 符 串

字符串是程序语言中表示文本的数据类型，这种数据类型一般是由若干个字符组成的有限序列。通常以字符串的整体作为操作对象，例如，在字符串中查找某个子串、求取一个子串、在串的某个位置上插入一个子串以及删除一个子串等。

3.6.1 字符串的定义

无论是字符串常量还是字符串变量，都要先创建对应的 String 类的实例对象才能使用。有 3 种创建对象的方式，下面用这 3 种方式创建字符串“Hello Android”。

第 1 种方式，使用 new 创建字符串实例对象。例如：

```
String myString = new String("Hello Android");
```

第 2 种方式，直接赋值来创建字符串实例对象。例如：

```
String myString = "Hello Android";
```

第 3 种方式，可以通过串联(+)来创建字符串实例对象。例如：

```
String myString = "Hello " + "Android";
```

3.6.2 常用的字符串方法

String 类提供处理若干个字符串的方法，分别用于计算字符串长度、截取字符串、判断字符串是否相等。下面介绍 String 类的几种常用的方法。

1．int length()

功能：计算字符串的长度。例如：

```
String myString = "Hello Android";
int myStringLength = myString.length(); //用 length()方法获取 myString 的长度
```

2．char charAt(int location)

功能：获取字符串相应位置的字符，这个位置由参数 location 指定。字符串首字符的位置为 0，以后以此类推。例如：

```
String myString = "Hello Android";
char myChar = myString.charAt(1); //myChar 为'e'
```

3．boolean equals(String str)

功能：判断字符串是否相等，若相等，返回 true；否则返回 false。例如：

```
String s1 = "Hello Android";
String s2 = new String("Hello Android");
```

```
bool myBool = s1.equals(s2); //由于 s1 与 s2 相同，equals 方法返回 true
```

注意： equals 方法对大小写敏感，即当比较的字符串大小写不一致时，equals 方法会认为字符串不相同，并返回 false。例如：

```
String s1 = "hello Android";  //第一个字母小写
String s2 = new String("Hello Android"); //第一个字母大写
bool myBool = s1.equals(s2);
```

尽管 s1 与 s2 字符序列相同，但 s1 与 s2 的首字母大小写不一致，所以 equals 方法返回 false。

4. boolean equalsIgnoreCase(String str)

功能：该方法的功能与 equals 方法类似，用于判断字符串是否相等。
但 equalsIgnoreCase 不对大小写敏感。
举例：

```
String s1 = "hello Android"; //第一个字母小写
String s2 = new String("Hello Android"); //第一个字母大写
bool myBool = s1.equalsIgnoreCase(s2); //equalsIgnoreCase 方法返回 true
```

5. String concat(String str)

功能：将字符串 str 追加到原有字符串的后面。
举例：

```
String s1 = "Hello ";
String s2 = "Android";
String s1.concat(s2); //s1 的字符串被追加了 s2 字符串，结果为"Hello Android"
```

除了上述列举的方法外，还有其他常用的处理字符串的方法，如表 3-13 所示。

表 3-13　处理字符串的方法

方　法	功　能	返回值类型
copyValueOf (char[] mydata)	创建一个与给定字符数组相同的 String 对象	String
copyValueOf(char[] mydata, int offset, int len)	根据偏移量(offset)和长度(len)，创建一个与给定字符数组相同的 String 对象	String
indexOf(int whichchar)	计算 whichchar 在字符串中出现的第一个位置	int
indexOf(int whichchar, int index)	从指定的索引处(index)开始，计算 whichchar 在字符串中出现的第一个位置	int
indexOf(String str)	计算第一个子字符串 str 的位置	int
indexOf(String str, int index)	从指定的索引处(index)开始，计算第一个子字符串 str 的位置	int
compareTo(String anotherString)	按照字典的方式比较两个字符串	int

3.7 类和对象

Android 是一种面向对象(Object Oriented)的模型。在这个模型中，所有的操作都是以类和对象为中心，从而使程序设计人员能从现实世界的角度来分析、设计和实现一个应用程序。这是因为现实世界中的一切客观实体可以被抽象成以下特征：

- 标识客观实体的标识符。
- 描述客观实体特征的一组属性。
- 实现客观实体功能的一组方法。

因此可以认为“类”=“标识符 + 属性 + 方法”。

3.7.1 类和对象的概念与定义

类是对现实世界的客观实体的抽象，描述了客观实体的共同的属性和方法。类的三个特征是封装性、多态性和继承性。封装性是指类封装了属性和方法；继承性是指一个类可以继承其他类的方法和属性，被继承类的称为父类，而继承的类被称为子类；多态性是指在一个类层次中，定义为根类的对象可被赋值为其任何子类的对象，并根据子类对象的不同而调用不同的方法。声明一个类的格式如下所示：

```
[<修饰符>] class<类名>
{
    类主体
}
```

其中，class 是定义类的关键字，<类名>是所定义的类的标识符，类主体是由一系列的属性和方法构成的，修饰符可以为 public、private、protected、abstract 或者 final。

对象是对类的实例化，可以把类看成一个数据类型，对象则是该数据类型对应的变量。客观实体、类以及对象之间的关系如图 3-8 所示。

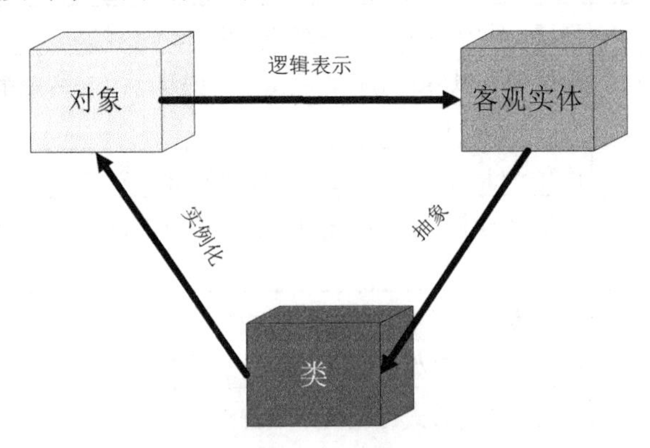

图 3-8 客观实体、类和对象的关系

下面的示例定义了一个 Computer 类。

【例 3.5】Computer 类：

```
public class Computer //类名为 Computer
{
    /* 定义 Computer 的两个属性 computerNO 和 computerUasge */
    int computerNO; //Computer 的序号
    int computerUasge; //Computer 的使用年限

    /*获取 ComputerNO 的方法*/
    int getComputerNO()
    {
        return this.computerNO;
    }

    /*设置 ComputerNO 的方法*/
    int setComputerNO(int computerNO)
    {
        this.computerNO = computerNO;
    }

    /*设置 computerUasge 的方法*/
    int setComputerUasge (int computerUasge)
    {
        this.computerUasge = computerUasge;
    }
}
```

上述示例定义了一个 Computer 类，该类包含以下属性：

```
int computerNO; //Computer 的序号
int computerUasge; //Computer 的使用年限
```

并且 Computer 类包含以下方法：

```
int getComputerNO();
int setComputerNO(int computerNO);
int setComputerUasge(int computerUasge);
```

3.7.2　成员变量和方法

类是对成员变量和成员方法的封装，下面介绍成员变量和方法的声明格式。

声明成员变量的格式为：

```
[public|protected|private][static][final][transient][volatile]type variableName;
```

其中修饰符 public 表示该变量没有访问限制，任何类都能访问；修饰符 protected 表示该变量只能被自身或者子类(在同一个包或不在同一个包)以及同一个包下的其他类访问到；private 表示该变量只能被自身访问。

如果不加 public、protected 或者 private 权限修饰符，则该变量的访问权限是 default，default 访问权限规定该变量只能被同一个包中的类访问。

声明成员方法的格式为：

```
[<accessLevel>][static][final|abstract][native][synchronized]<return_type>
<name>([<argument_list>])[throws<exception_list>] {<block>}
```

3.7.3　创建对象

创建类之后，就可创建该类的实例，即对象。类定义是构建对象的蓝图，对象被称为类的实例。类是一个抽象概念，必须通过对象才能实现程序的具体功能。例如在例 3.5 中，我们不能对 Computer 类设置 computerNO，只能通过 Computer 的对象来设置该对象的 computerNO。一般来讲，有两种创建对象的方式。

1．第一种方式

首先声明对象：<类名> <对象名>
然后实例化对象：使用 new 关键字实例化对象。
例如：

```
Computer myComputer; //声明对象
myComputer = new Computer(); //使用 new 关键字实例化对象
```

2．第二种方式

在声明对象的同时，实例化对象。
例如：

```
Computer myComputer = new Computer();
```

注意： 实例化对象时，调用的方法被称为构造函数。下一节中将详细介绍构造函数的用法。

3.7.4　构造方法

构造方法(或称构造函数)作用是在实例化对象时初始化对象中的属性，构造方法必须与类同名，但一般方法则不能与类同名。需要注意，对象必须只能通过构造方法来创建，没有其他的创建方式。作为类中的特殊方法，构造方法具有以下方面的特性：

- 一般的方法必须有返回类型，然而构造方法不允许有任何返回类型，即使是 void 类型也不允许作为构造方法的返回类型。
- 构造方法的方法名必须与类名一致。
- 一个类可以包含多个构造方法，如果在定义类时没有定义构造方法，则编译系统会自动在该类中创建一个无参数的构造方法，并且这个构造方法不执行任何代码。这种构造方法被称为默认构造方法。

例如，可以在例 3.5 的 Computer 类中添加可以指定 computerNO 的构造方法：

```
public class Computer //类名为 Computer
{
```

```
    Computer(int computerNO)
    {
        this.computerNO = computerNO;
    }
}
```

3.8 继　　承

继承是以已存在的类作为基础建立新类的机制，已有的类被称为父类，而新创建的类被称为子类。通过继承机制，一方面子类可以继承父类非私有属性的成员方法和成员变量，另一方面子类也可以增加新的成员方法和成员变量。继承机制使得复用以前的代码变得非常容易，因而能大大缩短开发周期，提高程序的开发效率。例如我们定义了叫电脑的类，电脑有以下属性——内存容量、电脑序列号等，而又由电脑这个类派生出笔记本和台式机两个类，笔记本和台式机除了继承父类的内存容量、电脑序列号，还可以分别添加自己的属性。图 3-9 描述了父类和子类的继承关系。

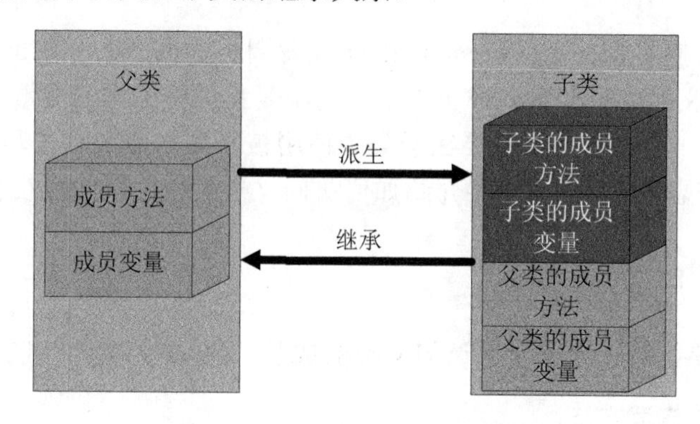

图 3-9　父类和子类的继承关系

注意： 非私有属性的成员方法和变量是指属性为 public、protected 和默认的成员方法和变量；私有属性的成员方法和变量是指属性为 private 的成员方法和变量。

3.8.1　继承的实现

父类与子类的继承关系是通过 extends 关键字来实现的，其语法格式为：

```
[访问权限] class 子类名 extends 父类名
{
    类体定义
}
```

这里的访问“访问权限”是指 public、private、protected 等。例如，下面的语句创建了 Computer 的子类 Laptop：

```
public class Laptop extend Computer { ... }
```

3.8.2 成员变量的隐藏和方法的重写

子类可以定义与父类相同的成员变量和方法。成员变量的隐藏是指子类的成员变量隐藏了父类中相同名字的成员变量，也就是子类对象使用的成员变量是子类定义的成员变量。成员方法的重写是指子类的成员方法的名字、返回类型、参数个数与父类继承的方法完全相同，子类通过方法的重写，可以把父类的状态和行为改变为自身的状态和行为。

这里以 3.8.1 节中创建的子类 Laptop 为例。

【例 3.6】创建 Computer 的子类 Laptop：

```
public class Laptop extend Computer
{
    int computerNO; //隐藏父类 Computer 同名成员变量
    int getComputerNO() //重写父类的方法
    {
        return this.computerNO;
    }
}
```

当 Laptop 对象使用成员变量 computerNO 或者调用成员方法 getComputerNO 时，该对象使用的是子类定义的成员变量或成员方法，而不是父类中的同名变量或者同名方法。

这里需要思考一个问题：如果要在子类中使用被子类隐藏或者重写的父类的成员变量或方法，该如何实现？下一小节中将介绍如何访问父类的被隐藏的成员变量或方法。

3.8.3 关键字 super

通 super 关键字，可以在子类中访问父类的成员。super 关键字有三种用途。

1．调用父类的构造方法

通过 super 关键字，子类可以调用父类的构造方法。其具体的语法格式如下：

```
super(Args1 args1, ..., Argsn argsn);
```

注意： 子类的构造方法调用父类的构造方法时，子类构造方法的第一条语句必须是 super 语句。

2．调用父类的成员变量

子类中使用父类成员变量的语法格式如下：

```
super.成员变量名
```

3．调用父类的成员方法

子类中使用父类成员方法的语法格式如下：

```
super.成员方法名([参数列表])
```

例如，例 3.6 中的 getComputerNO 方法要返回父类的 computerNO，可以使用 super 关

键字访问父类的成员变量：

```
int getComputerNO() //重写父类的方法
{
    return super.computerNO; //使用 super 关键字访问父类的成员变量
}
```

3.9　多　　态

多态是程序中同名的不同方法共存的情况，是面向对象程序设计的基本特性之一。总结起来，有两种形式的多态机制：

- 子类中的方法与父类方法共存，这种多态，就是 3.8.2 节所讲述的重写，这里不再赘述。
- 同一个类中多个同名但参数不同的方法共存，这种多态也被称为重载。重载是让类以统一的方式处理不同类型数据的一种手段。多个同名函数同时存在，具有不同的参数个数/类型。因此可以在类中创建具有相同名字、具有不同参数个数或者参数类型的多个方法。而在调用方法时，编译器通过方法的参数个数和参数类型来匹配对应的方法。

我们以例 3.5 的 Computer 类为例，重载多个 setComputerUasge 方法：

```
public class Computer //类名为 Computer
{
    /*定义 Computer 的两个属性 computerNO 和 computerUasge */
    int computerNO; //Computer 的序号
    int computerUasge; //Computer 的使用年限

    /*获取 ComputerNO 的方法*/
    int getComputerNO()
    {
        return this.computerNO;
    }

    /*设置 ComputerNO 的方法*/
    int setComputerNO(int computerNO)
    {
        this.computerNO = computerNO;
    }

    /*设置 computerUasge 的方法，参数为整型*/
    int setComputerUasge(int computerUasge)
    {
        this.computerUasge = computerUasge;
    }

    /*设置 computerUasge 的方法，参数为字符串*/
    int setComputerUasge(String computerUasge)
```

```
    {
        int tmp = computerUasge.toInteger(computerUasge);//将字符串转换成整数
        this. computerUasge = tmp;
    }

    /*设置 computerUasge 的方法，参数为浮点型*/
    int setComputerUasge(float computerUasge)
    {
        int tmp = (int)computerUasge; //强制类型转换
        this. computerUasge = tmp;
    }
}
```

注意： 重载的方法必须满足两个条件，一是方法名必须一致，二是参数类型和个数必须不同。但是返回值类型可以相同，也可以不相同。

3.10 上机实训

1. 实训目的

(1) 掌握 Android 的语言及语法格式，掌握提高代码可读性的方法。

(2) 了解基本数据类型和引用数据类型的存储机制。

(3) 掌握常用的表达式使用规则和语法格式。

(4) 理解选择控制语句、循环控制语句和转移控制语句的应用场景，能够使用控制语句来设计程序。

(5) 学会用数组来解决一些实际问题。

(6) 掌握类和对象的概念与定义，学会使用构造方法创建对象。

(7) 了解多态的两种方式，并能理解这两种方式的区别。

2. 实训内容

(1) 编写程序，从给定的数组中找出最大值和最小值，要求该程序的命名规则满足 3.1.2 节中的原则。

(2) 编写程序，能够输出 0~50 间的所有偶数。

(3) 编写程序，根据考试成绩的等级打印出百分制分数段。设 A 为 90 分以上，B 为 80 分以上，C 为 70 分以上，D 为 60 分以上，E 为 59 分以下。

(4) 编写程序实现以下功能。

定义一个 Car 类，Car 类的成员变量有座位数和车牌号，成员方法有获取车牌号方法、设置车牌号方法、获取座位数方法以及设置座位数方法。

定义 Car 的子类 MiniCar，MiniCar 的成员属性有生产厂商，并且重写父类的获取车牌号方法、设置车牌号方法、获取座位数方法、设置座位数方法。

3.11　本 章 习 题

一、填空题

(1) Android 的语言要素由________、________、________、________共四部分组成。

(2) 注释分为 ________、________和________三种形式。

(3) 基本数据类型采用________作为存储模型，而引用数据类型采用________作为存储模型。

(4) 一个 int 类型的取值范围是________，默认值为________ 。

(5) 运算符的四个要素是________、________、________和________。

(6) 赋值运算符的结合性是________，关系运算符的结合性是________。

(7) 表达式“5 <<2”的值是________。

(8) int a = 8; b = 9; int c = a>b? a : b;语句执行后，c 的值是________。

(9) 控制语句分为________、________和________三种。

(10) 两种定义静态数组的语法格式分别为________和________。

(11) 父类与子类的继承关系是通过________关键字来实现的。

(12) 父类与子类的继承关系是通过________关键字来实现的。

二、问答题

(1) 列举 5 个合法的标识符。

(2) 列举 5 个非法标识符。

(3) 分析下面的源程序的功能和运行结果：

```
class Example {
   final static double RATE = 3.14159;

   public static void main(String args[]) {
      double radius1=8.0, radius2=5.0;
      System.out.println(
        "半径为" + radius1 + "的圆面积=" + size(radius1));
      System.out.println(
        "半径为" + radius2 + "的圆面积=" + size(radius2));
   }
   static double size(double radius) {
      return (RATE * radius * radius);
   }
}
```

(4) 转移控制语句有几种类型？分别列举出来。

(5) 动态数组与静态数组的区别是什么？

(6) 分析下面的源程序的功能和运行结果：

```
class Example {
```

```
    public static void main(String args[]) {
        String s1 = "I am a student";
        String s2 = new String("I AM a student");
        bool myBool = s1.equals(s2);
        System.out.println(myBool);
    }
}
```

(7) 简述现实世界中的客观实体的抽象特征。

(8) 简述对象和类的关系。

(9) 构造函数的作用是什么？构造函数的特点都有哪些？

(10) 什么是成员变量的隐藏和方法重写？

(11) super 关键字的作用是什么？

(12) 简述多态的两种方式，并描述这两种方式的区别。

第 4 章 Android GUI 开发

学习目的与要求：

GUI 是 Android 构建屏幕、实现人机交互的基本要素。GUI 界面的元素分为视图、视图容器、布局等。本章通过实现基本的 Android 界面，详细介绍 Android 中的基本 UI 设计方法、UI 的基本属性。通过本章的学习，读者将掌握 Android 人机界面组件的设计。

4.1 用户人机界面元素分类

用户人机界面可分为视图、视图容器、布局等。一个复杂的 Android 界面设计往往需要不同的组件组合才能实现，本节将介绍 Android 主要组件的特点及其功能。

4.1.1 视图组件(View)

视图组件是 Android 平台中用户界面的基础元素。文本视图、单选按钮、复选框等常用的控件都属于视图组件。通过视图组件，可实现绘图、焦点变换、滚动条、屏幕区域的按键、用户交互等功能。用户与视图组件之间的交互是通过事件驱动机制来实现的，程序开发人员需要实现对应的事件监听器。

表 4-1 列举了 View 的常用控件及其对应的事件监听器。

表 4-1 View 类的主要子类

控　件	功能描述	事件监听器
TextView	文本视图	OnKeyListener
RadioGroup	单选按钮	OnCheckedChangeListener
Button	按钮	OnClickListener
Checkbox	复选框	setOnCheckedChangeListener
Spinner	下拉列表	OnItemSelectedListener
EditText	编辑文本框	OnEditorActionListener
ScrollView	滚动条	OnKeyListener
DataPicker	日起选择器	OnDateChangedListener
TimePicker	时间选择器	OnTimeChangedListener

4.1.2 视图容器组件(View Group)

视图容器组件(View Group)可以被看成一种容器，这种容器既能包含视图组件，也能包含一个已有的视图容器组件。视图容器组件简化了界面的实现方式，Android 能够以一个群组的方式管理多个视图组件。ViewGroup 类是 android.view.View 的子类，其继承关系如下所示：

```
java.lang.Object
   android.view.View
      android.view.ViewGroup
```

ViewGroup 类中嵌套了两个类和一个接口。

- 类：ViewGroup.LayoutParams
- 类：ViewGroup.MarginLayoutParams

- 接口：ViewGroup.OnHierarchyChangeListener

ViewGroup 类提供了管理视图容器组件的方法，如 addzView，表 4-2 给出 ViewGroup 类的常用方法。

表 4-2 ViewGroup 类的方法

方 法	功能描述	返 回 值
addView	addView 方法用于添加子视图	void
bringChildToFront	该方法将参数指定的视图移动到所有视图的前面显示	void
clearChildFocus	该方法清除参数指定的视图的焦点	boolean
dispatchKeyEvent	该方法将参数指定的键盘事件分发给当前焦点路径的视图。若本视图为焦点，则将键盘事件发送给自己；否则发送给焦点视图	boolean
dispatchPopulateAccessibilityEvent	该方法将参数指定的事件发给当前焦点路径的视图	boolean
dispatchSetSelected	该方法为所有的子视图调用 SetSelected 方法	boolean

4.1.3 布局组件(Layout)

在 UI 设计中，除了要清楚控件的作用和接口之外，还需要熟悉控件的布局，布局规定了界面中元素之间的排列方式。Android 提供了许多种布局，包括 LinearLayout、RelativeLayout、TableLayout、AbsoluteLayout 等，下面重点介绍这几种布局方式。

(1) LinearLayout

LinearLayout 是一种线性排列的布局，在该布局中，子元素之间成线性排列，即顺序排列。由于布局是显示在二维空间里，其顺序排列是在某一方向上的顺序排列，常见的有水平顺序排列、垂直顺序排列。这种布局的元素成规律排列。

(2) TableLayout

与 LinearLayout 类似，TableLayout 是一种表格布局，这种布局将子元素的位置分配到行或列中，即按照表格的数序排列。一个表格布局有多个“表格行”，而每个表格行又包含表格单元。需要注意，表格布局并不是真正意义上的表格，只是按照表格的方式组织元素的布局。在表格布局之中，元素之间并没有实际表格中的分界线。

(3) RelativeLayout

RelativeLayout 是一种根据相对位置排列元素的布局，这种方式允许子元素指定它们相对于其他元素或父元素的位置(通过 ID 指定)。这种方式相对于线性布局，可任意放置，没有规律性。需要注意，线性布局不需要特殊指定其父元素，相对布局使用之前，必须指定其参照物。只有指定参照物之后，才能定义其相对位置。

(4) AbsoluteLayout

相对布局需要指定其参照的父元素，AbsoluteLayout(绝对布局)与相对布局相反，绝对布局不需要指定其参照物。绝对布局使用整个手机界面作为坐标系，通过坐标系的两个偏移量(水平偏移量和垂直偏移量)来唯一指定其位置。

4.1.4 布局参数(LayoutParams)

LayoutParams 是用来设置视图布局的基类，Android 提供的布局类都是 LayoutParams 的子类，LayoutParams 的子类列举如下：

- AbsListView.LayoutParams
- AbsoluteLayout.LayoutParams
- Gallery.LayoutParams
- ViewGroup.MarginLayoutParams
- WindowManager.LayoutParams
- AbsListView.LayoutParams
- ViewGroup.MarginLayoutParams
- WindowManager.LayoutParams
- FrameLayout.LayoutParams
- LinearLayout.LayoutParams
- RadioGroup.LayoutParams

其中，常用的是 RelativeLayout.LayoutParams、AbsoluteLayout.LayoutParams、Linear-Layout.LayoutParams。在以后的章节里，将详细介绍这些子类的作用，本章不再赘述。

4.2 常用 widget 组件

4.2.1 文本框视图(TextView)

对于用户来说，TextView 是屏幕中一块用于显示文本的区域，它属于 Android.Wiget 包并且继承 Android.view.View 类。从层次关系上来说，TextView 类继承了 View 类的方法和属性，同时又是 Button、CheckedTextView、Chronometer、DigitaClock 以及 EditText 的父类。TextView 类的层次关系如下：

```
java.lang.Object
   android.view.View
      android.widget.TextView
      Button, CheckedTextView, Chronometer, DigitalClock, EditText
```

TextView 提供了用于控制文本显示的方法，表 4-3 列举了 TextView 类的主要方法。

表 4-3 TextView 类的方法

方 法	功能描述	返 回 值
TextView	TextView 的构造方法	null
getDefaultMovementMethod	获取默认的箭头按键移动方式	MovementMethod
getText	取得 TextView 对象的文本	CharSequence

续表

方　法	功能描述	返 回 值
getFreezesText	是否该视图包含整个文本，如果包含则返回真值，否则返回假值	boolean
getEditableText	取得文本的可编辑对象，通过这个对象可对 TextView 的文本进行操作，如在光标之后插入字符	android.text.Editable
setPadding	根据位置设置填充物	void
setHintTextColor	设置提示文字的颜色	void
setTextColor	设置文本显示的颜色	void
getCompoundPaddingBottom	该方法返回 TextView 的底部填充物	int
getAutoLinkMask	返回自动链接的掩码	int
setHighlightColor	设置选中时文本显示的颜色	void
setShadowLayer	设置文本显示的阴影颜色	void
setLinkTextColor	设置链接文本的颜色	void
setCompoundDrawables-WithIntrinsicBounds	设置 Drawable 图像显示的位置，但其边界不变	void
setCompoundDrawables-WithIntrinsicBounds	设置 Drawable 图像显示的位置，但其边界不变	void

TextView 是一个不可编辑的文本框，往往用来在屏幕中显示静态字符串，其功能类似于 Java 语言中 Swing 包的 JLabel 组件。下面通过具体例子来说明 TextView 的基本用法。

【例 4.1】TextView 组件的应用：

```
import android.app.Activity;
import android.os.Bundle;
import android.widget.TextView; //导入 TextView 类

public class MainActivity extends Activity {
   @Override //标识 onCreat 方法是重写父类的方法
   public void onCreate(Bundle savedInstanceState) {
      TextView myTextView; //声明一个 TextView 的对象
      String str =
        "Welcome to Android World!"; //定义 TextView 中显示的字符串
      super.onCreate(savedInstanceState);
      setContentView(R.layout.activity_main);
      myTextView = (TextView)this.findViewById(R.id.myTextViewID);
      /*调用 setText()方法设置 Android 屏幕上显示的字符,
        否则 Android 屏幕上显示的字符是 main.xml 中的 text 引用的字符*/
      myTextView.setText(str);
   }
}
```

代码中首先导入了 android.app.Activity，android.os.Bundle 和 android.widget.TextView

包。Activity 是 Android 应用程序中最基本的组成单位。在 Android 应用程序中，Activity 主要负责创建显示窗口，一个 Activity 通常就代表了一个单独的屏幕。它是用户唯一可以看得到的东西，所以几乎所有的 Activity 都是用来与用户进行交互的。因此需要导入 Activity 类才能建立用户的人机交互界面。一个 Activity 包含完整生命和可视生命周期。

- 完整生命周期：从调用 onCreate()开始到 onDestroy()为止是一个 Activity 完整的生命周期。onCreate()用于设置 Activity 中的所有“全局”状态以初始化系统资源，而 onDestroy()用于释放所有系统资源。例如，如果 Activity 有一个线程在后台运行以从网络上传文件，它会以 onCreate()创建那个线程，而以 onDestroy()销毁那个线程。
- 可视生命周期：从 onStart()调用开始到 onStop()是一个 Activity 的可视生命周期。用户可以在这个周期中，在终端屏幕上看到这个 Activity。onStart()和 onStop()方法可被多次调用，从而实现应用程序对用户可见或者不可见。

@Override 标示其后面定义的方法是从父类或者接口中继承过来的，需要重写。在本例中，MainActivity 类重载了父类的 onCreate()方法。Android 应用程序没有类似于 C 语言的 main 入口，Android 程序会以这个方法为程序执行的入口点。onCreate()的方法包含了一个 Bundle 类型的参数，这个参数可用于不同 Activity 之间的消息传递。在本章中只定义了一个 Activity，在以后会详细介绍 Activity 之间的消息传递。

MainActivity 类的 onCreate 方法中使用 super.onCreate(savedInstanceState)调用了父类同名方法。这条语句不能省略，否则执行应用程序时会出现“应用异常终止”的错误。

接着 MainActivity 类的 onCreate 方法调用了 setContentView 方法。这个方法指定了这个 Activity 的界面布局，这个布局是在 R.layout.activity_main 中定义的。如果不指定布局，执行之后会产生一个空白的屏幕。随后 onCreate 方法调用了 findViewById 方法，这个方法的作用是加载在 XML 文件中定义的 TextView。findViewById()方法的参数是一个 Widget 类的句柄，这个句柄可用来唯一标识一个 Widget 对象。

上面描述到本程序使用 R.layout.activity_main 作为程序界面，而这个界面实际上是一个 XML 文件，路径为 Res/layout/activity_main.xml。

activity_main.xml 定义布局的代码如下：

```
<?xml version="1.0" encoding="utf-8"?>
<LinearLayout xmlns:android="http://schemas.android.com/apk/res/android"
  android:orientation="vertical"
  android:layout_width="fill_parent"
  android:layout_height="fill_parent">
    <TextView
      android:id="@+id/myTextViewID"
      android:layout_width="fill_parent"
      android:layout_height="wrap_content"
      android:text="@string/hello" />
</LinearLayout>
```

activity_main.xml 包含了一个 LinearLayout 标签，这个标签定义了整个程序显示的布局。在 LinearLayout 布局中，android:orientation 用于定义布局中子元素的排列方式，支持两种排列方式：vertical(垂直排列)和 horizontal(水平排列)。

vertical 代表此布局中的子元素要竖直排列，如果在这个布局中有两个子元素的话，那么这两个将分别各占一行。

如果将这个值设置为 horizontal，布局中的子元素就要水平排列，那么两个子元素将分别各占一列。

android:layout_width 定义了元素布局的宽度，可以通过 4 种方式来指定宽度。

- fill_parent：整个屏幕宽度。
- match_parent：宽度与父元素相同。
- wrap_content：宽度随组件本身的内容所调整。
- 通过指定数值来设置宽度。

android:layout_height 定义了元素布局的高度，可以通过 3 种方式来指定高度。

- fill_parent：整个屏幕高度。
- match_parent：高度与父元素相同。
- wrap_content：高度随组件本身的内容调整。
- 通过指定数值来设置高度。

LinearLayout 标签包含了一个 TextView 的子标签，这个标签定义了一个 TextView 的对象。程序会根据这个标签的定义加载一个文本框。

android:id 属性使用@+id 声明了一个句柄，实际上@+id/myTextViewID 定义了该对象的唯一的标识 myTextViewID，这个标识的值(myTextViewID)是在 R.java 文件被定义的。

如果所定义的组件(TextView)没有被 Java 代码引用，不需要在 XML 文件中定义 android:id 属性。

注意： 在 activity_main.xml 文件生成之后，编译器会在 R.java 文件中添加一个 id 的静态类，并为 activity_main.xml 文件@+id 定义的 TextView 组件生成 32 位的静态常量。可以通过这个常量唯一标识 XML 中定义的组件对象。在例 4.1 中，R.Java 中生成的静态常量为：

```
public static final class id {
   public static final int myTextViewID = 0x7f070000;
}
```

这个标识作为对象的句柄，可唯一标识一个对象。Android 资源管理器用这个标识来加载相应的对象。需要几乎每个 Android 程序，包括最基本的 Android 框架都会有一个 R 类。

android:text 属性表示 TextView 组件所显示的内容，该属性的属性值@string/hello 表示引用项目 res/values 目录中的 strings.xml 文件中 name 为 hello 的字符串。在 strings.xml 中，hello 定义如下：

```
<string name="hello">Hello Android! </string>
```

除了 android:id 和 android:text 属性之外，<TextView>标签还提供了其他设置文本视图的属性，表 4-4 列举了<TextView>标签支持的属性。

表 4-4　TextView 标签的属性

属性名称	描　述
android:autoLink	设置是否当文本为 URL 链接/email/电话号码/map 时，文本显示为可点击的链接
android:capitalize	设置英文字母大写类型
android:cursorVisible	设定光标为显示/隐藏，默认为显示
android:digits	设置允许输入哪些字符，如“1234567890.+-*/%\n()”
android:drawableBottom	在 text 的下方输出一个 drawable 对象，如图片、颜色等
android:drawableLeft	在 text 的左边输出一个 drawable，如图片
android:drawablePadding	设置 text 与 drawable 对象的间隔
android:drawableRight	在 text 的右边输出一个 drawable 对象
android:inputType	设置文本的类型

程序设计完成后，运行该 Android 程序，Android 屏幕上没有显示 TextView 标签定义的“Hello Android!”而显示“Welcome to Android World!”。这是因为在例 4.1 中，程序通过句柄重新设置了对象的显示属性。运行结果如图 4-1 所示。

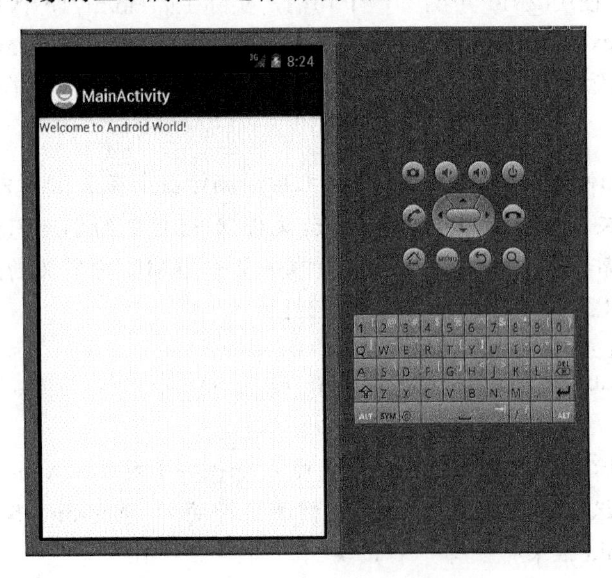

图 4-1　TextView 中显示的字符串

4.2.2　按钮(Button)

Button 类提供了控制按钮的功能，Button 类属于 Android.Wiget 包并且继承 android.widget.TextView 类。Button 类提供了操纵控制按钮的方法和属性。

事实上除了构造函数之外，Button 类没有自己定义的方法，它主要通过继承的父类方法实现对按钮组件的操作。

表 4-5 列举了 Button 组件的常用方法的功能。

表 4-5　Button 类的方法功能

方　法	功能描述	返 回 值
Button	Button 类的构造方法	null
setOnKeyListener	设置按键监听	void
onKeyLongPress	当用户保持按键时，该方法被调用	Boolean
onKeyUp	当用户按键弹起后，该方法被调用	Boolean
onKeyMultiple	当用户多次按键时，该方法被调用	Boolean
onKeyDown	当用户按键时，该方法被调用	Boolean

默认情况下，Button 使用 Android 系统提供的默认背景。因此在不同平台上或者是设备上，Button 显示的风格也不相同。Android 支持修改 Button 默认的显示风格，可通过 Drawable 状态列表替换默认的背景。另外，<Button>标签提供了许多用于设置控制按钮的属性，表 4-6 列举了常用的<Button>标签属性。

表 4-6　Button 标签的属性

属性名称	描　述
android:layout_height	设置控件高度，可选值(fill_parent/warp_contect/px 值)
android:layout_weight	设置控件宽度，可选值(fill_parent/warp_contect/px 值)
android:text	设置控件名称，可选值(任意字符串)
android:layout_gravity	设置控件在布局中的位置，可选值 (top/bottom/left/right/center_vertical/fill_vertical/fill_horizontal/center/fill/clip_vertical)
android:layout_weight	设置控件在布局中的比重，可选值(任意数字如“3”)
android:textColor	设置文字颜色，可选值(任意颜色值如 0xFFFFFFFF)
android:bufferType	设置取得的文本类别，可选值(normal/spannable/editable)
android:hint	设置文本空时显示的字符，可选值(任意字符串如“请点击按钮”)

4.2.3　图片按钮(ImageButton)

ImageButton 跟 Button 的功能基本类似，主要区别是 ImageButton 可通过图像表示按钮的外观。ImageButton 显示一个可以被用户点击的图片按钮。

默认情况下，ImageButton 看起来像一个普通的按钮。可通过<ImageButton>XML 元素的 android:src 属性或 setImageResource(int)方法指定 ImageButton 的图片。本节将介绍 ImageButton 类的主要方法以及属性，并通过实例介绍如何使用 ImageButton 类进行控制。

ImageButton 类属于 Android.Wiget 包并且继承 android.widget.ImageView 类。除了构造函数之外，ImageButton 类只定义了一个方法(onSetAlpha(int alpha))。ImageButton 主要通过继承的父类方法提供对图片按钮控件的操作。

ImageButton 的单击事件监听方法不同于 Button 的事件监听方法。前者使用 setOnTouchListener 设置事件监听方法，而后者使用 setOnClickListener。

下面通过一个具体例子来说明 ImageButton 的基本用法。

【例 4.2】ImageButton 组件的应用：

```
public class Ex_43 extends Activity {
    /** Called when the activity is first created. */
    @Override
    public void onCreate(Bundle savedInstanceState) {
        super.onCreate(savedInstanceState);
        setContentView(R.layout.main);
        ImageButton btn = (ImageButton)findViewById(R.id.imagebutton);
        /*单击时的颜色过滤*/
        final float[] CLICKED = new float[] {
          2, 0, 0, 0, 2,
          0, 2, 0, 0, 2,
          0, 0, 2, 0, 2,
          0, 0, 0, 1, 0 };
         /*单击结束时的颜色过滤 */
        final float[] CLICKED_OVER = new float[] {
          1, 0, 0, 0, 0,
          0, 1, 0, 0, 0,
          0, 0, 1, 0, 0,
          0, 0, 0, 1, 0 };
        //设置 touch_up.png 为背景图像
        btn.setBackgroundResource(R.drawable.touch_up);
        //实现 ImageButton 的鼠标单击事件监听
        btn.setOnTouchListener(new ImageButton.OnTouchListener() {
            @Override
            public boolean onTouch(View view, MotionEvent event) {
                /*当单击时，设置背景颜色为 CLICKED 的过滤颜色*/
                if(event.getAction() == MotionEvent.ACTION_DOWN) {
                    view.setBackgroundResource(R.drawable.touch_down);
                    //取得背景颜色过滤矩阵
                    view.getBackground().setColorFilter(
                       new ColorMatrixColorFilter(CLICKED));
                    //设置背景为指定的过滤颜色
                    view.setBackgroundDrawable(view.getBackground());
                }
                /*当单击结束时，设置背景颜色为 CLICKED_OVER 的过滤颜色*/
                else if(event.getAction() == MotionEvent.ACTION_UP) {
                    view.setBackgroundResource(R.drawable.touch_up);
                    //取得背景颜色过滤矩阵
                    view.getBackground().setColorFilter(
                       new ColorMatrixColorFilter(CLICKED_OVER));
                    //设置背景为指定的过滤颜色
                    view.setBackgroundDrawable(view.getBackground());
                }
                return false;
            }
        });
    }
}
```

本例通过 XML 创建了 ImageButton 按钮，该 ImageButton 可在不同单击事件下显示不同的图片。可通过两种方式实现 ImageButton 单击事件处理：一是覆盖 setOnTouchListener 方法；另外一种通过 XML 的 selector 标签实现，例如：

```
<selector xmlns:android="http://schemas.android.com/apk/res/android">
   <item android:state_pressed="true"
     android:drawable="@drawable/img_pressed" />
     <!--点击时，显示 img_pressed.png-->
   <item android:state_focused="true"
     android:drawable="@drawable/img_focused" />
     <!--聚焦时，显示 img_focused.png-->
   <item android:drawable="@drawable/img_normal" />
     <!--默认显示 img_normal.png-->
</selector>
```

保存上面的 XML 到 res/drawable/文件夹下，将该文件名作为一个参数设置到 ImageButton 的 android:src 属性(如 XML 文件名为 myselector.xml，则设置 android:src 属性为@drawable/myselector)。Android 根据按钮状态变化在 XML 中查找相应的图片并显示。

注意： <item>元素的顺序很重要，因为程序根据这个顺序判断是否适用于当前按钮状态。

启动该 Android 程序，ImageButton 在不同单击状态时使用不同的图片作为背景。程序结果如图 4-2 和图 4-3 所示，分别为单击时的界面，和单击释放时的界面。

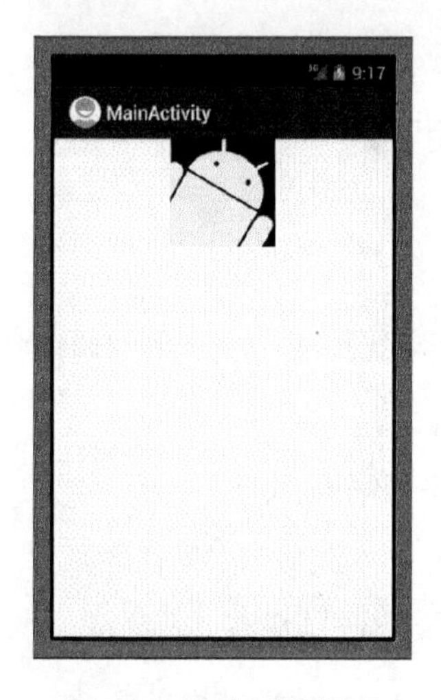

图 4-2　单击时的界面

图 4-3　单击释放时的界面

4.2.4　编辑框(EditText)

EditText 与 TextView 功能基本类似，它们之间的主要区别是 EditText 提供了可编辑的文本框。EditText 是在完善的 UI 设计中必不可少的组件之一。作为用户与系统之间的文本输入接口，用户通过这个组件可以把数据传给 Android 系统，然后得到我们想要的数据。

EditText 提供了许多用于设置和控制文本框功能的方法，表 4-7 列举了 EditText 类常用的方法及功能。

表 4-7　EditText 常用的方法

方　法	功能描述	返 回 值
setImeOptions	设置软键盘的 Enter 键	void
getImeActionLabel	设置 IME 动作标签	Charsequence
getDefaultEditable	获取是否默认可编辑	boolean
setEllipsize	设置当文字过长时控件显示的方式	void
setMarqueeRepeatLimit	在 ellipsize 指定 marquee 的情况下，设置重复滚动的次数	void
setIncludeFontPadding	设置文本框是否包含底部和顶端的额外空白	void
setGravity	设置文本框在布局中的位置	void
getGravity	获取文本框在布局中的位置	int
getFreezesText	获取保存的文本内容以及光标位置	boolean
setFreezesText	设置保存的文本内容以及光标位置	void
setHint	设置文本框为空时，文本框默认显示的字符串	void
getHint	获取文本框为空时，文本框默认显示的字符串	CharSequence

EditText 类是 TextView 的子类，同时 EditText 类又衍生出两个子类(AtuoCompleteTextView、ExtractEditText)。EditText 类的继承关系如下：

```
android.widget.TextView
    android.widget.EditText
        AtuoCompleteTextView ExtractEditText
```

下面通过一个具体例子，来说明 EditText 的基本用法。

【例 4.3】EditText 组件的应用：

```
import android.app.Activity;
import android.os.Bundle;
import android.widget.TextView.OnEditorActionListener;//提供编辑事件监听接口
import android.view.KeyEvent; //键盘事件包
import android.widget.EditText; //导入可编辑文本框类
import android.widget.TextView; //导入不可编辑文本框类

public class MainActivity extends Activity {
    public void onCreate(Bundle savedInstanceState) {
        super.onCreate(savedInstanceState);
        setContentView(R.layout.activity_main); //设置界面布局
        EditText ET_phone = (EditText)findViewById(R.id.ET_phonenumber);
        EditText ET_password = (EditText)findViewById(R.id.ET_password);
        //获取 XML 定义的资源
        final TextView text = (TextView)findViewById(R.id.myTextView);
        //编辑文本框编辑事件监听实现。当编辑 ET_phone 时，该方法被调用
        ET_phone.setOnEditorActionListener(new OnEditorActionListener() {
            public boolean onEditorAction(TextView v, int actionId,
              KeyEvent event) {
                //当编辑 ET_phone 时，修改文本框内容
                text.setText("Editing ET_phonenumber");
```

```
                return false;
            }
        });
        //编辑文本框编辑事件监听实现。当编辑 ET_password 时，该方法被调用
        ET_password.setOnEditorActionListener(
          new OnEditorActionListener() {
            public boolean onEditorAction(TextView v, int actionId,
              KeyEvent event) {
                //当编辑 ET_password 时，修改文本框内容
                text.setText("Editing ET_password");
                return false;
            }
        });
    }
}
```

本例实现了两个 EditText(ET_password 和 ET_phone)的编辑事件监听。当编辑相应的文本框时，编辑事件处理方法 onEditorAction 就会被调用。当编辑 ET_phonenumber 时，ET_phonenumber 的 onEditorAction 被调用。当编辑 ET_password 时，ET_password 的 onEditorAction 被调用。这两个文本框在 XML 中的定义如下：

```
<!--不可编辑文本框，适用于没有文本交互的应用-->
<TextView
  android:id="@+id/myTextView"
  android:layout_width="fill_parent"
  android:layout_height="wrap_content"/>
<!--用于输入数字的文本框 ，可作为只接受电话号码输入的文本框-->
<EditText
  android:id="@+id/ET_phonenumber"
  android:layout_width="fill_parent"
  android:layout_height="wrap_content"
  android:maxLength="40"
  android:hint="Please enter your phone"
  android:textColorHint="#FF000000"
  android:phoneNumber="true"
  android:imeOptions="actionGo"
  android:inputType="date"/>
<!-- 用于输入密码的文本框 --><EditText
  android:id="@+id/ET_password"
  android:layout_width="fill_parent"
  android:layout_height="wrap_content"
  android:maxLength="40"
  android:hint="Please enter your password"
  android:password="true"
  android:textColorHint="#FF000000"
  android:imeOptions="actionSearch"/>
```

上述 XML 代码定义了两个 EditText：ET_password 和 ET_phonenumber，通过属性设置了这两个文本框功能。

其中 ET_password 编辑框可作为密码输入框，而 ET_phonenumber 可作为电话号码输

入框。下面重点说明本实例中使用的 EditText 属性。

(1) 属性 phoneNumber 设置编辑框是否只接受数字，包含两个取值。

- phoneNumber="true"：编辑框只接受数字，不显示非数字字符。
- phoneNumber="false"：编辑框不只接受数字，可显示任意的字符。默认情况下，phoneNumber="false"。

(2) 属性 imeOptions 用于设置键盘的 Enter 键图标，取值如下。

- actionSearch：放大镜图标。
- actionNone：回车键，按下后光标到下一行。
- actionGo：Go。
- actionSend：Send。
- actionNext：Done。

(3) 属性 inputType 设置编辑文本框对应的虚拟键盘，取值如下。

- date：时间键盘。
- text：文本键盘。
- phone：拨号键盘。

两个文本框构成了一个简单的用户登录界面。其中一个文本框接收数字输入，不显示非数字字符；另外一个文本框接收密码输入，输入的字符被显示成一个点。

启动该 Android 程序，运行结果如图 4-4 所示。

图 4-4　EditText 实例的运行结果

4.2.5　多项选择(CheckBox)

多项选择(CheckBox)组件也被称为复选框，该组件通常用于某选项的打开或关闭。该控件表明一个特定的状态是勾选(on，值为 1) 还是不勾选(off，值为 0)。

该控件在应用程序中为用户提供“真或假”选择。复选框状态彼此独立，因此可同时选择任意多个 CheckBox。

CheckBox 类是 CompoundButton 的子类，而同时 CompoundButton 又是 Button 的子类。复选框是一种有双状态按钮的特殊类型，这两个状态包括选中或者不选中状态。

因此复选框状态的变化包含两种情况：

- 复选框由选中状态变成未选中状态。
- 复选框由未选中状态变成选中状态。

通过以鼠标单击复选框，可触发复选框状态的改变。复选框会从当前状态迁徙到另一个状态。复选框注册了 OnCheckedChangeListener 这个监听器，当复选框的状态发生变化时，该监听器的 onCheckedChanged 方法会被触发。onCheckedChanged 方法有两个参数：CompoundButton buttonView 和 boolean isChecked。

CompoundButton 类是 CheckBox 的父类，CheckBox 继承了 CompoundButton 的方法和属性。故 CompoundButton 对象(buttonView)可调用 getText 方法获取复选框的文本内容。参数 isChecked 代表当前 CheckBox 的选中状态。当单击复选框时，该值会发生变化。可通过该值判断当前 CheckBox 是否被勾选。isChecked 有两个取值：true 和 false。

- true(真值)：复选框处于选中状态。此时若单击复选框时，isChecked 值将变为 false(假值)。
- false(假值)：复选框处于未选中状态。此时若单击复选框时，isChecked 值将变为 true(真值)。

下面通过一个实例来讲述 CheckBox 的基本用法。本实例创建了多个复选框组件，当选择相应的复选框时，程序会弹出一个 Toast 对话框，提示复选框状态。

【例 4.4】CheckBox 组件的应用：

```
public void onCreate(Bundle savedInstanceState) {
    super.onCreate(savedInstanceState);
    setContentView(R.layout.activity_main);   //设置界面布局
    /*根据 XML 中控件标签定义的属性生成控件*/
    checkbox1 = (CheckBox)findViewById(R.id.CheckBox01);
    checkbox2 = (CheckBox)findViewById(R.id.CheckBox02);
    button = (Button)findViewById(R.id.Submit);

    /*注册 checkbox1、checkbox2 以及 button 监听事件*/
    checkbox1.setOnCheckedChangeListener(
      new CheckBoxListener()); //checkbox1 状态改变(选中或取消选中)监听器
    checkbox2.setOnCheckedChangeListener(
      new CheckBoxListener()); //checkbox2 状态改变(选中或取消选中)监听器
    button.setOnClickListener(
      (OnClickListener) new ButtonClickListener()); //button 单击监听器
}

/*定义复选框勾选状态监听器。当复选框状态发生改变时(选中变成未选中或未选中变成选中),
  onCheckedChanged 方法被调用*/
class CheckBoxListener implements OnCheckedChangeListener {
    public void onCheckedChanged(CompoundButton buttonView,
      boolean isChecked) {
        if(isChecked) {
            toast = Toast.makeText(MainActivity.this,
              buttonView.getText() + "被选择", Toast.LENGTH_SHORT);
            toast.setGravity(Gravity.CENTER, 5, 5);
            toast.show();
```

```
        } else {
            toast = Toast.makeText(MainActivity.this,
              buttonView.getText() + "取消选择", Toast.LENGTH_SHORT);
            toast.setGravity(Gravity.CENTER, 5, 5);
            toast.show();
        }
    }
}
/*定义按钮单击监听器。当单击按钮时，onClick 方法被调用*/
class ButtonClickListener implements OnClickListener {
    public void onClick(View arg0) {
        //TODO Auto-generated method stub
        String str = "";
        if(checkbox1.isChecked())
            str = str + checkbox1.getText();
        if(checkbox2.isChecked())
            str = str + checkbox2.getText();
        Toast.makeText(MainActivity.this, str + "被选择",
          Toast.LENGTH_LONG).show();
    }
}
```

本例利用 CheckBox 实现了情景模式的 UI 设计，提供了两种手机情景模式(MUSE 和 WORK)。本实例中的 onCheckedChanged 方法使用了 Toast 作为消息提示的方式。Toast 是 Android 中用来显示信息的一种机制，与 Dialog 不一样的是，Toast 提供了一种特殊效果的视图组件用户，该视图以浮于应用程序之上的形式显示。与其他组件不同的是，它不获得焦点，不会影响当前用户的动作。

至此，一个情景模式的 UI 设计就完成了，该 UI 利用 CheckBox 提供手机情景模式(MUSE 和 WORK)选择的界面。启动该 Android 程序，然后单击 WORK 复选框，程序会显示出“WORK 被选择”的 Toast 视图，程序结果如图 4-5 所示。

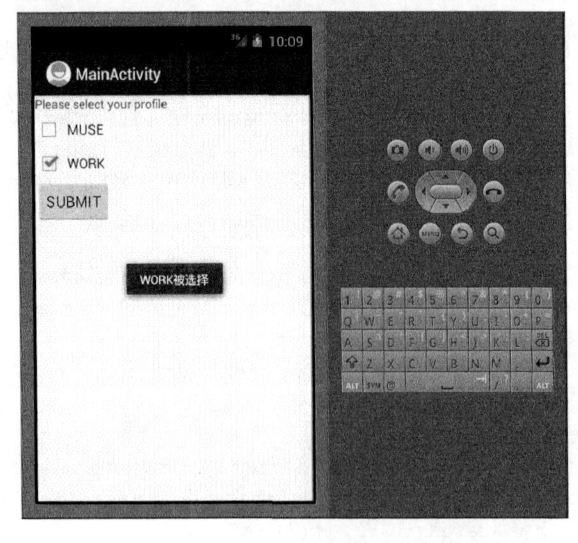

图 4-5　CheckBox 实例的运行结果

4.2.6 单项选择(RadioGroup)

单项选择(RadioGroup)组件也被称为单选按钮组。单选按钮与复选框类似，该控件表明一个特定的状态是勾选(on，值为 1)还是不勾选(off，值为 0)。但与复选框区别的是，复选框状态彼此独立，所以可同时选择任意多个 CheckBox。而该组件通常同多个单选按钮结合在一起，组件之间相互不独立。一组单选按钮有且只能有一个按钮被选中。这个类用于创建一组按钮之间相互排斥的单选按钮组，在同一个单选按钮组中勾选一个按钮，则会取消该组中其他已经勾选的按钮的选中状态。初始状态下，所有的单选按钮都未勾选，虽然不能取消一个特定的单选按钮的勾选状态，但可以通过单选按钮组去消除它的勾选状态，根据 XML 布局文件中的单选按钮的唯一 ID 去标识指定的选择信息。

单选按钮与复选框一样，包含勾选或者不勾选两个状态。复选框提供给用户两种状态(真或假)的选择，但复选框无法提供多个状态的选择的要求。RadioGroup(单选按钮组)可以解决这样的问题，提供多个可选择的状态。通常多个单选按钮构成一个组，单选按钮之间相互影响，同时最多只有一个单选按钮被选中。

RadioGroup 的特殊的 UI 工作模式在很多方面得到了应用，如调查问卷的单项选择等。RadioGroup 常用的监听器有 OnHierarchyChangeListener 和 OnCheckedChangeListener 两种，其中，OnCheckedChangeListener 监听单选按钮状态改变事件。当单击单选按钮时，CheckedChangeListener 的 onCheckedChanged 方法被触发。onCheckedChanged 方法包含两个参数。

- RadioGroup group：RadioGroup 对象。
- int checkedId：当前发生状态改变的单选按钮的 id。

表 4-8 列举了 RadioGroup 类主要方法的功能。

表 4-8 RadioGroup 的常用方法

方 法	功能描述	返 回 值
addView	根据布局指定的属性添加一个子视图	void
check	当传递-1 作为指定的选择标识符时， 此方法与 clearCheck()方法的作用等效	void
generateLayoutParams	返回一个新的布局实例，这个实例是根据指定的属性集合生成的	LayoutParams
setOnCheckedChangeListener	注册单选按钮状态改变监听器	void
setOnHierarchyChangeListener	注册层次结构变化(当子内容添加到该视图或者从该视图中移除时)监听器	void
generateDefaultLayoutParams	返回默认的布局参数	LayoutParams
getCheckedRadioButtonId	返回该单选按钮组中所选择的单选按钮的标识 ID	int

4.2.7 下拉列表(Spinner)

Spinner 提供下拉列表功能，其功能类似于 RadioGroup。Spinner 与 RadioGroup 一样，

多个 item 子元素组合成一个 Spinner。多个子元素之间相互影响，同时最多有一个项被选中。但是与 RadioGroup 相比，Spinner 提供了体验性更强的 UI 设计模式。一个 Spinner 对象包含多个子项，每个子项只有两种状态：选中或者未被选中。可提供多个选择，而一个单选按钮只提供两种选择。Spinner 的界面如图 4-6 所示。

图 4-6 下拉列表举例

Spinner 类是 AbsSpinner 的子类，Spinner 类的层次关系如下：

```
android.view.ViewGroup
   android.widget.AdapterView<T extends android.widget.Adapter>
      android.widget.AbsSpinner
         android.widget.Spinner
```

Spinner 的监听器是 OnItemSelectedListener，当子元素被选择时，onItemSelected 方法被触发。onItemSelected 方法包含 4 个参数。

- AdapterView<?> parent：父类对象。
- View view：视图对象。
- int position：位置参数。
- long id：标识。

表 4-9 列举了 Spinner 类主要方法的功能。

表 4-9 Spinner 常用方法

方 法	功能描述	返 回 值
getBaseline	获取组件文本基线的偏移	int
getPrompt	获取被聚焦时的提示消息	CharSequence
performClick	效果与鼠标单击一样，该方法执行会触发 OnClickListener	Boolean
setPromptId	设置对话框弹出时显示的文本	void
setOnItemSelectedListener	设置下拉列表子项被选中时的监听器	void

4.2.8　自动完成文本(AutoCompleteTextView)

想象这样一个场景：上网搜索时，只要输入几个文字，搜索框就会提示相近的关键字。Android 提供了这种功能的控件——AutoCompleteTextView。AutoCompleteTextView 是一个文本框组件，它提供了自动完成文本功能。在 Android 中，AutoCompleteTextView 类是 EditText 类的子类，AutoCompleteTextView 衍生出 MultiAutoCompleteTextView 类。

AutoCompleteTextView 组件提供对用户输入的文本进行有效扩充提示的功能，而不需要用户输入整个文本内容。用户只需输入一部分内容，剩下部分系统就会给予提示。使用 AutoCompleteTextView 时，必须提供一个 MultiAutoCompleteTextView.Tokenizer 对象以用来区分不同的子串。表 4-10 列举了 AutoCompleteTextView 类主要方法的功能。

表 4-10　AutoCompleteTextView 类的常用方法

方　法	功能描述	返 回 值
setMarqueeRepeatLimit	在 ellipsize 指定 marquee 的情况下，设置重复滚动的次数，当设置为 marquee_forever 时表示无限次	void
enoughToFilter	当文本长度超过阈值时过滤	boolean
performValidation	确定文本中的单个符号有效性	void
setTokenizer	设置分词组件，该组件决定用户正在输入文本的范围	void
performFiltering	过滤从函数 findTokenStart()到函数 getSelectionEnd()获得的长度为 0 或者超过了预定的值的文本内容	void
replaceText	根据参数的文本替换从函数 findTokenStart()到函数 getSelectionEnd()得到的文本	void

下面通过一个实例来说明 AutoCompleteTextView 的功能。

该实例利用 AutoCompleteTextView 实现了电话号码自动输入的 UI。通过该实例，读者能掌握 AutoCompleteTextView 的基本用法。

【例 4.5】AutoCompleteTextView 组件的应用：

```
public class MainActivity extends Activity {
  private static final String[] phonenumberStr =
    new String[] { "88888888", "85668888", "7777777",
      "86666666", "7377777" };  //自动输入字符串库
  public void onCreate(Bundle savedInstanceState)
  {
      super.onCreate(savedInstanceState);
      setContentView(R.layout.activity_main); //加载 main.xml 布局
      /*以 phonenumberStr 字符串数组生成 ArrayAdapter 对象*/
      ArrayAdapter<String> adapter = new ArrayAdapter<String>(this,
        android.R.layout.simple_dropdown_item_1line, phonenumberStr);
      /*以 findViewById()取得 AutoCompleteTextView 对象*/
      AutoCompleteTextView autoCompleteTextView =
          (AutoCompleteTextView)findViewById(R.id.autoCompleteTextView);
      /*通过 setAdapter()来读取 ArrayAdapter 里的数据 phonenumberStr */
```

```
        autoCompleteTextView.setAdapter(adapter);
    }
}
```

本实例先在 Layout 中部署一个 AutoCompleteTextView 组件：

```
<AutoCompleteTextView
  android:id="@+id/autoCompleteTextView"
  android:layout_width="fill_parent"
  android:layout_height="wrap_content"
  android:hint="Please enter phone number" />
```

然后通过 ArrayAdapter 构造函数将预先设置好的电话号码数组 phonenumberStr 放入 ArrayAdapter，最后 AutoCompleteTextView 调用 setAdapter 方法读取 ArrayAdapter 里的数据。当用户输入字符串时，AutoCompleteTextView 就会从 ArrayAdapter 中查找与输入的字符串相匹配的字符串。若 ArrayAdapter 中只有一个字符串的前缀与输入的字符串相匹配，则 AutoCompleteTextView 控件就会显示出整个字符串。例如输入 86，AutoCompleteTextView 控件就会显示"86666666"这个字符串，如图 4-7 所示。

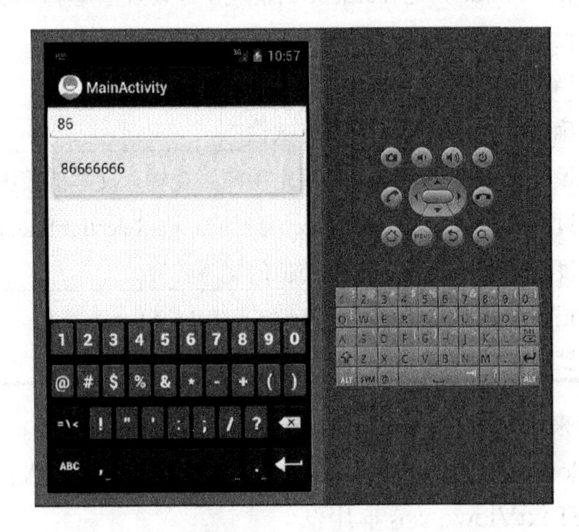

图 4-7　自动提示文本程序的运行结果

4.2.9　日期选择器(DatePicker)

读者如果想设计一个可以显示、调节时间的 UI，需要使用什么方法实现呢？作为提供手机应用开发的系统，Android 系统提供了 DatePicker 和 TimePicker 组件，用于实现时间选择器。其中 DatePicker 是一个选择日期的布局视图，它提供了日期选择器的功能。从层次关系上看，DatePicker 是 FrameLayout 和 ViewGroup 的子类，直接继承 FrameLayout 类。DatePicker 类的层次关系如下：

```
java.lang.Object
    android.view.View
        android.view.ViewGroup
            android.widget.FrameLayout
                android.widget.DataPicker
```

对于 DatePicker，常用的监听器就是 OnDateChangedListener。当日期发生改变时，OnDateChangedListener 的 onDateChanged 方法会被触发，系统会将发生变化后的日期值以传递参数的形式传给 onDateChanged 方法。

onDateChanged 方法的原型为：

```
onDateChanged(DatePicker view, int year, int monthOfYear, int dayOfMonth)
```

其中：

- DatePicker view：当前发生变化的时间选择器。
- int year：当前时间选择器的年。
- int monthOfYear：当前时间选择器的月份。
- int dayOfMonth：当前时间选择器的日期。

表 4-11 列举了 DatePicker 类主要方法的功能。

表 4-11　DatePicker 类的常用方法

方　法	功能描述	返 回 值
setonDateChangedListener	注册日期改变监听器，当日期发生改变时，onDateChanged 被触发	void
getDayOfMonth	该方法用于获取月份中的日期	int
getMonth	该方法用于所选择的月份值	int(返回月份减一值，故返回值范围为 0~11)
updateDate	该方法用于日期的更新	void
getYear	该方法用于获取所选择的年份值	int
init	该方法用于重置年月日值	void

下面通过一个实例来说明 DatePicker 的功能，该实例利用 DatePicker 和 Calender 实现了日期选择器。通过该实例，读者能掌握 DatePicker 的基本用法。

【例 4.6】DatePicker 的应用：

```
public class MainActivity extends Activity {
    private DatePicker datepicker; //声明一个私有的时间选择器对象
    private TextView textview; //声明一个私有的文本框对象
    Calendar calendar; //声明 Calendar 对象
    int cur_year, cur_month, cur_day; //声明日期变量

    /*首次启动 Activity 时，onCreate 方法被调用。若再次启动 Service 时，
    不会再执行 onCreate()方法，而是直接执行 onStart()方法*/
    public void onCreate(Bundle savedInstanceState) {
        super.onCreate(savedInstanceState); //调用父类的 onCreate 方法
        setContentView(R.layout.activity_main); //根据 main.xml 生成布局
        /*根据 XML 的 DatePicker 标签中的定义生成 datepicker*/
        datepicker = (DatePicker)this.findViewById(R.id.DatePicker);
        /*根据 XML 的 TextView 标签中的定义生成 textview*/
        textview = (TextView)this.findViewById(R.id.TextView);
        //使用 getInstance 方法生成 Calendar 对象
```

```
        calendar = Calendar.getInstance();
        cur_year = calendar.get(Calendar.YEAR); //获取当前的年
        cur_month = calendar.get(Calendar.MONTH + 1); //获取当前的月
        cur_day = calendar.get(Calendar.DAY_OF_MONTH); //获取当前的天
        //显示当前的日期
        textview.setText("当前时间："
          + cur_year + "年" + cur_month + "月" + cur_day + "日  ");
        //注册日期改变监听器
        datepicker.init(cur_year, cur_month, cur_day,
          new MyDateChangedListener());
    }

    /* MyDateChangedListener类实现日期改变监听器的功能，当日期改变时，
      onDateChanged方法被调用更新日期*/
    private class MyDateChangedListener
      implements OnDateChangedListener {
        public void onDateChanged(DatePicker view, int year,
          int monthOfYear, int dayOfMonth) {
            //TODO Auto-generated method stub
            cur_year = year;
            cur_month = monthOfYear;
            cur_day = dayOfMonth;
            textview.setText("当前时间："
              + cur_year + "年" + cur_month + "月" + cur_day + "日  ");
        }
    }
}
```

本实例通过 DatePicker 实现日期选择器功能，用户可以通过日期选择器修改日期。调整后的日期会在文本视图 textview 中显示。在 Eclipse 中，将该 Android 应用程序部署到 Android 设备中。系统启动后，其界面如图 4-8 所示。

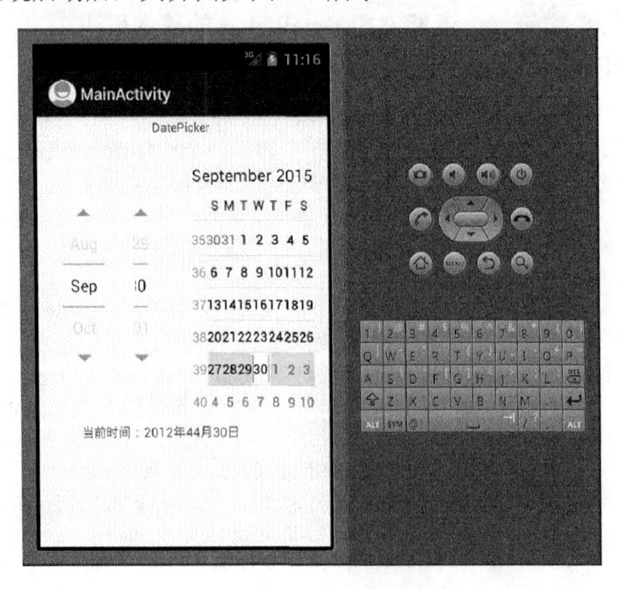

图 4-8　时间选择器运行结果

至此，通过系统提供的 DataPicker 方法，仅需修改少量代码，就可实现了一个界面友好的日期选择器。这也体现了 Android 的设计机制，Android 系统包含丰富的组件供用户使用，用户无需关心其实现的复杂性，只需导入开发包，即可实现包含该功能的日期选择器。

到这里，读者会注意到，DataPicker 只提供了日期的选择器，未提供时间(时、分)选择的功能。

那么在 Android 系统中，是否具有时间选择器功能的类？答案是肯定的。下面的小节中，我们会介绍一种具有时间(时、分)功能的类 TimePicker(时间选择器)。

4.2.10　时间选择器(TimePicker)

上一节讲述了通过 DatePicker 实现日期选择器方法。Android 系统不仅提供了日期选择器，还提供了 TimePicker 控件，用于提供时间选择器的功能。TimePicker 支持 24 小时及上午/下午模式。小时、分钟及上午/下午都可以用垂直滚动条来调整。TimePicker 的层次关系与 DatePicker 一样，TimePicker 是 FrameLayout 和 ViewGroup 的子类，并直接继承 FrameLayout 类。

TimePicker 类的层次关系如下：

```
android.widget.FrameLayout
   android.widget.TimerPicker
```

TimePicker 常用的监听器是 OnTimeChangedListener，当时间发生改变时，系统会触发 onTimeChanged 方法，并将当前的时间通过传递参数的形式传给 onTimeChanged 方法。

onTimeChanged 方法声明为：

```
onTimeChanged(TimePicker view, int hourOfDay, int minute)
```

其参数的作用说明如下。

- TimePicker view：当前发生变化的时间选择器。
- int hourOfDay：当前时间选择器的小时。
- int minute：当前时间选择器的分。

表 4-12 列举了 TimePicker 类的主要方法的功能。

表 4-12　TimePicker 的常用方法

方　法	功能描述	返 回 值
setOnTimeChangedListener	注册时间改变监听器，当日期发生改变时，onTimeChanged 被触发	void
getCurrentHour	获取当前时间对应的小时	void
setIs24HourView	设置是否使用 24 小时制表示时间	void
getCurrentMinute	获取当前时间对应的分钟	void

下面通过一个实例说明 TimePicker 的功能，该实例利用 TimePicker 和 Calender 实现了时间选择器。通过该实例，读者能掌握 TimePicker 的基本用法。

【例 4.7】TimePicker 的应用：

```
/*首次启动 Activity 时，onCreate 方法被调用。若再次启动 Service 时，不会再执行
onCreate()方法，而是直接执行 onStart()方法*/
public void onCreate(Bundle savedInstanceState) {
    super.onCreate(savedInstanceState); //调用父类的 onCreate 方法
    setContentView(R.layout.activity_main); //根据 main.xml 生成布局
    /*根据 XML 的 TimePicker 标签中的定义生成 timepicker */
    timepicker = (TimePicker)this.findViewById(R.id.TimePicker);
    /*根据 XML 的 TextView 标签中的定义生成 textview */
    textview = (TextView)this.findViewById(R.id.TextView);
    //使用 getInstance 方法生成 Calendar 对象
    calendar = Calendar.getInstance();
    cur_hour = calendar.get(Calendar.HOUR); //获取当前的小时
    cur_minute = calendar.get(Calendar.MINUTE); //获取当前的分钟
    //显示当前的时间
    textview.setText("当前时间：" + cur_hour + "时" + cur_minute + "分");
    timepicker.setIs24HourView(true); //设置时间为 24 小时制，而非上下午模式
    //注册时间改变监听器
    timepicker.setOnTimeChangedListener(new MyTimeChangedListener());
}
/* MyTimeChangedListener 类实现时间改变监听器的功能，当时间改变时，
  onTimeChanged 方法被调用更新日期*/
private class MyTimeChangedListener implements OnTimeChangedListener
{
    public void onTimeChanged(TimePicker view, int hourOfDay, int minute)
    {
        //TODO Auto-generated method stub
        cur_hour = hourOfDay;
        cur_minute = minute;
        textview.setText("当前时间："
          + cur_hour + "时" + cur_minute + "分"); //显示当前的日期
    }
}
```

本实例通过 TimerPicker 实现时间选择器功能，用户可以通过时间选择器修改时间。启动 Activity 后，程序首先根据 XML 定义生成 UI，接着使用实例获取当前的小时以及当前的分钟。

本实例使用 getInstance 获取 Calendar 对象，然后时间选择器使用 setIs24HourView 方法设置时间模式。当参数为 true 时，setIs24HourView 方法设置设置时间为 24 小时制，而非上下午模式。本例使用文本视图 textview 显示这些形参，若用户改变日期选择器的时间，当前日期值可在 textview 显示出来。

启动该实例，运行界面如图 4-9 所示。

注意： getInstance 与使用 new 新建对象是有区别的。使用 getInstance 方式被称为 Singleton 模式，这种模式保证了一个类只有一个实例对象存在。多次调用 getInstance 返回同一个对象，这种机制在很多应用中，比如建立网络连接、文件目录等都非常有帮助。

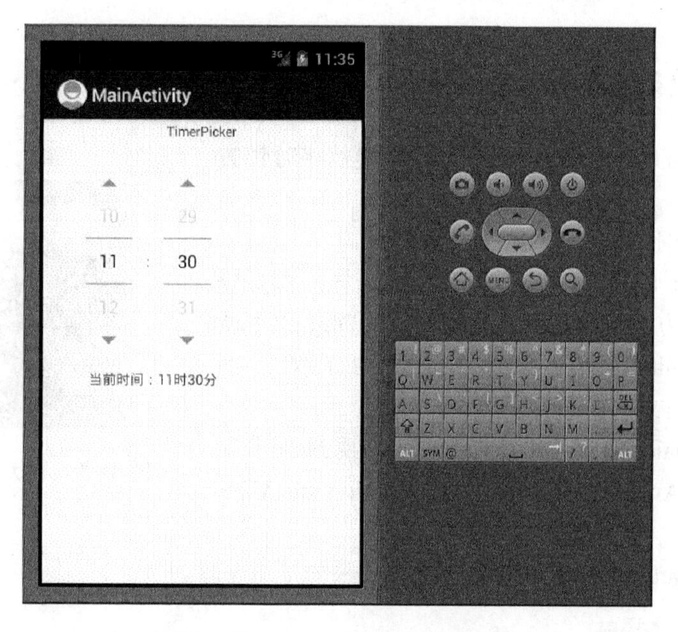

图 4-9　TimePicker 的运行结果

4.2.11　数字时钟(DigitalClock)

前面讲述了通过 TimerPicker 实现时间选择器的方法。除了日期或者时间选择器外，Android 系统本身还提供了两个时钟类：数字时钟(DigitalClock)和表状时钟(AnalogClock)。

DigitalClock 是显示类似于电子日历的时钟的类，这种时钟可以显示系统的标准时间。它可以选择 12 小时或者 24 小时制，支持时区设置，可以调整颜色。图 4-10 显示了两个数字时钟的例子。

图 4-10　数字时钟(DigitalClock)

事实上，DigitalClock 可以被看成一个文本视图，因为 DigitalClock 确实是 android.widget.TextView 的子类。

android.widget.DigitalClock 类的层次关系如下：

```
java.lang.Object
   android.view.View
      android.widget.TextView
         android.widget.DigitalClock
```

DigitalClock 本身提供的方法不多，本身只提供了 4 个方法。其中包括两个构造函数：publicDigitalClock(Context context)和 publicDigitalClock(Context context, AttributeSet attrs)，还包括两窗体事件的响应方法：onAttachedToWindow 和 onDetachedFromWindow。

DigitalClock 类主要使用父类(android.widget.TextView)提供的方法提供对 DigitalClock 的操作。

4.2.12 表状时钟(AnalogClock)

上一小节讲述了通过 DigitalClock 实现数字时钟方法，本节将介绍另外一种时钟 AnalogClock。图 4-11 显示了表状时钟的例子。

图 4-11 表状时钟(AnalogClock)

AnalogClock 的功能与 DigitalClock 一样，都是提供了时间的显示方式。但 AnalogClock 与 DigitalClock 不同的是，DigitalClock 是文本视图的子类，而 AnalogClock 不是文本视图的子类。

事实上，AnalogClock 可以被看成一个视图(而非文本视图)，因为 AnalogClock 确实是 android.view.View 的子类。

android.widget.AnalogClock 类的继承关系如下：

```
java.lang.Object
   android.view.View
      android.widget..AnalogClock
```

AnalogClock 与 DigitalClock 不同，它不是 TextView 的子类。因而 AnalogClock 类不能使用 TextView 提供的方法，AnalogClock 主要使用父类(android.view.View)提供的方法提供对表状时钟的操作。除了构造函数之外，DigitalClock 提供了 5 个方法。这 5 个方法都是事件相关的响应方法：onAttachedToWindow 和 onDetachedFromWindow。

表 4-13 列举了 DigitalClock 类主要方法的功能。

表 4-13 AnalogClock 常用方法

方 法	功能描述	返 回 值
onAttachedToWindow	该方法在视图附加到窗体时调用。当视图附加到窗体时，视图将开始绘制用于显示的界面	void
onDraw	绘制视图时该方法被调用。canvas 为画布上的绘制背景	void
dispatchDraw	调用此方法来绘出子视图。此方法由 draw 方法在绘制子视图时调用。子类可以重写该方法，在绘制其子视图之前获得控制权	void
onDetachedFromWindow	DigitalClock 从窗体分离事件的响应方法。 当视图(DigitalClock)从窗体上分离(移除)时调用。这时不再有画面绘制	void
addFocusables	继承 android.viewView 的方法。该方法为当前 ViewGroup 中的所有子 View 添加焦点获取能力	void
getBaseline	继承 android.viewView 的方法。返回窗口空间的文本基准线到其顶边界的偏移量。如果这个部件不支持基准线对齐，这个方法返回-1	int(不支持基准线对齐则返回-1)

续表

方 法	功能描述	返 回 值
dispatchDisplayHint(int hint)	继承 android.viewView 的方法。该方法分发视图是否显示的提示	void
addTouchables	继承 android.viewView 的方法。该方法为子 View 添加触摸能力	void
onMeasure	当该方法被重写时，必须调用 setMeasuredDimension(int, int)来存储已测量视图的高度和宽度。否则，将通过 measure(int, int)抛出一个 IllegalStateException 异常	void

AnalogClock 类主要使用父类(android.widget.TextView)提供的方法提供对 DigitalClock 的操作。表 4-13 列举了 AnalogClock 类常用的方法。

下面以一个 AnalogClock 和 DigitalClock 切换的应用介绍 AnalogClock 和 DigitalClock 的功能。

【例 4.8】AnalogClock 和 DigitalClock 切换。

主程序 MainActivity.java 实现 AnalogClock 的功能：

```
public class MainActivity extends Activity {
    private Button analogbutton; //声明按钮控件，该按钮用于启动表状时钟
    private TextView analogtexview; //声明文本视图对象
    private AnalogClock analogclock; //声明数字时钟对象
    public void onCreate(Bundle savedInstanceState) {
        super.onCreate(savedInstanceState);
        //使用 digitalclock.xml 初始化该 activty 的界面
        setContentView(R.layout.analogclock);
        //根据 XML 定义创建按钮对象
        analogbutton = (Button)findViewById(R.id.analogClockButton);
        //根据 XML 定义创建文本视图对象
        analogtexview = (TextView)findViewById(R.id.analogClockTextView);
        //根据 XML 定义创建数字时钟对象
        analogclock = (AnalogClock)findViewById(R.id.analogClock);
        //设置文本视图显示文字，提示当前时钟为数字时钟
        analogtexview.setText("Current clock is AnalogClock");
        /*定义按钮的单击监听器*/
        analogbutton.setOnClickListener(new View.OnClickListener() {
            public void onClick(View v) {
                /*新建一个 Intent 对象，并指定启动程序 SupplActivity */
                Intent myintent = new Intent();
                myintent.setClass(MainActivity.this, SupplActivity.class);
                /*程序 SupplActivity 利用 startActivity 调用新的 Activity,
                  这个 Activity 是由 setClass 方法指定*/
                MainActivity.this.startActivity(myintent);
                MainActivity.this.finish(); //关闭当前的 Activity
            }
        });
    }
}
```

主程序 SupplActivity.java 实现 DigitalClock 的功能：

```
public class SupplActivity extends Activity {
    /** Called when the activity is first created. */
    private Button digitalbutton; //声明按钮控件，该按钮用于启动表状时钟
    private TextView digitaltexview; //声明文本视图对象
    private DigitalClock digitalclock; //声明数字时钟对象
    public void onCreate(Bundle savedInstanceState) {
        super.onCreate(savedInstanceState);
        //使用 digitalclock.xml 初始化该 activty 的界面
        setContentView(R.layout.digitalclock);
        //根据 XML 定义创建按钮对象
        digitalbutton = (Button)findViewById(R.id.digitalClockButton);
        //根据 XML 定义创建文本视图对象
        digitaltexview = (TextView)findViewById(R.id.digitalClockTextView);
        //根据 XML 定义创建数字时钟对象
        digitalclock = (DigitalClock)findViewById(R.id.digitallock);
        //设置文本视图显示文字，提示当前时钟为数字时钟
        digitaltexview.setText("Current clock is DigitalClock");
        digitalclock.setTextColor(Color.GREEN); //设置数字时钟的颜色为绿色
        /*定义按钮 digitalbutton 单击监听器*/
        digitalbutton.setOnClickListener(new View.OnClickListener() {
            public void onClick(View v) {
                /*新建一个 Intent 对象，并指定启动程序 MainActivity*/
                Intent myintent = new Intent();
                myintent.setClass(SupplActivity.this, MainActivity.class);
                /*利用 startActivity 调用新的 Activity,
                  这个 Activity 是由 setClass 方法指定*/
                SupplActivity.this.startActivity(myintent);
                SupplActivity.this.finish(); //关闭当前的 Activity
            }
        });
    }
}
```

本实例通过 DigitalClock 和 AnalogClock 实现了数字时钟和表状时钟切换的功能。本实例包含两个 Activity：MainActivity 和 SupplActivity。MainActivity 用于实现数字时钟的功能，SupplActivity 实现表状时钟的功能。

注意： 为了实现两个 Activity 之间的相互调用，需要在工程根目录下的 AndroidManifest.xml 中添加这两个 activity 的描述，例如：

```
<activity
 android:name=".MainActivity"
 android:label="@string/title_activity_main" >
    <intent-filter>
        <action android:name="android.intent.action.MAIN" />
        <category android:name="android.intent.category.LAUNCHER" />
    </intent-filter>
</activity>
<activity android:name=".SupplActivity" android:label="SupplActivity"/>
```

这两个 activity 之间使用 Intent 实现 Activty 之间的消息传递以及相互调用(以后的章节

中会详细介绍 Activity 和 Intent 的作用)。对于 MainActivity，当单击 MainActivity 的切换按钮时，按钮的单击事件方法被调用。该方法新建一个 Intent 对象，并指定启动 SupplActivity。同理，SupplActivity 也会切换到 MainActivity。启动该 Android 实例，屏幕显示一个 AnalogClock，如图 4-12 的左边所示。单击切换按钮，屏幕显示一个 DigitalClock，如图 4-12 的右边所示。

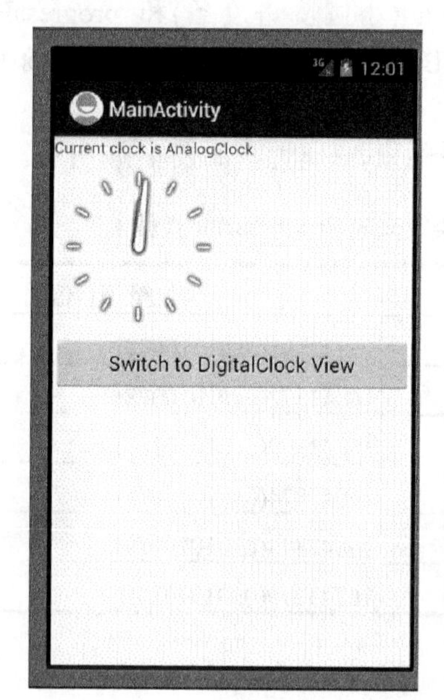

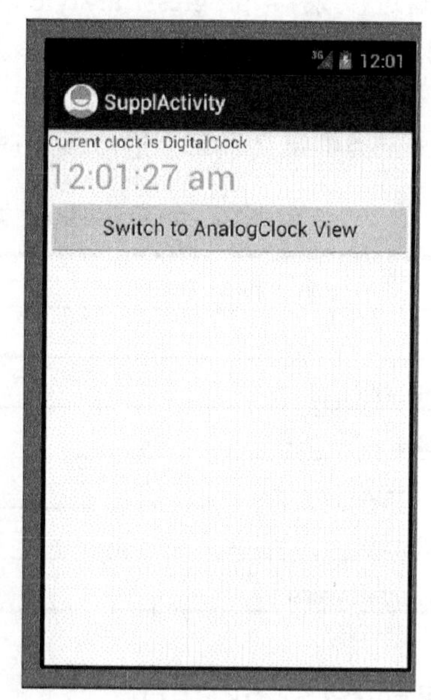

图 4-12　表状时钟(AnalogClock)

4.2.13　进度条(ProgressBar)

本小节将为读者介绍一个显示进度的控件——进度条(ProgressBar)。使用手机时，经常会遇到进度条的应用，如打开一个程序的加载的界面。进度条可以很形象地提示应用(如正在下载的应用)正在处理中或者处理的进度。图 4-13 展示了一个进度条的例子。

图 4-13　进度条(ProgressBar)

进度条(ProgressBar)与表状时钟一样，都是 View 的子类。其在 Android 系统中的继承关系如下：

```
java.lang.Object
   android.view.View
      android.widget.ProgressBar
```

ProgressBar 支持 6 种类型的进度条，包括 progressBarStyle(默认进度条)、progressBarStyleHorizontal(水平进度条)、progressBarStyleLargeInverse(倒转圆圈进度条)、progressBarStyleLarge(圆圈进度条)、progressBarStyleSmall(小圆圈进度条)和 progressBarStyleSmallInverse(小圆圈倒转进度条)。可通过 ProgressBar 的 style 属性来指定进度条的类型，这些 style 属性是一个整型值。

android.R.attr 类中定义了每个进度条对应的 style 属性，如表 4-14 所示。

表 4-14　android.R.attr 类定义的 ProgressBar 类型

名　称	整 型 值
progressBarStyle	16842871(0x01010077)
progressBarStyleHorizontal	16842872(0x01010078)
progressBarStyleLargeInverse	16843399(0x01010287)
progressBarStyleLarge	16842874(0x0101007a)
progressBarStyleSmall	16842873(0x01010079)
progressBarStyleSmallInverse	16843279(0x0101020f)

4.2.14　拖动条(SeekBar)

SeekBar 与 PorgressBar 不一样，SeekBar 可实现拖动进度条的功能，这种功能在许多应用场景得到应用。如拖动视频、拖动音量等。图 4-14 显示了一个拖动条的例子。

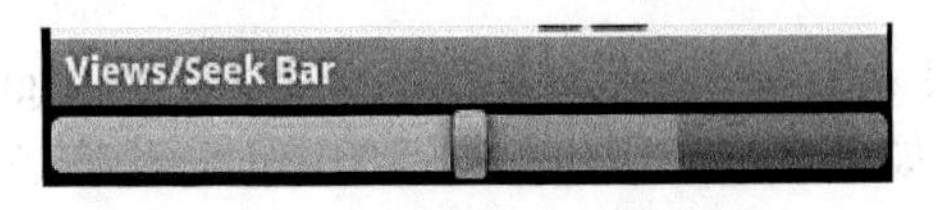

图 4-14　拖动条(SeekBar)

SeekBar 是 PorgressBar 子类，SeekBar 在 Android 系统中的继承关系如下：

```
android.widget.ProgressBar
   android.widget.AbsSeekBar
      android.widget.SeekBar
```

作为 ProgressBar 的子类，拖动条类主要使用继承父类的方法和属性。其本身自定义的方法和属性并不多。除了构造函数以外，拖动条类只定义了 setOnSeekBarChangeListener 方法和 thumb 属性。其中 thumb 属性用于指定拖动条对应的图标。而 setOnSeekBarChangeListener 方法用于注册拖动条的监听器 OnSeekBarChangeListener。

OnSeekBarChangeListener 监听器能够监听 3 种事件。

- StartTrackingTouch(拖动开始)：开始拖动 SeekBar 时的状态，onStartTrackingTouch 方法会被触发。
- ProgressChanged(拖动中)：拖动 SeekBar 时的状态，onProgressChanged 方法会被

触发。

- StopTrackingTouch(拖动结束)：结束拖动 SeekBar 时的状态，onStopTracking-Touch 方法会被触发。

因此在 SeekBar 被拖动的过程中，onStartTrackingTouch、onProgressChanged 和 onStopTrackingTouch 这三个方法会依次被触发，如图 4-15 所示。

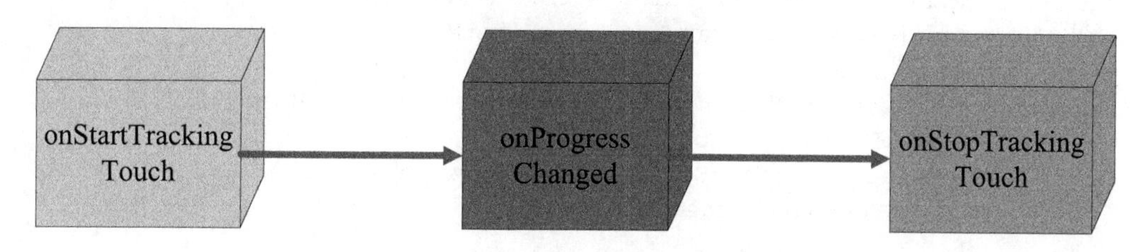

图 4-15　SeekBar 拖动过程中的触发操作

注意： onProgressChanged 方法的形参与 onStartTrackingTouch 不同，其形参不仅包含拖动条对象，还包含当前的进度。

下面通过一个实例，来说明 SeekBar 类的功能，该例使用 SeekBar 实现了音频和音量的控制。

【**例 4.9**】SeekBar 的应用：

```
public class MainActivity extends android.app.Activity {
    /** Called when the activity is first created. */
    /*定义音量参数：cur_volume、MIN_VOLUME 以及 MAX_VOLUME*/
    //cur_volume 记录当前音量大小，初始设置为 0
    private static int cur_volume = 0;
    private final static int MIN_VOLUME = 0; //MIN_VOLUME 定义最小音量值
    private final static int MAX_VOLUME = 15; //MAX_VOLUME 定义最大音量值
    /*定义音频参数：cur_voice、MIN_AUDIO 以及 MAX_AUDIO*/
    //cur_voice 记录当前音频大小，初始设置为 0
    private static int cur_audio = 0;
    private final static int MIN_AUDIO = 0; //MIN_AUDIO 定义最小音频值
    private final static int MAX_AUDIO = 15; //MAX_AUDIO 定义最大音频值

    private int maxvolumeProgress; //定义 volumeseekbar 最大进度
    private int maxaudioProgress; //定义 volumeseekbar 最大进度
    private SeekBar volumeseekbar;  //声明拖动条控件对象 volumeseekbar
    private SeekBar audioseekbar;  //声明拖动条控件对象 audioseekbar
    private TextView volumetextview;  //声明文本视图控件对象 volumetextview
    private TextView audiotextview;  //声明文本视图控件对象 audiotextview
    public void onCreate(Bundle savedInstanceState) {
        super.onCreate(savedInstanceState); //调用父类的 onCreate 方法
        setContentView(R.layout.activity_main); //使用 main.xml 初始化程序 UI
        //根据 XML 定义的控件创建 volumeseekbar，该控件用于控制调节音量
        volumeseekbar = (SeekBar)this.findViewById(R.id.volumeseekbar);
        //根据 XML 定义的控件创建 audioseekbar，该控件用于控制调节音频
        audioseekbar = (SeekBar)this.findViewById(R.id.audioseekbar);
        //根据 XML 定义的控件创建 volumetextview，
        //该视图用于显示 volumeseekbar 的状态
```

```
volumetextview = (TextView)this.findViewById(R.id.volumetextview);
//根据 XML 定义的控件创建 audiotextview,
//该视图用于显示 audioseekbar 的状态
audiotextview = (TextView)this.findViewById(R.id.audiotextview);
//通过 getMax 获取 volumeseekbar 的 Progress
maxvolumeProgress = volumeseekbar.getMax();
//通过 getMax 获取 maxaudioProgress 的 Progress
maxaudioProgress = audioseekbar.getMax();
//注册拖动 volumeseekbar 的事件监听器,
//需要实现监听器的 onProgressChanged、onStartTrackingTouch 和
//onStopTrackingTouch 方法
volumeseekbar.setOnSeekBarChangeListener(
  new OnSeekBarChangeListener() {

    @Override
    public void onProgressChanged(SeekBar seekBar, int progress,
      boolean fromUser) {
        cur_volume =
          (((progress*100)/maxvolumeProgress)*MAX_VOLUME)/100;
        volumetextview.setText("当前音量: " + cur_volume);
    } //拖动时，该方法被调用

    @Override
    public void onStartTrackingTouch(SeekBar seekBar) {
        Toast.makeText(MainActivity.this, "volumeseekbar 拖动中...",
          Toast.LENGTH_LONG).show();
    } //开始拖动时，该方法被调用

    @Override
    public void onStopTrackingTouch(SeekBar seekBar) {

        Toast.makeText(MainActivity.this, "volumeseekbar 拖动完毕",
          Toast.LENGTH_LONG).show();
    } //结束拖动时， 该方法被调用
});

audioseekbar.setOnSeekBarChangeListener(
  new OnSeekBarChangeListener() {

    @Override
    public void onProgressChanged(SeekBar seekBar, int progress,
      boolean fromUser) {
        //根据拖动条的进度计算当前的音频
        cur_audio =
          (((progress*100)/maxaudioProgress)*MAX_AUDIO)/100;
        audiotextview.setText("当前音频: " + cur_audio);//显示当前音频
    } //拖动时，该方法被调用

    @Override
    public void onStartTrackingTouch(SeekBar seekBar) {
        Toast.makeText(MainActivity.this,
```

```
                "audioseekbar 拖动中...", Toast.LENGTH_LONG).show();
            } //开始拖动时，该方法被调用

            @Override
            public void onStopTrackingTouch(SeekBar seekBar) {
                Toast.makeText(MainActivity.this,
                    "audioseekbar 拖动完毕", Toast.LENGTH_LONG).show();
            } //结束拖动时，该方法被调用
        });
    }
}
```

本实例使用两个 SeekBar 实现了音频和音量拖动的应用，这两个 SeekBar 分别使用 setOnSeekBarChangeListener 方法注册了自己的事件监听器 OnSeekBarChangeListener，并且在 OnSeekBarChangeListener 中重写了父类的 onProgressChanged、onStartTrackingTouch 和 onStopTrackingTouch 方法。特别是通过 onProgressChanged 方法实时计算拖动的进度。

启动该 Android 程序，程序显示了两个拖动条。拖动音量调节的拖动条，程序根据拖动条的进度实时计算当前的音量值，如图 4-16 所示。

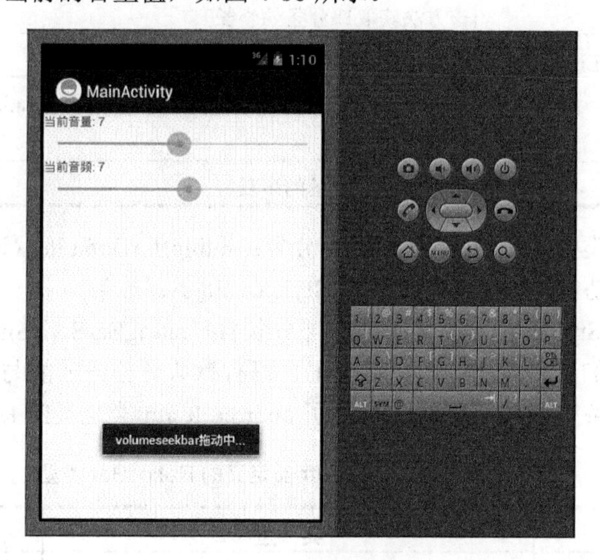

图 4-16　调节音量拖动条

4.2.15　评分组件(RatingBar)

RatingBar 是基于 SeekBar 和 ProgressBar 的扩展，用星型来显示等级评定。使用 RatingBar 的默认大小时，用户可以触摸、拖动或使用方向键来设置评分。

RatingBar 和 SeekBar 都是 ProgressBar 和 AbsSeekBar 的子类，故其功能其实与 SeekBar 和 ProgressBar 类似。RatingBar 是 PorgressBar 和 AbsSeekBar 的子类，RatingBar 在 Android 系统中的继承关系如下：

```
android.widget.ProgressBar
   android.widget.AbsSeekBar
      android.widget.RatingBar
```

SeekBar 的变化范围比 RatingBar 更规整。

通过 RatingBar，用户只能每次增减或减少半个星的幅度。图 4-17 显示了一个 RatingBar 的例子。

相对于 SeekBar，RatingBar 类定义了一些方法和属性。开发人员可通过这些方法和属性创建一个合适的评分组件应用，表 4-15 列举了 RatingBar 类常用的方法。

图 4-17 评分条(RatingBar)

表 4-15 RatingBar 常用的方法

方 法	功能描述	返 回 值
getNumStars()	该方法返回显示在界面上的星星的数目	int
getOnRatingBarChangeListener()	该方法获取该评分组件的监听器	OnRatingBarChange-Listener
setIsIndicator()	该方法用于设置该评分组件是否可被改变	void
getRating()	获取当前已经被填充的星星的数量	float
getStepSize()	该方法获取评分条的步长	float
setOnRatingBarChangeListener()	该方法用于注册评分组件改变事件监听器	void
setRating(float rating)	设置分数(星型的数量)，也可通过 android:rating 属性设置。	void
setStepSize(float stepSize)	设置当前评分条的步长	void

android.R.attr 类定义了 3 种类型的评分条：ratingBarDefault(默认评分条)、ratingBarStyleIndicator(指示功能评分条)和 ratingBarStyleSmall(小评分条)。

其中 ratingBarStyleIndicator(指示功能评分条)和 ratingBarStyleSmall(小评分条)不能与用户进行交互，它们只是用来当作显示作用。只有默认评分条才能与用户交互，用户可通过单击改变该评分条的状态。表 4-16 列举了 android.R.attr 类定义的 RatingBar 类型。

表 4-16 android.R.attr 类定义的 RatingBar 类型

名 称	类 型	整 型 值
ratingBarStyle	默认评分条	16842876(0x0101007c)
ratingBarStyleSmall	小评分条，该评分条可与用户交互	16842877(0x0101007d)
ratingBarStyleIndicator	指示功能评分条，该评分条不与用户交互	16843280(0x01010210)

RatingBar 的监听器为 OnRatingBarChangeListener，RatingBar 控件状态发生变化时，OnRatingBarChangeListener 的 onRatingChanged(RatingBar ratingBar, float rating, boolean fromUser)方法会被触发。

下面通过一个简单的评分组件的应用来说明 RatingBar 类的功能。通过该实例，读者能掌握 RatingBar 的基本用法。

【例 4.10】RatingBar 的应用：

```
protected void onCreate(Bundle savedInstanceState) {
    //TODO Auto-generated method stub
```

```
//必须在子类的 onCreate 方法中调用父类 onCreate 方法
super.onCreate(savedInstanceState);
setContentView(R.layout.main);//setContentView 加载 main.xml 作为程序布局
//根据 main.xml 控件定义创建 textviewIndicator
textviewIndicator = (TextView)findViewById(R.id.textviewIndicator);
//根据 main.xml 控件定义创建 textviewSmall
textviewSmall = (TextView)findViewById(R.id.textviewSmall);
//根据 main.xml 控件定义创建 textviewDefault
textviewDefault = (TextView)findViewById(R.id.textviewDefault);
//根据 main.xml 控件定义创建 ratingBarStyleIndicator
ratingBarStyleIndicator =
  (RatingBar)findViewById(R.id.ratingBarStyleIndicator);
//根据 main.xml 控件定义创建 ratingBarStyleSmall
ratingBarStyleSmall =
  (RatingBar)findViewById(R.id.ratingBarStyleSmall);
//根据 main.xml 控件定义创建 ratingBarDefault
ratingBarDefault = (RatingBar)findViewById(R.id.ratingBarDefaut);
/*注册 ratingBarStyleSmall 的状态改变监听器,
  需要在该监听器中实现 onRatingChanged 方法 */
ratingBarStyleSmall.setOnRatingBarChangeListener(
  new OnRatingBarChangeListener() {
    /*需要覆盖父类 onRatingChanged 方法。
      当 ratingBarStyleSmall 的状态发生改变时，该方法被调用*/
    public void onRatingChanged(RatingBar ratingBar, float rating,
      boolean fromUser) {
        //获取 ratingBarStyleSmall 的星星的总量
        int numStars = ratingBar.getNumStars();
        float currating = rating; //获取当前评分即已被选择的星的数量
        textviewIndicator.setText(
          numStars + "个星" + "已选" + currating);
    }
});
/*注册 ratingBarStyleIndicator 的状态改变监听器,
  需要在该监听器中实现 onRatingChanged 方法*/
ratingBarStyleIndicator.setOnRatingBarChangeListener(
  new OnRatingBarChangeListener() {
    /*需要覆盖父类 onRatingChanged 方法。
      当 ratingBarStyleIndicator 的状态发生改变时，该方法被调用*/
    public void onRatingChanged(RatingBar ratingBar, float rating,
      boolean fromUser) {
        //获取 ratingBarStyleSmall 的星星的总量
        int numStars = ratingBar.getNumStars();
        float currating = rating; //获取当前评分，即已被选择的星的数量
        textviewSmall.setText(numStars + "个星" + "已选" + currating);
    }
});
/*注册 ratingBarDefault 的状态改变监听器,
  需要在该监听器中实现 onRatingChanged 方法*/
ratingBarDefault.setOnRatingBarChangeListener(
  new OnRatingBarChangeListener() {
    /*需要覆盖父类 onRatingChanged 方法。
```

```
        当 ratingBarDefault 的状态发生改变时，该方法被调用*/
      public void onRatingChanged(RatingBar ratingBar, float rating,
        boolean fromUser) {
          //获取 ratingBarDefault 的星星的总量
          int numStars = ratingBar.getNumStars();
          float currating = rating; //获取当前评分，即已被选择的星的数量
          textviewDefault.setText(numStars + "个星" + "已选" + currating);
      }
    });
}
```

本实例在布局文件 activity_mail 中定义了 3 个 RatingBar 控件，分别用于生成 3 种类型的 RatingBar：atingBarStyle(默认评分条)、ratingBarStyleIndicator(指示功能评分条)和 ratingBarStyleSmall(小评分条)。需要注意，本实例为每个 RatingBar 控件注册了监听器，但是 ratingBarStyleSmal 和 ratingBarStyleIndicator 不能与用户进行交互，用户的单击事件不会响应该控件变化。这里故意在程序中设计其相应的监听器，用户可通过该程序体验不同类型评分组件的交互性。

实例运行后，单击 ratingBarDefault 的星星，评分条的星星以填充的方式显示被选中，而单击 ratingBarStyleSmall 和 ratingBarStyleIndicator 的星星，评分条的状态不发生任何变化，如图 4-18 所示。

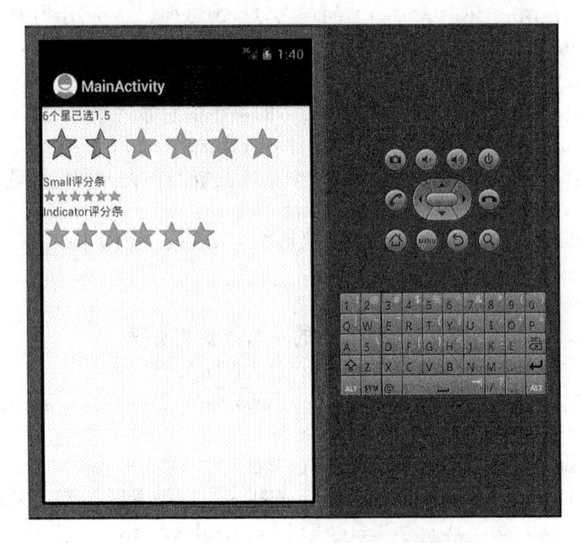

图 4-18　进度条实例的运行结果

4.3　视 图 组 件

除常用的组件之外，Android 还提供了视图相关的组件，包括图片视图(ImageView)、滚动视图(ScrollView)、网格视图(GridView)、列表视图(ListView)。这些组件用来提供视图相关的接口，通过这些接口，可实现视图相关的应用。本章将详细介绍这些组件的功能、用法以及常用的接口。

4.3.1　图片视图(ImageView)

ImageView 跟 TextView 功能基本类似，主要区别是显示的资源不同。ImageView 可显示图像资源，而 TextView 只能显示文本资源。ImageView 可通过两种方式设置资源，第一种是通过 setImageBitmap 方法设置图片资源；第二种是通过<ImageView>XML 元素的 android:src 属性或 setImageResource(int)方法指定 ImageView 的图片。

ImageView 类属于 Android.Wiget 包并且继承 android.widget.View 类，ImageView 类衍生了 ImageButton、ZoomButton 等子类。表 4-17 列举了 ImageView 常用方法的功能。

表 4-17　ImageView 方法

方　法	功能描述	返 回 值
setAdjustViewBounds	设置是否保持高宽比。需要结合 maxWidth 和 maxHeight 一起使用	Boolean
setOnTouchListener	设置 ImageButton 单击事件监听	Boolean
getScaleType	获取视图的填充方式	ScaleType
setScaleType	设置视图的填充方式。Android 提供了包括矩阵、拉伸等 7 种填充方式	void
setImageURI	设置图片地址，图片地址使用 URI 指定	void
setMaxHeight	设置按钮控件的最大高度	void
setMaxWidth	设置按钮控件的最大宽度	void
setColorFilter	设置颜色过滤，需要指定颜色过滤矩阵	void
SetAlpha	设置图片透明度。透明值范围为 0~255，其中 0 为完全透明，255 为完全不透明	void
getDrawable	获取 Drawable 对象；若获取成功，则返回 Drawable 对象，否则返回 null	Drawable
setImageResource	设置图片资源库	void

ImageView 可以通过 Bitmap 和 BitmapFactory 实现图片的放大、缩小、左转和右转。

Bitmap 可被看成由像素点组成的矩阵，这些点可以进行不同的排列和染色，以构成图样。Bitmap 将图像定义为由点(像素)组成的矩阵，每个点可以由多种色彩表示，包括 2、4、8、16、24 和 32 位色彩。例如，一幅 1024×1024 分辨率的 32 位真彩图片，其所占存储字节数为 1024×1024×4=4MB。位图文件图像质量高，需要占用较大的存储空间，不利于在网络上传送。当放大位图时，可以看见赖以构成整个图像的无数单个方块。扩大位图尺寸的效果是增多单个像素，从而使线条和形状显得参差不齐。

有两种位图的编码方法：RGB 和 CMYK。其中 RGB 位图用红、绿、蓝三原色的光学强度来表示一种颜色。这是最常见的位图编码方法，可以直接用于屏幕显示。CMYK 用青、品红、黄、黑四种颜料含量来表示一种颜色。这种方法是常用的位图编码方法之一，可以直接用于彩色印刷。

Android 系统提供了 android.graphics.Bitmap 和 android.graphics.BitmapFactory 类来实现

位图的应用，下面是位图的处理过程。

(1) 获取位图

通过 BitmapFactory 类获取位图，获取位图的方法可被分为两种：使用资源获取和使用文件获取。本实例用资源获取的方法 BitmapFactory.decodeResource(Resource res, int id)获取位图，该方法需要指定 Resource 资源对象和图片资源。

还可通过文件获取 BitmapFactory.decodeFile(String file)获取位图，该方法需要指定图像资源的文件名。

例如若在手机模拟器 SD 卡上/data/data/包路径下存储一张 png 图片(motor.png)，可通过 BitmapFactory.decodeFile 获取在手机模拟器 SD 卡上的 motor.png 图片。

注意，需要使用 DDMS 的 File 浏览器存储 png 图片。首先在 DDMS 的文件浏览器中展开/data/data/com.sch.Ex_4_11，点击右上角的 Push a file onto the device 按钮上传图片，如图 4-19 所示。

Threads | Heap | Allocation Tracker | Network Statistics | File Explorer | Emulator Control

Name	Size	Date	Time	Permissions	Info
com.android.wallpaper.livepicker		2012-10-30	20:19	drwxr-x--x	
com.android.widgetpreview		2012-10-30	20:19	drwxr-x--x	
com.example.android.apis		2012-10-30	20:19	drwxr-x--x	
com.example.android.livecubes		2012-10-30	20:19	drwxr-x--x	
com.example.android.softkeyboar		2012-10-30	20:19	drwxr-x--x	
com.motorola.pgmsystem		2012-10-30	20:19	drwxr-x--x	
com.motorola.programmenu		2012-10-30	20:19	drwxr-x--x	
com.sch.Ex_4_1		2012-10-30	20:23	drwxr-x--x	
com.sch.Ex_4_10		2012-10-31	01:37	drwxr-x--x	
com.sch.Ex_4_11		2012-10-31	02:23	drwxr-x--x	
com.sch.Ex_4_2		2012-10-30	21:16	drwxr-x--x	
com.sch.Ex_4_3		2012-10-30	21:37	drwxr-x--x	
com.sch.Ex_4_5		2012-10-30	22:55	drwxr-x--x	
com.sch.Ex_4_6		2012-10-30	23:16	drwxr-x--x	
com.sch.Ex_4_7		2012-10-30	23:30	drwxr-x--x	
com.sch.Ex_4_8		2012-10-31	00:00	drwxr-x--x	
com.sch.Ex_4_9		2012-10-31	01:01	drwxr-x--x	
com.sch_Ex_4_4		2012-10-30	22:01	drwxr-x--x	
com.svox.pico		2012-10-30	20:22	drwxr-x--x	

图 4-19 点击文件浏览器的上传文件按钮

然后选择 motor.png 文件上传。上传成功后，展开/data/data/com.sch.Ex_4_11 文件夹，会在该文件夹下看到 motor.png 文件，如图 4-20 所示。

Threads | Heap | Allocation Tracker | Network Statistics | File Explorer | Emulator Control

Name	Size	Date	Time	Permissions	Info
com.android.settings		2012-10-30	20:19	drwxr-x--x	
com.android.sharedstoragebackup		2012-10-30	20:18	drwxr-x--x	
com.android.soundrecorder		2012-10-30	20:19	drwxr-x--x	
com.android.speechrecorder		2012-10-30	20:18	drwxr-x--x	
com.android.systemui		2012-10-30	20:18	drwxr-x--x	
com.android.vpndialogs		2012-10-30	20:18	drwxr-x--x	
com.android.wallpaper.livepicker		2012-10-30	20:19	drwxr-x--x	
com.android.widgetpreview		2012-10-30	20:19	drwxr-x--x	
com.example.android.apis		2012-10-30	20:19	drwxr-x--x	
com.example.android.livecubes		2012-10-30	20:19	drwxr-x--x	
com.example.android.softkeyboar		2012-10-30	20:19	drwxr-x--x	
com.motorola.pgmsystem		2012-10-30	20:19	drwxr-x--x	
com.motorola.programmenu		2012-10-30	20:19	drwxr-x--x	
com.sch.Ex_4_1		2012-10-30	20:23	drwxr-x--x	
com.sch.Ex_4_10		2012-10-31	01:37	drwxr-x--x	
com.sch.Ex_4_11		2012-10-31	02:23	drwxr-x--x	
cache		2012-10-31	02:07	drwxrwx--x	
lib		2012-10-31	02:06	drwxr-xr-x	
motor.png	340259	2012-10-31	02:23	-rw-rw-rw-	

图 4-20 文件上传成功

上传成功后，可使用 BitmapFactory.decodeFile 方法生成该图片的位图。

(2) 获取位图的信息

生成完位图之后，就可根据生成的位图获取位图的信息。Bitmap 提供了获取位图信息的方法，比较常用的方法是获取位图的宽和高，例如：

```
int bitmapWidth = bitmap.getWidth(); //使用 getWidth 方法获取位图的宽
int bitmapHeight = bitmap.getHeight(); //使用 getHeight 方法获取位图的高
```

除此之外，还可获取透明度、颜色格式等信息。开发人员可查看 Android SDK 的 Bitmap 文档，该文档详细描述了 Bitmap 的功能、方法和属性。使用 Bitmap.Config 定义的颜色格式时，需要注意 Bitmap.Config 没有包含所有的颜色格式，仅定义了 ALPHA_8、ARGB_4444、ARGB_8888、RGB_56 5 等格式。

注意： 可使用 Bitmap 的 compress()接口来压缩图片，但该压缩方法只支持 PNG、JPG 格式的压缩。

(3) 位图处理

获取位图的信息是为了进一步处理位图，处理位图的操作一般包含缩放和旋转。缩放位图是改变位图的大小，其可被细化为两种操作：放大和缩小。旋转位图是改变位图的角度，可被细化为两种操作：左转和右转。下面讲述如何实现这些操作。

首先使用 Matrix matrix = new Matrix();新建 Matirx 对象，使用这个 Matirx 对象来存储图像相关的信息。

若为缩放操作，则使用 Matrix 的 postScale(float scaleWidth, float scaleHight)方法设置缩放比例。其中参数 scaleWidth 是缩放宽的比例，参数 scaleHight 为缩放高度的比例。若缩放比例大于 1，表示该操作为放大操作。反之，若小于 1 时，该操作为缩小操作。

下面是缩小操作的例子：

```
float scaleWidth = width; //设置图片宽度缩小的比例
float scaleHight = hight; //设置图片高度缩小的比例
int bitmapWidth = bitmap.getWidth(); //使用 getWidth 方法获取位图的宽
int bitmapHeight = bitmap.getHeight();//使用 getHeight 方法获取位图的高
Matrix matrix = new Matrix(); //新建 Matirx 对象，用来存储图像相关的数据
matrix.postScale(scaleWidth, scaleHight); //使用 matrix 记录图像的缩放比例
```

若为旋转操作，则使用 Matrix 的 etRotate(float degree)方法设置旋转的角度。其中参数 degree 指定了旋转的角度。如果是旋转角度设置为 0，则表示不旋转，设置的角度是负数向左转，设置的角度是正数向右转。下面是旋转操作的例子：

```
Matrix matrix = new Matrix(); //新建 Matirx 对象，用来存储图像相关的数据
degree = -10;
matrix.setRotate(degree); //设置旋转角度，负数表示向左转
```

(4) 重新创建位图

使用 Matrix 存储图像相关操作信息后，用 createBitmap 方法重构位图。Android 提供了 6 种 createBitmap 方法：

```
static Bitmap createBitmap(Bitmap source, int x, int y,
```

```
  int width, int height, Matrix m, boolean filter)
static Bitmap createBitmap(int width, int height, Bitmap.Config config)
static Bitmap createBitmap(Bitmap source, int x, int y,
  int width, int height)
static Bitmap createBitmap(int[] colors, int offset, int stride,
  int width, int height, Bitmap.Config config)
static Bitmap createBitmap(Bitmap src)
static Bitmap createBitmap(int[] colors, int width, int height,
  Bitmap.Config config)
```

下面的实例将使用 createBitmap(Bitmap source, int x, int y, int width, int height, Matrix m, boolean filter)方法重构位图。其中参数 source 为原来的 Bitmap 资源 bm，参数 x、y 为 Bitmap 左上角所处的坐标，参数 width 为 Bitmap 资源的宽度，参数 height 为 Bitmap 资源的高度，参数 m 为位图处理信息，如旋转度或者缩放比例，参数 filter 指定资源否过滤。

【例 4.11】 ImageView 组件的应用：

```
public void onCreate(Bundle savedInstanceState) {
    super.onCreate(savedInstanceState);
    setContentView(R.layout.activity_main);    //使用 main.xml 生成程序 UI
    //根据 XML 定义创建 imageview 对象
    imageview = (ImageView)findViewById(R.id.imageview);
    //根据 XML 定义创建 textview 对象
    textview = (TextView)findViewById(R.id.textview);
    textview.setText("按 1 放大  按 2 缩小 \n 按 3 左转  按 4 右转");
    //使用 BitmapFactory 的 decodeResource 方法获取 R.drawable.motor 的位图
    bitmap =
      BitmapFactory.decodeResource(this.getResources(),R.drawable.motor);
    //设置 imageview 的背景为 R.drawable.motor 指定的图像
    imageview.setImageBitmap(bitmap);
}

/*实现 onKeyDown 接口方法。当释放之前的按键时，该方法被调用。
* 当在程序运行按键时，该方法被调用。根据 keyCode 判断用户操作：
* 按 1，放大图片
* 按 2，缩小图片
* 按 3，左转图片
* 按 4，右转图片
* 否则，输入无效*/

/*根据用户按键，判断用户的操作并显示出来*/
public boolean onKeyDown(int keyCode, KeyEvent event)
{
    switch(keyCode)
    {
    case KeyEvent.KEYCODE_1:
        Toast.makeText(this, "正在放大图片", Toast.LENGTH_SHORT).show();
        break;
        //按 1，图片将要被放大
    case KeyEvent.KEYCODE_2:
        Toast.makeText(this, "正在缩小图片", Toast.LENGTH_SHORT).show();
```

```
        break;
        //按 2，图片将要被缩小
    case KeyEvent.KEYCODE_3:
        Toast.makeText(this, "正在左转图片", Toast.LENGTH_SHORT).show();
        break;
        //按 3，图片将要被左转
    case KeyEvent.KEYCODE_4:
        Toast.makeText(this, "正在右转图片", Toast.LENGTH_SHORT).show();
        break;
        //按 4，图片将要被右转
    default:
        Toast.makeText(this, "无效按键", Toast.LENGTH_SHORT).show();
        break;
        //按其余键，图片将要被右转
    }
    return super.onKeyDown(keyCode, event); //必须返回父类的 onKeyDown 方法
}

/*实现 onKeyUp 接口方法。当释放先前的按键时，该方法被调用。
* 当在程序运行按键时，该方法被调用。根据 keyCode 判断用户操作:
* 按 1，放大图片
* 按 2，缩小图片
* 按 3，左转图片
* 按 4，右转图片
* 否则，输入无效*/
public boolean onKeyUp(int keyCode, KeyEvent event)
{
    /*根据用户按键，判断用户的操作并显示出来*/
    switch(keyCode)
    {
        case KeyEvent.KEYCODE_1:
        {
            float scaleWidth = 2; //设置图片宽度放大的比例
            float scaleHight = 2; //设置图片高度放大的比例
            ZoomoutImageView(scaleWidth, scaleHight); //按 1，图片将要被放大
            break;
        }
        case KeyEvent.KEYCODE_2:
        {
            float scaleWidth = (float)0.5; //设置图片宽度缩小的比例
            float scaleHight = (float)0.5; //设置图片高度缩小的比例
            ZoominImageView(scaleWidth, scaleHight); //按 2，图片将要被放大
            break;
        }
        case KeyEvent.KEYCODE_3:
        {
            float degree = -10; //设置旋转角度，负数表示向左转
            RotateLeftImageView(degree); //按 3，图片将要被左转
            break;
        }
        case KeyEvent.KEYCODE_4:
```

```
        {
            float degree = 10; //设置旋转角度，正表示向右转
            RotateRightImageView(degree); //按 4，图片将要被右转
            break;
        }
        default:
            break;
            //按其余键，什么都不做
    }
    return super.onKeyDown(keyCode, event);
}

/* ZoomoutImageView 方法用于放大图片*/
private void ZoomoutImageView(float width, float hight)
{
    float scaleWidth = width; //设置图片宽度放大的比例
    float scaleHight = hight; //设置图片高度放大的比例
    int bitmapWidth = bitmap.getWidth(); //使用 getWidth 方法获取位图的宽
    int bitmapHeight = bitmap.getHeight(); //使用 getHeight 方法获取位图的高
    /*try 块包含可能产生异常的代码*/
    try
    {
        Matrix matrix = new Matrix(); //新建 Matrix 对象，用来存储图像相关的数据
        //使用 matrix 记录图像的缩放比例
        matrix.postScale(scaleWidth, scaleHight);
        /*使用 createBitmap 重构缩放后的图片 Bitmap 对象，
          该方法需要指定原来图像的 Bitmap 对象、
        原来的图像的宽度和高度以及图像缩放比例(缩放比例是由 Matrix 指定)*/
        Bitmap resizeBmp = Bitmap.createBitmap(bitmap, 0, 0,
          bitmapWidth, bitmapHeight, matrix, true);
        //使用 setImageBitmap 方法设置 imageview 的资源图片为 resizeBmp
        imageview.setImageBitmap(resizeBmp);
    }
    /*捕获异常*/
    catch (Exception e)
    {
        Toast.makeText(this, "放大图片时产生异常" + e.toString(),
          Toast.LENGTH_SHORT).show();
        //若产生异常，则弹出相应的 Toast 消息
    }
    finally
    {
        //添加最后的处理代码
    }
}

/* ZoominImageView 方法用于缩小图片*/
private void ZoominImageView(float width, float hight) {
    float scaleWidth = width; //设置图片宽度缩小的比例
    float scaleHight = hight; //设置图片高度缩小的比例
    int bitmapWidth = bitmap.getWidth(); //使用 getWidth 方法获取位图的宽
```

```
    int bitmapHeight = bitmap.getHeight(); //使用 getHeight 方法获取位图的高
    /* try 块包含可能产生异常的代码*/
    try
    {
        Matrix matrix = new Matrix(); //新建 Matirx 对象，用来存储图像相关的数据
        //使用 matrix 记录图像的缩放比例
        matrix.postScale(scaleWidth, scaleHight);
        Bitmap resizeBmp = Bitmap.createBitmap(bitmap, 0, 0,
          bitmapWidth, bitmapHeight, matrix, true);
        /*使用 createBitmap 重构缩放后的图片 Bitmap 对象，
          该方法需要指定原来图像的 Bitmap 对象、
          原来的图像的宽度和高度以及图像缩放比例(缩放比例是由 Matrix 指定)*/
        //使用 setImageBitmap 方法设置 imageview 的资源图片为 resizeBmp
        imageview.setImageBitmap(resizeBmp);
    }
    /*捕获异常*/
    catch (Exception e)
    {
        Toast.makeText(this, "放大图片时产生异常" + e.toString(),
          Toast.LENGTH_SHORT).show();
        //若产生异常，则弹出相应的 Toast 消息
    }
    finally
    {
        //添加最后处理代码
    }
}

/* RotateLeftImageView 方法用于左转图片*/
private void RotateLeftImageView(float degree)
{
    int bitmapWidth = bitmap.getWidth(); //使用 getWidth 方法获取位图的宽
    int bitmapHeight = bitmap.getHeight(); //使用 getHeight 方法获取位图的高
    /* try 块包含可能产生异常的代码*/
    try
    {
        Matrix matrix = new Matrix(); //新建 Matrix 对象，用来存储图像相关的数据
        matrix.postScale(1, 1); //由于图片只是旋转，所以保持原有的高和宽
        //degree = currentDegree-10;
        matrix.setRotate(degree); //设置旋转角度，负数表示向左转
        /*使用 createBitmap 重构缩放后的图片 Bitmap 对象，
          该方法需要指定原来图像的 Bitmap 对象、
        原来的图像的宽度和高度以及图像缩放比例(缩放比例是由 Matrix 指定)*/
        Bitmap resizeBmp = Bitmap.createBitmap(bitmap, 0, 0,
          bitmapWidth, bitmapHeight, matrix, true);
        //使用 setImageBitmap 方法设置 imageview 的资源图片为 resizeBmp
        imageview.setImageBitmap(resizeBmp);
    }
    /*捕获异常*/
    catch (Exception e)
    {
```

```
            Toast.makeText(this, "放大图片时产生异常" + e.toString(),
              Toast.LENGTH_SHORT).show();
            //若产生异常，则弹出相应的 Toast 消息
        }
        finally
        {
            //添加最后处理代码
        }
    }

    /*RotateRightImageView 方法用于右转图片*/
    private void RotateRightImageView(float degree) {
        int bitmapWidth = bitmap.getWidth(); //使用 getWidth 方法获取位图的宽
        int bitmapHeight = bitmap.getHeight();//使用 getHeight 方法获取位图的高
        /* try 块包含可能产生异常的代码*/
        try
        {
            Matrix matrix = new Matrix(); //新建 Matrix 对象，用来存储图像相关的数据
            matrix.postScale(1, 1); //由于图片只是旋转，所以保持原有的高宽度
            //degree = currentDegree + 10;
            matrix.setRotate(degree); //设置旋转角度，正数表示向右转
            /*使用 createBitmap 重构缩放后的图片 Bitmap 对象，
              该方法需要指定原来图像的 Bitmap 对象、
              原来的图像的宽度和高度以及图像缩放比例(缩放比例是由 Matrix 指定)*/
            Bitmap resizeBmp = Bitmap.createBitmap(bitmap, 0, 0,
              bitmapWidth, bitmapHeight, matrix, true);
            //使用 setImageBitmap 方法设置 imageview 的资源图片为 resizeBmp
            imageview.setImageBitmap(resizeBmp);
        }
        /*捕获异常*/
        catch (Exception e)
        {
            Toast.makeText(this, "放大图片时产生异常"+ e.toString(),
              Toast.LENGTH_SHORT).show();
            //若产生异常，则弹出相应的 Toast 消息
        }
        finally
        {
            //添加最后处理代码
        }
    }
```

本实例实现了 ImageView 的应用，通过监听用户的不同按键对位图进行旋转、放大等处理。键盘操作的过程包含按键和释放按键两个过程，这两个过程的监听分别通过 onKeyDown 和 onKeyUp 来实现。

onKeyDown 方法在用户按键时被调用，而 onKeyUp 方法在用户释放按键时被调用。在程序运行时按键，则 onKeyDown 方法被调用。

启动该 Android 程序，程序显示一个摩托车的图片视图和一个提示用户按键的文本视图。可以通过按键来操作图片变化，如图 4-21 所示。

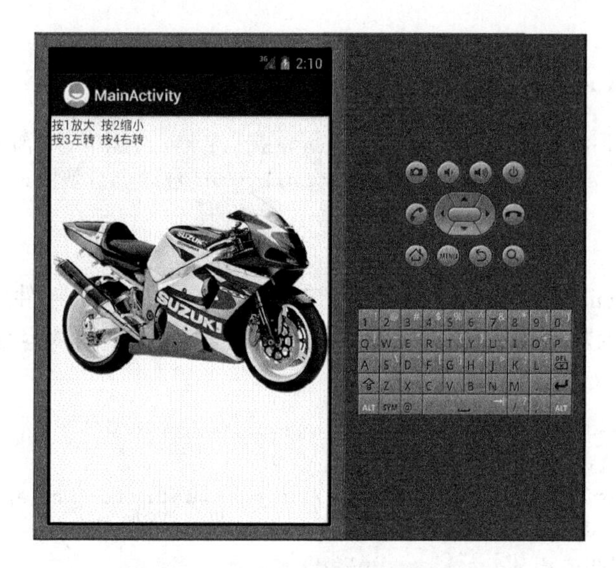

图 4-21　ImageView 实例的运行界面

4.3.2　滚动视图(ScrollView)

当手机界面上的元素超过手机最大的高度时，需要一种滚动浏览的控件。ScrollView 是 Android 提供的滚动视图类，这种控件可在界面上显示比实际多的内容时提供滚动效果。ScrollView 可被看成一种容器，这种容器通过用户滚动的方式来显示内容。用户可通过滑动鼠标来实现 ScrollView 界面的滚动，这种功能类似于翻页功能。ScrollView 的子元素可以是一个复杂的对象的布局管理器，通常用的子元素是垂直方向的 LinearLayout。

ScrollView 类属于 Android.Wiget 包，并且继承 android.widget.FrameLayout 类，而 android.widget.FrameLayout 类又继承了 android.widget.ViewGroup 功能。

ScrollView 类的继承关系如下：

```
java.lang.Object
   android.view.View
      android.widget.ViewGroup
         android.widget.FrameLayout
            android.widget.ScrollView
```

注意： ScrollView 只支持垂直方向的滚动，不支持水平方向的滚动。

下面以一个手机报的例子来说明 ScrollView 的基本用法，该实例使用 XML 实现一个阅读器的功能。

【例 4.12】ScrollView 组件的应用。

MainActivity.java 实现，使用 activity_main 作为布局：

```
import android.app.Activity;   //导入 Activity 类
import android.os.Bundle;   //导入 Bundle 类
/*MainActivity 实现了一个阅读器应用*/
public class MainActivity extends Activity {
   /** Called when the activity is first created. */
```

```
    @Override
    public void onCreate(Bundle savedInstanceState)
    {
        super.onCreate(savedInstanceState);    //调用父类的 onCreate 方法
        setContentView(R.layout.activity_main);   //使用 main.xml 生成程序布局
    }
}
```

布局 activity_main.xml 的实现如下，该布局通过 ScrollView 控件生成一个简单的阅读器。控件排列方式为默认排列方式(垂直排列)，整个布局高度随内容变化且宽度与父元素相同。

```
<?xml version="1.0" encoding="utf-8"?>
<!--通过 ScrollView 生成一个简单的手机报-->
<ScrollView xmlns:android="http://schemas.android.com/apk/res/android"
  android:id="@+id/ScrollView01"
  android:layout_width="fill_parent"
  android:layout_height="wrap_content"
  android:scrollbars="none">
    <LinearLayout
      android:orientation="vertical"
      android:layout_width="fill_parent"
      android:layout_height="wrap_content">
        <!--TextView 控件。该控件高度和宽度随内容变化-->
        <TextView
          android:id="@+id/textview1"
          android:layout_width="wrap_content"
          android:layout_height="wrap_content"
          android:textSize="30px"
          android:text="          旅游信息                    " />
        <!--TextView 控件。该控件高度和宽度随内容变化-->
        <TextView
          android:id="@+id/textview2"
          android:layout_width="wrap_content"
          android:layout_height="wrap_content"
          android:textSize="20px"
          android:text="旅游信息导读\n" />
        <!--TextView 控件。该控件高度和宽度随内容变化-->
        <TextView
          android:id="@+id/textview3"
          android:layout_width="wrap_content"
          android:layout_height="wrap_content"
          android:textSize="15px"
          android:text=" 1.我和春天有个约会 " />
        <!--TextView 控件。该控件高度和宽度随内容变化-->
        <TextView
          android:layout_width="wrap_content"
          android:layout_height="wrap_content"
          android:textSize="15px"
          android:text=" 2.看美丽宝岛" />
        <TextView
```

```
        android:id="@+id/textview8"
        android:layout_width="wrap_content"
        android:layout_height="wrap_content"
        android:textSize="15px"
        android:text="\n 手机正文 \n1.我和春天有个约会 " />
    <!--TextView 控件。该控件高度和宽度随内容变化-->
    <TextView
        android:id="@+id/textview8"
        android:layout_width="wrap_content"
        android:layout_height="wrap_content"
        android:textSize="10px"
        android:text="\n 婺源是江西最西北部的一个县城，东临浙江省衢州市，北临安徽
省黄山市。解放前是属于安徽的，无论是建筑还是民风，都属于典型的徽派文化。由于地处三省交
界处的山区，交通非常不方便，导致当地经济条件相对落后。也正由于这个原因，当地的古建筑保
存得很完整。" />
    <!--ImageView 控件。该控件高度和高度随内容变化-->
    <ImageView
        android:id="@+id/imageview1"
        android:layout_width="300px"
        android:layout_height="300px"
        android:src="@drawable/pic1"/>
    <!--ImageView 控件。该控件高度和高度随内容变化-->
    <TextView
        android:id="@+id/textview9"
        android:layout_width="wrap_content"
        android:layout_height="wrap_content"
        android:textSize="10px"
        android:text="黄山归来不看山，婺源归来不看村。婺源乡村之美，在于浑然天成的
和谐。"青山向晚盈轩翠，碧水含春傍槛流"，无论是民居还是村落的设造，无不讲究人与天、地、
山、水的融洽关系，或枕山面水，或临溪而居，山山水水皆成人"家"。" />
    <!--ImageView 控件。该控件高度和高为 200px-->
    <ImageView
        android:id="@+id/imageview2"
        android:layout_width="300px"
        android:layout_height="300px"
        android:src="@drawable/pic2"/>
    <!--ImageView 控件。该控件高度和高为 300px-->
    <ImageView
        android:id="@+id/imageview3"
        android:layout_width="300px"
        android:layout_height="300px"
        android:src="@drawable/pic3"/>
    <!--TextView 控件。该控件高度和宽度随内容变化-->
    <TextView
        android:id="@+id/textview10"
        android:layout_width="wrap_content"
        android:layout_height="wrap_content"
        android:textSize="15px"
        android:text="\n\n2.看美丽宝岛" />
    <!--TextView 控件。该控件高度和宽度随内容变化-->
    <TextView
```

```
            android:id="@+id/textview11"
            android:layout_width="wrap_content"
            android:layout_height="wrap_content"
            android:textSize="10px"
            android:text="\n阿里山是台湾著名的风景区之一，有“不到阿里山，不知阿里山之
美，不知阿里山之富，更不知阿里山之伟大”的说法。由于山区气候温和，盛夏时依然清爽宜人，加
上林木葱翠，阿里山也是理想的避暑胜地。" />
        <!--ImageView控件。该控件高度和高为300px-->
        <ImageView
            android:id="@+id/imageview4"
            android:layout_width="300px"
            android:layout_height="300px"
            android:src="@drawable/pic4"/>
        <!--TextView控件。该控件高度和宽度随内容变化-->
        <TextView
            android:id="@+id/textview12"
            android:layout_width="wrap_content"
            android:layout_height="wrap_content"
            android:textSize="10px"
            android:text="\n由于山区气候温和，盛夏时依然清爽宜人，加上林木葱翠，阿里
山也是理想的避暑胜地。" />
        <!--ImageView控件。该控件高度和高为300px-->
        <ImageView
            android:id="@+id/imageview5"
            android:layout_width="300px"
            android:layout_height="300px"
            android:src="@drawable/pic5"/>
    </LinearLayout>
</ScrollView>
```

本实例通过 ScrollView 提供的滚动效果实现了阅读器的功能。本实例的主程序比较简单，只有几行代码，程序的内容只要是通过 activity_main.xml 实现的。

以前介绍过，Activity 的界面设计可以使用两种不同的方式来实现，一种是采用基于 XML 的方式来获取界面组件从而实现界面设计，另一种是直接使用代码来创建界面组件，从而实现界面设计。虽然这两种方式在功能上是等价的，但这两种方式在程序的 UI 设计的应用场合是不一样的。

一般来讲，若应用程序的控件的内容和形式相对固定，应该采用 XML 来实现。而对于控件的内容和形式相对动态变化的应用程序，应该使用代码来实现。

在 ScrollView 元素中可以包含若干个子元素，当子元素过多而超过手机屏幕显示的限制时，ScrollView 元素就提供了用户滚动查看的功能。手机用户只需滑动鼠标，就能滚动查看 ScrollView 元素中的子元素。

启动该 Android 程序，将显示一个旅游信息的内容，如图 4-22 所示。图 4-22 显示了用户当前只能查看标题 1 的内容，可通过滚动该界面来查看其余的内容。图 4-23 显示了通过滚动界面显示的其他视图。

注意： 上述实例的 XML 文件中的<ImageView>标签使用 android:src 属性来引用图片，例如 android:src="@drawable/pic5"，这表示图片存储在工程目录下的

res\drawable-hdpi\pic5。

图 4-22　手机报显示界面

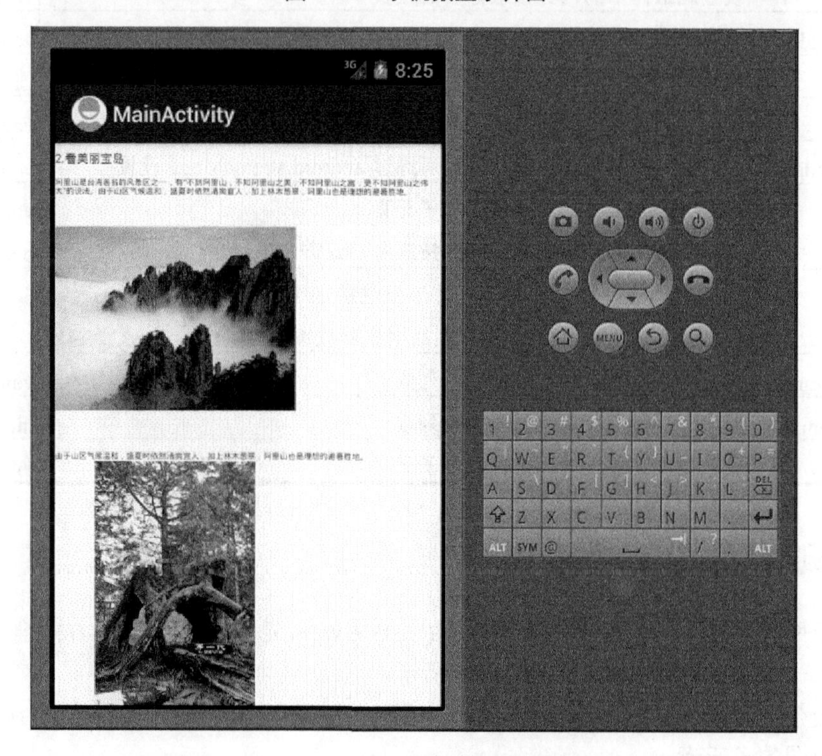

图 4-23　滚动界面显示其他视图

4.3.3 网格视图(GridView)

网格视图(GridView)也是一种特殊的视图组织方式，网格视图将其子元素组织成类似于网格状的视图(如图 4-24 所示)。网格视图通常需要一个列表适配器 ListAdapter，这个适配器包含网格视图的子元素组件。GridView 的视图排列方式与矩阵类似，当屏幕上有很多元素(文字、图片或其他元素)需要显示时，可以使用 GirdView。既然有多个元素要显示，就需要使用 ListAdapter 来存储这些元素。用户可能会选择其中一个元素进行操作，这就需要设置事件监听(setOnItemClickListener)来捕捉和处理事件。

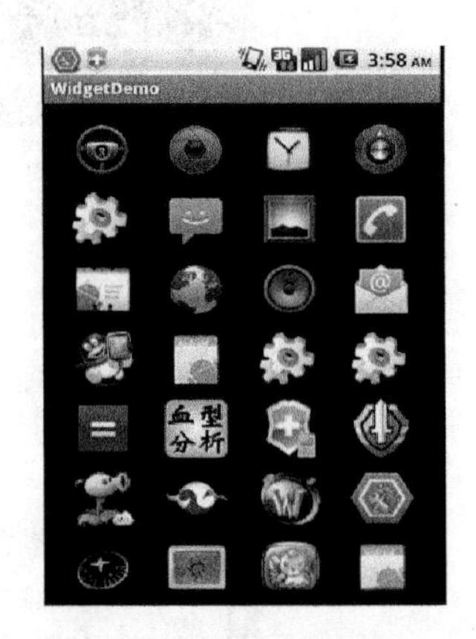

图 4-24　网格视图(GridView)

网格视图能够对这些子元素进行分页、自定义样式等操作。GridView 类是 Android.Wiget 包中的一个应用，该类继承了 AdapterView 类。GridView 类提供了操作网格视图的方法和属性，开发人员可根据这些方法实现网格视图相关应用(如手机桌面、九宫图)。表 4-18 列举了 GridView 常用方法的功能。

表 4-18　GridView 类常用的方法

方　法	功能描述	返 回 值
setGravity	设置此组件中的内容在组件中的位置	void
setColumnWidth	该方法设置网格视图的宽度	void
getAdapter	获取该视图的适配器 Adapter	ListAdapter
setAdapter	根据参数指定的适配器，设网格视图对应的适配器	void
setStretchMode	该方法用于设置缩放模式，也可通过 android:stretchMode 设置	void
setSelection	设置当前被选中的网格视图的子元素	void
onKeyUp	释放按键时的处理方法。释放按键时，该方法被调用	boolean
onKeyDown	按键时的处理方法。按键时，该方法被调用。注意用户按键的过程中，onKeyDown 先被调用，然后用户释放按键后调用 onKeyUp	boolean
setNumColumns	设置网格视图包含的子元素的列数	void
getNumColumns	获取网格视图包含的子元素的列数	int
getSelection	获取当前被选中的网格视图的子元素	int

4.3.4 列表视图(ListView)

不同于网格视图(GridView)，列表视图(ListVeiw)将元素按照条目的方式自上而下列出来。通常每一列只有一个元素，如图 4-25 所示。

实现一个列表视图必须具备 ListVeiw、适配器以及子元素 3 个条件，其中适配器用于存储列表视图的子元素。

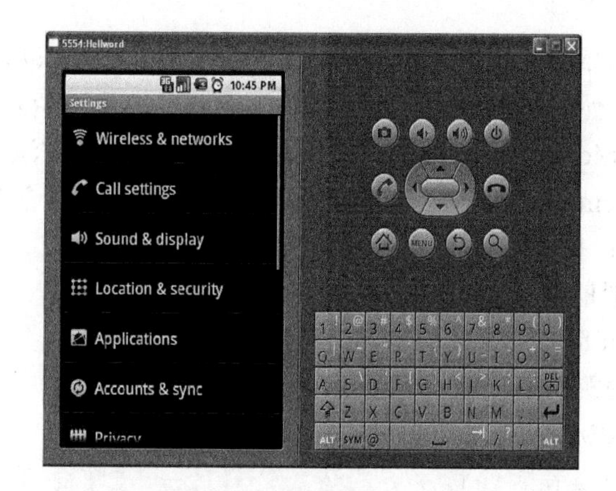

图 4-25 列表视图(ListVeiw)

列表视图将子元素以列表的方式组织，用户可通过滑动滚动条来显示界面之外的元素。列表视图类是 Android.Wiget 包中的一个应用，该类继承了 AdapterView 类。

ListVeiw 类的层次关系如下：

```
android.widget.ViewGroup
   android.widget.AdapterView
      android.widget.ListVeiw
```

4.4 菜单(Menu)

本节主要讲述 Android 提供的菜单组件以及布局组件，其中菜单是一种特殊的组件，提供了层次结构的方式；而布局用来组织界面元素之间的位置。

4.4.1 上下文菜单(Context Menu)

上下文菜单(Context Menu)是 android.view.Menu 的子类，提供了菜单的设计接口。不同于 Windows 系统中的菜单，使用 Android 上下文菜单时，需要长时间按住才能显示其子菜单。图 4-26 是一上下文菜单的例子。

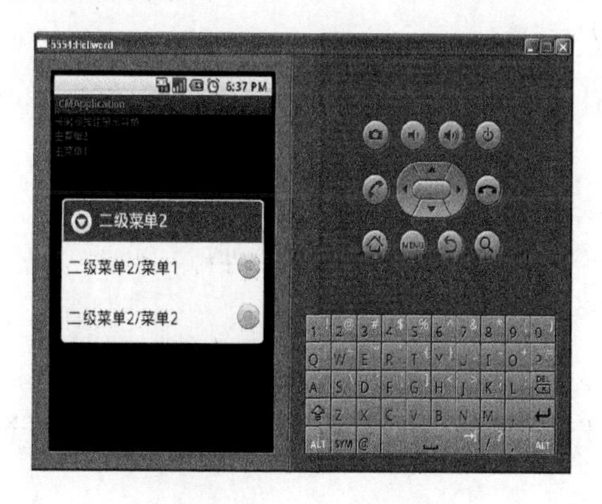

图 4-26 上下文菜单

创建一个上下文菜单时，需要重写 onCreateContextMenu()方法，这个方法在创建上下文菜单的时候被调用。然后可通过 registerForContextMenu()将视图添加到上下文菜单中。

registerForContextMenu 注册视图时，onCreateContextMenu 方法被调用。

onCreateContextMenu 方法用于为指定的视图添加菜单，它包含 3 个参数。

- ContextMenu：指定当前的上下文菜单。
- View：是注册的视图，如 textview1。
- ContextMenuInfo：是当前的上下文菜单信息。

下面以一个应用为例，来说明 ContextMenu 的用法。

【例 4.13】ContextMenu 组件的应用：

```
/* onCreate 方法是程序的入口*/
public void onCreate(Bundle savedInstanceState)
{
   super.onCreate(savedInstanceState);
   /* try 块包含可能出现异常的代码*/
   try
   {
      setContentView(R.layout.activity_main);
      init();  //初始化空间
      createComponent(); //根据 XML 创建组件
      register(); //将组件添加到到上下文菜单中
   }
   /* catch 捕捉异常，若出现异常，则显示异常的 Toast 消息*/
   catch (Exception e)
   {
      Toast.makeText(MainActivity.this, "异常错误：" + e.toString(),
        Toast.LENGTH_LONG).show();
   }
   /* finally 中可添加处理异常的代码*/
   finally
   {
      //TODO
   }
}
/* init 方法初始化文本视图控件为空*/
public void init()
{
   textview1 = null;
   textview2 = null;
}

/* createComponent 方法根据 XML 属性创建控件*/
public void createComponent()
{
   textview1 = (TextView)this.findViewById(R.id.textview1);
   textview2 = (TextView)this.findViewById(R.id.textview2);
}

/* register 方法使用 registerForContextMenu 将控件注册到上下文菜单中*/
```

```
public void register()
{
    this.registerForContextMenu(textview1);
    this.registerForContextMenu(textview2);
}

/*重写父类的 onCreateContextMenu，该方法用于创建上下文菜单*/
public void onCreateContextMenu(ContextMenu contextMenu, View view,
  ContextMenuInfo contextMenuInfo)
{
    //指定父类的 onCreateContextMenu 方法
    super.onCreateContextMenu(contextMenu, view, contextMenuInfo);
    if (view == textview1)
    {
        contextMenu.setHeaderIcon(R.drawable.icon);  //设置上下文菜单的图标
        contextMenu.setHeaderTitle("My Menu");  //设置上下文菜单的标题
        /*使用 add 方法添加子菜单，
        * 第一个参数：组 号
        * 第二个参数：菜单号
        * 第三个参数：顺序号
        * 第四个参数：菜单项上显示的内容*/
        contextMenu.add(1, 0, 0, "菜单 1");
        contextMenu.add(1, 1, 1, "菜单 2");
        contextMenu.add(1, 1, 2, "菜单 3");
    }
    else if(view == textview2)
    {
        //使用 addSubMenu 添加子菜单，参数指定子菜单显示的内容
        SubMenu submenu1 = contextMenu.addSubMenu("二级菜单 1");
        submenu1.setHeaderIcon(R.drawable.icon);   //设置子菜单的图标
        /*使用 add 方法添加子菜单，
        * 第一个参数：组 ID，为 0
        * 第二个参数：菜单项 ID，为 0
        * 第三个参数：顺序号，为 0
        * 第四个参数：菜单项上显示的内容*/
        submenu1.add(0, 0, 0, "二级菜单 1/菜单 1"); //添加子菜单
        submenu1.add(0, 1, 1, "二级菜单 1/菜单 2");     //添加子菜单
        submenu1.setGroupCheckable(1, true, true);   //设置整个组可选
        SubMenu submenu2 = contextMenu.addSubMenu("二级菜单 2");
        submenu2.setIcon(R.drawable.icon);    //设置子菜单 submenu2 的图标
        submenu2.add(1, 0, 0, "二级菜单 2/菜单 1");      //添加子菜单
        submenu2.add(1, 1, 1, "二级菜单 2/菜单 2");      //添加子菜单
        submenu2.setGroupCheckable(1, true, true); //设置整个组可选
        SubMenu submenu3 = contextMenu.addSubMenu("二级菜单 3");
        submenu3.setIcon(R.drawable.icon);        //设置子菜单 submenu3 的图标
        submenu3.add(1, 0, 0, "二级菜单 3/菜单 1");      //添加子菜单
        submenu3.add(1, 1, 1, "二级菜单 3/菜单 2");      //添加子菜单
        submenu3.setGroupCheckable(1, true, true); //设置整个组可选
    }
}
```

本实例利用 ContextMenu 实现一个简单的文件管理器的功能。为了创建一个上下文菜单，需要重写 onCreateContextMenu()方法，这个方法用于在创建上下文菜单的时候调用。并且通过 registerForContextMenu()将视图添加到上下文菜单中。

程序运行后，长时间按住一级菜单，会看到二级菜单，如图 4-27 所示。

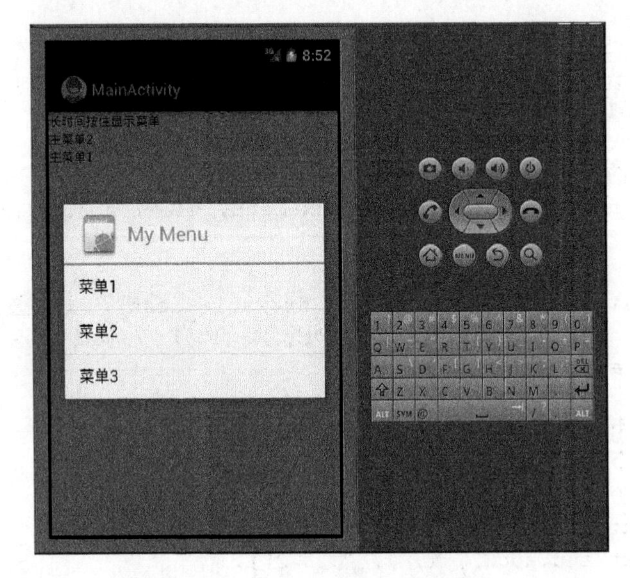

图 4-27　上下文菜单的运行结果

4.4.2　选项菜单(Options Menu)

Android 手机上有个 Menu 按键，当 Menu 按下的时候，每个 Activity 都可以选择处理这一请求，在屏幕底部弹出一个菜单，这个菜单我们就叫它选项菜单 OptionsMenu。

选项菜单的功能类似于在 Windows 上点击右键，菜单按钮通常对应程序开放的控制界面。选项菜单提供了一种特殊的菜单显示方式，这种菜单从视图底部弹出选项供用户选择。这种菜单不同于上下文菜单，选项菜单没有对应的视图，即用户无法通过点击屏幕上的视图来加载选项菜单。一般可通过点击手机键盘上的 Menu 键来显示菜单。

实现选项菜单的过程比较简单，需要重写 OptionsMenu 的 onPrepareOptionsMenu、onCreateOptionsMenu、onOptionsItemSelected 和 onOptionsMenuClosed 方法才能创建选项菜单。其中 onPrepareOptionsMenu 方法在生成选项按钮之前被调用，onCreateOptionsMenu 方法在点击键盘的 Menu 键时被触发，onOptionsItemSelected 方法在选中选项菜单时被触发，onOptionsMenuClosed 方法在关闭选项菜单时被触发。这 4 个方法也标识了一个选项菜单的生命周期，这些方法在一个选项菜单的生命周期中的执行顺序如图 4-28 所示。

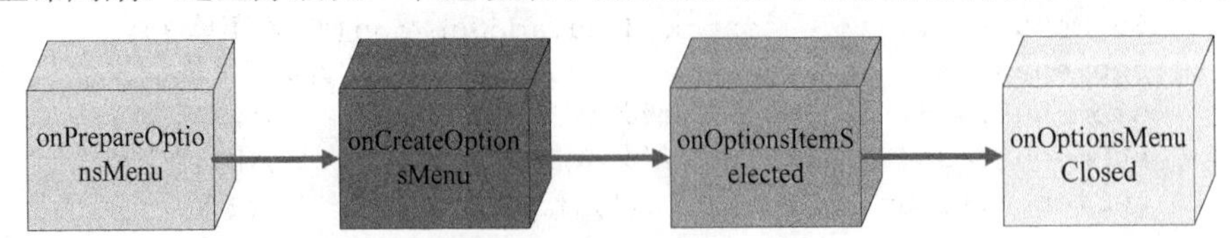

图 4-28　选项菜单事件的触发过程

下面通过例子来讲述如何实现选项菜单(OptionMenu)的功能。

【例 4.14】 OptionMenu 的应用：

```
public void onCreate(Bundle bundle) {
    super.onCreate(bundle);
    setContentView(R.layout.activity_main);
}
/*点击 Menu 时，系统调用当前 Activity 的 onCreateOptionsMenu 方法，
  并传递一个实现了 Menu 接口的 menu 对象*/
public boolean onCreateOptionsMenu(Menu optionmenu) {
    /*使用 add 方法添加子菜单，
    * 第一个参数：组 ID
    * 第二个参数：菜单项
    * 第三个参数：顺序号
    * 第四个参数：菜单项上显示的内容*/
    item_delete = optionmenu.add(Menu.NONE, Menu.FIRST + 1, 1, "删除");
    item_delete.setIcon(android.R.drawable.ic_menu_delete);
    item_save = optionmenu.add(Menu.NONE, Menu.FIRST + 2, 2, "保存");
    item_save.setIcon( android.R.drawable.ic_menu_edit);
    item_help = optionmenu.add(Menu.NONE, Menu.FIRST + 3, 3, "帮助");
    item_help.setIcon(android.R.drawable.ic_menu_help);
    item_add = optionmenu.add(Menu.NONE, Menu.FIRST + 4, 4, "添加");
    item_add.setIcon(android.R.drawable.ic_menu_add);
    item_detail= optionmenu.add(Menu.NONE, Menu.FIRST + 5, 5, "详细");
    item_detail.setIcon(android.R.drawable.ic_menu_info_details);
    item_send = optionmenu.add(Menu.NONE, Menu.FIRST + 6, 6, "发送");
    item_send.setIcon(android.R.drawable.ic_menu_send);
    return true;
}

/*菜单项被选择时，该方法被调用*/
@Override
public boolean onOptionsItemSelected(MenuItem menuitem) {
    switch (menuitem.getItemId()) {
    case Menu.FIRST + 1:
        Toast.makeText(this, "删除菜单被点击了", Toast.LENGTH_LONG).show();
        break;
    case Menu.FIRST + 2:
        Toast.makeText(this, "保存菜单被点击了", Toast.LENGTH_LONG).show();
        break;
    case Menu.FIRST + 3:
        Toast.makeText(this, "帮助菜单被点击了", Toast.LENGTH_LONG).show();
        break;
    case Menu.FIRST + 4:
        Toast.makeText(this, "添加菜单被点击了", Toast.LENGTH_LONG).show();
        break;
    case Menu.FIRST + 5:
        Toast.makeText(this, "详细菜单被点击了", Toast.LENGTH_LONG).show();
        break;
    case Menu.FIRST + 6:
        Toast.makeText(this, "发送菜单被点击了", Toast.LENGTH_LONG).show();
```

```
        break;
    }
    return false;
}
```

本实例实现了选项菜单的功能，重写了 onCreateOptionsMenu 和 onOptionsItemSelected 方法。onCreateOptionsMenu 是在单击键盘的 Menu 键时被触发，本实例重写该方法来使用 add 方法在选项菜单中添加 6 个子菜单，包括“删除”、“保存”、“帮助”、“添加”、“详细”和“发送”子菜单。onOptionsItemSelected 是在单击子菜单时被触发，本实例重写该方法来显示一个 Toast 消息。

运行该实例，单击 Menu 菜单，结果如图 4-29 的左图所示。然后单击“删除”子菜单，屏幕会出现一个“删除菜单被点击了”的 Toast 消息，如图 4-29 的右图所示。

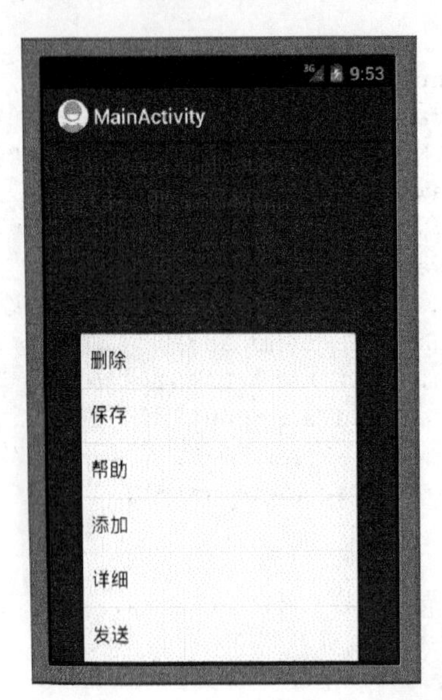

图 4-29　选项菜单实例的运行结果

4.4.3　基于 XML 的菜单结构

实现菜单结构的方式有两种：

- 通过 Java 代码实现。
- 通过 XML 实现。

因此，除使用菜单类开放的 API 来创建菜单外，也可使用 Android 提供的 menu 标签(XML)来创建菜单。本节将介绍使用 XML 创建菜单的方法。通常将 XML 的菜单文件存储到 res\menu\目录下，然后使用 R.menu 来引用该资源。例如下面是一个菜单的基本结构：

```
<MENU xmlns:android="http://schemas.android.com/apk/res/android">
    <GROUP android:id="@+id/gruop1" android:title="">
        <ITEM >
            <!--添加属性-->
        </ITEM>
        <ITEM>
```

```
            <!--添加属性-->
        </ITEM>
    </GROUP>
    <GROUP android:id="@+id/gruop2 android:title="">
        <ITEM >
            <!--添加属性-->
        </ITEM>
        <ITEM>
            <!--添加属性-->
        </ITEM>
    </GROUP>
</MENU>
```

这里每个标签的含义如下。

- <MENU>：根元素，在<MENU>根元素里面会嵌套<ITEM>和<GROUP>子元素，<MENU>根元素没有属性。
- <ITEM>：元素中也可嵌套<MENU>，形成子菜单，这种嵌套与 addSubMenu 方法的功能等效。
- <GROUP>：表示一个菜单组，相同的菜单组可以一起设置其属性，例如 visible、enabled 和 checkable 等。

<group>元素的属性说明如下。

- id：唯一标示该菜单组。
- menuCategory：对菜单进行分类，定义菜单的优先级 e。
- orderInCategory：组内的序号。
- checkableBehavior：规定选择行为，单选、多选还是其他。
- visible：是否可见，true 或者 false。
- enabled：是否可用，true 或者 false。

使用 XML 创建好菜单之后，需要使用 Menu 提供的 MenuInflater 方法来生成菜单。MenuInflater 是 java.lang.Object 的子类，该类用于将 XML 文件的菜单实例化为菜单对象。可使用两种方式来构造 MenuInflater 类的对象。

- 使用 MenuInflater 定义的构造函数：publicMenuInflater (Context context)。
- 除了构造函数外，Activity 类提供了生成 MenuInflater 的方法 getMenuInflater()。getMenuInflater 是常用的生成 MenuInflater 对象的方法。

假设 res\menu\menu.xml 定义了 menu 菜单结构，可使用如下方法生成菜单：

```
MenuInflater inflater = getMenuInflater();
inflater.inflate(R.menu.menu, menu);
```

4.5　界面布局

Android 提供线性布局(LinearLayout)、相对布局(RelativeLayout)、表格布局(TableLayout)和绝对布局(AbsoluteLayout)等多种布局。

(1) LinearLayout

LinearLayout 是一种线性排列的布局，在该布局中，子元素之间成线性排列，即顺序排列。由于布局是显示在二维空间里，其顺序排列是在水平或者垂直方向的顺序排列。

(2) RelativeLayout

RelativeLayout 是一种根据相对位置排列元素的布局，这种方式允许子元素指定它们相对于其他元素或父元素的位置。这种方式相对于线性布局，可任意放置，没有规律性。需要注意线性布局不需要特殊指定其父元素，而相对布局在使用之前必须指定其参照物。

(3) TableLayout

与 LinearLayout 类似，TableLayout 是一种表格布局，这种布局将子元素的位置分配到行或列中，即按照表格的数序排列。一个表格布局有多个“表格行”，而每个表格行又包含表格单元。需要注意，表格布局并不是真正意义上的表格，只是按照表格的方式组织元素的布局。在表格布局中，元素之间并没有实际表格中的分界线。

(4) AbsoluteLayout

RelativeLayout 需要指定其参照的父元素，AbsoluteLayout 与 RelativeLayout 相反，AbsoluteLayout 不需要指定其参照物，使用整个手机界面作为坐标系，通过坐标系的两个偏移量(水平偏移量和垂直偏移量)来唯一指定其位置。

4.5.1 线性布局(LinearLayout)

LinearLayout 是一种线性排列的布局，在该布局中，子元素之间成线性排列，即顺序排列。在 LinearLayout 布局中，只有两种排列方式：vertical(垂直排列)和 horizontal(水平排列)。可通过属性 android:orientation 指定定义布局中子元素的排列方式。

android.widget.LinearLayout 是 android.view.ViewGroup 的子类，衍生了 RadioGroup、TabWidget、TableLayout、TableRow、ZoomControls 等类。

下面是使用线性布局实现一个简单的图片浏览器的实例。

【例 4.15】 LinearLayout 实例：

```
<?xml version="1.0" encoding="utf-8"?>
<!-- 线性布局垂直分布，高度和宽度与父元素相同 -->
<LinearLayout xmlns:android="http://schemas.android.com/apk/res/android"
  android:layout_width="fill_parent"
  android:layout_height="fill_parent"
  android:orientation="vertical" >

    <!-- 文本视图，字体大小为 20px -->
    <TextView
      android:layout_width="fill_parent"
      android:layout_height="wrap_content"
      android:text="风景图片 1"
      android:textSize="20px" />

    <!-- 图片视图，宽度和高度为 100px -->
    <ImageView
      android:layout_width="100px"
      android:layout_height="100px"
      android:src="@drawable/pic1" />
```

```
    <!-- 文本视图，字体大小为 20px -->
    <TextView
      android:layout_width="fill_parent"
      android:layout_height="wrap_content"
      android:text="风景图片 2"
      android:textSize="20px" />

    <!-- 图片视图，宽度和高度为 100px -->
    <ImageView
      android:layout_width="100px"
      android:layout_height="100px"
      android:src="@drawable/pic2" />

    <!-- 文本视图 -->
    <TextView
      android:layout_width="fill_parent"
      android:layout_height="wrap_content"
      android:text="风景图片 3"
      android:textSize="20px" />

    <!-- 图像视图 -->
    <ImageView
      android:layout_width="100px"
      android:layout_height="100px"
      android:src="@drawable/pic3" />

</LinearLayout>
```

上述布局将图片按照垂直线性的方式排列，程序加载该布局，运行结果如图 4-30 所示。

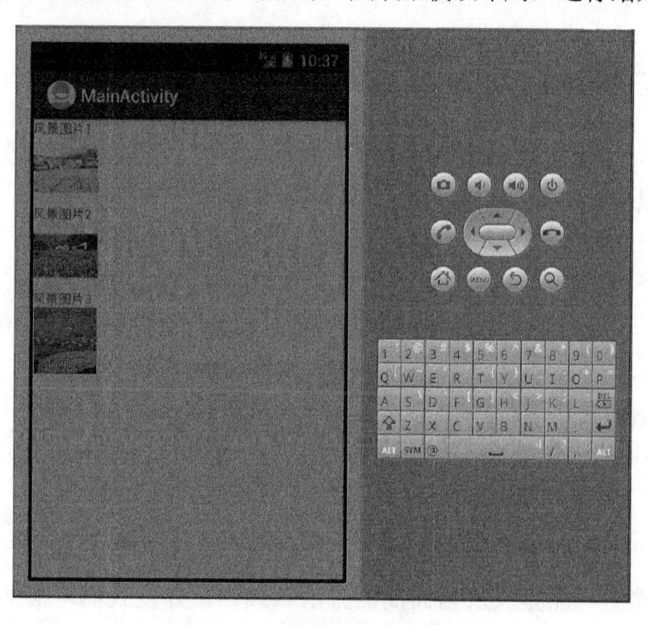

图 4-30　线性布局运行结果

4.5.2 相对布局(RelativeLayout)

RelativeLayout 是一种根据相对位置排列元素的布局，这种方式允许子元素指定他们相对于其他元素或父元素的位置。这种布局没有规律性，可任意放置。

android.widget.RelativeLayout 类的继承关系如下所示：

```
java.lang.Object
   android.view.View
      android.widget.ViewGroup
         android.widget.RelativeLayout
            DialerFilter, TwoLineListItem
```

下面是使用 XML 实现相对布局的例子：

```
<RelativeLayout
  xmlns:android="http://schemas.android.com/apk/res/android"
  android:layout_width="fill_parent"
  android:layout_height="fill_parent">
   <TextView
     android:id="@+id/textview"
     android:layout_width="fill_parent"
     android:layout_height="wrap_content"
     android:hint="Enter you sentence"/>
   <EditText
     android:id="@+id/et"
     android:layout_width="fill_parent"
     android:layout_height="wrap_content"
     android:layout_below="@id/label"/>
</RelativeLayout>
```

4.5.3 表格布局(TableLayout)

与 LinearLayout 类似，TableLayout 是一种表格布局，这种布局将子元素的位置分配到行或列中，即按照表格的数序排列。一个表格布局有多个“表格行”，而每个表格行又包含表格单元。需要注意，表格布局并不是真正意义上的表格，只是按照表格的方式组织元素的布局。在表格布局中，元素之间并没有实际表格中的分界线。事实上 TableLayout 布局是 LinearLayout 的子类，其实读者可以尝试使用 LinearLayout 实现表格布局。

TableLayout 的继承关系如下：

```
java.lang.Object
   android.view.View
      android.widget.ViewGroup
         android.widget.LinearLayout
            android.widget.TableLayout
```

TableLayout 类提供了定义表格布局的方法和属性，开发人员可根据这些方法实现布局相关应用。

注意： 表格布局不能设置其子元素的宽度属性(layout_width)，其属性必须与父元素相同(FILL_PARENT)。

4.5.4　绝对布局(AbsoluteLayout)

相对布局需要指定其参照的父元素，AbsoluteLayout(绝对布局)与相对布局相反，绝对布局不需要指定其参照物，绝对布局使用整个手机界面作为坐标系，通过坐标系的两个偏移量(水平偏移量和垂直偏移量)来唯一指定其位置。

对于绝对布局标签，使用的两个参数如下。

- android:layout_x：指定 x 坐标的位置。
- android:layout_y：指定 y 坐标的位置。

下面是一个绝对布局的例子：

```
<AbsoluteLayout>
   <TextView
     android:text="textview"
     android:id="@+id/tv"
     android:layout_height="wrap_content"
     android:layout_y="20px"
     android:layout_width="wrap_content"
     android:layout_x="40px"/>
</AbsoluteLayout>
```

与其他布局一样，绝对布局 android.widget.AbsoluteLayout 是 android.view.ViewGroup 的子类，其类层次关系如下：

```
java.lang.Object
   android.view.View
      android.widget.ViewGroup
         android.widget.AbsoluteLayout
```

下面通过一个具体实例说明绝对布局的用法，其实现如下。

【例 4.16】绝对布局实例。

activity_main.xml 实现，程序使用该文件作为布局：

```
<?xml version="1.0" encoding="utf-8"?>
<!-- 采用绝对布局，高度和宽度与父元素相同 -->
<AbsoluteLayout android:id="@+id/left"
  xmlns:android="http://schemas.android.com/apk/res/android"
  android:layout_width="fill_parent"
  android:layout_height="fill_parent">
   <TextView android:id="@+id/t1"
     android:layout_width="wrap_content"
     android:layout_height="wrap_content"
     android:layout_x="40px"
     android:layout_y="10px"
     android:textSize="20px"
     android:text="风景图片 1"/>
   <ImageView android:id="@+id/p1"
```

```
    android:src="@drawable/pic12"
    android:layout_width="100px"
    android:layout_height="100px"
    android:layout_x="40px"
    android:layout_y="40px"/>
  <TextView android:id="@+id/t2"
    android:layout_width="wrap_content"
    android:layout_height="wrap_content"
    android:layout_x="40px"
    android:layout_y="140px"
    android:textSize="20px"
    android:text="风景图片 2"/>
  <ImageView android:id="@+id/p2"
    android:src="@drawable/pic2"
    android:layout_width="100px"
    android:layout_height="100px"
    android:layout_x="40px"
    android:layout_y="170px"/>
  <TextView android:id="@+id/t3"
    android:layout_width="wrap_content"
    android:layout_height="wrap_content"
    android:layout_x="40px"
    android:layout_y="270px"
    android:textSize="20px"
    android:text="风景图片 3"/>
  <ImageView android:id="@+id/p3"
    android:src="@drawable/pic3"
    android:layout_width="100px"
    android:layout_height="100px"
    android:layout_x="40px"
    android:layout_y="300px"/>
</AbsoluteLayout>
```

本实例使用绝对布局实现了线性布局的例子。线性布局不需要指定其位置，其元素是按照顺序排列，而绝对布局可以随意指定其显示的位置。

图 4-31 显示了采用 AbsoluteLayout 作为布局方式的程序界面。

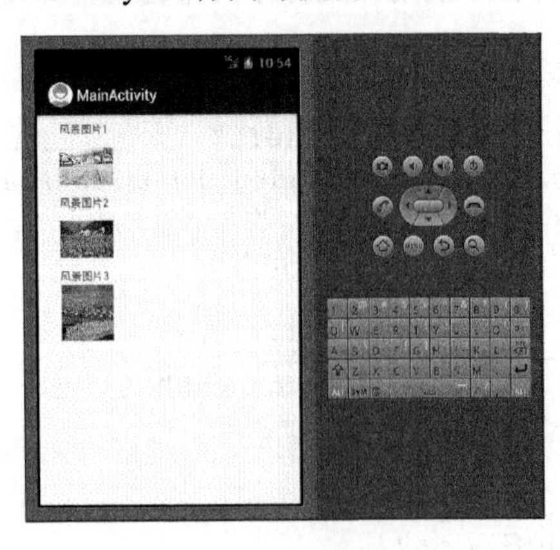

图 4-31　实例运行结果

4.6　上机实训

1. 实训目的

(1) 掌握 Android 中的基本 UI 设计方法、UI 的基本属性。

(2) 了解常用的 widget 组件以及属性，其中包括文本框(TextView)、按钮(Button)、图片按钮(ImageButton)、编辑框(EditText)、多项选择(CheckBox)、单项选择(RadioGroup)、下拉列表(Spinner)、自动完成文本(AutoCompleteTextView)、日期选择器(DatePicker)、时间选择器(TimePicker)、数字时钟(DigitalClock)、表状时钟(AnalogClock)、进度条(ProgressBar)、拖动条(SeekBar)、评分组件(RatingBar)等。

(3) 掌握图像视图(ImageView)、滚动视图(ScrollView)、网格视图(GridView)、列表视图(ListView)等几种视图组件的功能和接口。

(4) 了解上下文菜单和选项菜单的功能和特点，能够使用 XML 方式实现上下文菜单和选项菜单。

(5) 掌握几种常用的界面布局，理解这几种布局的特点和适用场景。

2. 实训内容

(1) 实现通过按钮改变文本视图颜色的功能，包含 3 个按钮，分别对应 3 个颜色。

(2) 实现个人爱好的设置界面，包含 4 种个人爱好，分别为运动、学习、看书和爬山，并且用户能同时选择多个爱好。

(3) 实现操作系统的选择界面，要求包含 3 个操作系统，最多只能有一个操作系统被选择。

(4) 通过 GridView 实现一个简单的网格视图应用。

(5) 实现三级菜单的功能。

(6) 使用 XML 实现例 4.13 的功能。

(7) 使用 XML 实现例 4.14 的功能。

(8) 实现一个表格布局的例子，要求显示 6 个图片，每一行显示两个图片。

4.7　本章习题

一、填空题

(1) 单选按钮的事件监听器是________________。

(2) Android:layout_width 可通过__________、________和__________三种方式来指定宽度。

(3) 对于 Button 控件，当用户按键弹起后，________方法被触发，当用户保持按键时，________方法被触发。

(4) <ImageButton>的________XML 元素属性可用来指定 ImageButton 显示的图片。

(5) 从开始拖动 SeekBar 到结束拖动 SeekBar，__________、_______和_________方法会被依次触发。

(6) RatingBar 分为________、________和__________3 种类型，其中________和______不能与用户进行交互。

(7) 使用 XML 创建好菜单后，需要使用 Menu 提供的_________方法来生成菜单。

(8) 属性____________是用来指定布局中子元素的排列方式。

(9) 绝对布局使用_________和________来分别指定 x 坐标的位置和 y 坐标的位置。

(10) 创建一个上下文菜单需要重写__________方法。

(11) ScrollView 只支持____________方向的滚动，不支持____________方向的滚动。

二、问答题

(1) 列举 5 个视图组件。

(2) Button 控件的 onKeyMultiple 和 onKeyDown 的作用是什么？

(3) 比较 ImageButton 控件和 Button 控件。

(4) 比较 EditText 控件和 TextView 控件。

(5) 比较 Checkbox 控件和 RadioGroup 控件。

(6) 当修改 DatePicker 的日期时，什么方法会被触发？该方法包含哪些形参？

(7) 列举 ProgressBar 支持 6 种类型的进度条。

(8) 在一个选项菜单的生命周期中，系统会依次触发哪几个方法？

(9) 说明线性布局的功能和特点。

(10) 说明相对布局的功能和特点。

第 5 章 Android 编程基础

学习目的与要求：

Activity 是 Android 应用的基本组成单位，几乎所有与用户进行交互的应用都是使用 Activity 实现的。对于熟悉 Windows 编程或者 Java ME 编程的读者来说，可以将 Activity 理解为 Windows 编程中的 WinForm 类或者 Java ME 编程中的 Display 类。多个 Activity 之间必然存在着较为复杂的跳转和切换的关系，本章将以一个单 Activity 的 Android 应用为例，详细介绍 Activity 的相关知识。并且通过该应用，详细介绍 Activity 的程序结构、生命周期以及栈管理机制。通过本章的学习，读者将对 Android 应用，特别是对应用中的 Activity，有更深层的认识。

5.1 Activity 的生命周期和栈管理机制

Activity 是 Android 应用程序中最基本的组成单位。在 Android 应用程序中，Activity 主要负责创建显示窗口，一个 Activity 通常就代表了一个单独的屏幕。它是用户唯一可以看得到的东西，所以几乎所有的 Activity 都是用来与用户进行交互的。一个 Activity 要经历激活状态、运行状态、暂停状态、停止状态和终止状态，这些状态是通过栈来管理的。

5.1.1 Activity 生命周期

在具体实现时，每个 Activity 都被定义为一个独立的类，并且继承 Android 中的 android.app.Activity 作为基类。在这些 Activity 类中，将使用 setContentView(View)方法来显示由视图控件组成的用户界面，并对用户通过这些视图控件所触发的事件做出响应。

大多数的应用程序，根据功能的需要，都是由多个屏幕显示组成的，因此大部分的 Android 应用中也就必须包含多个 Activity 类。这些 Activity 可以通过一个 Activity 栈来进行管理。当一个新的 Activity 启动的时候，它首先会被放置在 Activity 栈顶部，并成为运行状态的 Activity，而先前正在运行的 Activity 也在 Activity 栈中，但它总是将被保存在这个新的 Activity 的下边，只有当这个新的 Activity 退出以后，先前的 Activity 才能重新回到前台界面。一个完整 Activity 的生命周期包括激活状态、运行状态、暂停状态、停止状态和终止状态。这些状态的特征如下。

- 激活状态：Activity 的初始状态，所有的 Activity 必须经历这个状态。
- 运行状态：这时的 Activity 运行在屏幕的前台，运行状态的 Activity 是当前响应用户操作的 Activity。一般来讲，一个 Android 系统会同时运行多个 Activity(例如同时运行 QQ 聊天的 Activity、新浪微博的 Activity)，但有且只有一个 Activity 处于运行状态，其余的 Activity 只有在获取焦点后才能转换成运行状态。这是因为 Android 使用栈机制来管理 Activity。
- 暂停状态：这时的 Activity 失去了焦点，但是仍然对用户可见(例如这个 Activity 之上遮挡了一个透明的或者非全屏的 Activity)。
- 停止状态：这时的 Activity 对用户不可见，所以其窗口会被其他 Activity 覆盖。这种状态下的 Activity 会在某些特殊场景下(例如系统内存不足)被系统杀掉。
- 终止状态：这时的 Activity 将会被系统清理出内存。

注意： 处于暂停状态和停止状态的 Activity 仍然保存了其所有的状态和成员信息，直到被系统终止。当被系统终止的 Activity 需要重新显示的时候，它必须完全重新启动，并且将其关闭前的状态全部恢复。

Activity 的生命周期状态转换如图 5-1 所示。

在如图 5-1 所示的 Activity 生命周期状态转换图中，椭圆形表示的是 Activity 所处的状态。直角矩形代表了回调方法，开发者可以实现这些方法，从而使 Activity 在改变状态的时候执行用户定义的操作。

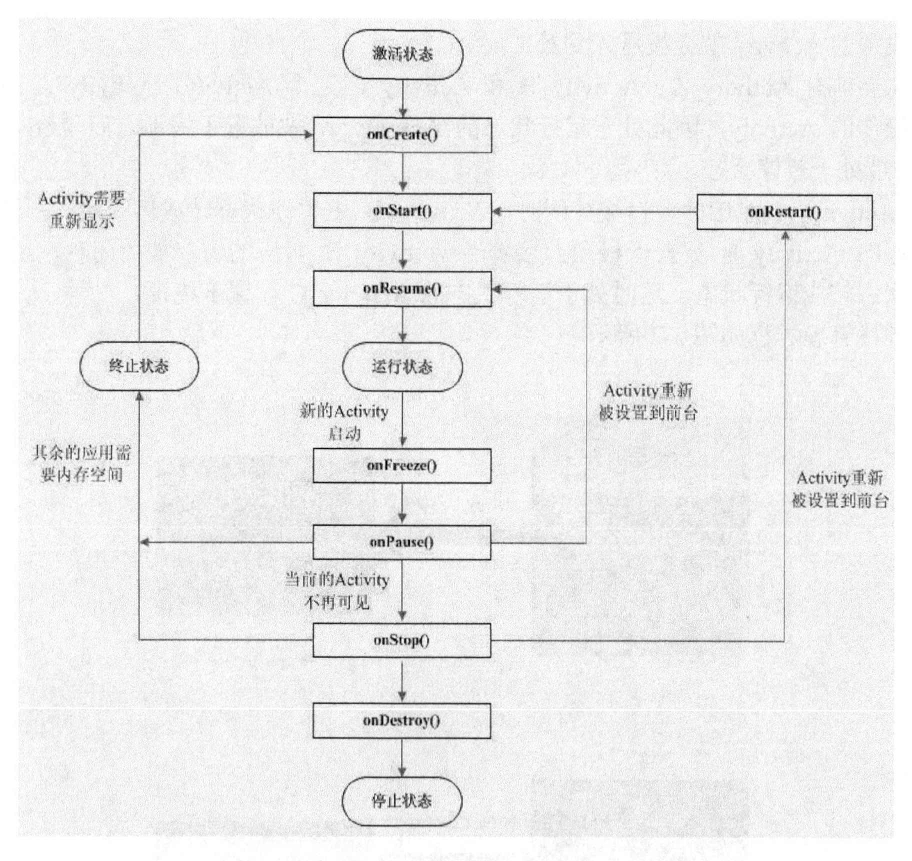

图 5-1　Activity 生命周期状态转换图

Activity 的生命周期又可以根据不同的标准分为完整生命周期、可见生命周期和前台生命周期：

- 从 Activity 最初调用 onCreate()方法到最终调用 onDestroy()方法的这个过程，称为完整生命周期。Activity 会在 onCreate()方法中进行所有全局状态的设置，在 onDestroy()方法中释放其持有的所有资源。
- 从 Activity 调用 onStart()方法开始，到调用对应的 onStop()方法为止的这个过程称为可见生命周期。在这两个方法之间，用户可以维护 Activity 在用户显示时所需的资源。因为每当 Activity 显示或隐藏时，都会调用相应的方法，所以 onStart()方法和 onStop()方法在整个生命周期中可以多次被调用。
- 从 Activity 调用 onResume()方法开始，到调用对应的 onPause()方法为止的这个过程称为前台生命周期，这段时间当前的 Activity 处于其他所有 Activity 的前面，且可以与用户交互。

5.1.2　Activity 栈管理机制

栈是一种先进后出的数据结构，处于顶端的元素总是被先处理。Android 采用栈来管理 Activity，因此同一时刻只有一个 Activity 处于运行状态，其余的处于暂停或者终止等状态。当某个 Activity 获取焦点并对用户可见后，该 Activity 会被压入到当前的栈顶，而原来处于栈顶的 Activity 就会被压入到第二层。

例如当前有 Activity_A、Activity_B 和 Activity_C 三个 Activity，Activity_A 是当前响应用户操作的 Activity，因此处于运行状态的 Activity_A 被放置于栈顶，而 Activity_B 和 Activity_C 处于暂停状态。

当 Activity_A 对应的窗口被关闭时，Activity_B 由暂停状态转成运行状态，这时处于运行状态的 Activity_B 被置于栈顶；接着当 Activity_B 对应的窗口被关闭时，Activity_C 由暂停状态转成运行状态，这时处于运行状态的 Activity_C 被置于栈顶。

这种栈管理过程如图 5-2 所示。

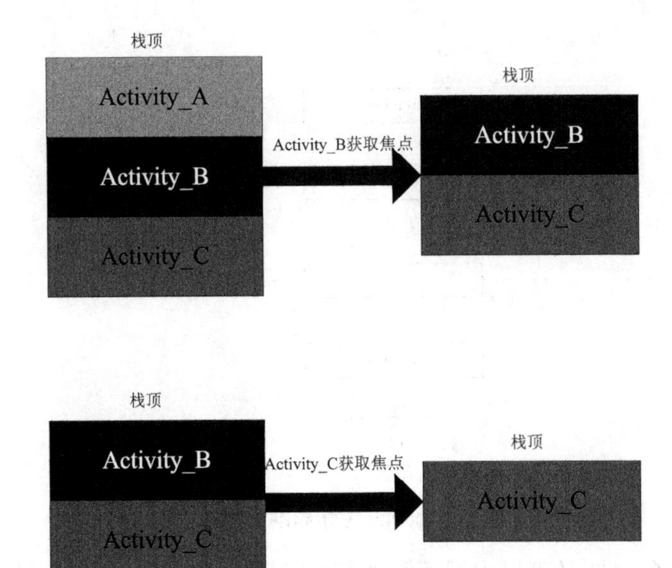

图 5-2　Activity 栈管理过程

5.2　解析 Activity 的实现

创建 Activity 时，都必须使用 extends 关键字来继承 Android 中的 android.app.Activity 作为父类，该类定义了 Activity 生命周期中所包含的全部方法。

具体定义代码如下：

```
public class Activity extends ApplicationContext {
    protected void onCreate(Bundle icicle);
    protected void onStart();
    protected void onRestart();
    protected void onResume();
    protected void onFreeze(Bundle outIcicle);
    protected void onPause();
    protected void onStop();
    protected void onDestroy();
}
```

android.app.Activity 类提供了响应 Activity 生命周期中的不同状态的方法(例如 onDestroy 是在 Activity 处于终止状态时被系统调用)，程序开发人员可以重写这些方法来定制自己的处理行为。

这些方法在生命周期中的作用以及其相互之间的转换关系如表 5-1 所示。

表 5-1 Activity 类中的方法

方 法	功能描述	跳转到的方法
onCreate()	Activity 初次创建时被调用，在该方法中一般进行一些静态设置	onStart()或 onRestart()
onStart()	当 Activity 对用户即将可见的时候调用	onRestart()或 onResume()
onRestart()	当 Activity 从停止状态重新启动时调用	onResume()
onResume()	当 Activity 将要与用户交互时调用此方法	onFreeze()
onFreeze()	当 Activity 被暂停而其他的 Activity 恢复与用户交互的时候，这个方法将会被调用	onPause()
onPause()	当系统要启动一个其他的 Activity 时(其他的 Activity 显示之前)，这个方法将被调用	onResume()或 onStop()
onStop()	当另外一个 Activity 恢复并遮盖住当前的 Activity，导致其对用户不再可见时，这个方法将被调用	onStart()或 onDestroy()
onDestroy()	在 Activity 被销毁前所调用的最后一个方法，这个方法的调用代表着 Activity 转到终止状态	无

注意： 当 Android 系统的配置变化时(例如 Android 设备的屏幕方向、系统默认语言等)，系统会执行 onFreeze(Bundle) → onPause() → onStop() → onDestroy()来销毁当前的所有 Activity。但是对于处于前台的 Activity，系统将在 onDestroy()调用完成后启动这个 Activity 的一个新实例，并将前面那个实例中 onFreeze(Bundle)所保存的内容传递给新的实例。

5.2.1 创建 Activity

上面讲到，程序开发人员可以重写 android.app.Activity 类的方法，从而使自定义的 Activity 在状态改变时执行用户所期望的操作。

当然这些方法不是必须都要求被实现的，一般情况下，所有 Activity 都应该实现自己的 onCreate()方法来进行初始化设置，大部分还应该实现 onPause()方法来准备终止与用户的交互。

至于其他的方法，则可以在需要时进行实现，当实现这些方法的时候，需要注意的是，一定要覆盖父类中的对应方法。

下面创建一个名称为“HelloActivity”的单 Activity 的 Android 应用，其中创建的 Activity 的类名也是“HelloActivity”。

创建项目的对话框如图 5-3 所示。

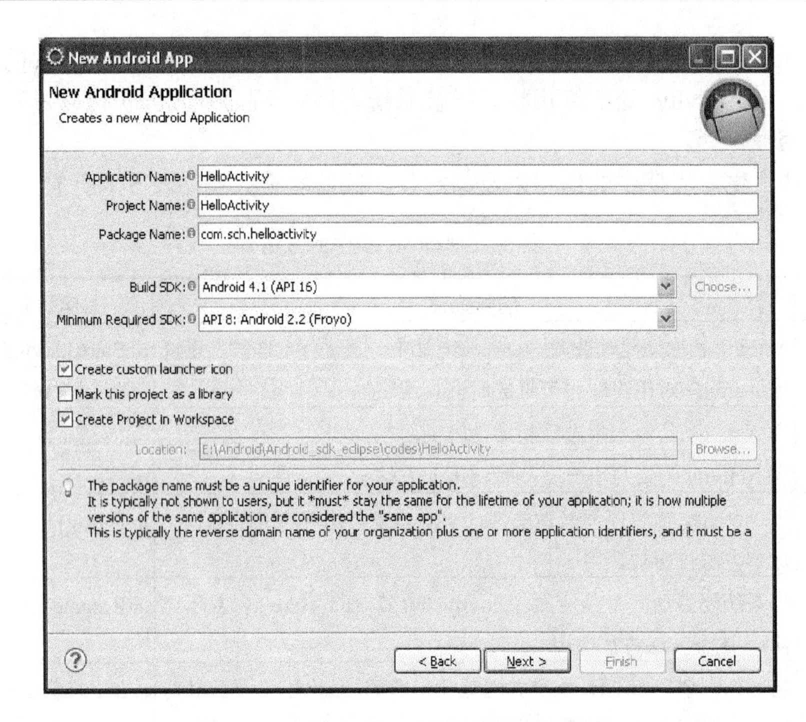

图 5-3　创建 HelloActivity 项目的对话框

项目创建完成后，该类中的默认代码如下所示：

```
package com.sch.helloactivity;

import android.os.Bundle;
import android.app.Activity;
import android.view.Menu;

public class MainActivity extends Activity {

    @Override
    public void onCreate(Bundle savedInstanceState) {
        super.onCreate(savedInstanceState);
        setContentView(R.layout.activity_main);
    }

    @Override
    public boolean onCreateOptionsMenu(Menu menu) {
        getMenuInflater().inflate(R.menu.activity_main, menu);
        return true;
    }
}
```

该类开头的 import 语句表示从 Android SDK 的 android.jar 中导入特定的类，这几个导包语句是必需的。

在定义用户的 Activity 类时，必须继承 Android 提供的 android.app.Activity。该类中包含的代码用来定义如何创建、显示和运行应用程序，在该类的默认代码中，只包含了一个

onCreate()方法，在该方法中首先调用父类中的 onCreate()方法，然后调用 setContentView()方法，该方法的作用是根据 activity_main.xml 文件中的配置代码来设置 Activity 的界面内容。该方法中所需的参数是 R.layout.activity_main，其中 R 表示在创建项目时自动生成的 R.java 文件，该文件中的代码不要手工修改。

项目创建后，该文件的默认代码如下所示：

```
package com.sch.helloactivity;

public final class R {
    public static final class attr {
    }
    public static final class drawable {
        public static final int ic_action_search = 0x7f020000;
        public static final int ic_launcher = 0x7f020001;
    }
    public static final class id {
        public static final int menu_settings = 0x7f070000;
    }
    public static final class layout {
        public static final int activity_main = 0x7f030000;
    }
    public static final class menu {
        public static final int activity_main = 0x7f060000;
    }
    public static final class string {
        public static final int app_name = 0x7f040000;
        public static final int hello_world = 0x7f040001;
        public static final int menu_settings = 0x7f040002;
        public static final int title_activity_main = 0x7f040003;
    }
    public static final class style {
        public static final int AppTheme = 0x7f050000;
    }
}
```

通过上述代码可以看到，该类中定义了很多静态最终类，实际上，这些静态类是指向项目中资源的指针。

这时候理解 MainActivity 类中的代码 setContentView(activity_main.xml)就很容易了，该方法的参数就是表示 R 类中的 layout 内部类中的 activity_main 变量，通过该变量就可以引用 activity_main.xml 文件了。

注意： super.onCreate(savedInstanceState)的功能是执行父类的 onCreate 构造函数，其中的 savedInstanceState 是当前 Activity 的状态信息。

5.2.2　启动另外一个 Activity

一个 Activity 可以启动另外一个 Activity，在这里启动的 Activity 被称为“宿主 Activity”，被启动的 Activity 称为“随从 Activity”。

“宿主 Activity”和“随从 Activity”可同属于一个应用程序，也可属于不同的应用程序或者不同 apk。也就是“宿主 Activity”既能启动同一个应用程序下的其他 Activity(如图 5-4 所示)，也可启动其他应用程序下的其他 Activity(如图 5-5 所示)。

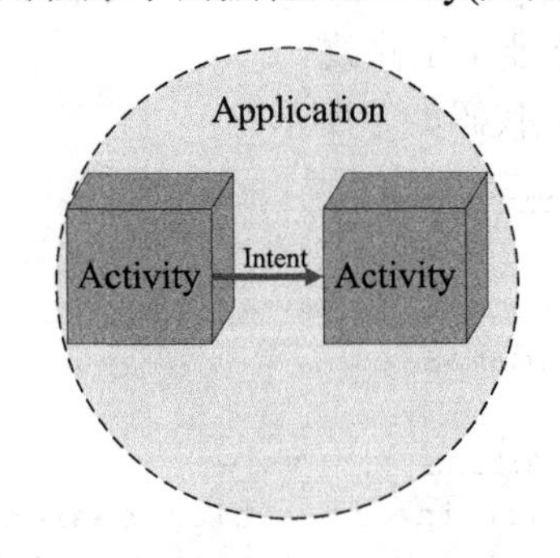

图 5-4　启动同一 Application 的 Activity

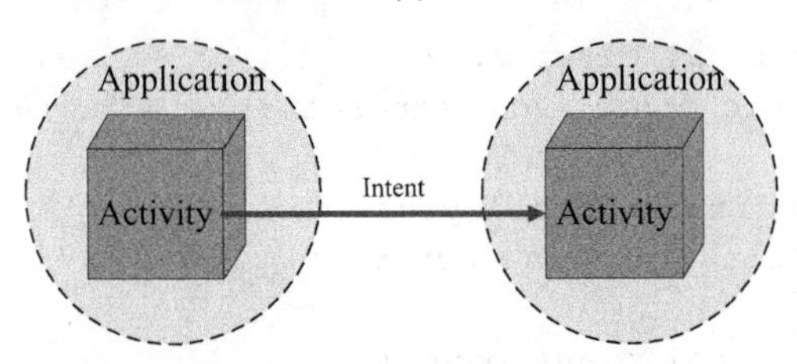

图 5-5　启动另外 Application 的 Activity

一般来讲，Activity 之间是通过 Intent 来传递消息的。举个例子说，假设你想让用户看到 Internet 上的某个图片。并且当前有一个 Activity 具有打开 Internet 上的某个图片的功能，那么“宿主 Activity”只需将请求信息放到一个 Intent 对象里面，并把它传递给 startActivity()或 startActivityForResult()。于是浏览器就会显示指定 link 的图片。而当用户按下 BACK 键的时候，宿主 Activity 又会再一次地显示在屏幕上。

注意： 通过 startActivity 方式启动 Activity 时，“随从 Activity”在关闭时不会给“宿主 Activity”任何返回值；然而通过 startActivityForResult 方式启动 Activity 时，“随从 Activity”在关闭时会返回一个值给“宿主 Activity”。

从栈管理的角度理解，当一个 Activity 启动另外一个 Activity 时，“随从 Activity”就会被压入栈，并成为当前运行的 Activity。而“宿主 Activity”仍保留在这个栈之中。当用户按下 BACK 键的时候，“随从 Activity”就会出栈，而“宿主 Activity”则成为当前运行的 Activity。

我们知道，有三种方式来启动另外一个 Activity：启动同一个 Application 的 Activity、启动不同 Application 的 Activity 和启动不同 apk 下的 Activity。下面通过两个实例来介绍启动不同 Application 的 Activity 和启动不同 apk 下的 Activity 的实现方式。

1. 启动不同 Application 的 Activity

【**例 5.1**】不同的 Application 下的 Activity 调用：

```
public class MainActivity extends Activity {
    public void onCreate(Bundle savedInstanceState) {
```

```
        super.onCreate(savedInstanceState);
        setContentView(R.layout.activity_main);
        Intent intent = new Intent(); //生成 Intent 对象
        //指定要启动的是 SupplActivity
        intent.setClass(MainActivity.this, SupplActivity.class);
        startActivity(intent); //启动不同 Application 的 Activity
    }
}
public class SupplActivity extends Activity {
    public void onCreate(Bundle savedInstanceState) {
        super.onCreate(savedInstanceState);
        setContentView(R.layout.activity_main);
        Intent myintent = this.getIntent(); //获取 Activity 传递的 Intent
        //SupplActivity 启动后，产生一个 Toast 消息
        Toast.makeText(SupplActivity.this, myintent.toString,
          Toast.LENGTH_LONG).show();
    }
}
```

该实例实现了 MainActivity 启动另外 Application 的 SupplActivity 的功能。启动“随从 Activity”前，“宿主 Activity”需要生成一个 Intent 对象，并通过 setClass 方法设置该 Intent 对象的“宿主 Activity”和“随从 Activity”。

注意： setClass 方法包含两个形参：第一个形参是“宿主 Activity”，第二个形参是“随从 Activity”对应的 class 名。

2．启动不同 apk 下的 Activity

【例 5.2】不同的 apk 下的 Activity 调用：

```
public class MainActivity extends Activity {
    public void onCreate(Bundle savedInstanceState) {
        super.onCreate(savedInstanceState);
        setContentView(R.layout.activity_main);
        Uri uri = Uri.parse("http://www.baidu.com");
        Intent intent = new Intent(Intent.ACTION_VIEW, uri);
        startActivity(intent);
    }
}
```

这种方式(启动不同 apk 下的 Activity)一般用来启动 Android 系统提供的 Activity。

在例 5.2 中，MainActivity 启动了一个 Android 系统提供的“浏览网页”Activity 并通过这个“随从 Activity”来打开 http://www.baidu.com 网页。要实现这种方式，只需在生成 Intent 的时候指定要启动的 Activity，例如 Intent intent = new Intent(Intent.ACTION VIEW, uri)，不需要通过 setClass 来设置。

5.2.3　Activity 的启动模式

Activity 的启动模式决定了 Activity 的启动运行方式，Android 支持 standard、singleTop、singleTask 和 singleInstance 四种启动模式。可以通过 AndroidManifest.xml 文件

中的<activity>元素的 launchMode 属性来配置 Activity 的启动模式，例如下面的语句指定“ActivityMain”这个 Activity 的启动模式为 singleTask：

```
<activityandroid:name="ActivityMain"android:launchMode="singleTask">
</activity>
```

注意： AndroidManifest.xml 是每一个 Android 应用程序都必须包含的全局配置文件，位于应用程序根目录下。该文件提供了 Android 系统所需要的关于该应用程序的必要信息，其中包括程序的安全许可、当前应用程序兼容的最低 SDK 版本号以及启动模式等。

在这 4 个启动模式中，standard 和 singleTop 模式下启动的实例属于任何任务(Task)，并且可以位于 Activity 堆栈的任何位置；然而 singleTask 和 singleInstance 模式下启动的实例总是处在 Activity 堆栈的最底端，并且只能被实例化一次。

当启动 standard 模式的 Activity 时，系统在任何情况下都会创建一个“随从 Activity”实例，并将该实例添加到任务栈中。然而当启动 singleTop 模式的 Activity 时，仅当任务栈的栈顶不是“随从 Activity”对应的实例时，系统才会创建实例；否则系统会重用任务栈的栈顶的 Activity，而不会创建“随从 Activity”的实例。因此 singleTop 模式解决了栈顶可能会出现多个重复相同的 Activity 的问题。下面通过一个实例来讲解 standard 模式和 singleTop 模式的运行机制。

【例 5.3】standard 模式和 singleTop 模式举例：

```
public class MainActivity extends Activity {
    public void onCreate(Bundle savedInstanceState) {
        super.onCreate(savedInstanceState);
        TextView myTextView = new TextView(this); //创建文本视图对象
        //设置 myTextView 的内容为当前对象实例的句柄
        myTextView.setText(this + "\n" );
        Button myButton = new Button(this); //创建按钮对象 myButton
        //设置按钮对象 myButton 显示的内容
        myButton.setText("Start MainActivity");
        //创建线性布局对象
        LinearLayout myLinearLayout = new LinearLayout(this);
        //设置线性布局对象的布局方式
        myLinearLayout.setOrientation(LinearLayout.VERTICAL);
        myLinearLayout.addView(myTextView); //将 myTextView 添加到线性布局中
        myLinearLayout.addView(myButton); //将 myButton 添加到线性布局中
        //设置当前屏幕为 myLinearLayout 指定的内容
        this.setContentView(myLinearLayout);
        //实现 myButton 按钮的监听事件
        myButton.setOnClickListener(new OnClickListener() {
            public void onClick(View view) {
                Intent intent = new Intent();
                //MainActivity 启动自己
                intent.setClass(MainActivity.this, MainActivity.class);
                startActivity(intent);
            }
        });
```

```
    }
}
```

为了能够形象地描述 standard 模式和 singleTop 模式的运行机制，上述实例实现了通过单击 myButton 按钮来启动自身 Activity 并且将启动的实例句柄显示到屏幕上的功能。

若将例 5.3 的启动模式配置为 standard，即程序根目录下的 AndroidManifest.xml 文件中的<activity>元素的 launchMode 属性为 standard，然后运行该程序 Start MainActivity，单击 Start MainActivity 按钮后，该按钮上方显示当前实例的句柄为@412d0060(如图 5-6 左图所示)；再单击 Start MainActivity 按钮，该按钮上方显示当前实例的句柄为@412de618(如图 5-6 右图所示)。

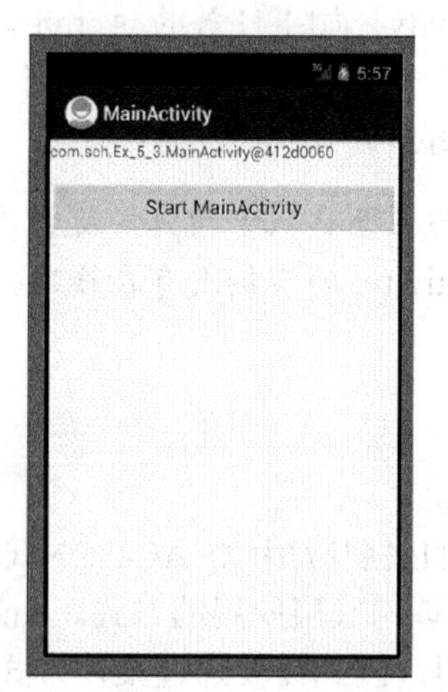

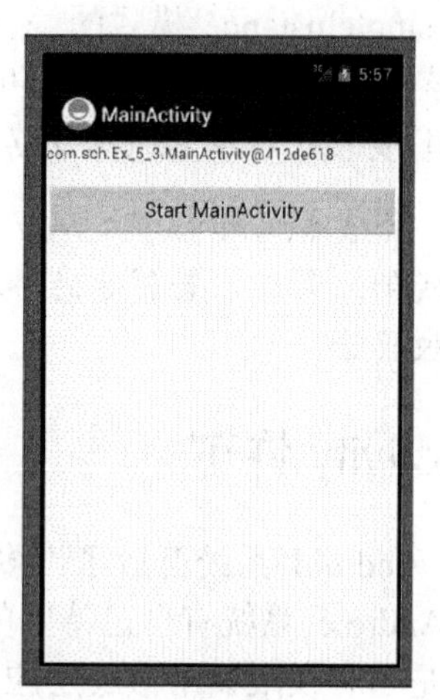

图 5-6　启动 standard 模式下的 Activity

这说明 standard 模式的 Activity 每次被启动时，都会创建一个自身的实例。

将例 5-3 的启动模式配置为 singleTop，单击按钮后，系统不会创建新的实例(运行结果如图 5-7 所示)。这说明在栈顶的实例就是要创建的 Activity 的实例的情景下，系统不会创建一个新的实例。

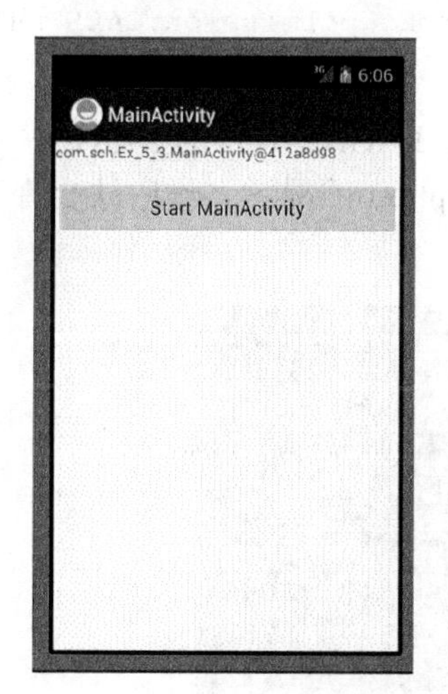

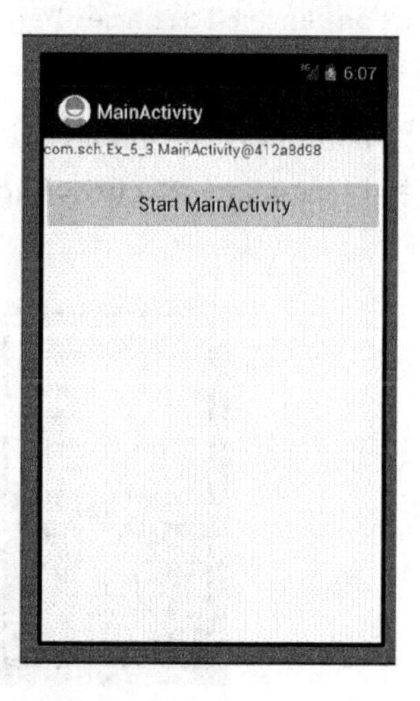

图 5-7　启动 singleTop 模式下 Activity

singleTask 模式和 singleInstance 模式的 Activity 实例只被创建一次。当启动 singleTask 模式的 Activity 时，系统会检查任务栈中是否包含要创建的 Activity 的实例。若任务栈中没有要创建的 Activity 的实例，则系统会创建新的实例；否则系统会重用已有的实例，并将该实例置为栈顶。当启动 singleInstance 模式的 Activity 时，系统会在一个新栈中创建该 Activity 的实例，并让多个应用共享该栈中的这个 Activity 实例。若 singleInstance 模式的 Activity 的实例存在于某个栈中，系统会重用该栈中的实例。singleInstance 模式与浏览器工作原理类似，当多个程序访问浏览器时，如果当前浏览器没有打开，则打开浏览器，否则会在当前打开的浏览器中访问。singleInstance 模式能保证要请求的 Activity 对象在当前的栈中只存在一个，该模式会节省大量的系统资源。singleTask 模式与 singleInstance 模式的区别在于：对于 singleInstance 模式的 Activity，如果任务的 Activity 堆栈中有要创建的 Activity 实例，那该实例一定是任务栈中的唯一的 Activity；然而对于 SingleTask 模式的 Activity，其对应的任务栈可能会包含多个 Activity。

注意： 第一，不管要创建的 Activity 的实例在栈中的位置是否为栈顶，系统都会重用该实例；第二，若创建的 Activity 的实例没有在栈顶，它上面的实例会从栈中被移除。

5.2.4 设置 Activity 许可

与 API 一样，Android 系统开放了许多的底层应用(如 ACTION_CALL)供用户调用。与其他系统不同，Android 系统有自己特殊的调用底层应用的方式。Android 系统会在运行时检查该用户程序是否有权限调用该底层应用，因此需要通过某种方式设置 Activity 许可才能运行相应的应用。这种方式提供了程序使用系统应用的安全性保证，底层应用只有用相应的权限许可才能被用户程序使用。

设置 Activity 许可的方式是通过清单文件设置 Activity 的许可，否则程序运行会出现错误。例如打电话应用需要调用系统提供的电话底层处理 ACTION_CALL 行为，这时需要在清单文件(AndroidManifest.xml)中的 uses-permission 添加打电话的许可属性，例如：

```
<uses-permission android:name="android.permission.CALL_PHONE">
</uses-permission>
```

当运行没有设置 android.permission.CALL_PHONE 许可的 ACTION_CALL 应用时，系统会弹出安全异常错误(java.lang.SecurityException)的提示。程序缺少许可时的运行结果如图 5-8 所示。

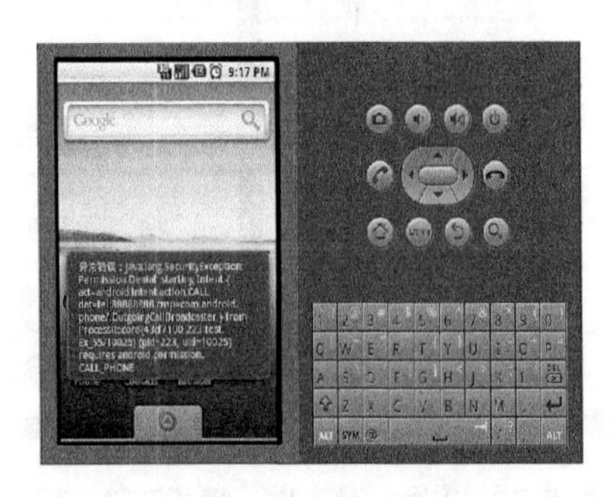

图 5-8　缺少相应权限的异常错误

从图 5-8 可以看出，异常错误提示了发生异常的详细原因，包括触发异常的行为以及所需要的许可。

可以判断出用户程序出现异常错误是因为使用了 android.Intent.action.CALL 行为，而该行为拨打了一个电话为 tel:88888888 的电话。

这种行为需要 android.permission.CALL_PHONE 的许可，如下所示：

```
<?xml version="1.0" encoding="utf-8"?>
<manifest>
   <uses-permission android:name="android.permission.CALL_PHONE">
   </uses-permission>
   <application>
      <activity>
         <intent-filter></intent-filter>
      </activity>
   </application>
</manifest>
```

需要注意，uses-permission 标签包含在 manifest 中，并与 application 标签属于同一级别。除此 android.permission.CALL_PHONE 外，Android 系统提供了许多许可。用户使用相应的底层服务时，需要在 AndroidManifest.xml 中添加相应的权限。

表 5-2 中列举了 Android 系统提供的主要许可。

表 5-2　Android 系统提供的许可

许可名字	许可功能
android.permission.CONTROL_LOCATION_UPDATES	允许启用/禁止无线模块的位置更新
android.permission.PROCESS_OUTGOING_CALLS	允许程序监视、修改或者删除已拨电话
android.permission.READ_INPUT_STATE	允许程序获取当前按键状态
android.permission.REBOOT	请求用户设备重启的操作
android.permission.RECEIVE_BOOT_COMPLETED	允许一个程序接收到系统启动后的广播 ACTION_BOOT_COMPLETED
android.permission.RECEIVE_MMS	允许程序处理收到的 MMS 彩信
android.permission.RECEIVE_SMS	允许程序处理收到的短信息
android.permission.SET_TIME_ZONE	允许程序设置系统时区
android.permission.SET_WALLPAPER	允许程序设置手机壁纸
android.permission.STATUS_BAR	允许程序打开、关闭或禁用状态栏及图标
android.permission.WRITE_CALENDAR	允许程序写入但不读取用户日历
android.permission.WRITE_CONTACTS	允许程序写入但不读取用户联系人数据
android.permission.WRITE_GSERVICES	允许程序修改 Google 服务地图
android.permission.WRITE_SETTINGS	允许程序读取或修改系统设置
android.permission.WRITE_SMS	允许程序修改短信
android.permission.DELETE_CACHE_FILES	允许程序删除缓存文件
android.permission.DELETE_PACKAGES	允许程序删除包

续表

许可名字	许可功能
android.permission.DEVICE_POWER	允许访问底层电源管理
android.permission.DISABLE_KEYGUARD	允许程序禁用键盘锁
android.permission.EXPAND_STATUS_BAR	允许程序拉伸或者缩小状态栏
android.permission.INTERNET	允许程序打开网络套接字
android.permission.MODIFY_AUDIO_SETTINGS	允许程序修改系统音频设置
android.permission.MODIFY_PHONE_STATE	允许修改电话状态如充电
android.permission.MOUNT_UNMOUNT_FILESYSTEMS	允许挂载和反挂载移动设备
android.permission.SET_ACTIVITY_WATCHER	允许程序监视和控制系统 activities 的启动
android.permission.SET_ALWAYS_FINISH	允许程序控制是否活动在处于后台时立即结束
android.permission.SET_DEBUG_APP	配置一个用于调试的程序
android.permission.SET_ORIENTATION	允许通过底层应用设置屏幕方向
android.permission.SET_PREFERRED_APPLICATIONS	允许程序修改默认程序列表
android.permission.SET_PROCESS_FOREGROUND	允许程序强制将当前运行程序转到前台运行
android.permission.SET_PROCESS_LIMIT	允许设置最大的系统当前运行进程数量
android.permission.ACCESS_LOCATION_EXTRA_COMMANDS	允许应用程序使用额外的位置提供命令
android.permission.ACCESS_MOCK_LOCATION	允许程序创建用于测试的模拟位置提供
android.permission.ACCESS_NETWORK_STATE	允许程序获取网络状态信息
android.permission.ACCESS_SURFACE_FLINGER	允许程序获取 SurfaceFlinger 底层特性
android.permission.ACCESS_WIFI_STATE	允许程序获取 Wifi 网络信息
android.permission.ADD_SYSTEM_SERVICE	允许程序发布系统级服务
android.permission.BATTERY_STATS	允许程序更新手机电池统计信息
android.permission.BLUETOOTH_ADMIN	允许程序发现和配对蓝牙设备
android.permission.BROADCAST_PACKAGE_REMOVED	允许程序广播一个包已经移除的提示消息
android.permission.BROADCAST_STICKY	允许一个程序广播带数据的 Intents
android.permission.CAMERA	请求使用照相设备
android.permission.CHANGE_COMPONENT_ENABLED_STATE	允许一个程序启用或禁用其他组件
android.permission.CHANGE_CONFIGURATION	允许一个程序修改当前设置
android.permission.CHANGE_NETWORK_STATE	允许程序改变网络连接状态
android.permission.CHANGE_WIFI_STATE	允许程序改变 Wifi 连接状态
android.permission.READ_SYNC_SETTINGS	允许程序读取同步设置
android.permission.READ_CONTACTS	允许程序读取用户联系人数据
android.permission.DUMP	允许程序获取系统服务的状态 dump 信息
android.permission.GET_ACCOUNTS	访问访问 Accounts Service 中的账户列表
android.permission.GET_PACKAGE_SIZE	允许程序获取任何 package 占用空间大小

续表

许可名字	许可功能
android.permission.GET_TASKS	允许程序获取当前或最近运行的任务概要信息
android.permission.HARDWARE_TEST	允许程序访问系统硬件
android.permission.INJECT_EVENTS	允许一个程序截获用户事件如按键、触摸、回滚等
android.permission.INSTALL_PACKAGES	允许程序安装包
android.permission.ACCESS_CHECKIN_PROPERTIES	允许读写在 checkin 数据库中的 properties 表
android.permission.ACCESS_COARSE_LOCATION	允许程序通过访问 CellID 或 Wifi 热点来获取粗略的位置
android.permission.BLUETOOTH	允许程序同匹配的蓝牙设备建立连接
android.permission.CALL_PHONE	允许程序拨打电话，该行为无需通过拨号器的用户界面确认
ndroid.permission.CLEAR_APP_CACHE	允许用户清除该设备上的所有安装程序的缓存
android.permission.CLEAR_APP_USER_DATA	允许程序清除用户数据

5.3　多个 Activity 应用

5.3.1　Activity 间的消息传递

Android 使用 Intent(意图)在不同的 Activity 之间传递消息。Intent 对象描述了应用中一次操作的动作、数据和附加数据，系统通过该对象的描述调用对应的应用，它提供了多个 Activity 之间进行交互的方式，应用程序可通过 startActivity 方法指定相应的 Intent 对象来启动另外一个 Activity。

如果要传递自定义的数据，例如将当前 Activity 的运行状态传递给下一个 Activity，可使用 Bundle 来协助完成。Bundle 对象可被理解成一个哈希表，该映射表建立了关键字(标识)与其值(传递的数据)的映射关系，可通过 Bundle 类的 putXXX(Key, Value)方法将数据封装到 Bundle 对象中，如 putString(String key, String value)。

相应地，Bundle 类还提供了 getXXX(String key)方法，这个方法取得关键字对应的数据。表 5-3 列举了 Bundle 类的常用方法的功能。

表 5-3　Bundle 类的方法功能

方　法	功能描述	返 回 值
get	获取关键字 key 对应的数据，返回值为一个 Object 对象	Object
getBoolean	获取关键字 key 对应的布尔值，若找不到关键字的记录，则返回 false	Boolean
getBoolean	获取关键字 key 对应的布尔值，若找不到关键字的记录，则返回 defaultValue	Boolean

续表

方　法	功能描述	返 回 值
getBundle	获取关键字 key 对应的 Bundle 对象，若找不到关键字的记录，则返回 null。注意 Bundle 对象可包含一个 Bundle 对象的映射关系，即 Bundle 对象可嵌套包含	Bundle
getChar	获取关键字 key 对应的 char 值，若找不到关键字，则返回 0	char
getChar	获取关键字 key 对应的 char 值，若找不到关键字的记录，则返回 defaultValue	char
putAll	插入 map 到 Bundle 对象中	void
putBoolean	插入布尔值 value 到该 Bundle 对象中，若关键字 key 已存在，则原有值被 value 替代	void
putBundle	插入 Bundle 对象 value 到该 Bundle 对象中，若关键字 key 已存在，则原有值被 value 替代	void

图 5-9 描述了使用 Intent 和 Bundle 在 Activity 间传递数据的过程，整个过程如下。

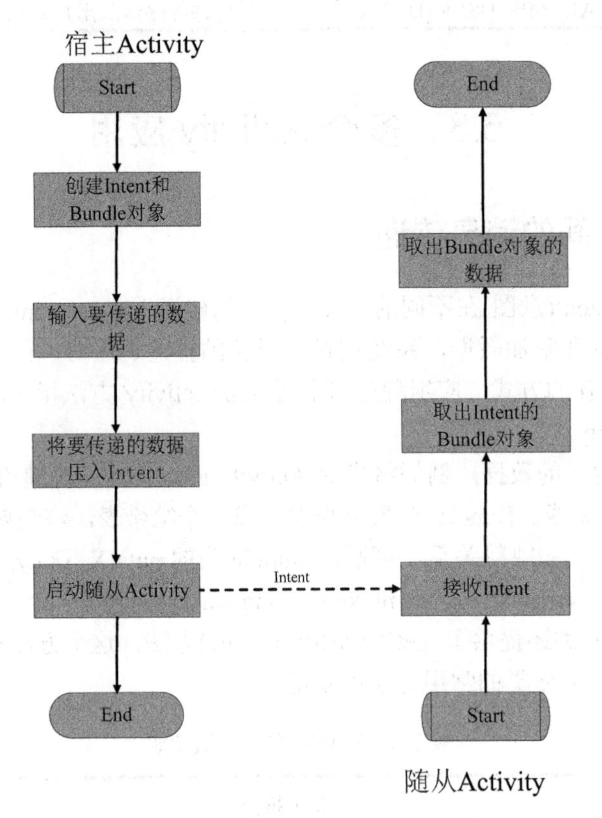

图 5-9　使用 Bundle 在 Activity 间传递数据的流程

1．宿主 Activity 端的流程

(1) 首先创建一个 Intent 和 Bundle 对象，其中 Bundle 用于存储传递的数据。

(2) 然后使用 Bundle 的 put 方法输入要传递的数据。

(3) 将要传递的数据压入 Intent 中。

(4) 启动随从 Activity。

2. 随从 Activity 端的流程

(1) 接收“宿主 Activity”的 Intent。

(2) 传递获得传入的 Bundle 对象。

(3) 使用 Bundle 的 get 方法获取要传递的数据。

5.3.2 多 Activity 的 Android 应用

前面介绍了通过 Intent 和 Bundle 在 Activities 间传递消息的流程。下面通过一个设置手机语言的实例，来介绍如何实现多个 Activity 间的消息传递功能，该实例包含了两个 Activity：MainActivity 和 SupplActivity。MainActivity 通过 Bundle 绑定单选按钮值，将当前被选中的单选按钮值传送给 SupplActivity。

【例 5.4】 Activities 间的消息传递。

第一个 Activity 代码是 MainActivity.java，该类为宿主 Activity：

```
package com.sch.Ex_5_4;

import android.app.Activity;
import android.os.Bundle;
import android.content.Intent; //导入 Intent 包
import android.view.View;
import android.widget.Button;
import android.view.View.OnClickListener; //导入单选监听器包
import android.widget.RadioButton; //导入单选按钮包
import android.widget.RadioGroup; //导入单选按钮组包

public class MainActivity extends Activity {

    RadioGroup radioGroup;
    RadioButton radioButton1, radioButton2, radioButton3;
    public void onCreate(Bundle savedInstanceState) {
        Button button_send;
        super.onCreate(savedInstanceState);
        //根据布局文件 activity_main.xml 生成程序界面
        setContentView(R.layout.activity_main);
        /*根据 XML 定义生成取得 RadioGroup、RadioButton、Button 对象*/
        radioGroup = (RadioGroup)findViewById(R.id.RadioGroup);
        /*生成 RadioGroup 对象，该组包含 3 个语言类型单选按钮：
        * radioButton1、radioButton2 和 radioButton3。
        * 单选按钮对应关系：
        *    radioButton1 Chinese
        *    radioButton2 English
        *    radioButton2 French
        */
        //生成第一个单选按钮对象
```

```
        radioButton1 = (RadioButton)findViewById(R.id.RADIOBUTTON1);
        //生成第二个单选按钮对象
        radioButton2 = (RadioButton)findViewById(R.id.RADIOBUTTON2);
        //生成第三个单选按钮对象
        radioButton3 = (RadioButton)findViewById(R.id.RADIOBUTTON3);
        //生成单击按钮对象
        button_send = (Button)findViewById(R.id.button_submit);
        /*使用 setOnClickListener 注册单选按钮单击事件监听器*/
        button_send.setOnClickListener(new ButtonClickListener());
    }

    class ButtonClickListener implements OnClickListener {
        public void onClick(View arg0) {
            /*新建一个 Intent 对象，并指定启动程序*/
            Intent myintent = new Intent();
            myintent.setClass(MainActivity.this, SupplActivity.class);
            /*创建 Bundle 对象，该对象用于记录被传送的数据*/
            Bundle mybundle = new Bundle();
            /*判断当前被选中的单选按钮，
              利用 putString 方法将单选按钮的名字存储到 mybundle 中*/
            if(radioButton1.isChecked())
                mybundle.putString("selected_radiobutton",
                  (String)radioButton1.getText());
            else if (radioButton2.isChecked())
                mybundle.putString("selected_radiobutton",
                  (String)radioButton2.getText());
            else if (radioButton3.isChecked())
                mybundle.putString("selected_radiobutton",
                  (String)radioButton3.getText());
            else
                mybundle.putString("selected_radiobutton", "null");

            /*将数据封装到 Intent 对象中，
              通过该 Intent 对象将数据传送给相应的 Activity */
            myintent.putExtras(mybundle);
            /* MainActivity 利用 startActivity 方法启动 SupplActivity */
            MainActivity.this.startActivity(myintent);

            MainActivity.this.finish(); //关闭当前的 Activity
        }
    }
}
```

第二个 Activity 代码 SupplActivity.java，该类为辅助 Activity：

```
public class SupplActivity extends Activity {
    Button button_Back; //定义 Button 对象
    public void onCreate(Bundle savedInstanceState) {
        super.onCreate(savedInstanceState);
        //根据布局文件 activity_suppl.xml 生成程序界面
        setContentView(R.layout.activity_suppl);
```

```
        //生成单击按钮对象
        button_Back = (Button)findViewById(R.id.button_back);
        //生成文本框对象
        TextView textview = (TextView)findViewById(R.id.textview);
        /*使用 setOnClickListener 注册单选按钮单击事件监听器*/
        button_Back.setOnClickListener(new ButtonClickListener());
        Intent myintent = this.getIntent(); //获取 Activity 传递的 Intent
        //获取 Intent 的 Bundle 对象，该对象记录了传送的数据值
        Bundle mybundle = myintent.getExtras();
        String selected_radiobutton =
          mybundle.getString("selected_radiobutton");
        if (selected_radiobutton == "null")
            textview.setText("Not selected any OS");
        else
            textview.setText(selected_radiobutton+" is selected");
    }

    /*定义按钮 button_submit 单击监听器。当单击 button_submit 按钮时，
      onClick 方法被调用*/
    class ButtonClickListener implements OnClickListener {
        public void onClick(View arg0) {
            /*新建一个 Intent 对象，并指定启动程序*/
            Intent myintent = new Intent();
            myintent.setClass(SupplActivity.this, MainActivity.class);
            /*程序 SupplActivity 利用 startActivity 调用新的 Activity,
              这个 Activity 是由 setClass 方法指定的*/
            SupplActivity.this.startActivity(myintent);
            SupplActivity.this.finish(); //关闭当前的 Activity
        }
    }
}
```

下面是 MainActivity 使用的布局文件 activity_main.xml：

```
<?xml version="1.0" encoding="utf-8"?>
<LinearLayout xmlns:android="http://schemas.android.com/apk/res/android"
  android:layout_width="fill_parent"
  android:layout_height="fill_parent"
  android:orientation="vertical">

    <!-- 创建一个选择语言的 RadioGroup，该组包含 3 个单选按钮 -->
    <RadioGroup
      android:id="@+id/RadioGroup"
      android:layout_width="wrap_content"
      android:layout_height="wrap_content"
      android:orientation="vertical"
      android:text="选择语言">

        <!-- 第一个 RadioButton -->
        <RadioButton
          android:id="@+id/RADIOBUTTON1"
```

```
            android:layout_width="wrap_content"
            android:layout_height="wrap_content"
            android:text="Chinese" />
        <!-- 第二个 RadioButton -->
        <RadioButton
            android:id="@+id/RADIOBUTTON2"
            android:layout_width="wrap_content"
            android:layout_height="wrap_content"
            android:text="English" />
        <!-- 第三个 RadioButton -->
        <RadioButton
            android:id="@+id/RADIOBUTTON3"
            android:layout_width="wrap_content"
            android:layout_height="wrap_content"
            android:text="French" />

        <Button
            android:id="@+id/button_submit"
            android:layout_width="wrap_content"
            android:layout_height="wrap_content"
            android:text="Start SupplActivity" />
    </RadioGroup>
</LinearLayout>
```

在上面的实例中，Activity MainActivity 包含一个 RadioGroup 和一个 Button 组件。单击 Button 按钮后，通过 Bundle 的 putString 方法将被选中的 RadioButton 值封装到该 Bundle 对象中。然后 MainActivity 启动 SupplActivity，并传递给 SupplActivity 包含 RadioButton 值的 Intent 对象，接着 SupplActivity 通过 getIntent 方法获取从 MainActivity 传过来的值。

运行该程序，选中 Chinese 单选按钮，然后单击 Start SupplActivity 按钮(如图 5-9 的左图所示)。之后，会看到 SupplActivity 被启动，SupplActivity 解析出 MainActivity 传递过来的值为“Chinese”并在屏幕上显示出来(如图 5-10 的右图所示)。

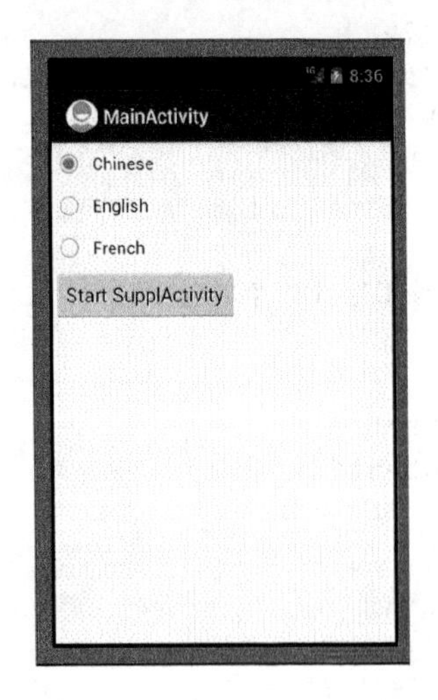

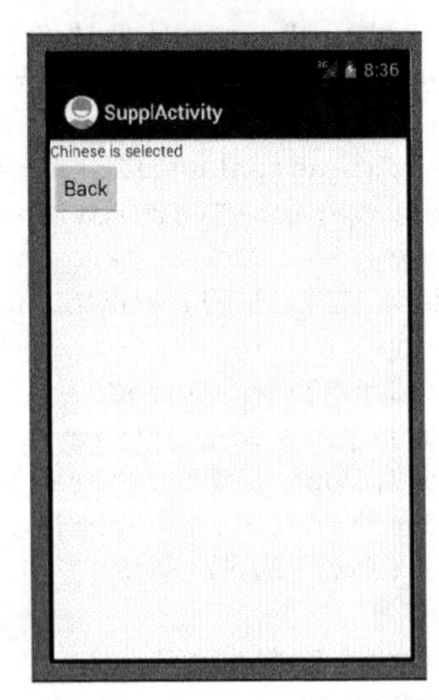

图 5-10　程序运行结果

5.4 上机实训

1. 实训目的

(1) 熟悉 Activity 的生命周期，特别是生命周期的阶段特征。

(2) 掌握 android.app.Activity 类提供的响应 Activity 生命周期中的不同状态的方法，并掌握这些方法的使用场景。

(3) 了解 Activity 的任务栈管理机制。

(4) 了解一个 Activity 启动另外一个 Activity 的过程。

(5) 熟悉 Android 的 4 种启动模式，理解这 4 种启动模式的区别。

(6) 学会配置 Android 的启动模式。

(7) 掌握 Activity 间的消息传递机制以及实现过程。

2. 实训内容

(1) 编写一个 Activity 程序，并实例化 Activity 基类的每个状态的方法，要求在每个方法中打印该状态。

(2) 编写 Activity 程序，使得当前的屏幕的内容为“Hello Android”。

(3) 编写程序，要求包含两个 Activity，其中一个 Activity 的启动模式为 standard，另外一个 Activity 的启动模式为 singleTop。

(4) 仿照例 5.4 编写程序，实现设置手机运营商(手机运营商有 CMCC、CU 和 CT 三种)的功能。

5.5 本章习题

一、填空题

(1) 一个完整 Activity 的生命周期包括__________、__________、__________、和__________。

(2) 栈是一种__________的数据结构，处于__________的元素总是被先处理。

(3) Android 采用__________来管理 Activity，栈顶的 Activity 处于__________状态。

(4) Activity 之间是通过__________来传递消息的。

(5) Activity 的启动模式决定了 Activity 的__________，Android 支持__________、__________、__________和__________四种启动模式。

(6) __________和__________模式下启动的实例总是处在 Activity 堆栈的最底端，并且只能被实例化__________次。

(7) 用户许可是在__________中配置的。

(8) Bundle 对象建立了_______________与_______________的映射关系。

二、问答题

(1) 在 Android 中，什么是 Activity？
(2) 描述暂停状态、停止状态和终止状态的关系和特征。
(3) 描述完整生命周期的阶段特征。
(4) 描述可见生命周期的阶段特征。
(5) 描述前台生命周期的阶段特征。
(6) 列举 Activity 类的响应 Activity 生命周期中的不同状态的方法。
(7) startActivityForResult 方法和 startActivity 方法的区别是什么？
(8) 简述 standard 和 singleTop 模式的区别。
(9) 简述 singleTask 和 singleInstance 模式的区别。
(10) 列举三个 Android 系统提供的许可，并介绍这三个许可的作用。
(11) 简述使用 Intent 和 Bundle 在 Activity 间传递数据的过程。

第 6 章

Android Service 组件

学习目的与要求：

按照应用程序的工作方式，Android 的应用程序可分为前台程序和后台服务两种，前台程序是对用户可见的，而后台服务对用户是不可见的，并且后台服务可以在没有焦点的情况下运行在系统的后台，例如播放背景音乐。第 5 章介绍的 Activity 是前台程序，本章将介绍另外一种应用——Service，这种应用能够提供后台服务的功能。按照应用场景的不同，Android 的 Service 分为两种类型。

- 本地服务(Local Service)：这种服务主要应用于程序内部，这类服务用于实现应用程序自身的一些任务，例如自动下载。
- 远程服务(Remote Service)：这种服务主要应用在应用程序之间，一个应用程序可以调用其他应用程序的服务。

本章将讲解 Service 的作用、实现过程，特别是远程调用 Service 的实现过程。通过本章的学习，读者不仅能够在理解 Service 的工作原理基础上实现自己的后台服务程序，而且能够掌握 Android 系统所提供的底层 Service 组件。

6.1 Service 的作用

Service 用于创建 Android 的后台服务，功能类似于 Linux 系统中的守护进程，能够为用户提供长时间运行的后台程序，甚至可能从系统启动时一直持续到系统关闭时才结束。

例如，接受短信或者电话的服务，虽然用户没有显式启动短信或者电话接收的服务，但开机时，短信或者电话服务就一直运行，直到用户关机。

与 Activity 不同，Activity 的程序能够与用户进行交互(例如电话拨号的 Activity，该程序需要用户输入号码，并判断用户输入号码的有效性)，并且 Activity 会获取当前系统的控制权。然而 Service 与 Activity 完全相反，Service 一般不与用户进行运行时的交互，并且 Service 运行时，不会改变当前应用程序的控制权。

Service 不是一个独立的进程，通常是应用的一部分。事实上，服务本身的功能很简单，主要有两方面的功能。

- 功能一：告诉系统有关的事情要在后台做(甚至当用户没有直接互动申请时)。通过调用 Context.startService()来启动服务，该服务会一直运行，直到服务被终止。
- 功能二：通过调用 Context.bindService()来允许一个长期运行的服务，以与其进行交互。

Service 可以根据应用的需要决定其运行方式，Service 包含两种运行方式：一种方式运行在它自己的进程中，另外一种方式运行在其他应用程序进程的上下文(context)里面。

对于第二种方式，其他的组件可以通过 bindService 方法捆绑指定的服务，然后通过远程过程调用(RPC)来调用这个服务。

上面讲到，Service 是运行在后台的，那么 Android 系统是如何启动 Service 的呢？一般来讲，应用程序是通过调用 Context.startService()方法来启动 Service 的。

Context.startService()方法会首先获取该服务，然后根据用户提供的参数调用 onStartCommand()方法。这样这个 Service 就在系统后台中运行了，直到调用 Context.stopService()或 stopSelf()才结束。

注意： 多次调用 Context.startService()不会引起嵌套(虽然导致多次调用 onStartCommand())，所以不管服务被启动多少次，一旦调用 Context.stopService()或 stopSelf()，这些服务都会被终止。注意 stopService 方法和 stopSelf 方法的区别，stopService 能够强行终止当前服务，而 stopSelf 直到 Intent 被处理完才停止服务。

根据 onStartCommand 的返回值不同，启动的 service 有两个附加的模式。

- START_STICKY：该模式下，Service 可被显式地启动和停止。
- START_NOT_STICKY 或 START_REDELIVER_INTENT：该模式下，Service 只在有命令需要处理时才运行。

综上所述，可以总结出 Service 具有下列特点：

- 可以没有用户界面，不需要与用户交互。

- 可以长期运行，并且不占程序控制权(焦点)。
- 比 Activity 的优先级高，不会轻易被 Android 系统终止，即使 Service 被系统终止，在系统资源恢复后 Service 也将自动恢复成运行状态。
- 用于进程间通信(Inter Process Communication，IPC)，解决两个不同 Android 应用程序进程之间的调用和通信问题。

6.2 解析 Service 的实现

6.2.1 创建 Service

创建 Service 时，必须使用 extends 关键字继承 Android 提供的 Service 类，这个类是由 android.app.Service 包提供的，并且覆盖 Service 类提供的 onCreate、onStart 以及 onDestroy 等方法。在 Service 生命周期中，这些方法分别代表不同的 Service 的不同状态。

- onCreate：该方法在 Service 被创建时被调用，用于完成 Service 的初始化工作，是 Service 的生命周期开始的标志。
- onStart：该方法在 Service 启动时被调用，是 Service 进入了运行状态的标志。
- onDestroy：该方法在 Service 终止时调用，用于释放 Service 占用的所有资源，是 Service 的生命周期结束的标志。

下面的实例是一个创建后台服务的例子。

【例 6.1】创建后台服务 Service：

```
public class MyService extends Service /*继承 Service 类的方法*/
{
    @Override
    public IBinder onBind(Intent intent) {
        /*这个方法会在 Service 被绑定到其他程序上时被调用。
          onBind 将返回给客户端一个 IBind 接口实例，IBind 允许客户端回调服务的方法，
          比如得到 Service 运行的状态或其他操作*/
        return binder;
    }

    @Override
    public void onCreate() {
        super.onCreate();
        //添加创建 Service 的代码
    }

    @Override
    public void onStart() {
        super.onStart();
        //通常 Intent 对象会传递给 onStart()方法，这样就可以得到 intent 里面的数据
    }

    @Override
```

```
    public void onDestroy() {
        super.onDestroy();
        //添加释放 Service 的资源代码，例如释放内存
    }
}
```

创建好 Service 类之后，可通过两种方式启动 Service：启动方式和捆绑方式。

(1) 启动方式是常用的启动 Service 的方式，这种方式通过调用 Context.startService()来启动 Service。

(2) 捆绑方式通过 Context.bindService()建立与指定 Service 的服务连接(Connection)，然后通过这个服务连接来启动 Service 的对象。

6.2.2 绑定一个已经存在的 Service

绑定一个已经存在的 Service 是通过 bindService 方法实现的，这个方法的原型是：

```
bindService(Intent inent, ServiceConnection serviceConnection, int flags)
```

其中第 1 个参数是一个 Intent 对象，这个对象指定了需要绑定的 Service；第 2 参数(serviceConnection)用于监测 Service 与访问者之间的连接情况；第 3 个参数指定被绑定的 service 的创建方式，例如，当这个参数为 Context.BIND_AUTO_CREATE 时，则在绑定时自动创建 service。

注意： 若 Service 与访问者连接成功，则 ServiceConnection 的 onServiceConnected 方法会被执行，否则 ServiceConnection 的 onServiceDisConnected 方法会被执行。

下面是绑定 com.sch.MyService 的代码实现。

【例 6.2】绑定 com.sch.MyService：

```
/*生成 ServiceConnection 对象，并且重写 ServiceConnection 的
  onServiceConnected 方法和 onServiceDisconnected 方法*/
ServiceConnection serviceConnection = new ServiceConnection() {
    public void onServiceConnected(ComponentName name, IBinder service) {
        Toast.makeText(MainActivity.this, "Connection established! ",
          Toast.LENGTH_SHORT).show(); //连接成功时调用
    }
    public void onServiceDisconnected(ComponentName name) {
        Toast.makeText(MainActivity.this, "Connection disconnected! ",
          Toast.LENGTH_SHORT).show();  //断开时调用
    }
};

Intent intent = new Intent();
intent.setAction("com.sch.MyService");
bindService(intent, serviceConnection, Service.BIND_AUTO_CREATE);
```

上述实例绑定了 com.sch.MyService 这么一个 Service，并且该 Service 在绑定时被自动创建。综上所述，绑定 Service 的步骤可总结如下。

(1) 生成 ServiceConnection 对象，并且重写 ServiceConnection 的 onServiceConnected

方法和 onServiceDisconnected 方法。

(2) 创建被绑定的 Service 的 Intent 对象。

(3) 将步骤 1 和步骤 2 创建的对象作为形参传递给 bindService 方法，执行 bindService 方法来绑定 Service。

(4) 若绑定 Service 成功，则 onServiceConnected 方法会被执行；否则，onService-Disconnected 方法会被执行。

6.2.3 Service 的生命周期

虽然 Service 能够长期运行在后台，但是 Service 不会是一直处于运行状态，也会像 Activity 一样经历从创建、运行再到结束的生命周期。使用启动方式和捆绑方式运行 Service 的生命周期是不同的，下面分别介绍这两种方式的生命周期。

1. 启动方式

这种方式通过调用 Context.startService()启动 Service，调用 Context.stopService()结束。

启动 Service 时，会依次调用 context.startService() → onCreate() → onStart()；而结束 Service 时，会依次调用 context.stopService() → onDestroy()。

因此启动方式的完整生命周期为(见图 6-1)：

```
context.startService() → onCreate() → onStart() → Service running →
context.stopService() → onDestroy() → Service stop
```

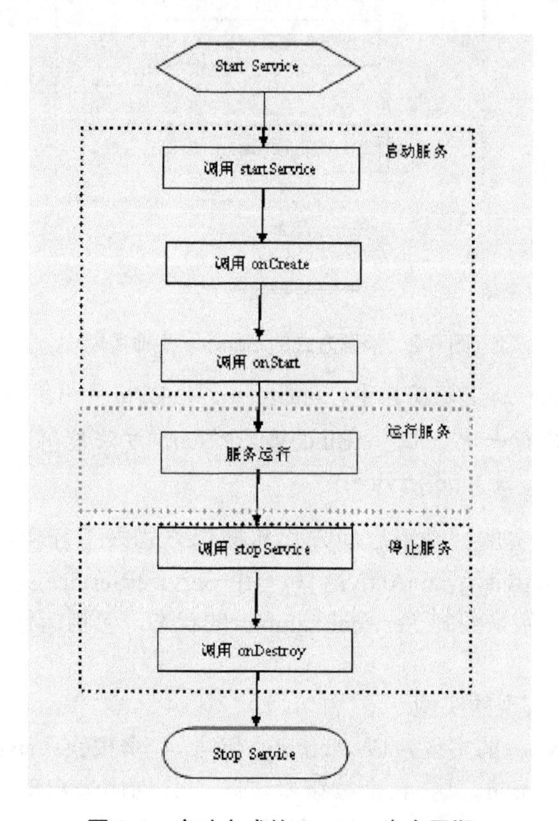

图 6-1 启动方式的 Service 生命周期

2．捆绑方式

这种方式通过调用 Context.bindService()启动 Service，调用 Context.unbindservice()结束 Service。启动 Service 时，会依次调用 context.bindService() → onCreate() → onBind()；而结束 Service 时，会依次调用 onUnbind() → onDestroy()。

因此捆绑方式的完整生命周期为(见图 6-2)：

```
context.bindService() → onCreate()→ onBind()→ Service running →
onUnbind() → onDestroy() → Service stop
```

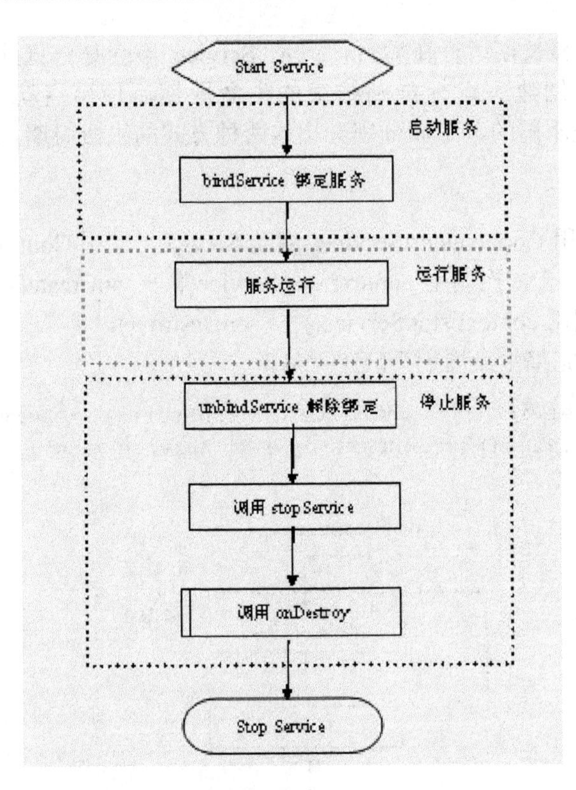

图 6-2　捆绑方式的 Service 生命周期

注意： 在 Service 的生命周期中，onCreate、onBind、onUnbind、onDestory 方法最多只能执行一次，但 onBind 和 onStart 方法能够多次执行(可以多次调用 startService 或 bindService)。

下面通过一个综合实例，介绍启动方式和捆绑方式来运行和停止 Service 的实现过程。该实例包含一个 Activity(MainActivity)和一个 Service(ServiceExample)。

其中 MainActivity 用来控制 ServiceExample 的状态，包括运行、停止、绑定以及绑定解除。

【例 6.3】 Service 实现的实例。

下面是 MainActivity 的实现，该 Activity 包含 4 个按钮：startButton、stopButton、bindButton 和 unbindButton。这 4 个按钮单击时，分别用来启动 ServiceExample、停止 ServiceExample、绑定 ServiceExample 和取消绑定 ServiceExample。

代码如下：

```
public class MainActivity extends Activity {
    private Button startButton, stopButton, bindButton, unbindButton;
    @Override
    protected void onCreate(Bundle savedInstanceState) {
        super.onCreate(savedInstanceState);
        setContentView(R.layout.activity_main);
        //启动 Service 的按钮
        startButton = (Button)findViewById(R.id.SERVICESTART);
        //停止 Service 的按钮
        stopButton = (Button)findViewById(R.id.SERVICESTOP);
        //绑定 Service 的按钮
        bindButton = (Button)findViewById(R.id.SERVICEBIND);
        //取消绑定 Service 的按钮
        unbindButton = (Button)findViewById(R.id.SERVICEUNBIND);

        startButton.setOnClickListener(new Button.OnClickListener() {
            public void onClick(View v) {
                Intent intent = new Intent();  //创建 Intent
                //设置 Intent 的 Action 属性
                intent.setAction("com.sch.Ex_6_2.SERVICE");
                startService(intent);  //启动 com.sch.Ex_6_2.SERVICE
            }
        });
        stopButton.setOnClickListener(new Button.OnClickListener() {
            public void onClick(View v) {
                Intent intent = new Intent();
                //设置 Intent 的 Action 属性
                intent.setAction("com.sch.Ex_6_2.SERVICE");
                stopService(intent);  //停止 com.sch.Ex_6_2.SERVICE
            }
        });
        bindButton.setOnClickListener(new Button.OnClickListener() {
            public void onClick(View v) {
                Intent intent = new Intent();
                intent.setAction("com.sch.Ex_6_2.SERVICE");
                //绑定 com.sch.Ex_6_2.SERVICE
                bindService(intent, serviceConnection,
                  Service.BIND_AUTO_CREATE);
            }
        });
        unbindButton.setOnClickListener(new Button.OnClickListener() {
            public void onClick(View v) {
                Intent intent = new Intent();
                intent.setAction("com.sch.Ex_6_2.SERVICE");
                //解除绑定 com.sch.Ex_6_2.SERVICE
                unbindService(serviceConnection);
            }
        });
    }
```

```
    /*创建连接对象，并重写 onServiceConnected 和 onServiceDisconnected 方法，
     在 bindService 方法中使用*/
    private ServiceConnection serviceConnection =
      new ServiceConnection() {

        /*重写 onServiceConnected 方法，该方法在连接成功时调用*/
        public void onServiceConnected(ComponentName name,
          IBinder service) {
            //在屏幕上弹出"Connection established! "消息
            Toast.makeText(MainActivity.this, "Connection established! ",
              Toast.LENGTH_SHORT).show();
        }

        /*重写 onServiceDisConnected 方法，该方法在连接失败时调用*/
        public void onServiceDisconnected(ComponentName name) {
            //在屏幕上弹出"Connection disconnected! "消息
            Toast.makeText(MainActivity.this, "Connection disconnected! ",
              Toast.LENGTH_SHORT).show();
        }
    };
}
```

下面是 ServiceExample 的代码实现，ServiceExample 是 android.app.Service 类的子类，它重写了父类的 onBind、onCreate、onStart 和 onDestroy 方法。当使用 startService 方法启动 ServiceExample 时，该类的 onCreate 和 onStart 方法会被调用；而使用 stopService 或者 unbindService 方法停止或者取消绑定 ServiceExample，该类的 onDestroy 方法会被调用。当使用 bindService 启动 Service 时，该类的 onBind 和 onCreate 方法会被调用。

代码如下：

```
public class ServiceExample extends Service {

    /*绑定 Service 时被调用。可以返回 null，通常返回一个有 aidl 定义的接口*/
    public IBinder onBind(Intent intent) {
        Toast.makeText(ServiceExample.this, "Binding service...",
          Toast.LENGTH_SHORT).show();
        return null;
    }

    /*创建 Service 时调用*/
    public void onCreate() {
        Toast.makeText(ServiceExample.this, "Creating service...",
          Toast.LENGTH_SHORT).show();
    }

    /*当调用 startService()方法启动 Service 时，该方法被调用 */
    public void onStart(Intent intent, int startId) {
        Toast.makeText(ServiceExample.this, "Starting service...",
          Toast.LENGTH_SHORT).show();
    }
```

```
    /*停止 Service 时被调用，用于释放 Service 的资源，如内存 */
    public void onDestroy() {
        Toast.makeText(ServiceExample.this, "Destroying service...",
          Toast.LENGTH_SHORT).show();
    }
}
```

在 Android 的设备上运行例 6.3，程序首先运行 MainActivity，如图 6-3 所示。

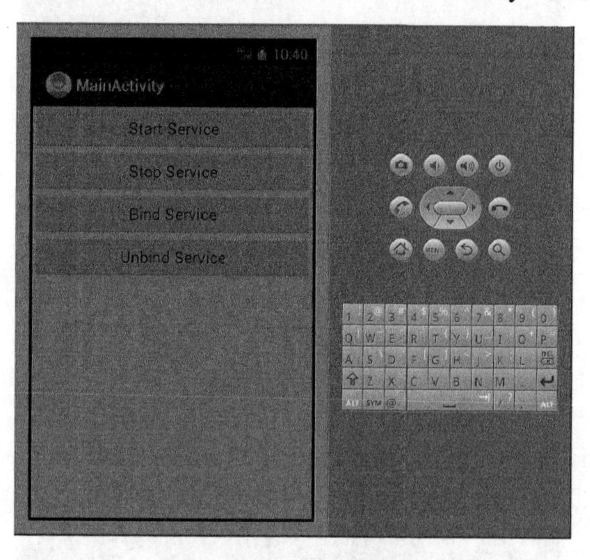

图 6-3　MainActivity 界面

单击 Start Service 按钮，程序执行该按钮对应的单击事件监听器的 OnClick 方法。该方法使用 startService 方法启动 ServiceExample，接着 ServiceExample 的 onStart 方法会被调用，该方法会在屏幕上弹出“Starting service...”的消息，如图 6-4 所示。

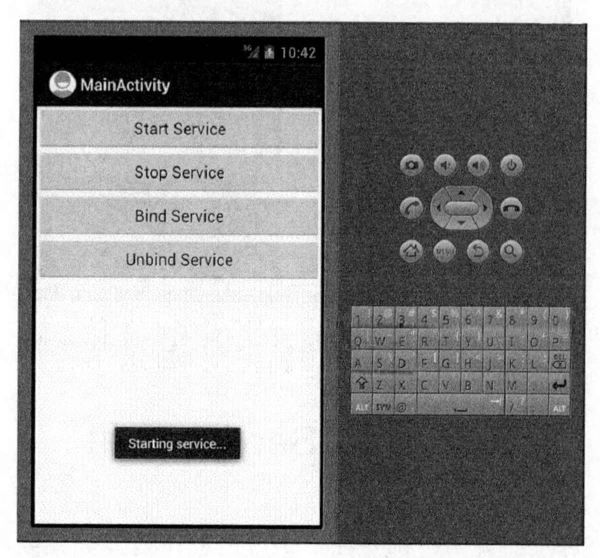

图 6-4　单击 Start Service 按钮启动 ServiceExample

接着单击 Stop Service 按钮，该按钮的 OnClick 方法被调用。该方法使用 stopService 方法停止 ServiceExample 的运行，然后 ServiceExample 的 onDestroy 方法会被调用，该方法在屏幕上弹出“Destroying service...”的消息，如图 6-5 所示。

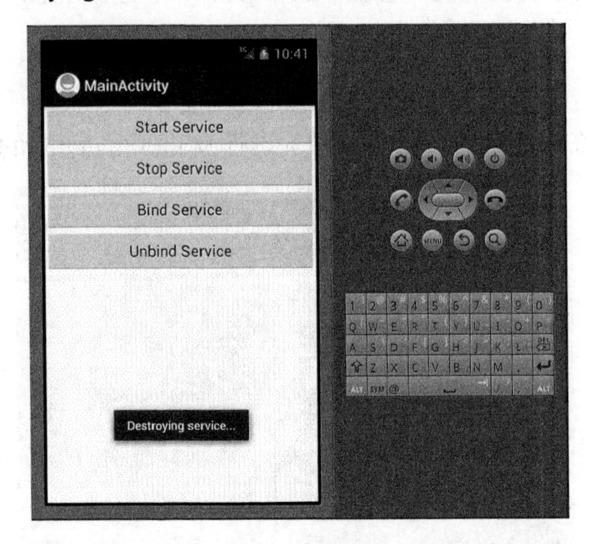

图 6-5　单击 Stop Service 按钮停止 ServiceExample

单击 Bind Service 按钮来绑定 ServiceExample，ServiceExample 的 onBind 方法被调用，该方法在屏幕上弹出“Binding service...”的消息，如图 6-6 所示。

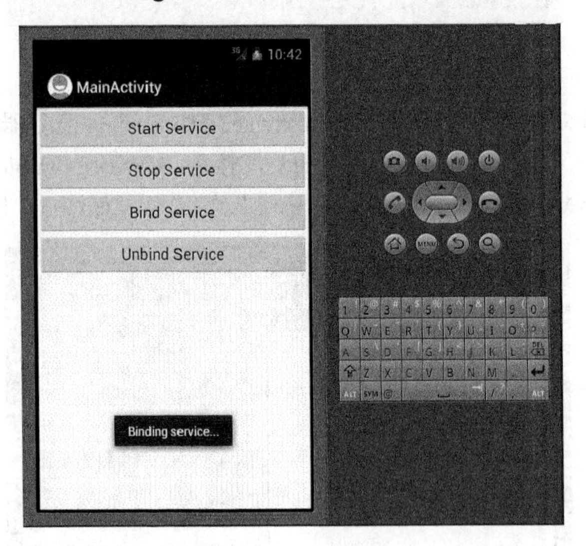

图 6-6　单击 Bind Service 按钮绑定 ServiceExample

6.3　远程 Service 调用

上面介绍到的 Service 调用，都是在一个应用程序内。如果要实现应用程序之间的 Service 调用，就要使用 Android 提供的 Android 接口描述语言(Android Interface Definition

Language，AIDL)来实现。

使用 AIDL 实现 Service 的远程调用的步骤如下所述。

(1) 创建后缀名为 aidl 的 AIDL 文件。

(2) 实现 AIDL 接口方法，编译器会根据 AIDL 接口产生一个 Java 接口，并且实现一些必要的附加方法供远程调用。这个接口有一个名为 Stub 的内部抽象类，必须创建一个类来扩展这个 Stub 内部抽象类。

(3) 向客户端开放接口。

6.3.1 创建一个 AIDL 文件

AIDL 的文件名后缀必须为 aidl，定义一个 AIDL 文件的语法和定义一个 Java 接口的语法基本一致。因此在 AIDL 文件中可以声明任意多个方法，方法可以带参数，也可以有返回值，参数和返回值可以是任意类型。需要注意以下几点：

- AIDL 文件必须以.aidl 作为后缀名。
- AIDL 接口中用到的数据类型，除了内建类型(基本类型、String、List、Map、CharSequence)，其他类型都需要导入相应的包。
- 接口名需要与文件名相同。
- 方法的参数或返回值是自定义类型时，该类型必须实现 Parcelable 接口。
- 所有非 Java 基本类型参数都需要加上 in、out、inout 标记，以表明参数是输入参数、输出参数，还是输入输出参数。
- 接口和方法前不能使用访问修饰符和 static、final 等修饰。

下面是一个 aidl 文件(IStudent.aidl)的例子，该 aidl 文件中声明了两个方法 setStudentID 和 getStudentID：

```
package com.sch.Ex_6_3_AIDL;
interface IStudent
{
    void setStudentID(int StudentID);
    int getStudentID();
}
```

如果创建 aidl 文件有效，则系统会自动为该文件在 gen 目录下生成同名的 Java 接口代码。上述的 AIDL 文件生成的 Java 代码为：

```
/*
 * This file is auto-generated.  DO NOT MODIFY.
 * Original file: E:\\Android\\Android_sdk_eclipse\\codes\\Ex_6_3_AIDL\\
  * src\\com\\sch\\Ex_6_3_AIDL\\IStudent.aidl
 */
package com.sch.Ex_6_3_AIDL;
public interface IStudent extends android.os.IInterface {
    /** Local-side IPC implementation stub class. */
    public static abstract class Stub extends android.os.Binder
      implements com.sch.Ex_6_3_AIDL.IStudent {
        private static final java.lang.String DESCRIPTOR =
```

```
      "com.sch.Ex_6_3_AIDL.IStudent";
    /** Construct the stub at attach it to the interface. */
    public Stub()
    {
      this.attachInterface(this, DESCRIPTOR);
    }
    /**
    * Cast an IBinder object into an
    * com.sch.Ex_6_3_AIDL.IStudent interface,
    * generating a proxy if needed.
    */
    public static com.sch.Ex_6_3_AIDL.IStudent
      asInterface(android.os.IBinder obj) {
        if ((obj==null)) {
          return null;
        }
        android.os.IInterface iin =
          (android.os.IInterface)obj.queryLocalInterface(DESCRIPTOR);
        if (((iin!=null)&&(iin instanceof
          com.sch.Ex_6_3_AIDL.IStudent))) {
          return ((com.sch.Ex_6_3_AIDL.IStudent)iin);
        }
        return new com.sch.Ex_6_3_AIDL.IStudent.Stub.Proxy(obj);
    }
    public android.os.IBinder asBinder()
    {
        return this;
    }
    @Override public boolean onTransact(int code,
      android.os.Parcel data, android.os.Parcel reply, int flags)
      throws android.os.RemoteException {
        switch (code)
        {
            case INTERFACE_TRANSACTION:
            {
                reply.writeString(DESCRIPTOR);
                return true;
            }
            case TRANSACTION_setStudentID:
            {
                data.enforceInterface(DESCRIPTOR);
                int _arg0;
                _arg0 = data.readInt();
                this.setStudentID(_arg0);
                reply.writeNoException();
                return true;
            }
            case TRANSACTION_getStudentID:
            {
                data.enforceInterface(DESCRIPTOR);
                int _result = this.getStudentID();
```

```
                reply.writeNoException();
                reply.writeInt(_result);
                return true;
            }
        }
        return super.onTransact(code, data, reply, flags);
    }
    private static class Proxy
      implements com.sch.Ex_6_3_AIDL.IStudent {
        private android.os.IBinder mRemote;
        Proxy(android.os.IBinder remote) {
            mRemote = remote;
        }
        public android.os.IBinder asBinder() {
            return mRemote;
        }
        public java.lang.String getInterfaceDescriptor() {
            return DESCRIPTOR;
        }
        public void setStudentID(int StudentID)
          throws android.os.RemoteException {
            android.os.Parcel _data = android.os.Parcel.obtain();
            android.os.Parcel _reply = android.os.Parcel.obtain();
            try {
                _data.writeInterfaceToken(DESCRIPTOR);
                _data.writeInt(StudentID);
                mRemote.transact(
                  Stub.TRANSACTION_setStudentID, _data, _reply, 0);
                _reply.readException();
            }
            finally {
                _reply.recycle();
                _data.recycle();
            }
        }
        public int getStudentID() throws android.os.RemoteException {
            android.os.Parcel _data = android.os.Parcel.obtain();
            android.os.Parcel _reply = android.os.Parcel.obtain();
            int _result;
            try {
                _data.writeInterfaceToken(DESCRIPTOR);
                mRemote.transact(
                  Stub.TRANSACTION_getStudentID, _data, _reply, 0);
                _reply.readException();
                _result = _reply.readInt();
            }
            finally {
                _reply.recycle();
                _data.recycle();
            }
            return _result;
```

```
            }
        }
        static final int TRANSACTION_setStudentID =
          (android.os.IBinder.FIRST_CALL_TRANSACTION + 0);
        static final int TRANSACTION_getStudentID =
          (android.os.IBinder.FIRST_CALL_TRANSACTION + 1);
    }
    public void setStudentID(int StudentID)
      throws android.os.RemoteException;
    public int getStudentID() throws android.os.RemoteException;
}
```

6.3.2 实现 AIDL 文件生成的 Java 接口

AIDL 会生成一个与.aidl 文件名同名的 Java 接口文件，该接口中有一个静态抽象内部类 Stub，该类中声明了 AIDL 文件中定义的所有方法。其中有一个重要的方法是 asInterface()，该方法通过代理模式返回 Java 接口的实现。

定义一个类来实现 AIDL 定义的接口，并且继承远程 Service 的抽象类 Stub。下面的代码实现了 IStudent.aidl 中定义的接口：

```
public class MyService extends Service
{
    public class MyServiceImpl extends IStudent.Stub  //继承 IStudent.Stub
    {
        private int StudentID;
        /*实现 AIDL 文件中的 getStudentID 方法*/
        public int getStudentID()
        {
            return StudentID;
        }

        /*实现 AIDL 文件中的 setStudentID 方法*/
        public void setStudentID(int StudentID)
        {
            this.StudentID = StudentID;
        }
    }
    public IBinder onBind(Intent intent)
    {
        return new MyServiceImpl();
    }
}
```

6.3.3 客户端调用

定义一个 Activity 来绑定远程 Service，通过 IStudent.Stub.asInterface 方法获得 IStudent 接口实例。然后，直接通过该实例来调用 Istudent 中定义的接口，这就像使用本地的方法

一样。下面的代码实现了远程访问 IStudent 的功能：

```
public class MainActivity extends Activity
{
    private IStudent student = null;
    private Button BUTTON_SETSID;
    private Button BUTTON_GETSID;
    private TextView TEXTVIEW_DISPALYSID;
    private ServiceConnection serviceConnection = new ServiceConnection()
    {
        public void onServiceConnected(ComponentName name,
          IBinder service)
        {
            //使用 IStudent.Stub 的 asInterface 方法生成 IStudent 对象
            student = IStudent.Stub.asInterface(service);
        }
        public void onServiceDisconnected(ComponentName name)
        {
        }
    };
    public void bindAIDLService()
    {
        Intent myAIDLIntent = new Intent();
        myAIDLIntent.setAction("com.sch.Ex_6_3_AIDL.IStudent");
        //绑定 Service
        bindService(myAIDLIntent, serviceConnection,
          Context.BIND_AUTO_CREATE);
    }
    public void onCreate(Bundle savedInstanceState)
    {
        super.onCreate(savedInstanceState);
        setContentView(R.layout.activity_main);
        BUTTON_SETSID = (Button)findViewById(R.id.SETSID);
        BUTTON_GETSID = (Button)findViewById(R.id.GETSID);
        bindAIDLService();

        /*单击 BUTTON_SETSID，该监听器的 onClick 被执行 */
        BUTTON_SETSID.setOnClickListener(new Button.OnClickListener() {
            public void onClick(View v) {
                try {
                    //为了方便理解 Service，统一使用默认值来设置学生的序号
                    student.setStudentID(11);
                } catch (RemoteException e) {
                    Toast.makeText(MainActivity.this, e.toString(),
                      Toast.LENGTH_SHORT).show();
                }
            }
        });
        BUTTON_GETSID.setOnClickListener(new Button.OnClickListener() {
            public void onClick(View v) {
                try {
```

```
                    //获取 Student 的 ID 并显示在 TEXTVIEW_DISPALYSID 中
                    TEXTVIEW_DISPALYSID.setText(student.getStudentID());
                } catch (RemoteException e) {
                    Toast.makeText(MainActivity.this, e.toString(),
                      Toast.LENGTH_SHORT).show();
                }
            }
        });
    }
}
```

6.4 系统服务

上述的 Service 都是自己定义的，Android 程序可以通过绑定或者启动的方法来运行自定义的 Service。事实上，除了自定义 Service 之外，Android 提供了底层的系统服务供程序开发人员使用，这些系统服务覆盖了 Android 系统中关键的应用例如网络、系统搜索、电话等。表 6-1 列举了 Android 系统提供的系统服务，程序开发人员像使用本地的 Service 一样直接使用这些系统 Service，而无需关心具体的实现细节。

表 6-1　Android 系统服务

Service 名字	作　用	返回对象
WINDOW_SERVICE	管理打开的窗口，例如获得屏幕的宽和高	android.view.WindowManager
LAYOUT_INFLATER_SERVICE	布局泵(LayoutInflater)根据 XML 布局文件来绘制视图(View)对象	android.view.LayoutInflater
ACTIVITY_SERVICE	管理 Activity，ActivityManager 为系统中所有运行着的 Activity 交互提供了接口	android.app.ActivityManager
NOTIFICATION_SERVICE	管理通知服务	android.app.NotificationManager
KEYGUARD_SERVICE	管理键盘锁的服务	android.app.KeyguardManager
LOCATION_SERVICE	管理 Location，用于提供位置信息	android.location.LocationManager
SEARCH_SERVICE	管理系统搜索服务	android.app.SearchManager
VEBRATOR_SERVICE	管理手机震动服务	android.os.Vibrator
CONNECTIVITY_SERVICE	管理网络连接服务	android.net.ConnectivityManager
WIFI_SERVICE	管理 Wi-Fi 连接	android.net.wifi.WifiManager
TELEPHONY_SERVICE	管理电话服务	android.telephony.TelephonyManager
SENSOR_SERVICE	管理传感器的访问	android.os.storage.StorageManager
INPUT_METHOD_SERVICE	管理输入法服务	android.view.inputmethod.InputMethodManager

6.5　上机实训

1. 实训目的

(1) 了解 Service 的功能和特点。

(2) 熟悉 Service 的生命周期，理解生命周期的每个阶段特征。

(3) 掌握以启动方式运行 Service 的步骤，能够实现这种方式的 Service。

(4) 掌握以捆绑方式运行 Service 的步骤，能够实现这种方式的 Service。

(5) 了解系统提供的 Service，熟悉使用这些系统 Service 的步骤。

2. 实训内容

(1) 编写程序，要求能够启动和结束 Service。

(2) 编写程序，要求能够绑定和取消绑定 Service。

(3) 编写程序，使用 NOTIFICATION_SERVICE 在手机上显示天气状态。

6.6　本章习题

一、填空题

(1) Android 的 Service 分为__________和__________两种类型。

(2) 创建 Service 时，继承 Android 提供的________类，该类是由________包提供的。

(3) 有两种方式启动 Service: __________ 和__________。

(4) 绑定 Service 是通过__________方法实现的。

(5) 在 ServiceConnection 类中，__________是在服务连接成功时被调用，__________是在服务连接失败时被调用。

(6) Android 提供了__________来实现程序间的 Service 调用。

(7) AIDL 文件必须以__________作为后缀名。

二、问答题

(1) 简述 Context.stopService()和 Context.stopSelf()的区别。

(2) 简述 Service 的特点。

(3) 描述 Service 的 onDestroy 方法的特征。

(4) 描述可见生命周期的阶段特征。

(5) 简述启动方式运行 Service 的过程。

(6) 简述捆绑方式运行 Service 的过程。

(7) 描述启动方式和捆绑方式的 Service 的生命周期。

(8) 简述使用 AIDL 实现 Service 的远程调用的步骤。

(9) 列举 3 个 Android 提供的 Service。

第 7 章

Android 桌面组件

学习目的与要求：

本章主要介绍 Android 桌面组件，桌面组件是指能显示到 Android 设备桌面的组件，包括程序的快捷方式和 Widget 组件等。通过创建桌面组件，用户能更方便快捷地操作 Android 应用程序，不仅能够节省用户开启程序的时间，快速地浏览程序，还能对界面的美观产生一定的功效。希望通过本章的学习，读者能对桌面组件有一定的了解，并能编写创建桌面组件的应用。

7.1 快 捷 方 式

Android 系统在安装应用程序的时候，默认会安装到所有应用程序中，习惯上将应用程序这一界面称作二级界面。由此导致的问题就是当需要运行某个程序的时候，就要跳到二级界面进行操作，这就产生了费时这个说法。当然许多手机自己定制过系统，是没有二级界面的，例如 MIUI。没有此功能的 Android 设备也不必担心，因为有一种创建快捷方式的操作可以同样达到类似的效果。Android SDK 提供了一种创建应用程序快捷方式的方法，可以创建应用程序的快捷方式到桌面，极大地方便了用户的操作，同时，还在一定程度上增加了界面的美观性。

7.1.1 显示快捷方式到桌面

本节将通过实例介绍如何添加快捷方式到桌面，以实现使用户能快捷地操作。Android 桌面的大小是固定的，所以添加到其上的快捷方式的个数和大小是有限定的，如果添加不成功，就需要删除某些快捷方式，或者换别的页面进行添加。

添加快捷方式的核心内容就是在程序中调用系统的广播，系统接到广播后会进行添加的处理，通过给系统发送广播并指定特定的 Action 直接将快捷方式添加到桌面上。下面是一个添加快捷方式到桌面的实例。

【例 7.1】添加快捷方式到桌面：

```
//MainActivity.java
package com.example.Ex_7_1;
import android.app.Activity;
import android.content.Intent;
import android.net.Uri;
import android.os.Bundle;
import android.os.Parcelable;
import android.view.View;
import android.view.View.OnClickListener;
import android.widget.Button;
public class Ex_7_1Activity extends Activity
  implements OnClickListener {
    /** Called when the activity is first created. */
    private Button b1;
    private Button b2;

    @Override
    public void onCreate(Bundle savedInstanceState) {
        super.onCreate(savedInstanceState);
        setContentView(R.layout.main);
        b1 = (Button)findViewById(R.id.button1);
        b2 = (Button)findViewById(R.id.button2);
        b1.setOnClickListener(this);
        b2.setOnClickListener(this);
```

```
    }
    @Override
    public void onClick(View v) {
        // TODO Auto-generated method stub
        switch (v.getId())
        {
        case R.id.button1:
            startActivity(new Intent(Ex_7_1Activity.this,showpic.class));
            break;
        case R.id.button2:
            // 指定安装快捷方式的 Action
            // com.android.launcher.action.INSTALL SHORTCUT
            Intent installShortCut = new Intent(
              "com.android.launcher.action.INSTALL_SHORTCUT");
            //快捷方式显示名称
            installShortCut.putExtra(
              Intent.EXTRA_SHORTCUT_NAME, "show pic");
            //快捷方式图标
            Parcelable icon = Intent.ShortcutIconResource.fromContext(this,
              R.drawable.ic_launcher);
            installShortCut.putExtra(Intent.EXTRA_SHORTCUT_ICON_RESOURCE,
              icon);
            //快捷方式启动的 url
            Intent intent = new Intent("com.example.Ex_7_1.showpic",
              Uri.parse("show_pic://host"));
            //发送广播到系统，创建快捷方式
            installShortCut.putExtra(Intent.EXTRA_SHORTCUT_INTENT,intent);
            sendBroadcast(installShortCut);
            break;
        }
    }
}
```

同时需要在 AndroidManifest.xml 中添加允许将快捷方式添加到桌面的权限 com.android.launcher.permission.INSTALL_SHORTCUT，代码如下：

```
<uses-permission
  android:name="com.android.launcher.permission.INSTALL_SHORTCUT" />
```

运行本例，单击 add shortcut 按钮，会添加快捷方式到桌面显示，如此，就可以方便地操作应用程序了。

7.1.2　添加快捷方式到快捷方式列表

一般在 Android 设备中，通过长按桌面，会弹出快捷方式的按钮，点击此按钮，会显示快捷方式的列表，当然一些经过特别定制的手机设备可能会需要设置别的操作来唤出快捷方式列表。只需要在这个列表中点击你所希望添加到桌面的快捷方式，此快捷方式就会轻松地添加到桌面中。本节通过一个实例，介绍如何添加快捷方式到快捷方式列表中。

【例 7.2】添加快捷方式到快捷方式列表。

建立一个 Activity，并设置快捷方式所需要的信息，在 Activity 退出之前调用 setResult 方法返回信息，添加快捷方式到快捷方式列表。

代码如下：

```
//addshortcut.java
public class addshortcut extends Activity {
    @Override
    protected void onCreate(Bundle savedInstanceState)
    {
        super.onCreate(savedInstanceState);
        if (Intent.ACTION_CREATE_SHORTCUT.equals(getIntent().getAction()))
        {
            Intent addShortcutIntent = new Intent();
            addShortcutIntent.putExtra(Intent.EXTRA_SHORTCUT_NAME,
              "show pic");
            Parcelable icon = Intent.ShortcutIconResource.fromContext(
              this, R.drawable.ic_launcher);
            addShortcutIntent.putExtra(
              Intent.EXTRA_SHORTCUT_ICON_RESOURCE, icon);
            Intent intent = new Intent("com.example.Ex_7_2.showpic",
              Uri.parse("show_pic://host"));
            addShortcutIntent.putExtra(
              Intent.EXTRA_SHORTCUT_INTENT, intent);
            //返回快捷方式设置
            setResult(RESULT_OK, addShortcutIntent);
        }
        else
        {
            //如果不是创建快捷方式的 Action
            setResult(RESULT_CANCELED);
        }
        finish();
    }
}
```

同时要在 AndroidManifest.xml 中对 Activity 做出如下配置，CREATE_SHORTCUT 是配置建立快捷方式时 Activity 必须指定的动作，是系统定义的 Action，系统在检测到这个 Action 的动作后会去执行配置建立快捷方式的动作，只需将这个 Activity 添加到任何程序中即可，配置代码如下：

```
</activity>
<activity android:name=".addshortcut" android:label="show pic"
  android:icon="@drawable/ic_launcher">
   <intent-filter>
       <action android:name="android.intent.action.CREATE_SHORTCUT" />
   </intent-filter>
</activity>
```

addshortcut 是指定的 Activity 的名称，showpic 是显示到此 Activity 上的标签，android.intent.action.CREATE_SHORTCUT 就是将要交与系统执行的动作。

运行程序后，点击系统返回键退出，这个时候，程序会发送广播让系统知道需要添加一个快捷方式到快捷方式列表。这之后，进入快捷方式列表，会看到刚刚创建的快捷方式已经添加到列表中，如图 7-1 所示。

图 7-1　添加快捷方式到快捷方式列表

7.2　Widget 开发

Widget 即窗口小部件，通过在 Android 系统中添加小部件的功能将其添加到桌面，不同于创建桌面快捷方式。桌面快捷方式只是类似于 Windows 一样的一个桌面快捷图标，而 Widget 却有很多自己的特性，下面会对其做出更详细的介绍。

7.2.1　Widget 介绍

Widget 就是一种放在桌面上的小程序，即窗口小部件，可以将其看成是一个小的 Android 应用程序。

可能只是这样描述大家还不能了解 Widget。如果说手机上面常见的时钟、天气、音乐就是一个个 Widget 程序，相信读者就清楚了。

这些小程序本身也是 Android 应用程序，只不过增加了放置在桌面上的特性。它不仅有齐全的功能，而且还具备预览的特性，所以目前在 Android 手机上得到了广泛的应用。

任何一款 Android 手机在拿到手的时候，桌面上或多或少都添加了一些 Widget 程序，这些 Widget 程序增添了桌面上的应用，常见的有如下几种。

- 时钟 Widget：相信每个 Android 手机上面都有这个 Widget 应用，帮助用户快速地查看日期和时间，同时能够设置闹铃，还有的可以查看地图等。
- 天气预报 Widget：方便查询当天和未来几天的天气情况，而且还可以切换城市地区，有的还会添加黄历的功能，是一个非常实用的应用程序。
- 音乐 Widget：快速地开启并播放音乐，不用再进到手机里面打开音乐播放器再进行播放，为用户省去了很多麻烦，只需在桌面上一点即可。

- 股市信息 Widget：实时显示股票的实时股价。
- 浏览器 Widget：Google 默认的 Widget，可以快速地上网浏览网页。
- 常用联系人 Widget：把常用联系人添加到一个 Widget 里面，放置在桌面上，能方便快捷地拨打电话、发送信息，还可以将对方的相片显示出来。
- 相册 Widget：将相册的信息添加到 Widget 中，可以在桌面上快速地浏览相册，同时还可以设计个性的封面，极大地增加了手机的美感。
- 快捷方式 Widget：把像 Wifi、BT、GPS、GPRS、飞行模式等一些开关放置到桌面，可方便快捷地打开、关闭这些控件，简化操作步骤。
- 微博 Widget：微博相信已经为很多人所熟知，比较知名的有新浪微博，腾讯微博等。通过该应用，用户在 Android 设备上能够快速地浏览微博信息和发送微博。
- 书签 Widget：将经常浏览的网页放置到书签 Widget 中，在桌面上可以快捷地打开此网页。

Widget 具有一些其他应用程序所不具备的特性，由于其“尺寸”非常小，所以运行速度非常快，但是功能却又非常强大，同时其形式又多种多样，不同的 Widget 有不同的界面风格，不仅实用，还能起到美化界面的作用。最主要的一点是制作 Widget 非常容易，易于开发者进行开发。

经过不同的手机厂商的定制，Android 设备上的 Widget 更是百花齐放、百家争鸣。不同的 Widget 其界面风格就大不相同，即使是同一款的应用，经过不同的处理，也会出现许多意想不到的效果。同时谷歌有专门的应用商店，在这里面的应用不计其数，早在 2013 年年初的时候已经超过 50 万个。这些不同的应用，其 Widget 的风格又是大不相同了。所以，从长远来看，Android 设备上的 Widget 将越来越被重视和普及。

7.2.2 在桌面上添加 Widget

不同的设备添加 Widget 的方式不同，例如在 Android 4.0 模拟器中，可点击所有应用按钮，弹出 APPS 和 WIDGETS 界面，在 WIDGETS 界面中选择想要添加的 Widget，长按后会添加到桌面，如图 7-2 所示。

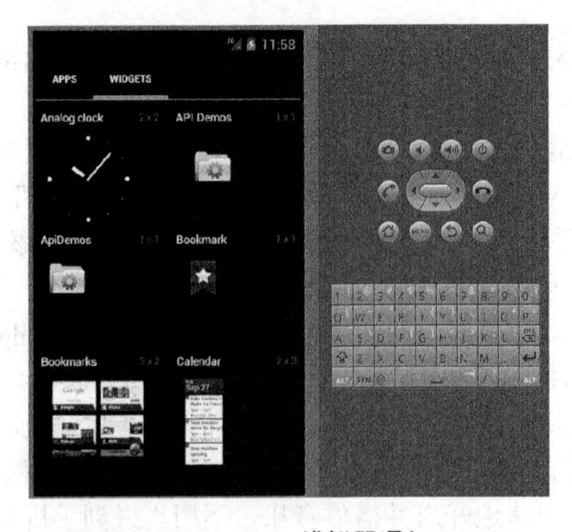

图 7-2 Android 4.0 模拟器添加 Widget

许多 Android 手机都对界面做了一些个性的设置，例如 HTC 手机采用 HTC Sense 界面，可以通过单击屏幕右下方的(+)按钮添加 Widget。又例如 SONY 手机，需要长按桌面后再点击(+)按钮来添加 Widget。

7.2.3 Widget 的开发流程

Widget 既然能显示到桌面，自然也属于 View 的一种，所以根据 Android 的一贯风格，其 Layout 也是通过 XML 文件描述的。每一个 Widget 就是一个广播，是由 AppWidget 框架通过 Broadcast Intents 发起的，由此可知 Widget 的主程序必然会继承一个广播类。

注意： 尤其要注意的是，Widget 更新方法跟 Android 应用程序略有不同，需要使用 RemoteViews 作为代理，更新 Widget 中的组件。RemoteView 描述一个 view，而这个 view 是在另外一个进程显示的。它被 inflate 转化于 layout 资源文件。并且提供了可以修改 view 内容的一些简单基础的操作。Widget 就是通过 RemoteView 来通知 Launcher AppWidget 的 view 的样子。

下面介绍 Widget 的开发步骤。

1．建立 XML 文件

该布局中定义 Widget 要显示的组件，但需要注意的是，Widget 中并不支持所有的 Andrioid 组件。布局组件只支持 FrameLayout、LinearLayout 和 RelativeLayout，可视组件只支持 Button、ImageView、Button、AnglogClock、Chronometer、ImageButton、TextView 和 ProgressBar。除上述组件外，使用其他组件 Widget 将不能正常显示。究其原因，就是因为 RemoteView 只支持这几种组件，RemoteView 不会将其他组件告知 Launcher，所以 Widget 也就无法正常显示。

2．创建 Widget 描述文件

Widget 描述文件是 XML 格式的，必须放置在 res\xml 目录中，是用来连接 Widget 和布局文件之间的桥梁，通过此文件，RemoteView 可以获取将要显示的 view 的布局。

下面是一个 Widget 描述文件的例子：

```
<appwidget-provider
  xmlns:android="http://schemas.android.com/apk/res/android"
  android:initialLayout="@layout/activity_main"
  android:minHeight="146dp"
  android:minWidth="146dp"
  android:gravity="center"
  android:textSize="30dp"
  android:updatePeriodMillis="0" />
```

3．创建 Widget 类

Widget 类必须继承自 AppWidgetProvider(该类是 BroadcastReceiver 的子类，因此 Widget 类可以接收广播)，这是 Android SDK 提供的专门用于创建 Widget 的类。

AppWidgetProvider 定义了 Widget 事件的触发方法，通过这几个方法的灵活应用，可

以达到意想不到的效果，常用的几种方法如下。

- onUpdate(Context context, AppWidgetManager appWidgetManager, int[] appWidgetIds)：更新 Widget，在 Widget 加载时或者到了 android:updatePeriodMillis 属性指定的时间，系统会触发 onUpdate 方法。
- onDeleted(Context context, int[] appWidgetIds)：当一个 App Widget 从桌面被删除时触发。
- onEnable(Context context)：当第一个 Widget 被放置在桌面时触发。
- onDisabled(Context context)：当最后一个 Widget 被删除时触发。
- onReceiver(Context context, Intent intent)：接收系统发出的广播时触发。

4．定义 receiver

最后一步，在 AndroidManifest.xml 中定义一个 receiver，以便系统与 Widget 进行通信，系统只有在接收到 android.appwidget.action.APPWIDGET_UPDATE 的时候才会对 Widget 应用做出处理。例如：

```
<receiver android:name=".MainActivity" >
    <meta-data
      android:name="android.appwidget.provider"
      android:resource="@xml/appwidget" />
    <intent-filter>
        <action android:name="android.appwidget.action.APPWIDGET_UPDATE"/>
    </intent-filter>
</receiver>
```

其中，android:resource 指向定义的 appwidget.xml。<intent-filter>中使用 action 标签定义一个 APPWIDGET_UPDATE 广播，表示 Widget 接收 update 广播。

7.2.4 Widget 的开发实例

本节将通过一个实例，编写一个 App Widget 程序，实例将实现每隔 2 秒显示一条数据到 TextView 并显示到桌面所见的 Widget 中。

【例 7.3】Widget 程序开发。

首先定义布局文件和 Widget 配置文件，配置文件放置到 res\xml 目录中，以备程序调用。布局文件 activity_mail.xml 代码如下：

```
<RelativeLayout
  xmlns:android="http://schemas.android.com/apk/res/android"
  xmlns:tools="http://schemas.android.com/tools"
  android:layout_width="match_parent"
  android:layout_height="match_parent" >
    <TextView
      android:id="@+id/tv"
      android:layout_height="wrap_content"
      android:layout_width="wrap_content"
      android:background="#FF00FF"/>
</RelativeLayout>
```

配置文件 appwidget.xml 代码如下：

```
<appwidget-provider
  xmlns:android="http://schemas.android.com/apk/res/android"
  android:initialLayout="@layout/activity_main"
  android:minHeight="146dp"
  android:minWidth="146dp"
  android:gravity="center"
  android:textSize="30dp"
  android:updatePeriodMillis="0" />
```

需要注意，android:updatePeriodMillis 是自动更新的时间间隔，单位为毫秒，0 代表不更新 Widget。android:initialLyaout 是 Widget 的界面描述文件，指向 activity_main.xml。

android:minWidth 和 android:minHeight 分别定义了桌面组件的最小宽度和最小高度，由于 Android 桌面是由若干个单元格构成的，每个单元格的尺寸为 74 像素(pixels)，分辨率不同，会使得分成的单元格不同，分辨率越大，单元格越多，反之就越少。146dp 代表两个单元格，计算公式是 146=(单元格数×74)−2。

注意： 由于像素计算存在一定误差，所以最后的值要减 2。

Widget 类 MainActivity.java 的代码如下：

```
package com.example.ex_7_3;
import java.util.Timer;
import java.util.TimerTask;
import android.appwidget.AppWidgetManager;
import android.appwidget.AppWidgetProvider;
import android.content.Context;
import android.os.Handler;
import android.os.Message;
import android.widget.RemoteViews;
public class MainActivity extends AppWidgetProvider {
    private Timer timer = new Timer();
    private int[] appWidgetIds;
    private AppWidgetManager appWidgetManager;
    private Context context;
    private final static int UPDATE = 1;
    private int time = 0;
    @Override
    public void onUpdate(Context context,
      AppWidgetManager appWidgetManager, int[] appWidgetIds) {
        this.appWidgetManager = appWidgetManager;
        this.appWidgetIds = appWidgetIds;
        this.context = context;
        //定义 timer 计时器
        timer = new Timer();
        //启动定时器，每隔 2 秒触发一次
        timer.schedule(timertask, 0, 2000);
    }
    private Handler handler = new Handler() {
```

```
        public void handleMessage(Message msg) {
            switch (msg.what) {
            case UPDATE:
                int n = appWidgetIds.length;
                for (int i=0; i<n; i++) {
                    int appWidgetId = appWidgetIds[i];
                    //获取 RemoteViews 类
                    RemoteViews views = new RemoteViews(
                      context.getPackageName(), R.layout.activity_main);
                    //使用 setViewText 方法更新 TextView
                    views.setTextViewText(R.id.tv, String.valueOf(time));
                    appWidgetManager.updateAppWidget(appWidgetId, views);
                }
                break;
            }
            super.handleMessage(msg);
        }
    };
    private TimerTask timertask = new TimerTask() {
        public void run() {
            time ++;
            Message message = new Message();
            message.what = UPDATE;
            handler.sendMessage(message); //将任务发送到消息队列
        }
    };
}
```

需要注意的是，onUpdate 方法在程序加载和更新的时候都会调用，所以可以在此方法中添加一些定义和初始化的动作。每一个 Widget 都由一个 ID 标识，在 onUpdate 方法中有可能需要更新多个 Widget，Widget ID 通过 onUpdate 的 appWidgetIds 方法传入到 onUpdate 方法中，以供更新使用。使用 RemoteViews 类的 setTextViewText 方法设置 Widget 中 TextView 的值，并在 handlerMessage 方法中定时更新。运行效果如图 7-3 所示。

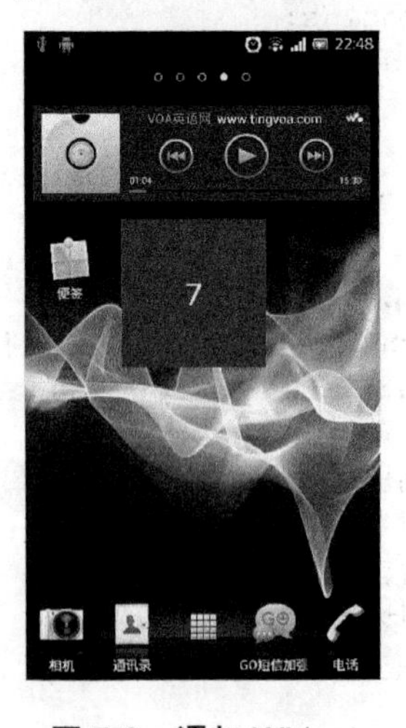

图 7-3　添加 Widget

注意： *程序最后不要忘记在 AndroidMainfest.xml 中添加 receiver 的定义。*

实际上，用户所见的 Widget 大多不是单独运行的，还可以启动一个 Activity 来对其进行设置。通过一个与 Widget 绑定的 Activity，可以设置 Widget 的显示信息、背景信息、更新时间等，通过与用户交换的形式，可以使 Widget 的优势得到发挥。下面通过实例介绍如何编写一个带有 Activity 的 Widget。

【例 7.4】带有 Activity 的 Widget。

首先编写一个 SettingActivity.java，此 Activity 用于控制选择 Widget 中 TextView 组件的背景色，通过两个 RadioButton 按钮来选择 Widget 的背景颜色，这样可以增强用户视觉体验。代码如下：

```
package com.example.ex_7_4;

import android.app.Activity;
import android.appwidget.AppWidgetManager;
import android.content.Context;
import android.content.Intent;
import android.content.SharedPreferences;
import android.os.Bundle;
import android.view.View;
import android.view.View.OnClickListener;
import android.widget.Button;
import android.widget.RadioGroup;

public class SettingActivity extends Activity
  implements OnClickListener {

    private int appWidgetId;
    private RadioGroup radioGroup;
    private static final String NAME = "widget_activity";
    private static final String STYLE = "style";
    @Override
    protected void onCreate(Bundle savedInstanceState) {
        //TODO Auto-generated method stub
        setContentView(R.layout.setting);
        Button btnOK = (Button)findViewById(R.id.show);
        btnOK.setOnClickListener(this);
        Intent intent = getIntent();
        Bundle extras = intent.getExtras();
        if (extras != null)
        {
            //获得 Widget ID
            appWidgetId =
              extras.getInt(AppWidgetManager.EXTRA_APPWIDGET_ID,
              AppWidgetManager.INVALID_APPWIDGET_ID);
        }
        radioGroup = (RadioGroup)findViewById(R.id.radiogroup);
        radioGroup.check(R.id.radiobutton1);
        super.onCreate(savedInstanceState);
```

```
    }

    @Override
    public void onClick(View arg0) {
        //TODO Auto-generated method stub
        int styleId = radioGroup.getCheckedRadioButtonId();
        //保存用户设置，在 Widget 加载时读取数据
        saveId(this, appWidgetId, styleId);
        AppWidgetManager appWidgetManager =
          AppWidgetManager.getInstance(this);
        Intent intent = new Intent();
        //保存 Widget ID，以便系统获得当前设置的 Widget ID
        intent.putExtra(AppWidgetManager.EXTRA_APPWIDGET_ID, appWidgetId);
        //返回当前设置 ID
        setResult(RESULT_OK, intent);
        //启动定时器
        MainActivity.startTimer(
          this, appWidgetManager, appWidgetId, styleId);
        finish();
    }
    //保存 ID
    public static void saveId(Context context, int appWidgetId,
      int style_id)
    {
        SharedPreferences sharedPreferences =
          context.getSharedPreferences(NAME, Activity.MODE_PRIVATE);
        SharedPreferences.Editor editor = sharedPreferences.edit();
        editor.putInt(STYLE + appWidgetId, style_id);
        editor.commit();
    }
    //获取 ID
    public static int getId(Context context, int appWidgetId,
      int defaultStyleId)
    {
        SharedPreferences sharedPreferences =
          context.getSharedPreferences(NAME, Activity.MODE_PRIVATE);
        return sharedPreferences.getInt(STYLE + appWidgetId,
          defaultStyleId);
    }
}
```

其中，onCreate 方法中通过 extras.getInt 方法获取当前 Widget ID。onClick 方法通过 Intent 的 putExtra 方法告知系统当前应调用哪个 Widget ID 进行显示，然后启动 MainActivity 中的定时器，定时刷新 Widget。saveId 和 getId 分别用于保存 Widget ID 到 SharedPreferences 和从 SharedPreferences 读取 Widget ID。

然后编写 MainActivity 类，对 Widget 进行控制，代码如下：

```
package com.example.ex_7_4;
import java.util.HashMap;
import java.util.Map;
```

```
import java.util.Timer;
import java.util.TimerTask;
import com.example.ex_7_4.R;
import android.annotation.SuppressLint;
import android.appwidget.AppWidgetManager;
import android.appwidget.AppWidgetProvider;
import android.content.Context;
import android.os.Handler;
import android.os.Message;
import android.widget.RemoteViews;
public class MainActivity extends AppWidgetProvider {
    //定义 Map 类型保存 Timer 对象，为每个 Widget 单独使用一个 Timer 组件
    private static Map<Integer, Timer> timers;
    private static int time = 0;
    @Override
    public void onUpdate(Context context,
      AppWidgetManager appWidgetManager, int[] appWidgetIds) {
        int n = appWidgetIds.length;
        if (timers == null)
            timers = new HashMap<Integer, Timer>();
        for (int i=0; i<n; i++)
        {
            //获取 Widget ID
            int styleId = SettingActivity.getId(context,
              appWidgetIds[i], R.id.radiobutton1);

            if (timers.get(appWidgetIds[i]) != null)
            {
                ((Timer)timers.get(appWidgetIds[i])).cancel();
            }
            Message message = new Message();
            message.arg1 = appWidgetIds[i];
            message.arg2 = styleId;
            //更新 Widget 组件数据
            ChangeView(context, appWidgetManager, message);
            startTimer(
              context, appWidgetManager, appWidgetIds[i], styleId);
        }
    }
    private static Handler getHandler(final Context context,
      final AppWidgetManager appWidgetManager) {
        Handler handler = new Handler() {
            public void handleMessage(Message msg) {
                //监听切换界面
                ChangeView(context, appWidgetManager, msg);
                super.handleMessage(msg);
            }
        };
        return handler;
    }
    private static TimerTask getTimerTask(final Context context,
```

```
    AppWidgetManager appWidgetManager, final int appWidgetId,
    final int styleId) {
      final Handler handler = getHandler(context, appWidgetManager);
      return new TimerTask() {

          public void run() {
              time ++;
              Message message = new Message();
              //Message类中arg1变量保存Widget ID
              message.arg1 = appWidgetId;
              //arg2变量保存背景风格ID，即两个RadioButton的ID
              message.arg2 = styleId;
              handler.sendMessage(message);
          }
      };
  }
  public static void startTimer(Context context,
    AppWidgetManager appWidgetManager, int appWidgetId, int styleId) {
      if (timers.get(appWidgetId) != null) {
          ((Timer)timers.get(appWidgetId)).cancel();
      }
      //获得timerTask对象
      TimerTask timerTask = getTimerTask(context, appWidgetManager,
        appWidgetId, styleId);
      Timer timer = new Timer();
      //开始定时器，刷新Widget数据
      timer.schedule(timerTask, 0, 1000);
      //将timer对象保存在timers中
      timers.put(appWidgetId, timer);
  }
  private static void ChangeView(Context context,
    AppWidgetManager appWidgetManager, Message msg)
  {
      try
      {
          //根据不同的颜色设置背景色
          RemoteViews views = null;
          if (msg.arg2 == R.id.radiobutton1)
          {
              views = new RemoteViews(context.getPackageName(),
                R.layout.activity_main);
          }
          else
          {
              views = new RemoteViews(context.getPackageName(),
                R.layout.other);
          }
          views.setTextViewText(R.id.tv, String.valueOf(time));
          appWidgetManager.updateAppWidget(msg.arg1, views);
      }
      catch (Exception e) {}
```

```
    }
}
```

其中，每一个 Widget 单独定义一个 Timer 组件刷新时间，所以定义了一个 Map 类型变量保存 Timer 对象，并通过 getTimerTask 方法获得 TimerTask 类，并使用 timer 在 startTimer 方法中设置定时器。onUpdate 方法中调用 ChangeView 方法获取的 Message.arg1 和 Message.arg2 更新对应的 Widget 中的 TextView 组件的值，并且当重新装载 Widget 的时候，onUpdate 方法会恢复 Widget 的设置。

除此之外，需要在 appwidget.xml 中添加 configure 选项，以指定 Activity，代码如下：

```
<appwidget-provider
  xmlns:android="http://schemas.android.com/apk/res/android"
  android:initialLayout="@layout/activity_main"
  android:minHeight="72dp"
  android:minWidth="72dp"
  android:updatePeriodMillis="0"
  android:configure="com.example.ex_7_4.SettingActivity" />
```

同时，在 AndroidManifest.xml 中配置 SettingActivity 的时候需添加 action 属性，用以设置 APPWIDGET_CONFIGURE 动作，代码如下：

```
<activity android:name=".SettingActivity" android:label="Change Mode">
    <intent-filter>
        <action
          android:name="android.appwidget.action.APPWIDGET_CONFIGURE" />
    </intent-filter>
</activity>
```

至此，程序编写完成，运行结果如图 7-4 所示。

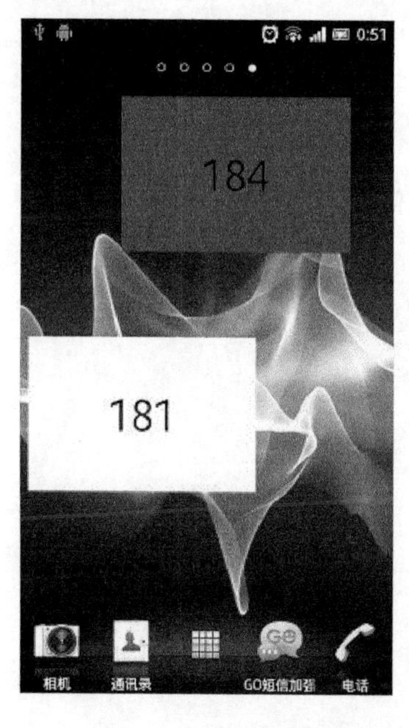

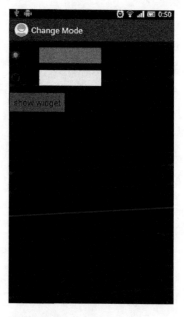

图 7-4　Activity 配置 Widget

7.3 上机实训

1. 实训目的

(1) 了解快捷方式创建方式。
(2) 掌握如何添加快捷方式到快捷方式列表。
(3) 掌握编写 Widget 的方法。

2. 实训内容

(1) 编写程序，添加快捷方式到快捷方式列表，并创建桌面快捷方式。
(2) 编写程序，创建一个时钟 Widget。
(3) 编写程序，创建一个带有配置 Activity 的 Widget。

7.4 本章习题

一、填空题

(1) 创建快捷方式的 ACTION 是________________。
(2) 添加快捷方式需要指定的权限是______________________________。
(3) 通过_______________方法刷新 Widget。
(4) android:updatePeriodMillis 的意义是指__________________________。

二、问答题

(1) 简述 Widget 各个主要方法的作用。
(2) 简述 Widget 的开发步骤。
(3) 介绍 3 种常用的 Widget。
(4) 列举 AppWidgetProvider 的 Widget 事件的触发方法。

第 8 章

Android 程序间的通信

学习目的与要求：

不论是 Android 的程序间，还是 Activity 间或者 Activity 与 Service 间，都必须使用 Intent 通信。Intent 是一种利用消息进行交互的机制，这种消息提供了不同应用程序之间延迟运行时绑定的机制，有利于减少组件间的耦合性。Intent 对象描述了应用中一次操作的动作、动作及数据和附加数据，系统通过该对象的描述调用对应的应用。调用的应用可以是一个应用程序，也可以是一个 Activity 或者 Service。因而 Intent 可以被看成一个信息包，其中包含有接收此 Intent 的组件需要的信息和 Android 系统需要的信息(Intent 的组件的类别和启动方式)。在 Android 系统中，Intent 类继承 Object 类的属性和方法，派生 LabeledIntent 类。Intent 的派生关系如下所示:

```
java.lang.Object
   android.content.Intent
      android.content.pm.LabeledIntent
```

本章将介绍 Intent 的启动机制以及常用的 Intent 行为，并讲解在 Activity 中使用 Intent 的过程以及在 Broadcast 中使用 Intent 的过程。通过本章的学习，读者不仅能深入理解 Intent 的作用，还能掌握 Intent 的工作机制。由于 Intent 是 Android 程序间、Activity 间或者 Activity 与 Service 间通信的唯一手段，因而从某种程度上讲，任何复杂的应用程序都会涉及 Intent 的使用，学习本章有利于为将来提升 Android 的编程能力打下基础。

8.1 Intent

8.1.1 Intent 介绍

Intent 提供了应用程序间的交互机制，可被看成不同组件之间的信使。Android 则根据此 Intent 的描述，负责找到对应的组件，将 Intent 传递给调用的组件，并完成组件的调用。通过 Intent，可实现同一或不同应用程序中的组件之间运行时动态绑定。Intent 最常见的用法是用来启动一个 Activity，Android 应用程序的三个核心组件——Activity(活动)、Services(服务)、Broadcast Receiver(广播接收器)，都可通过该消息激活。

对于 Activity(活动)、Services(服务)、Broadcast Receiver(广播接收器)这三种组件，Intent 组件有不同的处理方式，详见表 8-1。

表 8-1　不同组件 Intent 处理方式

核心组件	调用方法	作　用
Activity	Context.startActivity() Context.startActivityForRestult()	启动一个 Activity 或使一个已存在的 Activity 去做新的工作
Services	Context.startService() Context.bindService()	初始化一个 Service 或传递一个新的操作给当前正在运行的 Service
Broadcast Receiver	Context.sendBroadcast() Context.sendOrderedBroadcast() Context.sendStickyBroadcast()	对所有想接受消息的 Broadcast Receiver 传递消息

Intent 封装了它要执行动作的属性，这些属性有 Component(组件)、Action(行为)、Data(数据)、Category(分类)、Extras(扩展信息)和 Flags(标志)。下面介绍这些属性的意义和用法。

1. Component

Component 用于处理 Intent 的组件名称。例如设置 Component 属性为 com.sch.Ex_7_1.MainActivity，该 Intent 将会被传递到 com.sch.Ex_7_1.MainActivity 所对应的实例中。

Intent 类提供了设置和获取该属性的方法。

- setComponent()：设置 Component 属性。
- getComponent()：获取 Component 属性。

2. Action

Action 属性是一个字符串，用于指定 Intent 要完成的动作，在 Intent 类里面定义了一些常用的 Action 常量属性。例如设置 Action 为 android.intent.action.ACTION_CALL，程序会执行“打电话”这个操作。Intent 类提供了设置和获取该属性的方法。

- setAction()：设置 Action 属性。
- getAction()：获取 Action 属性。

3．Data

Data 属性是由 URI 和 MIME 两部分组成，用于指定 Intent 的数据。Data 属性与 Action 属性是紧密结合的，Data 属性的内容格式是由 Action 属性决定的。假如创建一个 Action 属性为 ACTION_CALL(打电话)的 Intent，则该 Intent 的 Data 属性应该是一个电话号码(如 tel:+163271088888)。假如创建一个 Action 属性为 ACTION_VIEW(浏览网页)的 Intent，则其 Data 属性应该是一个网址 URI(如 http://www.google.com)。表 8-2 列举了常用的 Data 属性格式。

表 8-2　Data 属性格式

属性格式	解　释
file:	文件格式，后跟文件路径
content:	内容格式，后跟需要读取的内容
smsto:	短信格式，后跟接收短信的号码
http:	网址格式，后跟 HTTP 的地址
mailto:	邮件格式，后跟接收邮件的地址
tel:	电话号码格式，后跟电话号码

4．Category

Category 属性是 Action 属性的附加信息，包含了处理该 Intent 的组件的种类信息，是对 Action 的补充。需要注意，一个 Intent 对象可以包含多个 Category 属性。

Intent 类提供了操作 Category 属性的方法。

- addCategory()：给 Intent 添加一个 Category。
- removeCategory()：删除 Intent 中的一个 Category。
- getCategorys()：获取 Intent 中所有的 Category。

5．Extras

Extras 属性是组件的附加信息，主要用于传递目标组件所需要的额外的数据，可通过 putExtras()和 getExtras()方法设置和读取该属性。

6．Flags

Flags 为标志位，指示 Android 系统如何去启动一个活动，以及启动之后如何处理。在 android.content.Intent 中定义了若干个 Flags，表 8-3 列举了常用的 Flags。

表 8-3　Intent 类提供的 Flags

Flags	作　用
FLAG_ACTIVITY_NEW_TASK	系统根据随从 Activity 的 taskAffinity 属性寻找一个新的任务栈来放置目标 Activity
FLAG_ACTIVITY_CLEAR_TOP	若任务栈中已经包含随从 Activity 的实例，则将任务栈中该 Activity 之上的实例全部清除，使其处于栈顶

续表

Flags	作 用
FLAG_ACTIVITY_SINGLE_TOP	若栈顶为随从 Activity 实例，则直接利用这个实例
FLAG_ACTIVITY_CLEAR_WHEN_TASK_RESET	任务重启时，栈中的随从 Activity 及其上的 Activity 都会被清除
FLAG_ACTIVITY_RESET_TASK_IF_NEEDED	根据 affinity 重置指定的任务栈

注意： Component 属性是可选的，可以在构造 Intent 时不设置该属性。如果没有设置该属性，Android 会用 Intent 中的其他信息去查找处理该 Intent 的组件。

8.1.2 Intent 的启动机制

Intent 是一种同一应用程序或不同应用程序中的组件之间调用的机制。一般来讲，Android 根据 Intent 的描述找到对应的组件，并将 Intent 传递给调用的组件。按照 Intent 的处理方式，Intent 可以分为显式 Intent 和隐式 Intent 两类，因此 Intent 的启动可分为显示启动和隐式启动两种。

显式 Intent 是一种明确被启动的组件名字的 Intent，通常通过 Intent 的 setComponent()、setClassName()或 Intent.setClass()方法来指定处理该 Intent 的组件，这样 Android 系统就能根据指定的名字启动对应的组件。

例如下面就是一个显式启动的例子，这个例子使用 setClass 来指定被启动的组件——SupplActivity.class：

```
Intent intent = new Intent(); //生成 Intent 对象
//指定要启动的是 SupplActivity
intent.setClass(MainActivity.this, SupplActivity.class);
startActivity(intent); //启动 SupplActivity
```

相反，隐式 Intent 没有指定被启动的组件名字。既然隐式 Intent 中没有明确被启动的组件，那么 Android 系统是如何根据隐式 Intent 来查找处理该 Intent 的组件的呢？

事实上，Android 系统是根据隐式 Intent 中包含的 Action(动作)属性、Category(类别)属性和 Data(数据)属性来使用 Intent Filter 查找最合适处理该意图的组件。

顾名思义，Intent Filter 提供了 Intent 过滤的功能。通过 Intent Filter，可以依据 Action(动作)属性、Category(类别)属性和 Data(数据)属性来过滤 Intent。Intent Filter 定义了接受 Intent 的能力，这种能力表示系统活动(Activity)、服务(Service)、广播接收者(Broadcast Receiver)等应用能够接受的 Intent，每个活动(Activity)、服务(Service)、广播接收者(Broadcast Receiver)可以有一个或多个 Intent Filter。

例如，手机通信簿活动有两个过滤器，一个是启动一个指定通信录，用户可以查看和编辑；另一个是建立一个新的好友通信录，用户能够编辑并保存。

Android 提供了两种生成 Intent Filter 的方式。一种是通过 IntentFilter 类生成，另一种是通过在应用程序的清单文件(AndroidManifest.xml)中定义<intent-filter>生成。

表 8-4 列举了 IntentFilter 类的常用方法。

表 8-4　IntentFilter 类的常用方法

方　法	功能描述	返回值类型
addAction(String action)	为 IntentFilter 添加匹配的行为。例如添加电量低行为：addAction(ACTION_BATTERY_LOW)	void
countActions()	计算 IntentFilter 包含的 Action 数量	int
hasCategory(String category)	判断 category 是否在 Intent 中，若包含返回 true，否则返回 false	Boolean
matchCategories(Set<String> categories)	基于类别 categories 匹配 IntentFilter，若匹配 IntentFilter 所有的类别则返回 null，否则返回第一个不匹配的类别名字	String
getAction (int index)	根据 index 获取 IntentFilter 的 Action	String
setPriority (int priority)	设置 IntentFilter 的优先级，默认优先级为 0。通常 priority 值介于-1000 到 1000 之间。Android 系统根据优先级匹配 Intent	void
getPriority()	获取 IntentFilter 的优先级	int
countDataAuthorities()	计算 IntentFilter 包含的 DataAuthority 数量	int
getDataAuthority(int index)	根据 index 获取 IntentFilter 的 DataAuthority	IntentFilter.AuthorityEntry
addDataAuthority(String host, String port)	获取 IntentFilter 的数据验证	void
addCategory(String category)	为 IntentFilter 添加匹配类别	void

IntentFilter(意图过滤器)其实就是用来匹配隐式 Intent 的，当匹配一个意图对象时，这个意图需要经历以下方面的测试：动作测试、类别测试和数据测试。

1．动作测试

一个 Intent 对象最多能指定一个 Action 属性，而一个 Intent Filter 可包含多个 Action 属性。 基于 Intent Filter 的 Action 列表，Android 系统查找该列表中是否包含 Intent 对象的 Action 属性。如果 Intent Filter 包含该 Action 属性，则测试通过；否则测试失败。

例如，在 AndroidManifest.xml 定义下面的 intent-filter：

```
<intent-filter>
    <action android:name="android.intent.ACTION_BATTERY_LOW" />
    <action android:name="android.intent.ACTION_BATTERY_OKAY" />
    <action android:name="android.intent.ACTION_POWER_CONNECTED" />
    <action android:name="android.intent.ACTION_POWER_DISCONNECTED" />
</intent-filter>
```

当 Action 属性为 android.intent.action.CALL 的 myIntent1 经历上述 intent-filter 的动作测试时，Android 系统认为该测试失败，即没有找到处理该 Intent 的组件：

```
Intent myIntent1 = new Intent();
myIntent.setAction("android.intent.action.CALL");
```

当 Action 属性为 android.intent.ACTION_BATTERY_LOW 的 myIntent2 经历上述 intent-filter 的动作测试时，测试通过：

```
Intent myIntent2 = new Intent();
myIntent.setAction("android.intent.ACTION_BATTERY_LOW");
```

注意：如果 Intent Filter 没有指定任何的 Action 属性，所有的 Intent 都会而被阻塞而导致测试失败。只要过滤器包含至少一个动作，一个没有 Action 属性的 Intent 对象被认为测试通过。

2．类别测试

对于一个 Intent 要通过类别测试，Intent 对象中的每个种类必须匹配过滤器中的一个。即过滤器能够列出额外的种类，但是 Intent 对象中的种类都必须能够在过滤器中找到，只要有 Intent 中的一个种类在过滤器列表中没有，则类别测试失败。下面是 intent-filter 中定义类别的例子：

```
<intent-filter>
    <category
    android:name="android.intent.category.CATEGORY_SELECTED_ALTERNATIVE" />
    <category android:name="android.intent.category.CATEGORY_LAUNCHER" />
    <category android:name="android.intent.category.CATEGORY_DEFAULT" />
</intent-filter>
```

3．数据测试

类似的，清单文件中的<intent-filter>元素以<data>子元素列出数据，例如：

```
<intent-filter ... >
    <data android:mimeType="video/mpeg"
      android:scheme="http://com.example.android:8888/1" />
    <data android:mimeType="audio/mpeg"
      android:scheme="http://com.example.android:8888/2" />
    <data android:mimeType="audio/mpeg"
      android:scheme="http://com.example.android:8888/3" />
</intent-filter>
```

每个<data>元素指定一个 URI 和数据类型(MIME 类型)。它有 4 个属性：scheme、host、port、path。host 和 port 一起构成 URI 的凭据(authority)，如果 host 没有指定，port 也被忽略。这 4 个属性都是可选的，但它们之间并不都是完全独立的。数据测试既要检测 URI，也要检测数据类型，规则如下：

- Intent 对象既不包含 URI，也不包含数据类型时，仅当过滤器也不指定任何 URIs 和数据类型时，才不能通过测试；否则都能通过。
- Intent 对象包含 URI，但不包含数据类型时，仅当过滤器也不指定数据类型，同时它们的 URI 匹配，才能通过测试。
- Intent 对象包含数据类型，但不包含 URI 时，仅当过滤器也只包含数据类型，且与 Intent 相同，才通过检测。

8.1.3　常用 Intent Action

Intent 中指定了 Intent 要完成的动作，通常是一个字符串。在 Intent 类里面定义了一些常用的 Action 常量属性，这些常量分为 Activity Action 和 Broadcast Action 两种，表 8-5 列举了常用的 Intent Action 常量，如果需要更多的 Action 常量，可参考 Intent 类。

表 8-5　Action 常量

Action 常量	意　义	类　别
ACTION_CALL	发起一个电话应用	Activity Action
ACTION_EDIT	显示数据以供用户编辑	Activity Action
ACTION_MAIN	初始化操作，这个操作既没有输入也没有输出	Activity Action
ACTION_SYNC	同步服务器与移动设备之间的数据	Activity Action
ACTION_BATTERY_LOW	警告设备电量低	Broadcast Action
ACTION_HEADSET_PLUG	插入或者拔出耳机	Broadcast Action
ACTION_SCREEN_ON	打开移动设备屏幕	Broadcast Action
ACTION_TIMEZONE_CHANGED	移动设备时区发生变化	Broadcast Action
ACTION_VIEW	显示数据给用户	Activity Action
ACTION_DIAL	显示打电话的界面	Activity Action
ACTION_SEND	发送短信	Activity Action
ACTION_GET_CONTENT	获取内容	Activity Action
ACTION_ANSWER	应答电话	Activity Action
ACTION_GTALK_SERVICE_CONNECTED	Gtalk 已建立连接	Broadcast Action
ACTION_INPUT_METHOD_CHANGED	改变输入法	Broadcast Action
ACTION_GTALK_SERVICE_DISCONNECTED	Gtalk 已断开连接	Broadcast Action
ACTION_PACKAGE_INSTALL	下载并且完成安装	Broadcast Action

下面列举使用 Intent Action 常量实现的几个典型的应用。

(1)　使用 ACTION_VIEW 浏览网页：

```
String linkString = "http://www.baidu.com"; //定义被浏览网页的地址
Uri myUri = Uri.parse(linkString); //转换成 URI 格式
Intent myIntent = new Intent(Intent.ACTION_VIEW, myUri); //生成 Intent 对象
startActivity(myIntent); //启动浏览网页应用
```

(2)　使用 ACTION_WEB_SEARCH 启动 Google 的内容搜索：

```
String searchString = "Android 程序设计"; //定义被搜索的内容
Intent myIntent = new Intent(); //生成 Intent 对象
myIntent.setAction(Intent.ACTION_WEB_SEARCH);
//将搜索的内容放到 Intent 中
myIntent.putExtra(SearchManager.QUERY, searchString);
startActivity(myIntent); //启动内容搜索
```

(3) 使用 ACTION_DIAL 打电话：

```
String phoneString= "tel:+16327100001"; //定义被叫号码
Uri myUri = Uri.parse(phoneString); //将电话号码转换成 URI 格式
Intent myIntent = new Intent(Intent.ACTION_DIAL, myUri); //生成 Intent 对象
startActivity(myIntent); //启动打电话应用
```

(4) 使用 Media.RECORD_SOUND_ACTION 打开录音设备：

```
Intent myIntent = new Intent(Media.RECORD_SOUND_ACTION);
startActivity(myIntent); //打开录音设备
```

(5) 使用 Action_VIEW 打开地图：

```
String locationString = "geo:38.899533,-77.036476"; //定义经纬度
Uri myUri = Uri.parse(locationString); //将经纬度转换成 URI 格式
Intent myIntent = new Intent(Intent.Action_VIEW, myUri); //生成 Intent 对象
startActivity(myIntent); //打开 Intent 中指定经纬度的地图
```

8.2 Broadcast 中的 Intent

我们知道，一个 Action Intent 只能指定一个 Activity 处理。如果 Intent 需要不止一个 Activity 处理，那么如何实现把 Intent 传递给多个 Activity？

Android 提供了 Broadcast Intents 的机制来处理这种情况，这种机制可广播 Intent 到多个 Activity。例如，当手机的电量较低时，需要当前运行的 Activity 都做出反应，这个例子可通过 Broadcast Intent 机制来实现。

8.2.1 发送广播 Intent

Broadcast Intent 机制的实现包含 4 步，第一步需要注册相应的 Broadcast Receiver，广播接收器是接收广播消息并对消息做出反应的组件，如电量较低时的通知信息；第二步发送广播，这个过程将消息内容和用于过滤的信息封装起来，并广播给 Broadcast Receiver；第三步是满足条件的 Broadcast Receiver 执行 onReceive 方法；最后是销毁广播接收器。

Broadcast Intent 的工作流程如图 8-1 所示。

1．注册

继承 BroadcastReceiver，并重写 onReceive()方法。例如：

```
public class MyReceiver extends BroadcastReceiver {
    @Override
    public void onReceive(Context context, Intent intent) {
        /*添加 onReceive 代码处理*/
    }
}
```

然后根据 IntentFilter 注册广播 Intent，Android 提供了两种注册方法：Java 和 XML。

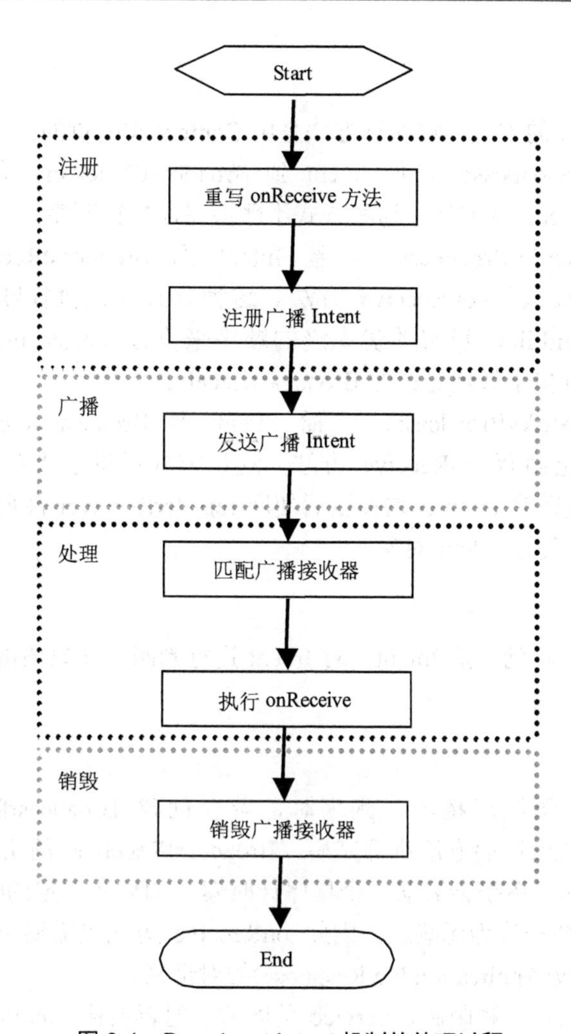

图 8-1　Broadcast Intent 机制的处理过程

(1)　Java 注册

创建 IntentFilter 和 Receiver 对象，然后在需要的地方调用 Context.registerReceiver 进行注册。同样，可使用 Context.unregisterReceiver 取消该注册：

```
IntentFilter myfilter =
  new IntentFilter("android.provider.Telephony.SMS_RECEIVED");
MyReceiver myreceiver = new MyReceiver();
Context.registerReceiver(myreceiver, myfilter);
```

(2)　XML 注册

在 AndroidManifest.xml 的 application 标签中，在 intent-filter 中添加该行为：

```
<receiver android:name=".MyReceiver">
    <intent-filter>
        <action android:name="android.provider.Telephony.SMS_RECEIVED"/>
    </intent-filter>
</receiver>
```

2. 广播

有 3 种广播 Intent 的方式，这 3 种方法是由 Context 类提供的。

(1) Context.sendBroadcast：广播 Intent 到 BroadcastReceiver，满足条件的 Broadcast-Receiver 都会执行 onReceive 方法。这种方式不严格保证执行顺序。

(2) Context.sendOrderBroadcast：广播 Intent 到 BroadcastReceiver，满足条件的 BroadcastReceiver 都会执行 onReceive 方法。这种方式保证执行顺序，根据 Broadcast-Receiver 注册时 IntentFilter 设置的优先级的顺序来执行 onReceive 方法，高优先级的 BroadcastReceiver 执行先于低优先级的 BroadcastReceiver。

(3) Context.sendStrikyBroadcast：广播 Intent 到 BroadcastReceiver，满足条件的 BroadcastReceiver 都会执行 onReceive 方法。这种方式提供了“粘着”功能，一直保存 sendStrikyBroadcast 发送的 Intent。这样以后使用 registerReceiver 注册接收器时，新注册的 Receiver 的 Intent 对象为该 Intent 对象。

3. 接收

BroadcastReceiver 收到广播 Intent，对 Intent 进行判断。如果该接收器满足条件，执行 onReceive 方法。

4. 销毁

在 Android 中，每次广播消息到来时，都会创建 BroadcastReceiver 实例并执行 onReceive()方法，onReceive()方法执行完后，BroadcastReceiver 的实例就会被销毁。执行 onReceive()时，Android 系统会启动一个程序计时器。如果在一定的时间内 onReceive()方法没有完成，该程序会被认为无响应。因此 onReceive 方法里需要包含快速执行的逻辑，否则会弹出程序无响应(Application No Response)的对话框。

可用 Service 来取消这种限制，Service 的响应计时器会比 Activity 的长。可通过发送 Intent 给 Service，由 Service 处理时间较长的工作。

8.2.2 接受广播 Intent

Android 都能准确找到相匹配的一个或多个 Activity、Service 或 Broadcast-Receiver 作为响应。收到广播 Intent 后，所有包含相匹配的 IntentFilter 的广播接收器就会被激活。

只有 BroadcastReceiver 才能接受 BroadcastIntent 消息，然而 Activity 或 Service 不会接受 BroadcastIntent 消息。Activity 只接受由 startActivity()传递的消息，Service 只接受 startService()所传递的消息。Broadcast Intents 机制被广泛运用于通知设备或系统的状态变化。例如，当手机设备的电池电量低于一个阈值时，系统会发送一个广播。该广播的 Action 为 ACTION_BATTERY_LOW。收到该广播后，所有包含相匹配的 IntentFilter 的广播接收器就会执行 onReceive 的处理代码，比如进入节电模式，代码如下所示：

```
public void onReceive(Context mycontext, Intent myintent) {
    if (myintent.getAction().equals(Intent.ACTION_BATTERY_LOW)) {
    } //添加低电量的处理，如关闭 Wifi 和 GPS 以节电模式运行
}
```

BroadcastIntent 传递的消息需要 Receiver 接收，在使用 Receiver 接收之前，需要将其注册到系统中。Android 提供了 Java 和 XML 两种方式实现 Intents Receiver 注册。

使用 Java 注册时首先创建 IntentFilter 和 Receiver 对象，然后在需要的地方调用 Context.registerReceiver 进行注册。同样，可使用 Context.unregisterReceiver 取消该注册。

使用 XML 注册时，首先需要在 AndroidManifest.xml 的 application 中的<receiver>标签处使用 android:name 属性指定接收器的名字，然后在 intent-filter 中添加相应的行为、类别或者类型：

```
<receiver android:name=".MyReceiver">
   <intent-filter>
       <action android:name="android.provider.Telephony.SMS_RECEIVED"/>
   </intent-filter>
</receiver>
```

当 Intent Filter 的 Action 与广播的 Intent 匹配时，系统执行该广播接收器的 onReceive 方法。需要注意，应用程序会弹出应用无响应(Application No Response)的对话框。不需要在收到广播 Intent 之前启动 Broadcast Receiver，该接收器会在匹配广播 Intent 的时候被激活。这种特殊的处理方式适合资源管理，可通过这种方式创建关闭或杀死的事件驱动应用程序，并以安全的方式对广播事件做出响应。Broadcast Receiver 会更新内容、启动服务、更新 Activity 的 UI 或使用通知管理器来通知用户。

下面通过一个具体例子来说明 Intents Receiver 的基本用法。为了实现 Intent 的广播和接收功能，需要在工程中至少包含两个 Java 文件。一个用于 Broadcast Intent，另一个用于接收广播的 Intent。

本实例包含了 MainActivity.java 和 receiver.java 实现广播 Intent 和接收 Intent 的功能。其中 MainActivity.java 实现了广播 Intent 的功能，receiver.java 实现了 Intent 的接收功能。MainActivity.java 包含一个单选按钮，该单选按钮监听器的 onClick 方法设置了广播 Intent 的功能。

单击按钮时，onClick 方法调用 sendBroadcast 发送载有行为 com.sch.Ex_8_1.receiver 的 Intent。发送后，系统会匹配已注册的广播接收器，广播接收器可以是 Java 注册，也可以是 XML 注册。本例采用 XML 的注册方式，因此系统在 AndroidManifest.xml 匹配包含该 Intent 的接收器的名字。

由于 android:name=“Receiver”的接收器标签包含 com.sch.Ex_8_1.receiver，则 receiver.java 的 receiver 类被激活。

【例 8.1】 Intents Receiver 的应用。

MainActivity.java 实现了 Broadcast 的功能：

```
import android.app.Activity;
import java.io.File;
import android.content.Intent;
import android.os.Bundle;
import android.os.Environment;
import android.util.Log;
import android.view.View;
import android.widget.Button;
```

```
public class MainActivity extends Activity {

    public static final String MY_RECEIVER = "com.sch.Ex_8_1.receiver";
    public TextView textview;

    @Override
    public void onCreate(Bundle savedInstanceState) {
        super.onCreate(savedInstanceState);
        setContentView(R.layout.activity_main);

        //新建 Intent 对象，指定启动应用为 com.sch.Ex_8_1.receiver
        final Intent intent = new Intent(MY_RECEIVER);
        Button button = (Button)findViewById(R.id.BROADCASTINTENT);
        textview = (TextView)findViewById(R.id.TEXTVIEW);

        //实现单击按钮事件处理，当单击按钮时，onClick 方法被调用
        button.setOnClickListener(new View.OnClickListener() {
            public void onClick(View v) {

                /*利用 sendBroadcast 方法广播 Intent 给广播接收器*/
                sendBroadcast(intent);
                textview.setText("Receiver");
            }
        });
    }
}
```

receiver.java 实现了接收器的功能，继承 BroadcastReceiver，并重写该类的 onReceive 方法：

```
public class receiver extends BroadcastReceiver {
    public void onReceive(Context context, Intent intent) {
        CharSequence string = "Received message on behalf of Receiver";
        //显示 Toast 消息
        Toast.makeText(context, string, Toast.LENGTH_LONG).show();
    }
}
```

另外，需要在 AndroidManifest.xml 添加<receiver>元素：

```
<!--在 AndroidManifest.xml 中添加该行为的 receiver 标签 -->
<receiver android:name="Receiver" android:enabled="true">
    <intent-filter>
        <action android:name="com.china.ui.NEW_LIFEFORM" />
    </intent-filter>
</receiver>
```

启动该工程，程序运行界面如图 8-2 所示。

单击 Broadcast 的按钮，com.sch.Ex_8_1 广播 Intent 消息。receiver 收到广播 Intent 消息，onReceive 方法被调用，如图 8-3 所示。

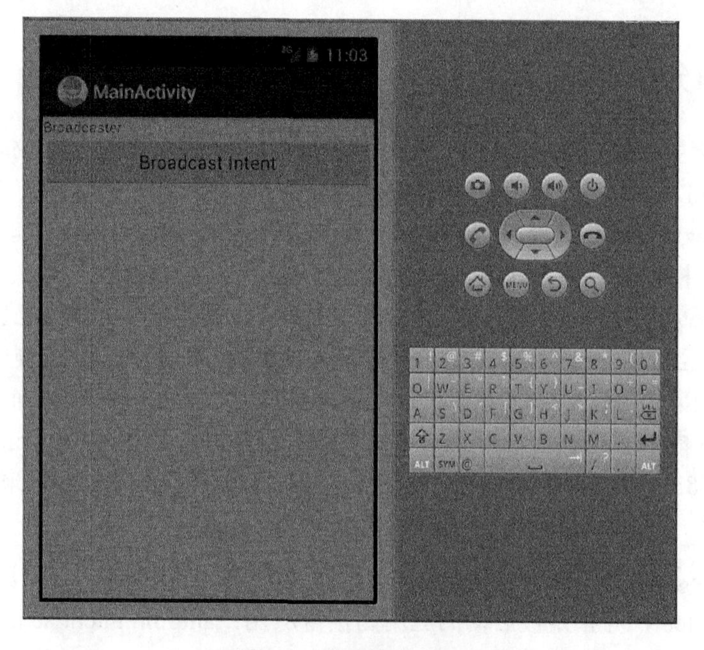

图 8-2　程序运行界面

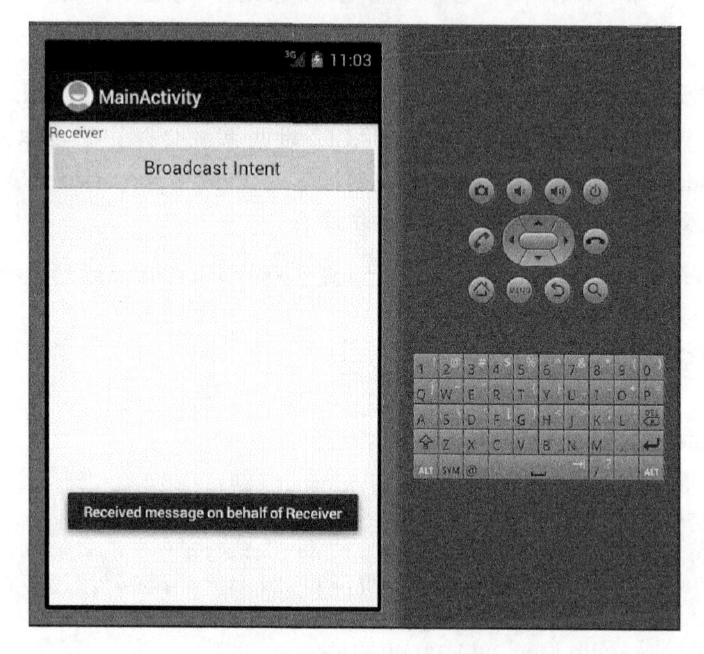

图 8-3　receiver 收到广播

8.3　应用实例详解：电话拨号程序

本实例使用 Android 提供的 android.intent.action.CALL 实现拨号功能，程序只需指定 Intent 的 Action 属性为 android.intent.action.CALL 并设置被叫号码，然后使用 startActivity 方法启动该 Intent，就能看到一个电话拨号的界面。

8.3.1 实例分析

本实例包含主程序 activity_main.xml、AndroidManifest.xml 以及 MainActivity.java。activity_main.xml 中定义了拨号实例的界面包含的元素以及布局方式，该界面包含一个 AutoCompleteTextView 和 ImageButton 控件。AutoCompleteTextView 实现了具有自动提示功能的号码输入框，ImageButton 实现了带有电话图标的拨号按钮。

AutoCompleteTextView 通过 setAdapter 方法将 phonenumberStr 添加到自动完成文本控件的搜索库里。当用户在自动完成文本框里输入电话号码时，该输入框自动从搜索库里搜索包含当前字符串的电话号码。如果在 phonenumberStr 中搜索到包含当前字符串的电话号码，则在该文本框下方显示出来。例如当用户输入 88 时，文本框在 phonenumberStr 中搜索出号码 88888888 含有前缀 88，则 88888888 号码在文本框下方显示出来。这个功能类似于手机电话查找，程序会自动显示与当前输入匹配的电话号码。

若自动完成文本框中输入的字符串满足格式要求，则在 onClick()方法中新建一个 Intent 对象 myIntent，并指定被启动的应用为拨号应用：android.intent.action.CALL。

若自动完成文本框中输入的字符串不满足格式要求，则程序弹出一个无效电话号码格式的 Toast 消息。

注意： 需要 AndroidManifest.xml 添加与 android.intent.action.CALL 相关的权限。否则调用 android.intent.action.CALL 时，系统会弹出需要权限的异常错误。android.intent.action.CALL 相关的权限是 android.permission.CALL_PHONE。因此需要在 AndroidManifest.xml 中添加：

```
<uses-permission android:name="android.permission.CALL_PHONE">
```

8.3.2 实例实现

主程序 MainActivity.java 的实现：

```
public class MainActivity extends Activity {
    //用于自动完成提示的号码表
    private static final String[] phonenumberStr = new String[]
      { "88888888", "85668888", "7777777", "86666666","7377777" };
    /*声明 Button 与 AutoCompleteTextView 对象名称*/
    private ImageButton button_phone;
    private AutoCompleteTextView autoCompletePhone;
    public void onCreate(Bundle savedInstanceState) {
        super.onCreate(savedInstanceState);
        setContentView(R.layout.activity_main);
        /*通过 findViewById()取得 AutoCompleteTextView 对象*/
        autoCompletePhone =
          (AutoCompleteTextView)findViewById(R.id.autoCompletePhone);

        /*通过 findViewById 构造器来构造 EditText 与 Button 对象*/
        button_phone = (ImageButton)findViewById(R.id.button_phone);
```

```
        button_phone.setBackgroundResource(R.drawable.phone);
        /*以 phonenumberStr 字符串数组生成 ArrayAdapter 对象*/
        ArrayAdapter<String> adapter = new ArrayAdapter<String>(this,
          android.R.layout.simple_dropdown_item_1line, phonenumberStr);
        /* 通过 setAdapter()来读取 ArrayAdapter 里的数据 phonenumberStr */
        autoCompletePhone.setAdapter(adapter);
        /*设置 Button 对象的 OnClickListener 来监听 OnClick 事件*/
        button_phone.setOnClickListener(new MyButtonClickListener());
    }
    private class MyButtonClickListener implements OnClickListener {
        public void onClick(View view) {
            try
            {
                String string = autoCompletePhone.getText().toString();
                //设置 valid_expression 为仅包含数字的字符串
                String valid_expression = "([0-9]+)$";
                //设置 invalid_expression 为仅包含字母的字符串
                String invalid_expression ="([a-zA-Z]+)$";
                /*若输入的号码包含数字，不包含字母。且字符串长度在 4~9 之间，
                  则调用 Android 系统的拨号应用。*/
                if (ValidDigitalPhoneNumber(string, vaild_expression)
                  && !ValidDigitalPhoneNumber(string,invalid_expression)
                  && VaildNumberLen(string, 4, 9)) {
                    /*新建一个 Intent 对象，并指定被启动的应用为拨号应用：
                      android.intent.action.CALL */
                    Intent myIntent = new Intent(
                      "android.intent.action.CALL",Uri.parse("tel:"+string));
                    /*调用 myIntent 指定的 android.intent.action.CALL，
                      这个应用是由 Android 系统提供的*/
                    startActivity(myIntent);
                    autoCompletePhone.setText("");
                }
                else
                {
                    autoCompletePhone.setText("");
                    Toast.makeText(MainActivity.this, "无效电话号码格式",
                      Toast.LENGTH_LONG).show();
                }
            }
            /* catch 捕捉异常，若出现异常，则显示异常的 Toast 消息*/
            catch (Exception e)
            {
                Toast.makeText(MainActivity.this, "异常错误："
                  + e.toString(),Toast.LENGTH_LONG).show();
            }
            /* finally 中可添加处理异常的代码*/
            finally
            {
                MainActivity.this.finish(); //关闭当前的 activity
            }
        }
```

```
    }
    /*判断输入的电话号码的长度是否在 minlen 跟 maxlen 之间：若长度正确，返回 true；
      否则返回 false */
    public static boolean VaildNumberLen(String phone_number,
      int minlen, int maxlen) {
        int len = phone_number.length(); //获取电话号码的长度
        //判断电话号码是否在 minlen 和 maxlen 之间
        if (len>=minlen && len<=maxlen)
            return true;
        return false;
    }
    /*检查电话号码是否包含正则表达式定义的字符串：若包含返回 true；否则返回 false */
    public static boolean ValidDigitalPhoneNumber(String phone_number,
      String regexp) {
        /*根据正则表达式 regexp 生成模式对象*/
        Pattern pattern = Pattern.compile(regexp);
        /*模式对象利用正则表达式 regexp 匹配 phone_number，返回 Matcher 对象*/
        Matcher matcher = pattern.matcher(phone_number);
        /*通过 Matcher 对象的 matches 方法判断匹配是否成功，
        * 即 phone_number 是否含有正则表达式 regexp 定义的字符串。
        * 若 包含 regexp 定义的字符串，则返回真值(true)；
        * 否则返回假值(false)
        * */
        if(matcher.matches())
        {
            return true;
        }
        return false;
    }
}
```

在 AndroidManifest.xml 中添加打电话的 uses-permission：

```
<uses-permission android:name="android.permission.CALL_PHONE">
</uses-permission>
<application android:icon="@drawable/icon"
  android:label="@string/app_name">
    <activity android:name=".MainActivity"
      android:label="@string/app_name">
        <intent-filter>
            <action android:name="android.intent.action.MAIN" />
            <category android:name="android.intent.category.LAUNCHER" />
        </intent-filter>
    </activity>
</application>
```

基于以上的程序实例，需要补充两点：异常处理和正则表达式。

1. 异常处理

在 onClick 方法中，使用了 try-catch 机制捕捉程序的异常。
它的基本语法如下：

```
try
{
    //此处是可能产生异常的语句
}
catch(error)
{
    //此处是负责处理异常的语句
}
finally
{
    //此处是出口语句
}
```

其中，try 块中的语句首先被执行。如果运行中发生了错误，控制就会转移到位于 catch 块中语句，其中括号中的 error 参数被作为异常变量传递。否则，catch 块的语句被跳过不执行。无论是发生错误时 catch 块中的语句执行完毕，或者没有发生错误 try 块中的语句执行完毕，最后将执行 finally 块中的语句。finally 块一般包含程序的结束处理语句，如回收资源。因此本实例中，关闭当前的 activity 的语句被放在 finally 块中。

2. 正则表达式

onClick 方法使用 ValidDigitalPhoneNumber(String phone_number, String regexp)判断字符串 phone_number 是否匹配正则表达式 regexp，并返回一个 boolean 值作为判断依据。

ValidDigitalPhoneNumber 方法包含两个参数，第一个参数是需要匹配的字符串，第二个参数是正则表达式。若第二个参数能够匹配第一个参数，则返回真值；否则返回假值。

正则表达式(Regular Expression)是包含特殊意义的字符串，这个特殊的字符串定义了一个模式来搜索匹配字符串。本实例定义了两个正则表达式 invalid_expression="([a-zA-Z]+)$"和 valid_expression="([0-9]+)$"。在正则表达式中，表达式“0-9”代表任意单个数字(从 0 到 9)，同理 a-z 或者 A-Z 代表小写或者大写字母。因此 valid_expression="([0-9]+)$"用来匹配仅包含数字作为开头的字符串，invalid_expression="([a-zA-Z]+)$"用来匹配仅包含字符(a-z 或者 A-Z)作为开头的字符串。

Android 系统也提供了正则表达式的支持，但是需要导入 java.util.regex.Matcher、java.util.regex.Pattern 两个类才能使用正则表达式。下面是使用正则表达式匹配的过程。

(1) 使用 java.util.regex.Pattern 的类方法 compile 生成正则表达式的 Pattern 对象：

```
Pattern pattern = Pattern.compile(regexp);
```

(2) 模式对象 pattern 使用 matcher 方法匹配字符，判断被匹配的字符是否满足正则表达式的模式并返回 Matcher 对象。例如：

```
Matcher matcher = pattern.matcher(phonc_number);
```

(3) 用返回的 Matcher 对象调用 matches 方法，判断是否匹配成功。若匹配成功则返回真值，否则返回假值。例如：

```
if(matcher.matches())
{
    //匹配成功处理
```

```
}
else
{
    //匹配失败处理
}
```

运行该实例。在输入框中键入电话号码，如图 8-4 所示。

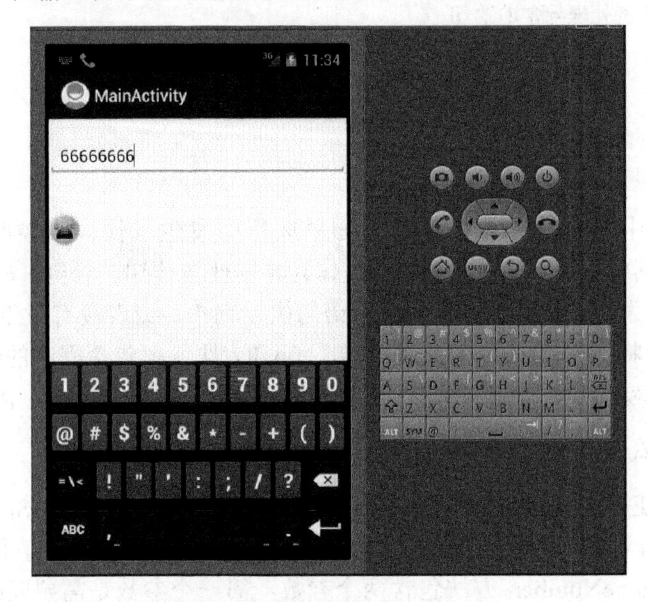

图 8-4　运行程序并输入号码

单击拨号按钮，若输入的号码符合规定的格式，程序使用系统提供的 Action.CALL 进行拨号，如图 8-5 所示。

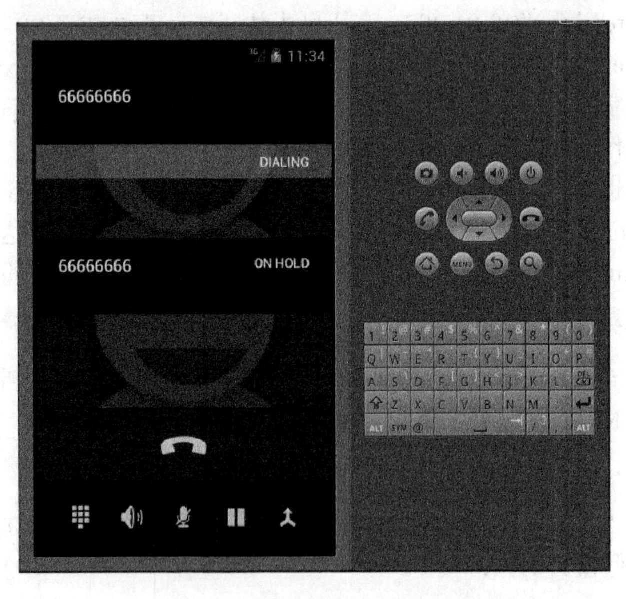

图 8-5　调用 Action.CALL 拨号

8.4 上机实训

1. 实训目的

(1) 掌握 Intent 的构成，了解 Component(组件)、Action(行为)、Data(数据)、Category(分类)，Extras(扩展信息)和 Flags(标志)的意义和用法。

(2) 熟悉 Intent 的两种启动方式，以及这两种方式的区别和应用场景。

(3) 理解 Intent 过滤器的工作原理以及测试过程。

(4) 了解常用的 Intent action。

(5) 掌握 Broadcast 生命周期，了解发送广播 Intent 和接受广播 Intent 的工作过程。

2. 实训内容

(1) 编写程序，实现短信发送的功能，要求程序提供用户输入电话号码和短信内容的界面。

(2) 编写程序，实现 Google 内容搜索的功能，要求提供用户搜索关键字的界面。

8.5 本章习题

一、填空题

(1) Intent 的属性有_________、_________、_________、_________、_________和_________。

(2) 设置 Intent 的 Component 属性的方法是_________，获取 Intent 的 Component 属性的方法是_________。

(3) 当匹配一个 Intent 意图对象时，需要经历的测试有_________、_________和_________。

(4) 如果过滤器包含至少一个动作，一个没有 Action 属性的 Intent 对象被认为_________。

(5) 插入或者拔出耳机对应的 Action 是_________，同步服务器与移动设备之间的数据_________。

(6) Intent 类里面的 Action 常量属性分为_________和_________两种。

(7) Broadcast Intent 的生命周期分为 4 个步骤：_________、_________、_________和_________。

二、问答题

(1) 列举 Intent 类提供的操作 Category 属性的方法。

(2) 介绍 Intent Filter 的动作测试的规则。

(3) 依据本章的知识，列举 3 个 Activity Action 常量和 3 个 Broadcast Action 常量。

(4) 描述使用 ACTION_VIEW 浏览网页的过程。
(5) 描述使用两种注册方法 Java 和 XML 广播 Intent 的过程。
(6) 简述 try-catch 异常捕捉机制的基本语法。
(7) 描述 Android 使用正则表达式的过程。

第 9 章 Android 图形库

学习目的与要求：

随着手机性能的不断提高，早期的手机游戏如贪吃蛇、五子棋等已经不能满足人们的需求了。随着手机硬件和软件的快速发展，手机 3D 游戏应用在近两年成为业界关注的热点，3D 游戏慢慢地在手机上出现，无论从显示效果还是从娱乐性上都有了非常显著的提高，而这其中的功臣就是 3D 图形库。

Android 系统上 OpenGL 3D 图形库是备受开发人员欢迎的。这一领域作为手机上的新兴产业，现在受到了众多游戏厂商的关注。通过不断的开发整合，OpenGL 正在不断地完善，并会有一个很好的未来。通过本章的学习，读者可以对 OpenGL 有一定的了解，在程序开发过程中，能够使用 OpenGL 制作出简单的 3D 效果。

9.1 图形基础

Android 系统上负责图像处理的是 OpenGL ES (OpenGL for Embedded Systems)。在介绍 OpenGL ES 之前，先要熟悉 OpenGL。

OpenGL(Open Graphics Library，开放式图形库)是目前备受推崇的计算机三维图形标准，也是目前用于开发 2D 和 3D 图形应用程序的首选工具。它定义了一个脱离编程语言和操作系统平台的标准。无论是对于 C/C++、Java、C#、Python 等编程语言，还是对于 Windows、Linux 等操作系统，OpenGL 都是最好的选择。

OpenGL 是 SGI 公司开发的一套的计算机图形处理系统，它不是一种编程语言，而是一种应用程序编程接口(Application Programming Interface，API)。如果说某个程序是 OpenGL 程序，就说明此程序是用某种语言编写的，调用了 OpenGL 的库函数。

SGI 公司在 1992 年 7 月发布了 OpenGL 1.0 版，后来该技术成为了工业标准，由成立于 1992 年的 OpenGL Architecture Review Board (ARB)体系评审委员会控制。

1995 年，SGI 推出了更为完善的 OpenGL 1.1 版本，这个版本的性能比 1.0 有显著提升。1998 年 3 月推出了 1.2 版，新增加了 GL_BGRA 等原来没有的像素格式。

2001 年 8 月和 2002 年 7 月的 1.3 和 1.4 两个版本对纹理处理等做出了相应的升级。

2003 年 7 月的 1.5 版尤为重要，它定义的规范为 2.0 的升级打下了一定的基础。

2004 年 9 月的 2.0 版本有了很大程度上的突破，它精简了核心，改进了内存管理机制，支持嵌入式图形应用等。

2008 年 7 月，版本升级为 3.0，可充分发挥当前可编程图形硬件的潜能。

2009 年 3 月，3.1 版本对整个 API 模型体系进行了简化，可大幅提高软件开发效率。

2009 年 8 月，3.2 版在性能、几何处理、画质等方面加入了大量新的特性。

2010 年 3 月，4.0 版给 OpenGL 带来了一次重大的升级，针对新的硬件提供了大量全新的特性。

2010 年 7 月的 4.1 版全面兼容 OpenGL ES 2.0 API，真正给嵌入式设备带来了福音。

OpenGL 主要包括 3 个函数库：核心库、实用函数库和编程辅助库。

- 核心库：包含了 OpenGL 最基本的命令函数。核心库中函数以 gl 为前缀，用来建立各种几何模型、光照效果、纹理映射等所有的二维和三维图形操作。
- 实用函数库：比核心库更高一层的函数库，实用函数库中函数都以 glu 为前缀进行调用。
- 编程辅助库：编程辅助库提供了一些基本的窗口管理函数、事件处理函数和事件函数。此类函数以 aux 作为前缀进行调用。

虽然 OpenGL 功能强大，但是强大的功能需要高性能的硬件的支持。移动设备上的硬件性能要比 PC 的性能低很多，所以推出了在移动设备上简化的 OpenGL，命名为 OpenGL ES。OpenGL ES 是 OpenGL 三维图形 API 的子集，去除了 glBegin/glEnd、四边形(GL_QUADS)、多边形(GL_POLYGONS)等复杂图元的许多非绝对必要的特性。通过这些剪裁，OpenGL ES 能更好地适应移动设备。

之后，Khronos Group 在 2007 年 3 月份制定了一种业界标准 API——OpenGL ES 2.0，这个版本加快了 3D 图片的渲染速度，完全实现了 3D 图形在移动设备上的可编程，迈出了历史性的一步。

下面讲述创建一个 OpenGL ES 基本框架的流程。

(1) 引入 android.OpenGL.GLSurfaceView.Renderer 接口。

首先，Android 提供了一个 GLSurfaceView 类显示 OpenGL 视图，而 GLSurfaceView 中包含一个用于渲染 3D 效果的接口 Renderer，所以需要构建一个回调类，并引入 android.OpenGL.GLSurfaceView.Renderer 接口：

```
import android.OpenGL.GLSurfaceView.Renderer;
public class GLRender implements Renderer {}
```

(2) 在 MyRender 类中实现如下 3 个方法：

```
onSurfaceCreated(GL10 gl, EGLConfig config) {}
onSurfaceChanged(GL10 gl, int width, int height) {}
public void onDrawFrame(GL10 gl) {}
```

下面介绍这 3 个方法的功能。

- onSurfaceCreated()：通过调用 glHint()函数来设置渲染质量与速度的平衡，设置清屏颜色，着色模型，启用背面剪裁和深度测试，以及禁用光照和混合等全局性的设置。
- onSurfaceChanged()：根据绘图表面尺寸的改变即时改变视口大小，重新设置投影矩阵等。
- onDrawFrame()：需要编写的是每帧实际渲染的代码，包括清屏、设置模型视图矩阵、渲染模型等。

图 9-1 是一张 3D 效果图，后续的章节会介绍 2D/3D 图形的绘制和渲染等内容。

图 9-1　3D 效果图

9.2 2D 绘图

OpenGL ES 是 Android 系统中绘制系统的图形库，不仅可以绘制 3D 图形，还可以绘制 2D 图形，但是 OpenGL ES 是剪裁过的 OpenGL，只保留了绘制三角形的功能。但这并不影响 OpenGL ES 的图形绘制能力，因为任何多边形都可由三角形来构建。

9.2.1 多边形绘图

多边形的绘制离不开坐标系，下面先介绍一下 OpenGL 的坐标系。

在调用 glLoadIdentity()方法后，当前点移动到屏幕中心。OpenGL 的坐标系是三维的，有 X、Y、Z 轴三个方向，X 轴从左至右，中心左边的坐标值为负值，中心右边的坐标值为正值；Y 轴从上至下，中心上面的坐标值为负值，中心下面的坐标值为正值；Z 轴从里向外，中心里面的坐标值为负值，中心上面的坐标值为正值。

OpenGL 的坐标系如图 9-2 所示。

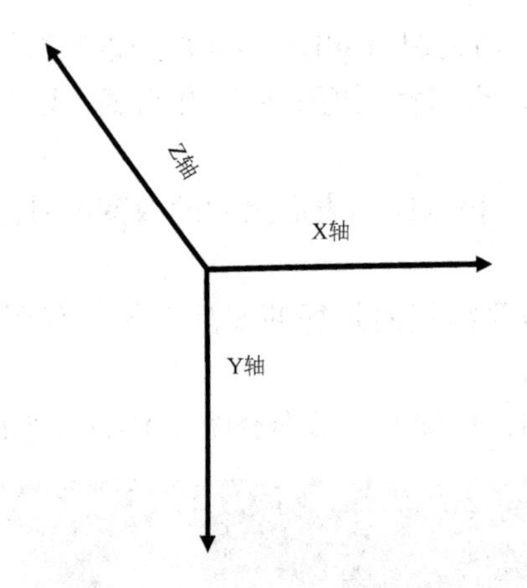

图 9-2 OpenGL 的坐标系

下面通过一个实例来介绍绘制多边形的过程。

【例 9.1】绘制多边形。

根据上一节的介绍，使用 OpenGL ES 的框架绘制多边形，首先需要建立一个 GLRender 类，继承 Renderer。由于三角形是由三个顶点构成的，而且在 3D 坐标系中，每个顶点由(X, Y, Z)构成，所以定义三角形的顶点数组如下：

```
int one = 0x10000;
// 三角形的 3 个顶点
private IntBuffer triggerBuffer = IntBuffer.wrap(
    new int[] {
            0, one, 0,          //上顶点
            -one, -one, 0,      //左下顶点
            one, -one, 0, }     //右下顶点
);
```

而四边形是由 4 个顶点构成的，每个顶点也是由(X, Y, Z)构成，所以定义四边形的顶点数组如下：

```
private IntBuffer quaterBuffer = IntBuffer.wrap(
    new int[] {
            one, one, 0,        //右上角顶点
            -one, one, 0,       //左上角顶点
            one, -one, 0,       //右下角顶点
            -one, -one, 0}      //左下角顶点
);
```

当程序开始运行或者窗口改变的时候，都会调用 onSurfaceChanged 方法，在此方法中做一些初始化的工作。首先设置 OpenGL 场景的大小，代码如下：

```
gl.glViewport(0, 0, width, height); //设置 OpenGL 场景的大小，设置为全屏大小
```

接下来设置投影矩阵，为场景增加透视，然后调用 glLoadIdentity()将场景设置透明图，代码如下：

```
gl.glMatrixMode(GL10.GL_PROJECTION); //设置投影矩阵
gl.glLoadIdentity(); //重置投影矩阵
gl.glFrustumf(-ratio, ratio, -1, 1, 1, 10); //设置视口的大小，设置为全屏
gl.glMatrixMode(GL10.GL_MODELVIEW); //选择模型观察矩阵
gl.glLoadIdentity(); //重置模型观察矩阵
```

需要指出的是，glFrustumf 方法的前面 4 个参数用于确定窗口的大小，后面两个参数分别表示在场景中所能绘制深度的起点和终点，即移动的单位必须小于此方法设置的最远距离(此处是 10)。

完成初始化工作后，真正绘制图形是在 onDrawFrame 方法中完成的。首先清除屏幕，代码如下：

```
gl.glClear(GL10.GL_COLOR_BUFFER_BIT | GL10.GL_DEPTH_BUFFER_BIT);
//GL_COLOR_BUFFER_BIT 参数表示清除屏幕
//GL_DEPTH_BUFFER_BIT 参数表示清除深度缓存
```

绘制图形需要设置顶点，下面代码告诉 OpenGL 要设置顶点：

```
gl.glEnableClientState(GL10.GL_VERTEX_ARRAY);
```

然后重设原点位置，在新的位置基础上绘制三角形，使用如下代码将坐标原点沿 X 轴向左移动 1.5 个单位，Y 轴不动，Z 轴移入屏幕 6 个单位，代码如下：

```
gl.glTranslatef(-1.5f, 0.0f, -6.0f);
```

设置完原点之后，使用下面的代码设置三角形的顶点坐标。该方法的第 1 个参数表示坐标系的纬度，OpenGL 是三维坐标系，所以该参数值是 3；第 2 个参数表示顶点的类型，采用固定参数 GL_FIXED；第 3 个参数表示步长，第 4 个参数表示顶点缓存，即坐标数组。代码如下：

```
gl.glVertexPointer(3, GL10.GL_FIXED, 0, triggerBuffer);
```

顶点设置完毕后，即可通过如下代码绘制三角形。第 1 个参数指线性连续填充三角形

串；第 2 个参数表示三角形顶点的坐标，坐标值为数组中参数指定的位置；第 3 个参数表示三角形的顶点数。代码如下：

```
gl.glDrawArrays(GL10.GL_TRIANGLES, 0, 3);
```

绘制四边形的代码与三角形类似，完整的 OnDrawFrame()方法如下：

```
public void onDrawFrame(GL10 gl)
{
    //清除屏幕和深度缓存
    gl.glClear(GL10.GL_COLOR_BUFFER_BIT | GL10.GL_DEPTH_BUFFER_BIT);
    gl.glEnableClientState(GL10.GL_VERTEX_ARRAY);   //允许设置顶点
    gl.glLoadIdentity();     //重置当前的模型观察矩阵
    gl.glTranslatef(-1.5f, 0.0f, -6.0f);     //左移-1.5 单位，并移入屏幕 6.0
    //设置三角形的顶点坐标
    gl.glVertexPointer(3, GL10.GL_FIXED, 0, triggerBuffer);
    gl.glDrawArrays(GL10.GL_TRIANGLES, 0, 3);   //绘制三角形
    gl.glLoadIdentity();     //重置当前的模型观察矩阵
    gl.glTranslatef(2.0f, 0.0f, -6.0f);     //左移 2.0 单位，并移入屏幕 6.0
    //设置正方形的顶点坐标
    gl.glVertexPointer(3, GL10.GL_FIXED, 0, quaterBuffer);
    gl.glDrawArrays(GL10.GL_TRIANGLE_STRIP, 0, 4); //绘制正方形
    gl.glDisableClientState(GL10.GL_VERTEX_ARRAY); //关闭顶点设置功能
}
```

这样 GLRender 类设置完成，然后在主 Activity 中调用此类即可，代码如下：

```
public void onCreate(Bundle savedInstanceState)
{
    super.onCreate(savedInstanceState);
    //创建一个 GLSurfaceView，指向 this
    GLSurfaceView glView = new GLSurfaceView(this);
    GLRender glRender = new GLRender(); //新建一个 GLRender 并初始化
    glView.setRenderer(glRender);  //将 GLRender 设置到 GLSurfaceView
    setContentView(glView);
}
```

运行程序，效果如图 9-3 所示。

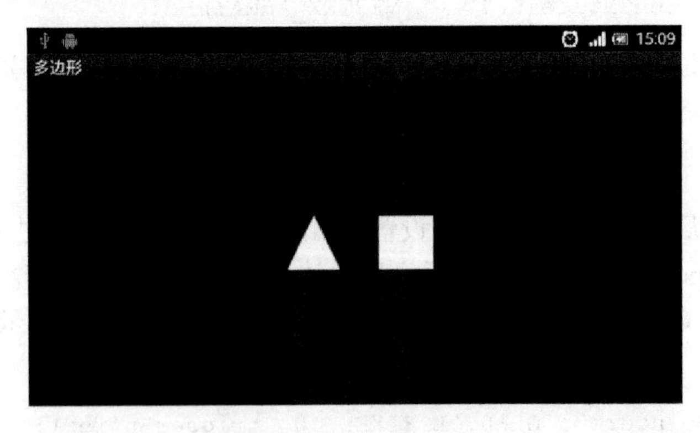

图 9-3　多边形效果图

9.2.2 颜色和透明度

前面的示例虽然画出了三角形和四边形，但图形是白色的，本节将学习如何设置图形的颜色和透明度。

着色方式有两种，平滑着色(Smooth Coloring)和单调着色(Flat Coloring)。其中平滑着色是将不同的颜色混合在一起，形成混合颜色。

下面通过一个实例讲述使用 OpenGL 实现着色的过程。

【例 9.2】着色实例。

首先介绍平滑着色，以三角形为例。

绘制颜色与绘制图形一样，同样在 onDrawFrame()方法中处理，绘制之前要开启颜色的渲染功能，代码如下：

```
gl.glEnableClientState(GL10.GL_COLOR_ARRAY);
```

然后定义颜色数组，每一个颜色由 R、G、B、A 指定，其中 A 表示透明度，定义三角形颜色数组代码如下：

```
int one = 0x10000;
private IntBuffer colorBuffer = IntBuffer.wrap(new int[] {
    one, 0, 0, one,
    0, one, 0, one,
    0, 0, one, one, });
```

然后，通过如下方法进行平滑着色即可。该方法第一个参数表示每一个颜色的数目(R、G、B、A)。其他参数同绘制图形的 glVertexPointer 方法。代码如下：

```
gl.glColorPointer(4, GL10.GL_FIXED, 0, colorBuffer);
```

着色完成后要关闭渲染功能，代码如下：

```
gl.glDisableClientState(GL10.GL_COLOR_ARRAY);
```

下面以四边形为例介绍单调着色。

单调着色没有平滑着色那么麻烦，直接使用如下方法着色即可，参数也是 R、G、B、A 指定，代码如下：

```
gl.glColor4f(0.0f, 1.0f, 0.0f, 0.0f);
```

注意： glColor4f 方法不需要开启颜色渲染功能，在使用 glColor4f 之前，要使用 glDisableClientState 方法关闭颜色渲染功能，否则 glColor4f 不起作用。

OnDrawFrame()方法代码如下(只保留着色部分)：

```
public void onDrawFrame(GL10 gl)
{
    ...
    gl.glEnableClientState(GL10.GL_COLOR_ARRAY); //开启渲染
    gl.glColorPointer(4, GL10.GL_FIXED, 0, colorBuffer); //平滑着色
    gl.glLoadIdentity(); //重置
```

```
    ...
    //绘制三角形
    ...
    gl.glDisableClientState(GL10.GL_COLOR_ARRAY); //关闭渲染
    gl.glColor4f(0.0f, 1.0f, 0.0f, 0.0f); //单调着色
    gl.glLoadIdentity(); //重置
    ...
    //绘制正方形
    ...
}
```

程序运行的效果如图 9-4 所示。

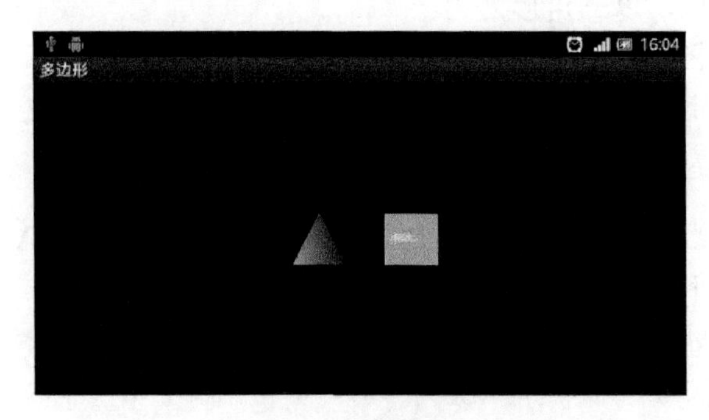

图 9-4　着色效果图

9.2.3　旋转

OpenGL ES 图形库包含众多 API，不仅可以绘图、着色，而且还可以实现图片的旋转。OpenGL ES 中通过 glRotate 方法实现图像的旋转，glRotate 方法的原型为：

```
void glRotatef(float angle, float x, float y, float z);
```

其中，第一个参数 angle 通常是一个变量，代表对象图像转过的角度。x、y 和 z 三个参数共同决定旋转轴的方向。比如(1, 0, 0)所描述的是经过 X 坐标轴 1 单位处并且方向向右，(0, -1, 0)描述经过 Y 轴 1 单位处并且方向向下。

下面通过一个实例，讲述使用 OpenGL 实现旋转的过程。

【例 9.3】旋转实例。

OnDrawFrame()方法代码如下(只保留旋转部分)：

```
public void onDrawFrame(GL10 gl)
{
    ...
    //着色
    ...
    //绘制三角形
    ...
    gl.glRotatef(rotate, 1.0f, 0.0f, 0.0f); //沿 X 轴旋转
    gl.glDrawArrays(GL10.GL_TRIANGLES, 0, 3);
    ...
    //着色
```

```
    ...
    //绘制正方形
    ...
    gl.glRotatef(rotate, 0.0f, -1.0f, 0.0f); //沿 Y 轴负方向旋转
    gl.glDrawArrays(GL10.GL_TRIANGLE_STRIP, 0, 4);
    ...
    rotate += 0.5f;
}
```

程序运行的效果如图 9-5 所示。

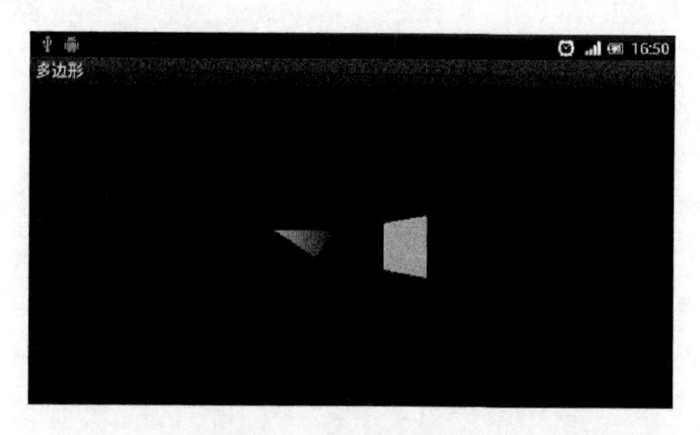

图 9-5　图形旋转效果

9.3　3D 绘图

能让 OpenGL ES 在 Android 系统上大显身手的地方不是 2D 绘图，而是 3D 绘图。通过 OpenGL ES 图形库关于 3D 绘图的 API，可以轻松实现 3D 绘图，以及纹理映射、光照和透明度等处理。

9.3.1　3D 空间

这里以创建一个四棱锥和立方体为例，介绍 3D 空间的具体实现过程。绘制四棱锥基本上与绘制三角形一样，重点在于其顶点坐标，因为四棱锥是由 4 个三角形组成的，而且这 4 个三角形要按一定的方向定义，不能即顺时针又逆时针定义，如图 9-6 所示。

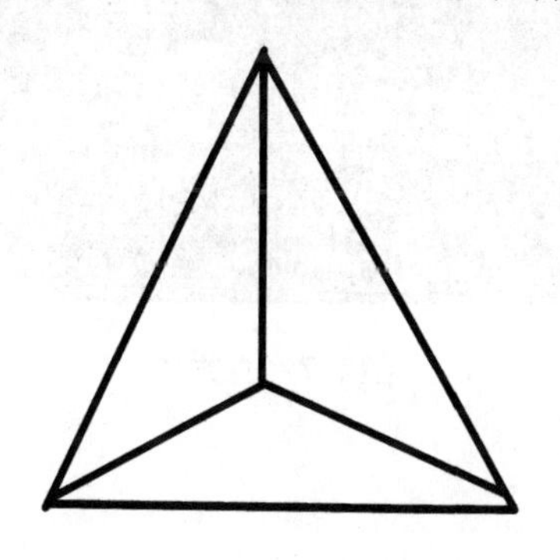

图 9-6　四棱锥

下面通过一个实例，来讲述绘制 3D 图形的过程。

【例 9.4】绘制 3D 图形。

定义四棱锥各顶坐标的代码如下：

```
private IntBuffer triggerBuffer = IntBuffer.wrap(new int[] {
    0,one,0,
    -one,-one,0,
    one,-one,one,

    0,one,0,
    one,-one,one,
    one,-one,-one,

    0,one,0,
    one,-one,-one,
    -one,-one,-one,

    0,one,0,
    -one,-one,-one,
    -one,-one,one
});
```

给四棱锥上色跟给三角形上色一样，只是在定义颜色数组的时候需要分别给四个三角形定义颜色。

下面通过一个循环来绘制 4 个三角形，代码如下：

```
for(int i=0; i<4; i++)
{
    gl.glDrawArrays(GL10.GL_TRIANGLE_STRIP, i*3, 3);
}
```

立方体的绘制方法同四棱锥，只是立方体需要绘制 6 个正方形，着色的时候要为 6 个面分别着色。然后分别对四棱锥和正方体添加旋转效果，程序运行的效果如图 9-7 所示。

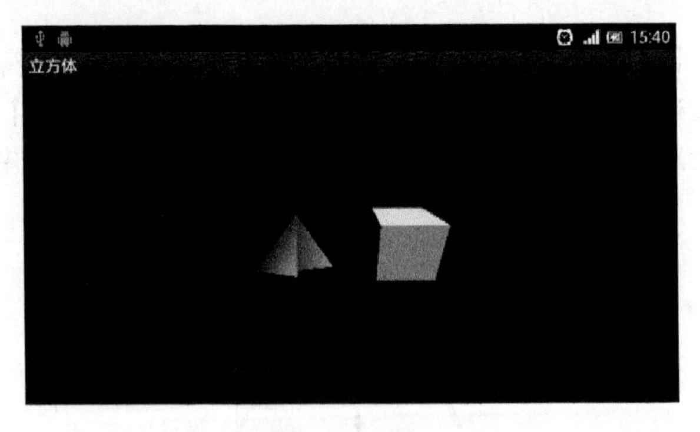

图 9-7　立方体

9.3.2　纹理映射

仅仅是旋转的立方体简单的着色并不能满足现实游戏等的要求。游戏为了吸引玩家的眼球，必然会添加许多绚丽的效果，本小节将学习在立方体上添加纹理映射。

最简单的纹理映射的方式是在一个正方形上贴一幅图。实现这个效果需要创建一个纹理并使用图片生成一个纹理。下面通过一个实例讲述实现纹理的过程。

【例 9.5】3D 图形纹理映射。

首先需要设置图形运行 2D 贴图，代码如下：

```
gl.glEnable(GL10.GL_TEXTURE_2D);
```

下面的代码用于创建纹理，主要用到 glGenTexttures(int n, IntBuffer textures)方法来创建一个纹理，其中参数 n 决定创建纹理的个数，textures 表示纹理的标识。textures 对象是通过 IntBuffer.get 方法获得，纹理标识成功获得之后，通过 glBindTexture(int target, int texture)方法绑定纹理到纹理目标上。代码如下：

```
IntBuffer intBuffer = IntBuffer.allocate(1); //定义一个 IntBuffer 对象
gl.glGenTextures(1, intBuffer);  //创建纹理
texture = intBuffer.get();
gl.glBindTexture(GL10.GL_TEXTURE_2D, texture); //设置要使用的纹理
```

下面的代码用于生成纹理，调用 textImage2D(int target, int level, Bitmap bitmap, int border)生成一个纹理，第 1 个参数描述纹理类型，第 2 个参数代表纹理的详细程度，一般为 0，第 3 个参数是贴图图片，第 4 个参数是边框效果。代码如下：

```
GLUtils.texImage2D(GL10.GL_TEXTURE_2D, 0, GLImage.mBitmap, 0);
```

至此，已经成功创建和生成了一个纹理，与颜色类似，使用纹理之前也需要将其开启，用完之后将其关闭，代码如下：

```
gl.glEnableClientState(GL10.GL_TEXTURE_COORD_ARRAY); //开启纹理
gl.glDisableClientState(GL10.GL_TEXTURE_COORD_ARRAY); //关闭纹理
```

纹理要正确显示在立方体的 6 个四边形上面才能生效，这就需要将纹理的 4 个顶点与四边形的 4 个顶点相对应，而且是一一对应，映射数据代码如下：

```
IntBuffer texcoords = IntBuffer.wrap(new int[] {
    one,0,0,0,0,one,one,one,
    0,0,0,one,one,one,one,0,
    one,one,one,0,0,0,0,one,
    0,one,one,one,one,0,0,0,
    0,0,0,one,one,one,one,0,
    one,0,0,0,0,one,one,one, });
```

数据设置完成，需要使用 glTexCoordPointer(int size, int type, int stride, Buffer pointer)方法将纹理绑定到图形上面，该方法的第 1 个参数表示纹理的坐标类型，第 2 个参数表示纹理的数据类型，第 3 个参数表示步长，第 4 个参数表示定义的纹理数据。代码如下：

```
gl.glTexCoordPointer(2, GL10.GL_FIXED, 0, texcoords);
```

都设置完成之后，最后调用 glDrawElements(mode, count, type, indices)方法进行图形绘制，第 1 个参数是类型；第 2 个参数是指点的个数；第 3 个参数指的是第 4 个参数的类型；第 4 个参数是三角形的索引数据，代码如下：

```
gl.glDrawElements(GL10.GL_TRIANGLE_STRIP, 24,  GL10.GL_UNSIGNED_BYTE,
  indices);
```

效果如图 9-8 所示。

图 9-8 带纹理的立方体

9.3.3 光照和透明度事件

为了实现更好的 3D 效果，通常给场景中提添加一下光源，如果没有光照，绘出的四方体会比实际立方体的效果差，会有失美观和逼真。

本小节将介绍如何为程序添加光照效果。

在 OpenGL 光照模型中，光源和光照效果都可以被分为红、绿、蓝三个部分，光源由红，绿，蓝强度来定义，而物体表面材料由其反射红、绿、蓝的程度和方向来定义。

OpenGL 光照模型中定义的光源可以分别控制，打开或关闭。OpenGL ES 支持最多 8 个光源。OpenGL 光照模型中最终的光照效果可以分为 4 个组成部分：Emitted(光源)、ambient(环境光)、diffuse(漫射光)和 specular(镜面反射光)，最终结果由这 4 种光叠加而成。在此我们着重介绍两种光，环境光和漫射光。

(1) 环境光(ambient)

指光线经过多次反射后已经无法得知其方向(可以看作来自所有方向)，该光源如果射到某个平面，其反射方向为所有方向。

(2) 漫射光(diffuse)

由于物体表面的凹凸不平，导致即使是平行光入射后反射光线也会射向四面八方，造成反射光线向不同的方向无规则地反射，这种反射称为“漫反射”或“漫射”。这样反射的光则称为漫射光，反射方向也为所有方向。

下面通过一个实例来讲述实现光照效果的过程。

【例 9.6】光照效果。

创建光源也是通过 R、G、B、A 进行创建，下面分别给出创建环境光和慢射光的定义，代码如下：

```
//定义环境光
FloatBuffer lightambient =
  FloatBuffer.wrap(new float[] { 0.5f, 0.5f, 0.5f, 1f });
//定义漫射光
```

```
FloatBuffer lightdiffuse =
  FloatBuffer.wrap(new float[] { 1.0f, 1.0f, 1.0f, 1.0f });
```

我们都知道，物体只在有光源的时候才能发光，程序里面也不例外，只有光源存在才能发出环境光或者漫射光，所以需要定义一个光源。光源由 4 个值组成，前 3 个确定光源位置，最后一个值设置为 1.0f，表示此坐标即是光源位置。定义光源的代码如下：

```
//定义光源位置
FloatBuffer lightposition =
  FloatBuffer.wrap(new float[] { 0.3f, 0.0f, 2.0f, 1.0f });
```

光源和位置定义完成后，就可以通过 API 来设置光源和位置了。如下代码表示设置其生效的过程，第 1 个参数表示光源的 ID，以区分其他光源；第 2 个参数是指光的类别，GL_AMBIENT 为环境光，GL_DIFFUSE 为漫射光，GL_POSITION 表示光源的位置；第 3 个参数表示定义的光源或者位置。代码如下：

```
gl.glLightfv(GL10.GL_LIGHT1, GL10.GL_AMBIENT, lightAmbient); //设置环境光
gl.glLightfv(GL10.GL_LIGHT1, GL10.GL_DIFFUSE, lightDiffuse); //设置漫射光
//设置光源的位置
gl.glLightfv(GL10.GL_LIGHT1, GL10.GL_POSITION, lightPosition);
```

当然，指定光源的 ID 后，就可以控制光源的打开和关闭，代码如下：

```
gl.glEnable(GL10.GL_LIGHT1); //打开光源
gl.glDisable(GL10.GL_LIGHT1); //关闭光源
```

光照效果如图 9-9 所示。

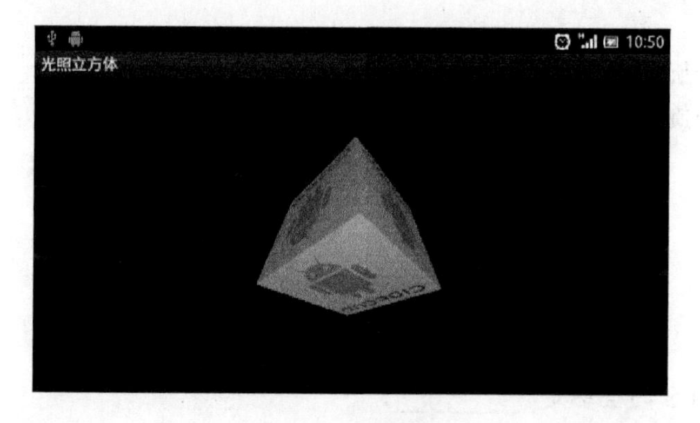

图 9-9　光照效果

同时，也可以实现透明的混合效果，使用 glColor4f 和 glBlendFunc 方法，同时在代码中开启混合效果，完成后关闭混合效果。glColor4f 中的 4 个参数也分别为 R、G、B、A，1.0f 代表全光线，0.5f 表示半透明。glBlendFunc 方法设置了混合的类型。

【例 9.7】 透明度效果。

主要代码如下：

```
gl.glColor4f(1.0f, 1.0f, 1.0f, 0.5f);  //设置光线
gl.glBlendFunc(GL10.GL_SRC_ALPHA, GL10.GL_ONE);  //设置混合类型
gl.glEnable(GL10.GL_BLEND); //打开混合
gl.glDisable(GL10.GL_BLEND); //关闭混合
```

效果如图 9-10 所示。

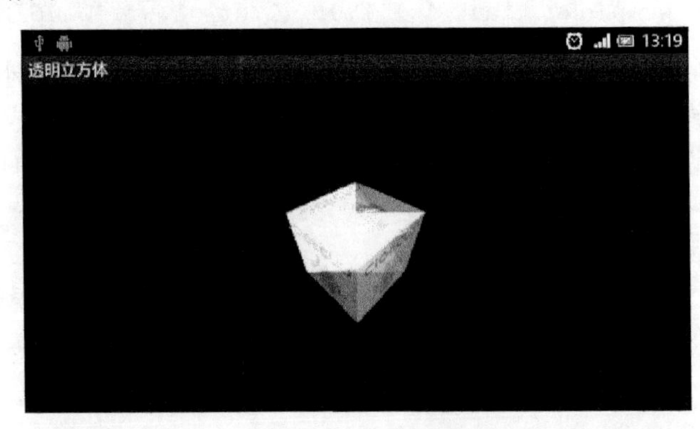

图 9-10　透明度效果

9.4　上 机 实 训

1. 实训目的

(1) 熟悉使用 OpenGL 来实现 2D 绘图的过程。
(2) 熟悉使用 OpenGL 来实现 3D 绘图的过程。
(3) 熟悉 3D 下的纹理、灯光、透明度等。

2. 实训内容

(1) 绘制一个旋转的正六边形，并进行平滑着色。
(2) 绘制一个旋转的四棱锥，并实现纹理，光照，透明等效果。

9.5　本 章 习 题

一、填空题

(1) OpenGL ES 的全称是__________。
(2) OpenGL 有_____________、_________________、______________三种函数库。
(3) Renderer 类中实现图形绘制的是__________方法。
(4) 2D 绘图有_________和__________两种着色方法。
(5) 3D 绘图旋转使用_______________方法。

二、问答题

(1) 简述 OpenGL 函数库的核心库的作用。
(2) 简述 Renderer 类中 3 个主要方法及其作用。
(3) 简述漫射光的特点。

第10章 Android 资源与国际化

学习目的与要求：

本章主要介绍 Android SDK 中的资源、国际化技术，通过这些，可以根据不同的语言环境显示不同的界面、风格，也可以根据手机的特性做出相应的调整。希望通过本章的学习可以熟练地掌握各种资源，并且能正确地国际化应用程序。

10.1 Android 资源

任何类型的程序都需要使用资源，Android 应用程序也不例外。Android 应用程序使用的资源有很多都被封装在 apk 文件中，并随 apk 文件一起发布。如果资源文件过大，也可以将资源作为外部文件来使用。

10.1.1 Android 资源介绍

Android 中的资源是在代码中使用的外部文件，是程序中重要的组成部分。在应用程序中经常会使用字符串、菜单、图像、声音、视频等内容，这些统称为资源。这些文件作为应用程序的一部分，被编译到应用程序中。

在代码中我们使用 Context 的 getResources()方法得到 Resources 对象，该对象提供了获得各种类型资源的方法。

示例如下。

创建一个工程，在 res/values/string.xml 添加一个资源，XML 的位置如图 10-1 所示。

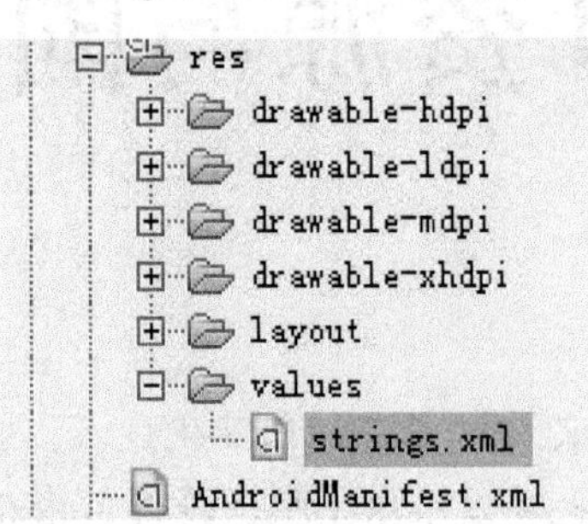

图 10-1　string.xml 的位置

添加如下代码，并保存：

```
<string name="test">"This is a test"</string>
```

上面的代码代表添加一个 key-value 对的资源，会在 ADT 自动生成的 R 类(在 R.java 文件中)找到相应的 ID。其中 key 即为 R 类中的 Java 变量名。因此资源文件名的命名也要符合 Java 变量名的命名规则。R.java 中的代码如下：

```
public static final int test = 0x7f040002;
```

在代码中对此资源进行调用，代码如下：

```
tv.setText(getResources().getString(R.string.test));
```

通过 getResources()方法，可以获取自定义的资源，指向 R.java 中定义的资源 ID，然后，通过资源 ID 的 key-value 对，找到具体的资源值。

运行效果如图 10-2 所示。

图 10-2　加载资源的运行效果

10.1.2　Android 资源存储

Android 资源文件的存储操作对于 Android 资源也是非常重要的，主要包括文本字符串(strings)、颜色(colors)、数组(arrays)、动画(anim)、布局(layout)、图像和图标(drawable)、音频视频(media)和其他应用程序使用的组件。在 Android 开发中，资源文件是使用频率最高的，如 layout、string、drawable 都是经常用到的，并且对开发提供了很大的方便。经常被开发者用到的资源目录有 4 个，如表 10-1 所示。

表 10-1　常用资源

资源子目录	说　明
res/drawable	图形资源
res/layout	布局资源
res/values	数据资源，字符串、颜色值等
res/anim	动画资源

资源文件目录如图 10-3 所示。

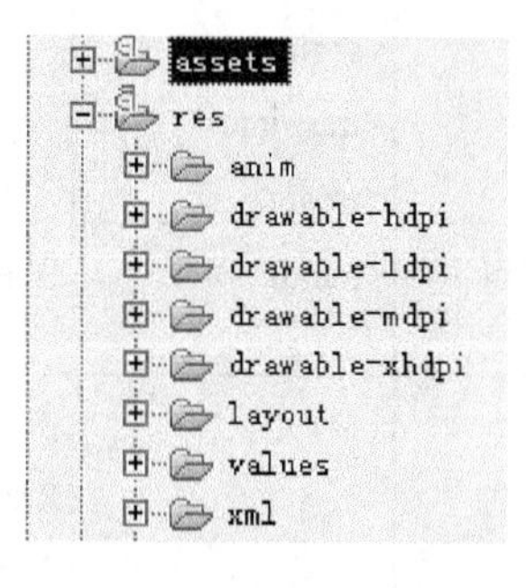

图 10-3　资源文件目录

通过图 10-3 大致可以看出，图形资源保存在 res/drawable 下的目录中；布局文件保存在 res/layout 目录中；字符串、颜色值等资源文件作为 key-value 对保存在 res/valus 目录中的任意 XML 文件中。当 ADT 在生成 apk 的时候，这些资源文件都会被编译到 apk 文件中。如果把资源文件放至 res/raw 目录中，则文件会原样放到 apk 中。

注意： 当资源文件过大时，最好不要将资源文件放至 res 目录中，然后编译生成 apk，否则会导致 apk 文件变得很大，从而可能会造成系统装载资源文件缓慢，影响应用程序的性能。解决这种问题的方法就将资源文件单独发布，可以从手机内存或者 SD 卡读取资源文件，也可以在程序运行后，将一些资源文件复制到手机内存或者 SD 卡上再读写。

10.1.3 Android 资源分类

Android 支持非常多的资源类型，从资源文件的类型划分可分为 XML、图像、字符串、颜色等。表 10-2 给出了具体的 Android 支持的各种资源以及描述。

表 10-2 Android 资源文件类型

资源类型	目 录	文 件 名	关键 XML 元素	描 述
字符串	res/values	strings.xml	<string>	保存字符串资源，可以是任意文件名，采用 key-values 对形式表示
字符串数组	res/values	arrays.xml	<string-array>	保存字符串数组资源，可以是任意文件名，每个子项通过<item>定义
颜色值	res/values	colors.xml	<color>	保存颜色值资源，可以是任意文件名，采用 key-values 对形式表示
尺寸	res/values	dimens.xml	<dimen>	保存尺寸值资源，可以是任意文件名，采用 key-values 对形式表示
位图图像	res/drawable	img.png 等	支持的图形文件或 XML 定义的 drawable 图形	该目录中的文件可以是多种格式的图像文件。在该目录中的图像不需要高分辨率，aapt 工具会优化此目录中的图像文件
动画序列	res/anim	如 zoomin.xml	<set> <alpha> <scale> <translate> <rotate>	添加动画效果时，对效果的处理
菜单文件	res/menu	如 mmenu.xml	<menu>	保存菜单资源，一个资源文件表示一个菜单
XML 文件	res/xml	如 test.xml	自行定义	在该目录中的文件可以是任意类型的 XML 文件，这些文件可以在运行时被读取使用
原始文件	res/raw	如 mp3、mp4 等	无	该目录下文件虽然会被封装到 apk 文件中，但是不会被编译。此目录下可放置任意类型的文件，如文档、音频、视频等
布局文件	res/layout	如 main.xml	定义的关键字有很多	保存布局信息。一个资源表示一个 View 或者 ViewGroup 的布局
样式和主题	res/values	styles.xml、themes.xml	<style>	保存字符串资源，可以是任意文件名
任意类型	assets	文件	无	该目录中的资源与 res/raw 一样，不会被编译，但不同的是该目录中的资源文件都不会生成资源 ID

这些资源都通过相应的资源类来进行管理，例如：

```
int getColor(int id)  //对应 res/values/colors.xml
Drawable getDrawable(int id) //对应 res/drawable/
InputStream openRawResource(int id) //对应 res/raw/
float getDimension(int id) //对应 res/values/dimens.xml
```

10.2　资源的创建和使用

本节将详细介绍 Android SDK 支持的各种资源。对于开发人员来说，不仅可以使用 Android 提供的大量系统资源，同时还允许开发人员定制自己的资源，这些资源都可以通过 R 类中相应的 ID 来引用。

10.2.1　创建资源

资源的创建非常简单，比如，根据上一节介绍的资源的类别，复制一个 MP3 文件到 res/raw 下，如图 10-4 所示。

R.java 中的代码如下：

```
public static final class raw {
    public static final int test = 0x7f060000;
}
```

引用资源的方法如下：

```
R.raw.test
```

可以通过 MediaPlayer 的方法使用此资源：

```
MediaPlayer.create(this, R.raw.music);
```

或者定义一个布局，如图 10-5 所示。

图 10-4　加载 MP3 资源

图 10-5　定义布局资源

R.java 中的代码如下：

```
public static final class layout {
    public static final int activity_main = 0x7f030000;
}
public static final class menu {
    public static final int activity_main = 0x7f060000;
}
```

引用资源的方法如下：

```
R.layout.activity_main
```

可以为应用程序使用此布局文件：

```
setContentView(R.layout.activity_main);
```

通过上面的方法，就可以创建 Android 资源。其他类型的资源创建方式大同小异，在此不再一一列举。

10.2.2 使用自定义资源

程序开发人员可以定义自己的资源，包括字符串、数组、颜色、尺寸、图像、动画等。下面分别介绍这几种资源的用法。

1. 字符串资源

字符串存储在 res/values 目录的 XML 文件中，这些 XML 文件可以取任意名字，它的格式比较简单，以 key-value 对的形式出现，由<string name="…">…</string>定义。其中 name 的属性表示 key，既是 R.string 类中的变量 ID。如下定义了一个标准的字符串资源：

```
<string name="name">张三</string>
<string name="password">123456</string>
```

在代码中可以通过 R.string.name 和 R.string.password 来引用 name 和 password 资源，在布局中可以使用@string/name 和@string/password 引用资源，其效果是一样的。

例如：

```
TextView tv1 = (TextView)findViewById(R.id.name);
tv1.setText(getResources().getString(R.string.name));
TextView tv2 = (TextView)findViewById(R.id.password);
tv2.setText(getResources().getString(R.string.password));
```

效果如同：

```
<TextView
  android:id="@+id/name"
  android:layout_width="fill_parent"
  android:layout_height="wrap_content"
  android:text="@string/name" />
<TextView
  android:id="@+id/password "
  android:layout_width="fill_parent"
  android:layout_height="wrap_content"
  android:text="@string/password" />
```

2. 数组资源

不仅字符串，数组也可以被当作资源保存在 XML 中，保存路径为 res/values 目录下，其 XML 文件名也可以任意取，它包括两种类型的资源，字符串数组和整数数组。字符串数组使用<string-array>标签定义，整数数组使用<integer-array>标签定义。

示例如下：

```
<resources>
```

```
    <!-- 定义字符串数组资源 -->
    <string-array name="name">
        <item>张三</item>
        <item>李四</item>
        <item>李雷</item>
        <item>韩梅梅</item>
        <item>Vista</item>
        <item>Sail</item>
    </string-array>
    <!-- 定义整数型数组资源 -->
    <integer-array name="age">
        <item>11</item>
        <item>12</item>
        <item>13</item>
        <item>14</item>
        <item>15</item>
        <item>16</item>
    </integer-array>
</resources>
```

可以将值赋给数组，然后用循环从中读取，代码如下：

```
String[] names = getResources().getStringArray(R.array.name);
int[] ages = getResources().getIntArray(R.array.age);
for (String name : names)
{
    Log.i("name", name + " ");
}

for (int age : ages)
{
    Log.i("age", age + " ");
}
```

3．颜色资源

Android 同时也可以将颜色值作为资源保存到资源文件中，颜色值资源的规范是以“#”开头，并有 4 种表示方式：

- #RGB
- #ARGB
- #RRGGBB
- #AARRGGBB

其中 R、G、B 表示红黄绿三种原色，A 表示透明度，其取值范围都是 0~255。

R、G、B 值越大颜色越深。都为 0 时表示黑，都为 255 时表示白，A 取 0 时表示完全透明，取 255 时表示不透明。

在这种颜色模型中，RGB 是常用的颜色模型，例如(0, 0, 0)表示黑色、(255, 0, 0)表示红色、(0, 255, 255)表示青色。

RGB 的颜色模型如图 10-6 所示。

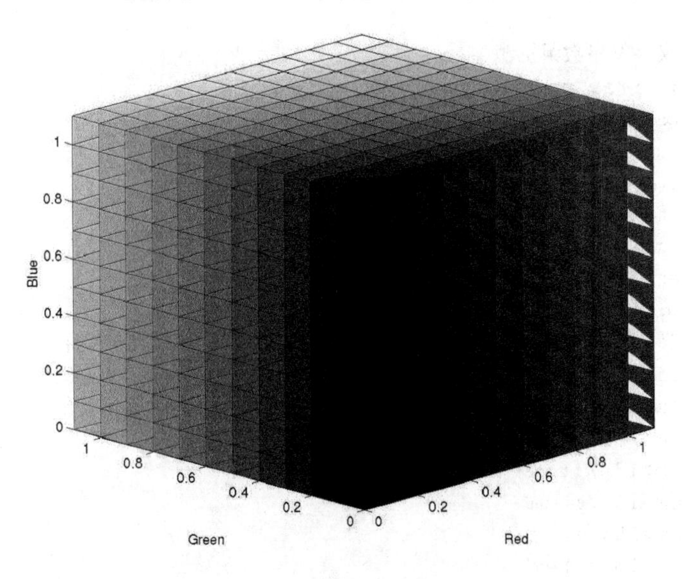

图 10-6　RGB 的颜色模型

下面通过一个实例讲解使用颜色资源的过程。

【**例 10.1**】使用颜色资源：

```
<resources>
   <color name="color1">#F0F</color>
   <color name="color2">#4567</color>
   <color name="color3">#00FF00</color>
   <color name="color4">#88776655</color>
</resources>
```

颜色资源也可以通过两种方式引用，在布局文件中通过@color\resourceid 引用，代码如下：

```
<TextView
  android:id="@+id/test1"
  android:layout_width="fill_parent"
  android:layout_height="wrap_content"
  android:text="第一个颜色值"
  android:textColor="@color/color1"/>
<TextView
  android:id="@+id/test2"
  android:layout_width="fill_parent"
  android:layout_height="wrap_content"
  android:text="第二个颜色值"
  android:textColor="@color/color2"/>
<TextView
  android:id="@+id/test3"
  android:layout_width="fill_parent"
  android:layout_height="wrap_content"
  android:text="第三个颜色值"
  android:textColor="@color/color3"/>
<TextView
  android:id="@+id/test4"
```

```
  android:layout_width="fill_parent"
  android:layout_height="wrap_content"
  android:text="第四个颜色值"
  android:textColor="@color/color4"/>
```

在代码中调用上述定义的颜色资源来设置字体的颜色，代码如下：

```
TextView tv1 = (TextView)findViewById(R.id.test1);
TextView tv2 = (TextView)findViewById(R.id.test2);
TextView tv3 = (TextView)findViewById(R.id.test3);
TextView tv4 = (TextView)findViewById(R.id.test4);

tv1.setTextColor(getResources().getColor(R.color.color1));
tv2.setTextColor(getResources().getColor(R.color.color2));
tv3.setTextColor(getResources().getColor(R.color.color3));
tv4.setTextColor(getResources().getColor(R.color.color4));
```

运行该实例，运行结果如图 10-7 所示。

图 10-7　颜色资源示例

除了使用自定义的颜色资源外，还可以直接使用 Android 中 android.graphics.Color 类提供的颜色资源，该类定义了常见的 12 种颜色常量，如表 10-3 所示。

表 10-3　Color 类定义的颜色

名　称	整 型 值	十六进制	颜　色
BLACK	-16777216	0xFF000000	黑
DKGRAY	-12303292	0xFF444444	暗灰
GRAY	-7829368	0xFF888888	灰
LTGRAY	-3355444	0xFFCCCCCC	亮灰
WHITE	-1	0xFFFFFFFF	白
RED	-65536	0xFFFF0000	红
GREEN	-16711936	0xFF00FF00	绿
BLUE	-16776961	0xFF0000FF	蓝
YELLOW	-256	0xFFFFFF00	绿
CYAN	-16711681	0xFF00FFFF	蓝绿
MAGENTA	-65281	0xFFFF00FF	品红
TRANSPARENT	0	0x00000000	透明

4．尺寸资源

尺寸资源保存在 res/values 下的任意命名的 XML 文件中，用<dimen>标签定义，示例如下：

```
<resources>
   <dimen name="size1">30sp</dimen>
   <dimen name="size2">30px</dimen>
   <dimen name="size3">2.1in</dimen>
   <dimen name="size4">10pt</dimen>
   <dimen name="size5">6dp</dimen>
   <dimen name="size6">10sp</dimen>
</resources>
```

同样，尺寸资源可以通过如下代码获得：

```
float size1 = getResources().getDimension(R.dimen.size1);
```

尺寸不同的单位代表的值不一样，如表 10-4 所示。

表 10-4　尺寸单位

资源标记	单　位	说　明	示　例
px	像素	实际的屏幕像素	20px
in	英寸	物理测量单位	1.5in
mm	毫米	物理测量单位	3mm
pt	点	普通字体测量单位	10pt
dp	密度	相当于 160dpi 屏幕的像素	5dp
sp	比例独立像素	对于字体显示的测量	10sp

5．图像资源

图像也是常用的资源之一，表 10-5 列举了常用的图像资源。

表 10-5　图像资源分类

图　像	扩 展 名	描　述
便携式网络图像	png	推荐格式(无损)
联合图像专家组	jpg、jpeg	可接收的格式(有损)
图形交换格式	gif	不推荐的格式
点 9 图像	9.png	推荐格式(无损)

图像资源放置在 res/drawable 目录下，有两种引用方式。

一种是直接在布局文件中使用，假如 res/drawable 目录下有一张名为 pic1.png 图片，示例代码如下：

```
android:background = "@drawable/pic1"
```

第二种是在代码中引用图片，示例代码如下：

```
Drawable pic = getResources().getDrawable(R.drawable.pic1);
```

注意： 在 res/drawable 目录中不能存在多个文件名相同、扩展名不同的文件，因为在 R 类中会产生同样重复的 ID，导致程序编译无法通过。

由于手机或者平板具有不同的分辨率，这就导致不同的分辨率显示的图片效果不同，为解决这样的问题，产生了一种以.9.png 结尾的特殊图像，是一种被拉伸但是不失真的图像格式，主要用于边框的显示。

使用步骤如下。

(1) 运行 Android SDK Tools 的 adraw9patch.bat 文件。

(2) 将一个 PNG 文件拖入左侧的面板中。

(3) 选中左侧底部的 Show patches(斑点)。

(4) 将 Patch scale 设置为合适的值(比能够看见标记结果值稍大)。

(5) 沿着图像的右边沿单击，以设置水平“格”导引。

(6) 沿着图像的上边沿单击，以设置垂直“格”导引。

(7) 在右侧面板中查看结果，移动“格”导引直到图像按照预期的结果进行拉伸。

(8) 要删除一个“格”导引，按住 Shift 键在导引的像素(黑色)上点击即可。

(9) 命名为.9.png 并保存图像。

adraw9path.bat 的运行效果如图 10-8 所示。

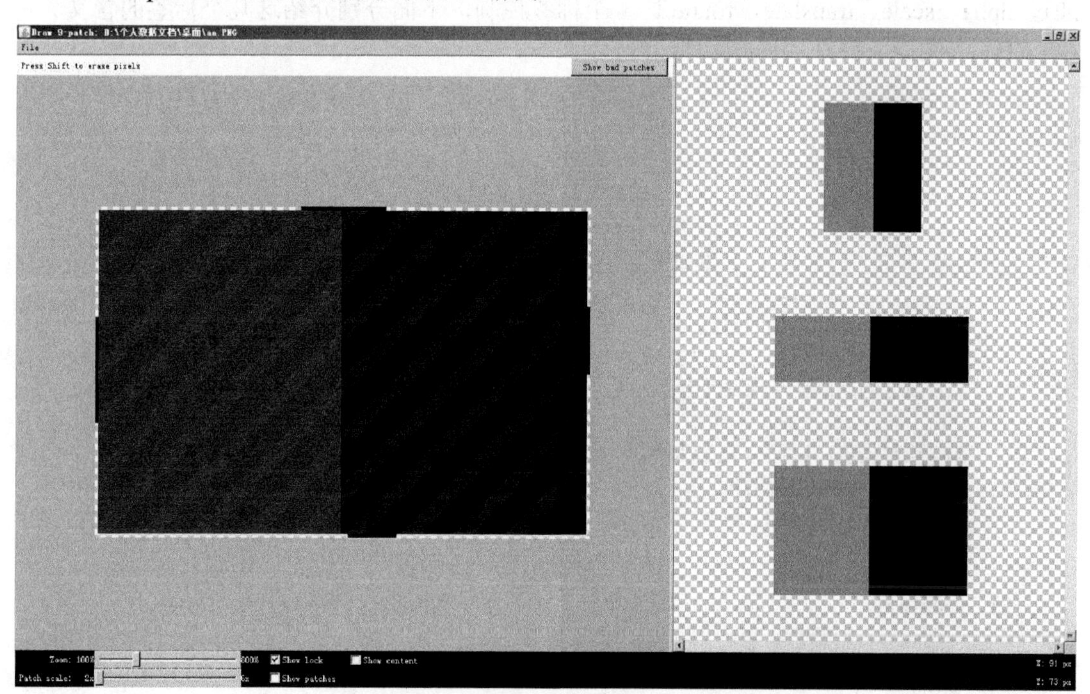

图 10-8　adraw9path.bat 的运行效果

另外，AndroidSDK 还支持一种绘制颜色的 Drawable 资源，这种资源需要在 res/values 目录中使用<drawable>标签进行配置，配置代码的示例如下：

```
<resources>
   <drawable name="red">#FF0000</drawable>
      <drawable name="blue">#0000FF</drawable>
      <drawable name="yellow">#FFFF00</drawable>
      <drawable name="white">#FFFFFF</drawable>
   <drawable name="black">#FF000000</drawable>
</resources>
```

调用方法与普通的图像资源一样即可。

6．动画资源

Android 中动画由 4 种类型组成，表 10-6 列出了在 XML 和代码中的类型和说明。

表 10-6　动画类型

便携式网络图像	png	推荐格式(无损)
alpha	AlphaAnimation	渐变透明度动画效果
scale	ScaleAnimation	渐变尺寸伸缩动画效果
translate	TranslateAnimation	画面转换位置移动动画效果
rotate	RotateAnimation	画面转移转动动画效果

Animation 主要有两种动画模式，一种是帧动画，一种是补间动画。在 XML 中，分别通过 alpha、scale、translate、rotate 这 4 个标签控制，下面分别介绍这几个标签的含义。

(1)　<alpha>：

```
<set xmlns:android="http://schemas.android.com/apk/res/android" >
   <alpha
     //浮点型值：
     //  说明：
     //              0.0 表示完全透明
     //              1.0 表示完全不透明
     //          以上值取 0.0~1.0 之间的 float 数据类型的数字
     //属性为动画起始时透明度
     android:fromAlpha="0.1"
     //属性为动画结束时透明度
     android:toAlpha="1.0"
     //长整型值：时间以毫秒为单位
     //属性为动画持续时间
     android:duration="5000" />
</set>
```

(2)　<scale>：

```
<set xmlns:android="http://schemas.android.com/apk/res/android">
   <scale
     //属性：interpolator 指定一个动画的插入器
     //三种效果
     // accelerate_decelerate_interpolator  加速-减速 动画插入器
     // accelerate_interpolator        加速-动画插入器
     // decelerate_interpolator        减速-动画插入器
```

```
    android:interpolator=
      "@android:anim/accelerate_decelerate_interpolator"
    //动画起始时 X 坐标上的伸缩尺寸
    android:fromXScale="0.0"
    //动画结束时 X 坐标上的伸缩尺寸
    android:toXScale="1.3"
    //动画起始时 Y 坐标上的伸缩尺寸
    android:fromYScale="0.0"
    //动画结束时 Y 坐标上的伸缩尺寸
    android:toYScale="1.3"
    //动画相对于物件的 X 坐标的开始位置
    android:pivotX="60%"
    //动画相对于物件的 Y 坐标的开始位置
    android:pivotY="60%"
    android:fillAfter="false"
    //动画持续时间
    android:duration="600" />
</set>
```

(3) <translate>:

```
<set xmlns:android="http://schemas.android.com/apk/res/android">
   <translate
    //动画起始时 X 坐标上的位置
    android:fromXDelta="40"
    //动画结束时 X 坐标上的位置
    android:toXDelta="-70"
    //动画起始时 Y 坐标上的位置
    android:fromYDelta="40"
    //动画结束时 Y 坐标上的位置
    android:toYDelta="400"
    android:duration="3000" />
</set>
```

(4) <rotate>:

```
<set xmlns:android="http://schemas.android.com/apk/res/android">
   <rotate android:interpolator=
    "@android:anim/accelerate_decelerate_interpolator"
    //动画起始时物件的角度
    android:fromDegrees="0"
    //动画结束时物件旋转的角度 可以大于 360 度
    //  说明:
    //                      当角度为负数—表示逆时针旋转
    //                      当角度为正数—表示顺时针旋转
    //                      (负数 from—to 正数:顺时针旋转)
    //                      (负数 from—to 负数:逆时针旋转)
    //                      (正数 from—to 正数:顺时针旋转)
    //                      (正数 from—to 负数:逆时针旋转)
    android:toDegrees="+300"
    //动画相对于物件的 X 坐标的开始位置
    android:pivotX="50%"
```

```
    //动画相对于物件的 Y 坐标的开始位置
    //50%为物件的 X 或 Y 方向坐标上的中点位置
    android:pivotY="50%"
    android:duration="5000" />
</set>
```

定义好 XML 文件后，可以在程序中引用此文件，代码如下：

```
Animation myAnimation =
  AnimationUtils.loadAnimation(this, R.anim.animtest);
```

7. 菜单资源

到目前为止，我们所熟知的菜单都是通过 Java 代码来定义的，其实这些也可以使用 XML 文件定义。并且此文件必须放在 res/menu 目录下。菜单项使用<menu>设置根节点，<item>和<group>设置菜单项和分组。代码格式如下：

```
<menu xmlns:android="http://schemas.android.com/apk/res/android">
    <item android:id="@+id/menu_title1 "
      android:icon="@android:drawable/ic_menu_pic1"
      android:title="@string/menu_str1" />
    <item android:id="@+id/menu_title2"
      android:icon="@drawable/ic_menu_pic2"
      android:title="@string/menu_str2" />
    <item android:id="@+id/menu_title3"
      android:icon="@android:drawable/ic_menu_pic3"
      android:title="@string/menu_str3" />
    <item android:id="@+id/menu_title4"
      android:icon="@android:drawable/ic_menu_pic4"
      android:title="@string/menu_str4" />
</menu>
```

<menu>根元素没有属性，它包含<item>和<group>子元素。

(1) <group>表示一个菜单组，相同的菜单组可以一起设置其属性，例如 visible、enabled 和 checkable 等，下面是<group>标签属性的介绍。

- id：唯一标示该菜单组的引用 id。
- menuCategory：对菜单分类，定义菜单的优先级，有效值为 container、system、secondary 和 alternative。
- orderInCategory：一个分类排序整数。
- checkableBehavior：选择行为，无、多选、单选。有效值为 none、all 和 single。
- visible：是否可见，true 或者 false。
- enabled：是否可用，true 或者 false。

(2) <item>表示菜单项，包含在<menu>或<group>中的有效属性，下面是<item>标签属性的介绍。

- id：唯一标示菜单的 ID 引用。
- menuCategory：菜单分类。
- orderInCategory：分类排序。

- title：菜单标题字符串。
- titleCondensed：浓缩标题，适合标题太长的时候使用。
- icon：菜单的图标。
- alphabeticShortcut：字符快捷键。
- numericShortcut：数字快捷键。
- checkable：是否可选。
- checked：是否已经被选。
- visible：是否可见。
- enabled：是否可用。

下面是一个使用菜单资源的实例。

【例 10.2】菜单资源实例。代码如下。

main_menu.xml 文件实现：

```
<menu xmlns:android="http://schemas.android.com/apk/res/android">
    <item
      android:id="@+id/zhonghua"
      android:icon="@drawable/zh"
      android:title="中华"/>

    <group android:id="@+id/all">
        <item
          android:id="@+id/xiaoxiongmao"
          android:icon="@drawable/xxm"
          android:title="小熊猫"/>
        <item
          android:id="@+id/jinsihou"
          android:icon="@drawable/jsh"
          android:title="金丝猴"/>
        <item
          android:id="@+id/suyan"
          android:icon="@drawable/sy"
          android:title="苏烟"/>
        <item
          android:id="@+id/huanghelou"
          android:icon="@drawable/hhl"
          android:title="黄鹤楼"/>
    </group>

    <item
      android:id="@+id/others"
      android:title="其他">
        <menu>
            <group android:checkableBehavior="single" >
                <item
                  android:id="@+id/zhongnanhai"
                  android:checked="true"
                  android:menuCategory="system"
                  android:title="中南海"/>
```

```
            <item
              android:id="@+id/taishan"
              android:orderInCategory="2"
              android:title="泰山"/>
        </group>
      </menu>
   </item>
</menu>
```

在 main_meun.xml 中定义一个选项菜单和一个子菜单。

在代码中，通过在 onCreateOptionMenu 事件中加载此菜单资源，就可以实现菜单资源文件，代码如下：

```
@Override
public boolean onCreateOptionsMenu(Menu menu)
{
   MenuInflater m_inflater = getMenuInflater();
   //加载 main_menu 资源
   m_inflater.inflate(R.menu.main_menu, menu);
   //设置第 6 个子菜单的顶部图标
   menu.getItem(5).getSubMenu().setHeaderIcon(R.drawable.ts);
   return true;
}
```

除了菜单和子菜单，上下文菜单也可以使用菜单资源进行定义，代码如下：

```
<menu xmlns:android="http://schemas.android.com/apk/res/android">
   <item android:id="@+id/yes" android:title="戒烟" />
   <item android:id="@+id/no" android:title="不戒烟" />
</menu>
```

在 onCreateContextMenu 事件方法中显示上下文菜单，代码如下：

```
@Override
public void onCreateContextMenu(ContextMenu menu, View view,
  ContextMenuInfo menuInfo)
{
   MenuInflater menuInflater = getMenuInflater();
   menuInflater.inflate(R.menu.other_menu, menu);
   super.onCreateContextMenu(menu, view, menuInfo);
}
```

并将此菜单在 onCreate 方法中注册到一个组件上，以 button 为例：

```
Button button = (Button)findViewById(R.id.button);
registerForContextMenu(button);
```

运行本实例，程序界面如图 10-9 所示，该界面的子菜单如图 10-10 所示，上下文菜单如图 10-11 所示。

8. XML 文件

XML 文件存储在 res/xml 目录中，在编译过程中会被编译到 apk 文件中，可以通过 R

类来访问这里的文件，并且解析里面的内容。

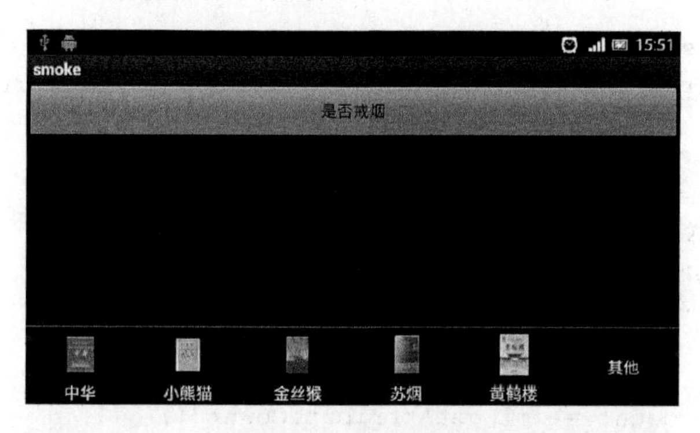

图 10-9　选项菜单

图 10-10　子菜单

图 10-11　上下文菜单

可以通过 Resources.getXML 方法获得指定的 XML 文件的 XmlResourceParser 对象，其读取过程是在遇到不同状态点时处理相应的代码。

【例 10.3】获取 XML 文件资源实例。

首先在 res/xml 目录下创建 cartoon.xml：

```
<?xml version="1.0" encoding="utf-8"?>
<cartoon>
    <name first="naruto"/>
    <name second="One piece"/>
</cartoon>
```

然后开始读取 XML 文件内容，代码如下：

```
StringBuffer sb = new StringBuffer();
XmlResourceParser xml = getResources().getXml(R.xml.cartoon);
try {
    int type = xml.next();
    while (true) {
        //文档状态
        if (type == XmlPullParser.START_DOCUMENT) {
            //标签开始
        } else if (type == XmlPullParser.START_TAG) {
            Log.i("xml", xml.getName());
            int count = xml.getAttributeCount();
            for (int i=0; i<count; i++) {
                sb.append(xml.getAttributeName(i) + ":"
                 + xml.getAttributeValue(i) + "  ");
                sb.append("\n");
            }
        }
        else if (type == XmlPullParser.END_TAG) {}
        else if (type == XmlPullParser.TEXT) {}
        else if (type == XmlPullParser.END_DOCUMENT) {
            break;
        }
        type = xml.next();
    }
    catch (Exception e) {}
}
```

输出效果如图 10-12 所示。

图 10-12　cartoon.xml 输出信息

9. 原始文件

原始文件是指在编译的过程中不会被编译的文件，这里的文件会原封不动地存储在设备上，存储在 res/raw 目录下，通过 R 类进行访问。可以通过 openRawResource 得到一个输入流，然后读取文件内容，代码如下：

```
public String getFromRaw(String fileName) {
    String text = "";
```

```
    try {
        InputStream in = getResources().openRawResource(R.raw.text);
        int length = in.available();
        byte[] buffer = new byte[length];
        in.read(buffer);
        text = EncodingUtils.getString(buffer, "UTF-8");
        in.close();
    } catch(Exception e) {
        e.printStackTrace();
    }
    return res;
}
```

如果添加视频或者音频文件到此目录下，可以直接使用，详情可查看后面第 14 章介绍的多媒体开发。

还有一类原始文件被放置在 assets 目录下，此处的文件除了不会被编译外，还有一个特点就是访问方式是通过文件名而不是资源 ID。并且还有更重要的一点，就是可以在这里任意地建立子目录，而 res 目录中的资源文件不能建立子目录。

通过调用 getAssets 返回一个 AssetManager，然后通过 AssetManager 对象的 open 方法即可访问所需资源，示例代码如下：

```
public String getassettext() {
    String text = "";
    try {
        InputStream in = getResources().getAssets().open("text.txt");
        int length = in.available();
        byte[] buffer = new byte[length];
        in.read(buffer);
        text = EncodingUtils.getString(buffer, "UTF-8");
    } catch(Exception e) {
        e.printStackTrace();
    }
    return text;
}
```

Android 可通过如下两种方法获得 assets 的文件路径。

第一种方法：

```
String path = "file:///android_asset/文件名";
```

第二种方法：

```
InputStream abpath = getClass().getResourceAsStream("/assets/文件名");
```

10．布局文件

布局文件对大家来说都已不陌生，详情可参考第 4 章。

11．样式和主题

样式(style)是一个包含一种或者多种格式化属性的集合，可将其作为一个单位用在布局 XML 单个元素中，主要存储在 res/values 目录下，效果如图 10-13 所示。

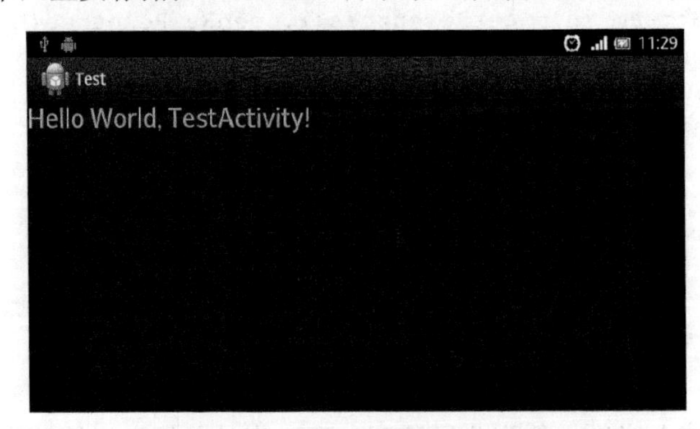

图 10-13　使用 style 样式的效果

【例 10.4】设置样式。

style.xml：

```
<?xml version="1.0" encoding="utf-8"?>
<resources>
    <style name="textview_style">
        <item name="android:textSize">50px</item>
        <item name="android:textColor">#00FF00</item>
    </style>
</resources>
```

将其应用到 textview 中，代码如下：

```
<TextView
  android:layout_width="fill_parent"
  android:layout_height="wrap_content"
  android:text="@string/hello"
  style="@style/textview_style"/>
```

主题(theme)是一个包含一种或者多种格式化属性的集合，只能将其作为一个单位用在 application 中或者应用中的某个 Activity 中。例如，定义一个 Theme，它为 window frame 和 panel 的前景和背景定义了一组颜色。可为这个 theme 添加<application>或者<activity>标签，指定其应用到整个 Application 或者单个 Activity，效果如图 10-14 所示。

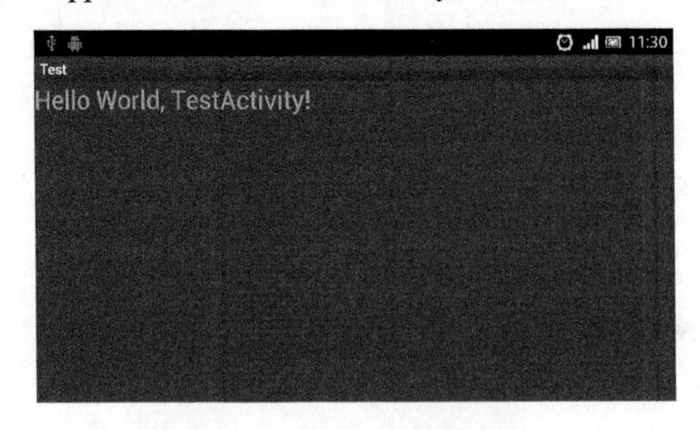

图 10-14　使用 theme 的效果

【例 10.5】设置主题：

```
<color name="theme_color">#FF00FF</color>
<style>
   <style name="MyTheme" parent="android:Theme.Light">
   <item name="android:windowBackground">@color/theme_color</item>
   <item name="android:colorBackground">@color/theme_color</item>
</style>
```

将此主题应用到整个 Application 中，代码如下：

```
<application android:theme="@style/MyTheme" />
```

将此主题应用到单个 Activity 中，代码如下：

```
<activity android:theme="@style/MyTheme" />
```

10.2.3　使用系统资源

SDK 中提供了大量的系统资源，使用这些资源可以方便地实现一些设置，应用形式如下：

```
android.R.resourceType.resourceId
```

resourceType 表示资源类型，例如 string、color 等。resourceId 表示资源 ID，即 R 类的内嵌类中定义的 int 类型的 ID。

系统资源可以在代码之中使用，也可以在 XML 布局文件中使用。

【例 10.6】使用系统资源：

```
ImageView iv = (ImageView)findViewById(R.id.imageView1);
//图片设置背景为音乐暂停键
iv.setBackgroundResource(android.R.drawable.ic_media_pause);
TextView tv = (TextView)findViewById(R.id.textView1);
//颜色字体设置为黑色
tv.setTextColor(getResources().getColor(android.R.color.black));
Button b = (Button)findViewById(R.id.button1);
//button 上面设置字符串
b.setText(android.R.string.copy);
```

在 XML 布局文件中引用，代码如下：

```
android:src="@android:drawable/ic_media_play"
```

运行效果如图 10-15 所示。

图 10-15　系统资源示例

R 类中定义了许多资源，熟练使用这些资源会实现事半功倍的效果，只要在 Eclipse 中敲入 android.R 后，会显示在 R 类中定义的所有资源类型，如图 10-16 所示。

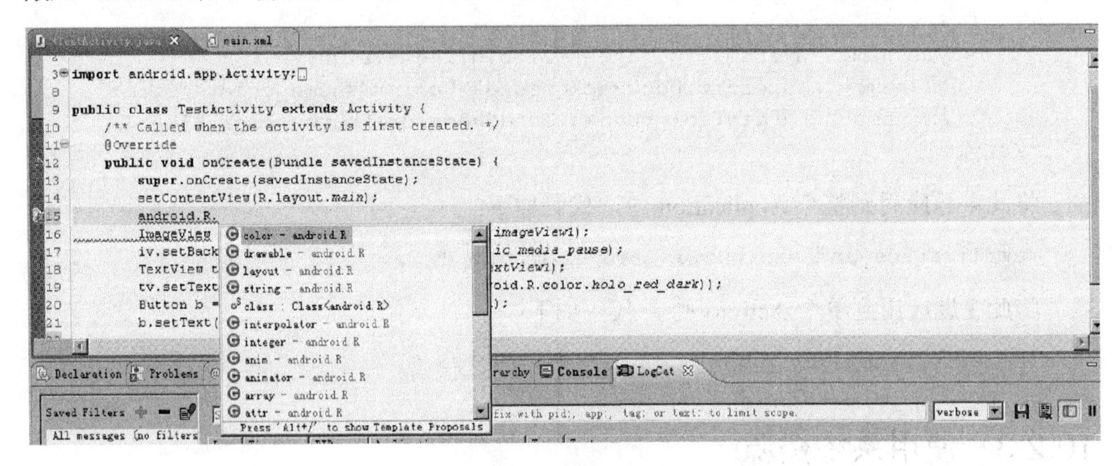

图 10-16　使用系统资源

10.3　资源国际化

由于 Android 的手机产品、平板或者电视等要产自不同的国家和地区，不同的国家和地区之间的语言是不相同的，不可能做到针对每一种语言定制一个系统，所以需要有一种能处理这种情况的方式，这样，资源国际化便应运而生了。

国际化就是指系统或者程序界面文字、图片等会随着系统语言的切换而切换，以实现最舒服的用户体验。

通过提供不同语言的字符串实现界面字符串的国际化。具体过程即为字符串资源建立国际化目录，然后将相应的资源文件放到这些目录中，国际化目录的规则如下：

资源目录　+　国际化配置选项

其中资源目录是指 res 目录中的子目录，例如 values、drawable 等。国际化配置选择项包含很多部分，中间用“-”分隔。

例如，要实现不同语言和地区的国际化，这些配置选项包括语言代号和地区代号。表示中文和中国的配置选项是 zh-rCN；表示英文和美国的配置选项是 en-rUS。zh 和 en 表示中文和英文；CN 和 US 表示中国和美国。

注意： 配置选项(例如 zh-rCN)中间的 r 不能省略，必须出现在这个选项中。

下面是一个资源国际化的实例。

【例 10.7】资源国际化。

过程如下。在 res 目录中建立两个文件夹：values-zh-rCN 和 values-en-rUS。并在这两个目录中各建立一个 strings.xml，内容如下。

values-zh-rCN 目录中的 strings.xml 文件：

```
<resources>
   <string name="app_name">中文</string>
   <string name="junior">初中</string>
   <string name="senior">高中</string>
   <string name="university">大学</string>
</resources>
```

values-en-rUS 目录中的 strings.xml 文件：

```
<resources>
   <string name="app_name">English</string>
   <string name="junior">junior</string>
   <string name="senior">senior</string>
   <string name="university">university</string>
</resources>
```

虽然现在工程中有 3 个 strings.xml，但是在工程中并不冲突。需要注意，Android SDK 只能同时使用一个 strings.xml 文件，引用资源文件的代码如下：

```
<TextView
  android:id="@+id/textView1"
  android:layout_width="wrap_content"
  android:layout_height="wrap_content"
  android:text="@string/junior" />
<TextView
  android:id="@+id/textView2"
  android:layout_width="wrap_content"
  android:layout_height="wrap_content"
  android:text="@string/senior" />
<TextView
  android:id="@+id/textView3"
  android:layout_width="wrap_content"
  android:layout_height="wrap_content"
  android:text="@string/university" />
```

当切换中英文时，将显示不同的效果，如图 10-17 所示。

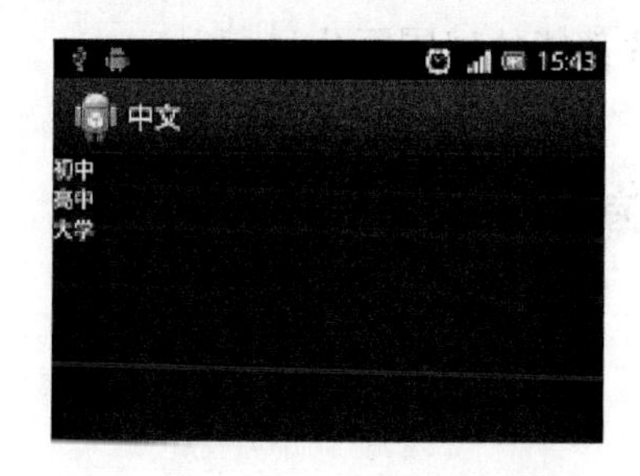

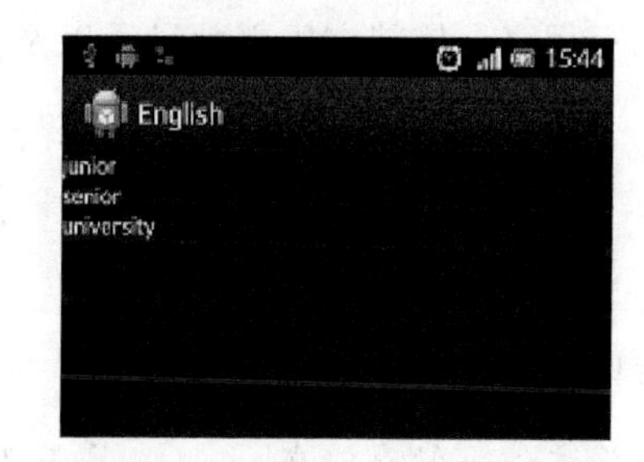

图 10-17　国际化效果

其他资源文件实现国际化可以采用同样的方式，例如图片文件可以创建 drawable-zh-rCN 和 drawable-en-rUS 目录，布局文件可以创建 layout-zh-rCN 和 drawbale-en-rUS 目录。

目录命名有一些通用的规则：

- 值之间用连字符连接。

- 值是大小写敏感的。例如，一个指定的 drawable 目录必须命名为 drawable-port，而不是 drawable-PORT。
- 每种限定词只能有一种选择。例如，命名目录不能为 drawable-rEN-rFR。
- 可添加多种限定词。例如，drawable-en-rUS-480x320 表明用于 480×320 分辨率的美式英语设备上。
- 带有限定词的目录不能被嵌套。例如，res/drawable/drawable-en 是不允许的。

想了解更多关于语言和地区的配置选项，可查询以下网站。

语言配置选项地址：

```
http://www.loc.gov/standards/iso639-2/php/code_list.php
```

地区配置选项地址：

```
http://www.iso-org/iso/en/prods-services/iso3166ma/02iso-3166-code-
lists/list-en1.html
```

10.4 上机实训

1. 实训目的

(1) 了解 Android 资源。
(2) 掌握 Android 资源的分类。
(3) 熟练使用 Android 的各种资源。
(4) 了解国际化的含义。
(5) 熟练掌握国际化。

2. 实训内容

(1) 使用主题资源设置悬浮对话框。
(2) 使用动画资源实现图片的渐进渐出效果。
(3) 编写程序，使其布局界面显示以及图片都能体现国际化过程。

10.5 本章习题

一、填空题

(1) 资源文件一般存储在________目录下。
(2) ________和________目录下的资源在编译的时候不会被编译。
(3) 大部分自定义资源的引用格式是____________________。
(4) 系统资源的引用格式是________________________。
(5) 用于分辨率为 1280×720 的中式中文设备上的图片应该放置在_________目录下。
(6) 常用到的资源目录有______________、____________________、_______________。

(7) 尺寸定义中的 px 单位指的是__________。

二、问答题

(1) 简述 Android 资源的分类。

(2) 简述 Android 资源国际化的意义。

(3) 简述字符串资源的定义类型和所用标签。

(4) 简述 Android 动画中的 4 种类型及其作用。

第 11 章 Android 中的数据存储

学习目的与要求：

数据存储是应用程序最基本的问题，在 Android 系统中，提供了很多数据存储技术。

(1) SharedPreferences：可将数据以 XML 的方式存放在程序的私有空间，只供本程序读写。它是一个轻量级的存储机制。该方式实现比较简单，适合简单数据的存储。

(2) SQLite：通过创建小型数据库存储信息。这种方式适合大数据量的数据存储，通过这种方式，能够很容易地对数据进行增加、插入、删除、更新等操作。与 Preferences 和文件存储相比，这种方式实现较为复杂。

(3) 文件存储：通过文件的方式存储数据。文件存储的特点介于 Preferences 和 SQLite 之间。从存储量来看，文件存储是一个“重量级”存储机制，比 Preferences 方式更适合存储较大的数据；从存储结构来看，这种方式不同于 SQLite，不适合结构化的数据存储。

(4) 内容提供器：可实现文件在程序间的共享。内容提供器(Content Provider)可以使用数据库或者文件作为存储方式，通常使用 SQLite 作为存储方式。与其他方式相比，这种方式支持多个应用程序之间的数据交换。

希望通过本章的学习，读者能够掌握这几种存储技术并熟练应用。

11.1 使用 SharedPreference 存储数据

SharedPreferences 是 Android 平台上一个轻量级的存储类，主要是保存一些常用的配置，是一种最容易理解和使用的存储技术，通过 key-value 对存储数据，它提供了 Android 平台常规的 Long(长整型)、Int(整型)、String(字符串型)等数据的保存。它的应用非常广泛，不仅可以作为程序间传值的机制使用，还可以用来记录程序运行状态。因其小巧的体积和易操作的特性而深受开发者的厚爱。

11.1.1 访问 SharedPreferences 的 API

上面提到 SharedPreferences 具有易操作性，不仅是因为其体积小，还有一个原因是因为 SharedPreferences 提供的 API 非常容易掌握。它主要提供了两种 API，一种用于向指定的 XML 文件通过 key-value 对的方式保存数据；另一种用于从 XML 文件通过 key-value 的方式获取数据。

下面先通过一段代码来介绍 SharedPreferences 数据存储和获取的过程：

```
//保存数据
SharedPreferences mySharedPreferences =
  getSharedPreferences(TABLE_NAME, Activity.MODE_PRIVATE);
SharedPreferences.Editor editor = mySharedPreferences.edit();
editor.putString("name", Name.getText().toString());
editor.putString("collage", collage.getText().toString());
editor.putBoolean("work", cbWork.isChecked());
editor.putBoolean("marry", cbMarry.isChecked());
editor.commit();
//获取数据
Name.setText(mySharedPreferences.getString("name", ""));
collage.setText(mySharedPreferences.getString("collage", ""));
cbWork.setChecked(mySharedPreferences.getBoolean("work", false));
cbMarry.setChecked(mySharedPreferences.getBoolean("marry", false));
```

上面代码中所使用的 API 几乎就是 SharedPreferences 的所有 API 了，现在对其几个主要方法做进一步的介绍。

(1) getSharedPreferences

此方法获取 SharedPreferences 的对象，通过调用 Activity 类的 getSharedPreferences 方法获取 SharedPreferences 对象的实例。

该方法中第 1 个参数为保存的文件的名称，例如，该参数值为“table”，那么将来保存的文件名为 table.XML。

第 2 个参数为获取数据的格式，常用到的格式有如下几种。

- Context.MODE_PRIVATE：该格式指定该 SharedPreferences 数据只能被本应用程序读、写。
- Context.MODE_WORLD_READABLE：指定该 SharedPreferences 数据能被其他应

用程序读，但不能写。

- Context.MODE_WORLD_WRITEABLE：指定该 SharedPreferences 数据能被其他应用程序读写。

(2) editor

通过 SharedPreferences 接口的 edit 方法，获得 SharedPreferences.Editor 对象，用于对数据进行存储和提交等。

(3) putxxx

该方法通过键值对，将数据保存到 XML 文件中，此方法由 SharedPreferences.Editor 接口提供。其中 xxx 代表数据类型，例如保存 String 类型的 value 需要用 putString 方法。

(4) commit

该方法用于数据的提交，由 SharedPreferences.Editor 接口提供，对由 putxxx 方法提供的 key-value 对进行保存。类似于数据中的提交动作。

(5) SharedPreferences.getxxx

通过 SharedPreferences.getxxx 方法获取保存的 key-value 对的值，第 1 个参数为 key 值，第 2 个参数表示当得不到 key 对应的 value 值时而被赋予的默认值。例如，要得到一个 boolean 型的值：sharedPreferences.getBoolean(“work”, false)。如果获取不到 work 对应的值时，则此条语句返回值为 false。

通过以上几个方法介绍，大致可以了解 SharedPreferences 保存数据的步骤如下。

(1) 根据 Context 获取 SharedPreferences 对象。

(2) 利用 edit()方法获取 Editor 对象。

(3) 通过 Editor 对象存储 key-value 键值对数据。

(4) 通过 commit()方法提交数据。

下面通过一个实例介绍 SharedPreferences 的使用过程。

【例 11.1】 SharedPreferences 存储。

本例程序在 Activity 的 onCreate 方法中得到上次保存的数据，并通过获取的数据对各个组件进行赋值，然后在程序退出时执行的 onStop 方法保存本次操作的值并进行提交，代码如下：

```
//MainActivity.java
package com.example.ex_11_1;

import android.app.Activity;
import android.content.SharedPreferences;
import android.os.Bundle;
import android.widget.CheckBox;
import android.widget.EditText;

public class MainActivity extends Activity {

    private final static String TABLE_NAME = "table";
    private EditText Name, collage;
    private CheckBox cbWork, cbMarry;
    private SharedPreferences mySharedPreferences;
```

```
    private SharedPreferences.Editor editor;

    @Override
    public void onCreate(Bundle savedInstanceState) {
        super.onCreate(savedInstanceState);
        setContentView(R.layout.activity_main);
        //获取 SharedPreferences 的实例，同时创建 table.XML 文件
        mySharedPreferences = getSharedPreferences(
          TABLE_NAME, Activity.MODE_PRIVATE);
        //获取 SharedPreferences.Editor 的实例
        editor = mySharedPreferences.edit();
        //定义 EditText 接收姓名
        Name = (EditText)findViewById(R.id.editText1);
        //定义 EditText 接收学校
        collage = (EditText)findViewById(R.id.editText2);
        //定义 checkbox 判断是否工作
        cbWork = (CheckBox)findViewById(R.id.checkBox1);
        //定义 checkbox 判断是否已婚
        cbMarry = (CheckBox)findViewById(R.id.checkBox2);
        //获取数据
        //获取 table.XML 中的姓名数据，并对 Name EditText 进行赋值。
        //name key 值
        Name.setText(mySharedPreferences.getString("name", ""));
        //获取 table.XML 中的学校数据，并对 Name EditText 进行赋值
        collage.setText(mySharedPreferences.getString("collage", ""));
        //获取 table.XML 中的是否工作的数据，并对 cbWork Checkbox 进行赋值。
        //当 setChecked 参数为 true 时为选中状态
        cbWork.setChecked(mySharedPreferences.getBoolean("work", false));
        //获取 table.XML 中的是否已婚的数据，并对 cbMarry Checkbox 进行赋值
        cbMarry.setChecked(mySharedPreferences.getBoolean("marry", false));
    }

    @Override
    protected void onStop() {
        //TODO Auto-generated method stub
        //保存 Name EditView 数据
        editor.putString("name", Name.getText().toString());
        //保存 colllage EditView 数据
        editor.putString("collage", collage.getText().toString());
        //保存 cbwork 的选择状态
        editor.putBoolean("work", cbWork.isChecked());
        //保存 cbMarry 的选择状态
        editor.putBoolean("marry", cbMarry.isChecked());
        //提交数据到 table.XML
        editor.commit();
        super.onStop();
    }
}
```

程序运行效果如图 11-1 所示。

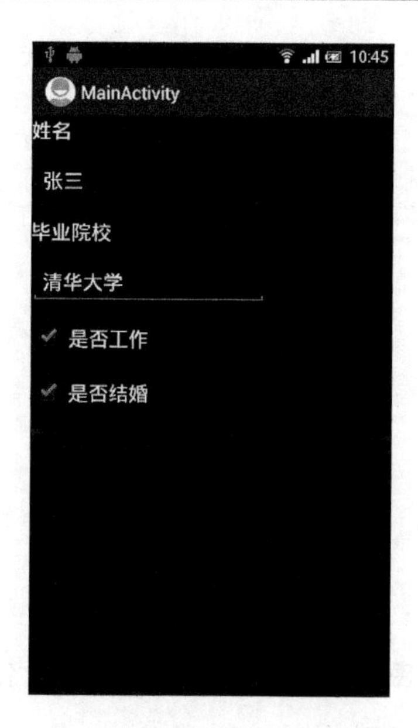

图 11-1　SharedPreferences 示例的运行结果

11.1.2　使用 XML 存储 SharedPreferences 数据

SharedPreferences 以 XML 的方式保存在 Android 设备内存中程序的私有目录下，此目录为/data/data/"package name"/shared_prefs/，可通过 adb 命令进入此目录查看，先运行 adb shell 命令进入到 Android 设备，然后 cd 到指定目录，如图 11-2 所示。

```
管理员: C:\Windows\system32\cmd.exe - adb shell
Microsoft Windows [版本 6.1.7601]
版权所有 (c) 2009 Microsoft Corporation。保留所有权利。

C:\Users\vista>adb shell
~ # cd /data/data/com.sharedpreferences.demo/shared_prefs
cd /data/data/com.sharedpreferences.demo/shared_prefs
/data/data/com.sharedpreferences.demo/shared_prefs # ls
ls
demo.xml
/data/data/com.sharedpreferences.demo/shared_prefs #
```

图 11-2　adb 浏览 XML 文件

XML 文件可以导入到本地进行浏览，有两种方式：第一种使用前面介绍的 adb pull 命令就能够轻松实现，命令如下：

```
adb pull /data/data/package name/shared_prefs/xxx.XML D:\xxx.XML
```

另一种是通过 Eclipse 的 ADT 插件的 DDMS 查看。操作步骤如下，首先进入到 File Explorer 页面，然后进入 data\data 目录，找到 package name 命名的文件夹，然后进入文件夹下的 shared_prefs 文件夹，会看到 SharedPreferences 创建的以 XML 格式来保存的数据文件，同时使用工具(图中圈所示按钮)将此文件导出到本地的指定位置，如图 11-3 所示。

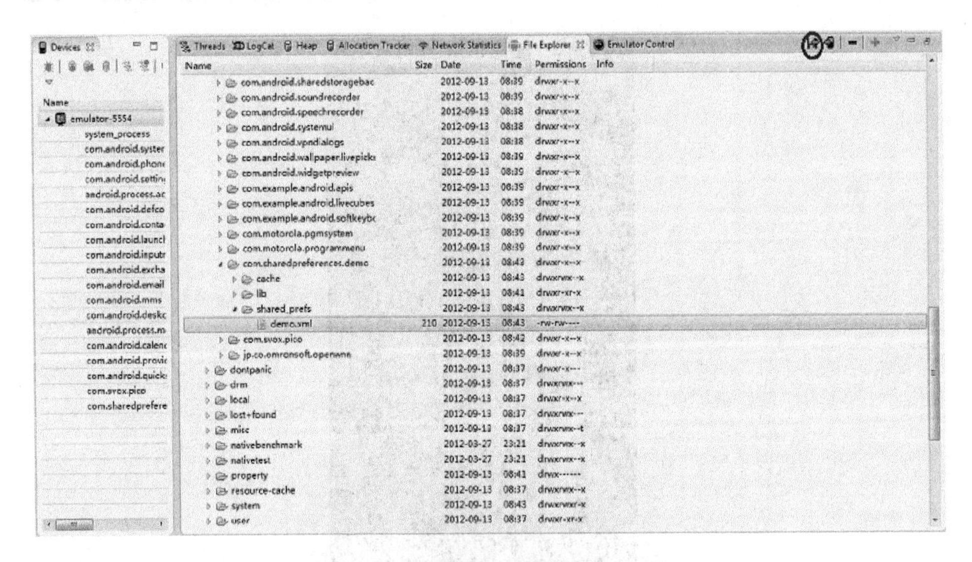

图 11-3　DDMS 视图浏览数据文件

以例 11.1 为例，导出后的文件内容如下：

```
<?XML version='1.0' encoding='utf-8' standalone='yes' ?>
<map>
   <boolean name="work" value="true" />
   <string name="college">清华大学</string>
   <boolean name="marry" value="true" />
   <string name="name">张三</string>
</map>
```

文件开始是 XML 的标准头，整个 XML 以 map 为标签，其下分别以 boolean 标签标识布尔值变量，以 string 标签标识字符串变量。

11.2　使用文件存储数据

Android 为数据存储提供了多种方式，SharedPreferences 虽然简单，但是只能保存 key-value 对的数据，不适合存储复杂的数据。如果需要存储更复杂的数据，可选择的方式有好几种，这里先给读者介绍文件存储的方法。

文件存取的核心操作就是使用输入流和输出流来读写文件，这种存储方式在一定程度上可以存储大容量的数据，但缺点是在文件更新或者格式更改时会给开发人员带来维护的负担。本节将详细介绍如何使用流、File 等文件存取技术来操作文件。

Android 使用的是 Linux 的文件系统，程序开发人员可以建立和访问程序自身的私有文件，也可以访问保存在资源目录中的原始文件和 XML 文件，还可以在 SD 卡等外部存储设备中保存文件。Android 文件存储按照其存储模式可以分为两种：一是存储在指定程序下手机内存中的私有数据，这些数据可以通过创建时设置一些访问权限，以决定其他程序是否可以读写；另一种是存储在手机的 SDCard 上面，所有程序对其都有访问权限。下面我们将逐一介绍这两种存储模式。

11.2.1　访问应用中的文件数据

Android 系统允许应用程序创建仅能够自身访问的私有文件，这种文件保存在设备的内部存储器上，当然可以设置权限来控制是否允许其他程序访问。Android 系统不仅支持标准 Java 的 I/O 类和方法，还提供了能够简化读写流式文件过程的函数，主要用到的有两种方法：openFileOutput 和 openFileInput，用于操作程序自己私有的文件和数据。

openFileOutput()方法用于对文件写入数据，其语法格式如下：

```
OutputStream os = openFileOutput("text.txt", Context_MODE_PRIVATE);
```

openFileOutput()方法的第 1 个参数指定文件名称，如果文件不存在，Android 会自动创建此文件，这种处理机制类似于 SharedPreferences，SharedPreferences 将文件保存至/data/data/"package name"/shared_prefs/xxx.XML，openFileOutput() 方法将文件保存至/data/data/"package name"/files/test.txt。第 2 个参数指定此文件的操作模式，用来设置本程序或者其他程序对此文件的操作权限。总共有 4 种操作模式，分别如下。

- Context.MODE_PRIVATE：此操作为默认操作，代表此文件是私有数据，只能被本程序访问。在该模式下，写入的内容会覆盖原来的内容。
- Context.MODE_APPEND：此操作会在原来文件的基础上追加文件。
- Context.MODE_WORLD_READABLE：表示此文件可以被其他应用读取。
- Context.MODE_WORLD_WRITEABLE：表示此文件可以被其他应用写入。

openFileInput()方法用于打开应用程序下的文件，并进行读取，其语法格式如下：

```
InputStream is = openFileInput("text.txt");
```

openFileInput()方法的参数用于指定打开文件的名称，该文件是先前保存到应用程序下指定目录的文件。

注意： 使用 openFileInput 和 openFileOutput 方法指定文件的时候，只指定到文件名即可，不能指定文件目录，否则程序就找不到该文件。

下面通过实例介绍如何创建文件，以及对文件进行访问。此实例只包含一个 Java 文件，先通过 openFileOutput 方法对文件进行写入，然后通过 openFileInput 方法对文件进行读取，并将文件内容显示到 EditView 组件中。

【例 11.2】访问应用程序中的文件：

```
//MainActivity.java
import android.app.Activity;
import android.content.Context;
import android.os.Bundle;
import android.view.Menu;
import android.view.View;
import android.view.View.OnClickListener;
import android.widget.Button;
import android.widget.EditText;

public class MainActivity extends Activity implements OnClickListener {
```

```
    private EditText getmsg;
    private EditText showmsg;
    private Button write,read;
    private final static String FILE_NAME = "text.txt";
    private byte[] b = new byte[100];
    @Override
    public void onCreate(Bundle savedInstanceState) {
        super.onCreate(savedInstanceState);
        setContentView(R.layout.activity_main);
        getmsg = (EditText)findViewById(R.id.editText1);
        showmsg = (EditText)findViewById(R.id.editText2);
        write = (Button)findViewById(R.id.button1);
        read = (Button)findViewById(R.id.button2);
        write.setOnClickListener(this);
        read.setOnClickListener(this);
    }
    @Override
    public void onClick(View v) {
        //TODO Auto-generated method stub
        switch (v.getId())
        {
        case R.id.button1:
            FileOutputStream fos;
            try {
                //定义输出流
                fos = openFileOutput(FILE_NAME,Context.MODE_PRIVATE);
                try {
                    //写入文件
                    fos.write(getmsg.getText().toString().getBytes());
                    // 提交信息
                    fos.flush();
                    //关闭输出流
                    fos.close();
                } catch (IOException e) {
                    //TODO Auto-generated catch block
                    e.printStackTrace();
                }
            } catch (FileNotFoundException e) {
                //TODO Auto-generated catch block
                e.printStackTrace();
            }
            break;
        case R.id.button2:
            InputStream is;
            try {
                //定义输入流
                is = openFileInput(FILE_NAME);
                int count;
                try {
                    count = is.read(b);
                    //获取文件信息
```

```
                String str = new String(b, 0, count, "utf-8");
                //关闭输入流
                is.close();
                showmsg.setText(str);
            } catch (IOException e) {
                //TODO Auto-generated catch block
                e.printStackTrace();
            }
        } catch (FileNotFoundException e) {
            //TODO Auto-generated catch block
            e.printStackTrace();
        }
    }
  }
}
```

执行效果如图 11-4 所示。

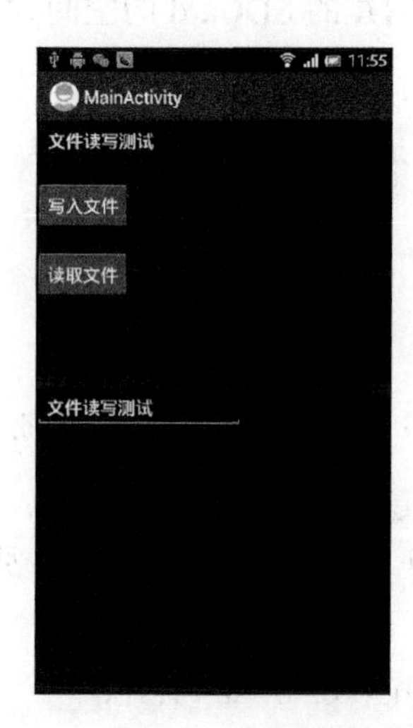

图 11-4　应用中文件数据的存储

注意：为了提高文件系统的性能，一般调用 write()函数时，如果写入的数据量较小，系统会把数据保存在数据缓冲区中，等数据量累积到一定程度时再一次性的写入文件中。因此在调用 close()函数关闭文件前，务必调用 flush()函数，将缓冲区内所有的数据写入文件。

文件在存储设备下的位置如图 11-5 所示。

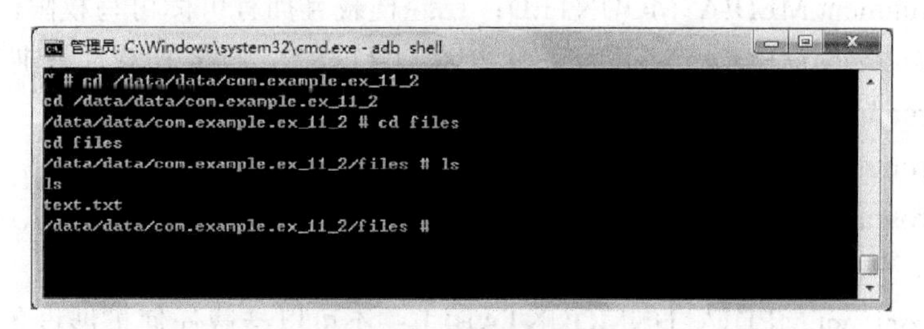

图 11-5　文件位置

11.2.2 访问设备中独立的文件数据

使用 Activity 的 openFileOutput()方法保存文件有一个弊端，文件是存放在手机空间上，一般手机的存储空间不是很大，通常只用于存放一些小文件或者一些标识等。特别是要存放像视频这样的大文件，这种存储方式是不可行的。对于大一些的文件，可以把它存放在 SDCard 中。

SDCard 适用于保存大尺寸的文件，或者是一些无需设置访问权限的文件，可以保存录制的大容量的视频文件和音频文件等。SD 卡使用的是 FAT(File Allocation Table)的文件系统，不支持访问模式和权限控制，但可以通过 Linux 文件系统的文件访问权限的控制保证文件的私密性。

Android 模拟器支持 SD 卡，但模拟器中没有默认的 SD 卡，开发人员须在模拟器中手工添加 SD 卡的映像文件。有两种方法创建 SDCard，可以在 Eclipse 创建模拟器的时候创建，并在配置 Size 的地方写入要创建的 SDCard 的空间大小，如图 11-6 所示。

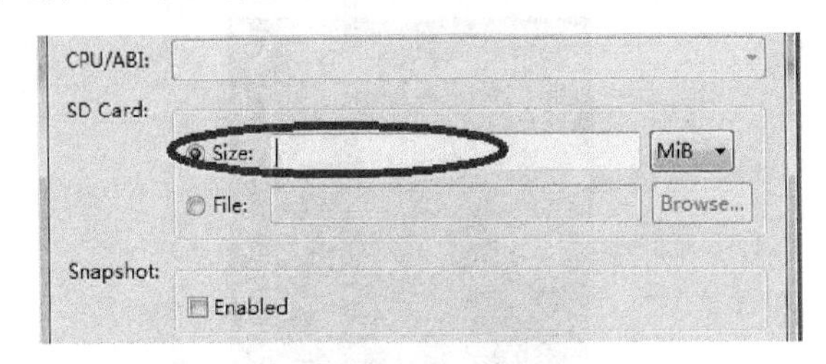

图 11-6　设置 SDCard 的空间大小

也可以通过 Dos 命令进行创建。在 Dos 窗口中进入 Android SDK 安装路径的 tools 目录，输入 mkSDCard 创建 SDCard。下面的命令创建了一张容量为 2GB 的 SDCard，创建的文件后缀为.img：

```
mkSDCard 2048M D:\AndroidTool\SDCard.img
```

创建了 SDCard 之后，就可以进行数据读写了，在操作 SDCard 之前，先要判断 SDCard 的状态，只有在 SDCard 是可读写状态时，才能对其进行数据操作。SDCard 的状态通过 Environment.getExternalStorageState()方法获取，如果手机装有 SDCard，并且可以进行读写，那么方法返回的状态等于 Environment.MEDIA_MOUNTED。另外 SDCard 还有如下几种状态。

- Environment.MEDIA_BAD_REMOVAL：在没有正确卸载 SDCard 之前移除了。
- Environment.MEDIA_MOUNTED：已经挂载且拥有可读可写权限。
- Environment.MEDIA_MOUNTED_READ_ONLY：已经挂载，只拥有可读权限。
- Environment.MEDIA_NOFS：对象空白，或者文件系统不支持。
- Environment.MEDIA_REMOVED：已经移除扩展设备。
- Environment.MEDIA_SHARED：如果 SDCard 未挂载，并通过 USB 大容量存储共享。
- Environment.MEDIA_UNMOUNTABLE：不可以挂载任何扩展设备。
- Environment.MEDIA_UNMOUNTED：已经卸载。

下面通过实例介绍如何创建文件到 SDCard。此实例只包含一个 Java 文件，先判断 SDCard 是否处于挂载并可写入状态，然后获取 SDCard 路径，创建文件，最后通过 FileOutputStream 方法写入到 SDCard。

【例 11.3】写入文件到 SDCard：

```
//MainActivity.java
import java.io.File;
import java.io.FileNotFoundException;
import java.io.FileOutputStream;
import java.io.IOException;
import android.app.Activity;
import android.os.Bundle;
import android.os.Environment;
import android.view.View;
import android.widget.Button;
import android.widget.EditText;
public class MainActivity extends Activity {
    private EditText message;
    private Button write;
    @Override
    public void onCreate(Bundle savedInstanceState) {
        super.onCreate(savedInstanceState);
        setContentView(R.layout.activity_main);
        message = (EditText)findViewById(R.id.editText1);
        write = (Button)findViewById(R.id.button1);
        write.setOnClickListener(new View.OnClickListener() {
            @Override
            public void onClick(View v) {
                //TODO Auto-generated method stub
                if(Environment.getExternalStorageState()
                  .equals (Environment.MEDIA_MOUNTED)) {
                    //获取 SDCard 目录
                    File SDCard = Environment.getExternalStorageDirectory();
                    //定义文件名称
                    File file = new File(SDCard, "text.txt");
                    FileOutputStream outStream;
                    try {
                        //定义文件输出流
                        outStream = new FileOutputStream(file);
                        try {
                            //写入文件
                            outStream.write(
                              message.getText().toString().getBytes());
                            //关闭输出流
                            outStream.close();
                        } catch (IOException e) {
                            //TODO Auto-generated catch block
                            e.printStackTrace();
                        }
                    } catch (FileNotFoundException e) {
```

```
                    //TODO Auto-generated catch block
                    e.printStackTrace();
                }
            }
        }
    });
  }
}
```

程序运行效果如图 11-7 所示。

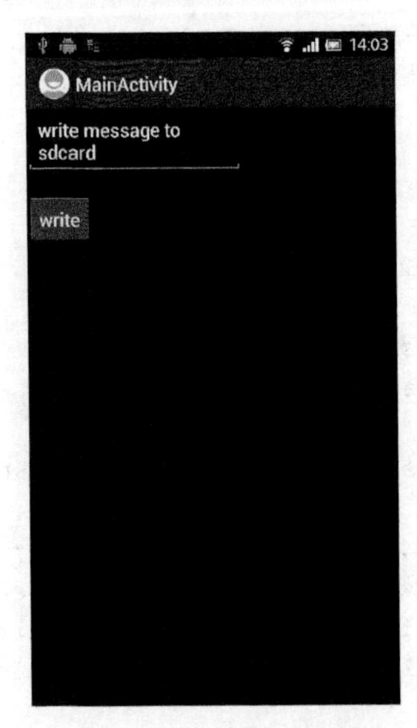

图 11-7　写入数据到 SDCard

通过 adb 命令可以查看刚刚写入的文件内容，如图 11-8 所示。

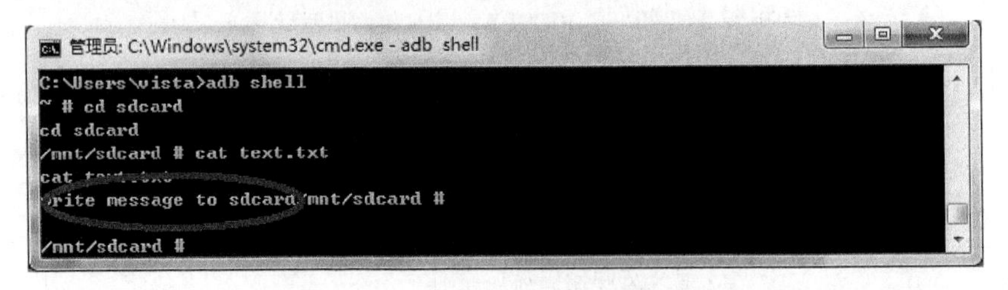

图 11-8　查看 SDCard 文件内容

注意： 在程序中访问 SDCard，需要申请访问权限，否则无法正确地读写文件。需要在 AndroidManifest.XML 中加入访问 SDCard 的权限，如下所示：

```
<!-- 在 SDCard 中创建与删除文件权限 -->
<uses-permission
android:name="android.permission.MOUNT_UNMOUNT_FILESYSTEMS"/>
<!-- 往 SDCard 写入数据权限 -->
<uses-permission
android:name="android.permission.WRITE_EXTERNAL_STORAGE"/>
```

11.3　使用 SQLite 数据库存储数据

前面介绍了两种 Android 的数据存储的方式，使用文件或 SharedPreferences 存储数据。除此之外，还有一种最常用的保存数据的方式，就是使用数据库来保存数据。相信读者对数据库并不陌生，在 Windows 平台、Linux 平台、Mac OS 平台都会有相关数据库的应用。而且目前一些大型的程序或者游戏中，都会用到数据库来存储和读取数据。当然在 Android 平台上，数据库也是很好的存储数据的方式。Android 上面集成了一个嵌入式关系型数据库——SQLite。本节将介绍如何在 Android 平台操作 SQLite。

11.3.1　SQLite 数据库简介

SQLite 是一款轻型的数据库，主要为嵌入式设备开发，并且目前已经得到了非常广泛的应用。作为轻量级的数据库，SQLite 遵守 ACID(Atomicity、Consistency、Isolation、Durability)原则。应用 SQLite 不需要系统提供太大的资源，仅不到 1MB 的内存空间就可运行 SQLite。SQLite 主要应用在小型的嵌入式设备中，目前它被很多嵌入式产品广泛使用。它能够支持 Windows/Linux/Unix 等主流的操作系统，同时能够跟很多编程语言相结合，例如 C#、Tcl、Java 等，还有 ODBC 接口。并且 SQLite 的处理速度较快，甚至不亚于 MySQL、PostgreSQL 等开源数据库系统。

SQLite 支持 NULL、INTEGER、REAL(浮点数字)、TEXT(字符串文本)和 BLOB(二进制对象)数据类型。虽然它支持的类型只有 5 种，但实际上 SQLite 也接受 varchar(n)、char(n)、decimal(p, s)等数据类型，只不过在运算或保存时会转成对应的 5 种数据类型。

SQLite 最大的特点是可以把各种类型的数据保存到任何字段中，而不用关心声明的数据类型。

SQLite 有 5 大优点。

(1)　轻量级

只需加载一个尺寸非常小的动态数据库，就可以使用 SQLite 的全部功能。大多数据库的读写模型是基于 C/S 架构设计的，该架构下的数据库分为客户端和服务器端。C/S 架构数据库是重量型的数据库，系统功能复杂且尺寸较大。

SQLite 与 C/S 模式的数据库软件不同，它不使用分布式架构作为数据引擎。SQLite 数据库功能简单且尺寸较小，一般只需要带上一个 DDL 就可使用 SQLite 数据库。

(2)　无配置

无需安装、配置、开启、关闭等，可直接使用。

(3)　跨平台

支持大部分操作系统，可以在大部分的操作系统上运行，能够支持 Windows XP、Windows 7、Linux、Android、Windows Mobile、Sysbin、Palm 和 Mac OX 等系统。

(4)　语言无关接口

SQLite 数据库与语言无关，支持很多编程语言，例如 Python、.NET、C/C++、Java、

Ruby、Perl 等。因而 SQLite 被开发者广泛使用。

(5) 事务性

SQLite 数据库采用独立事务处理机制，使用数据库的独占性和共享锁处理事务。这种方式规定必须获得该共享锁后，才能执行写操作。因而 SQLite 既允数据库被多个进程并发读取，又能保证最多只有一个进程写数据。这种方式可有效地防止读脏数据、不可重复读、丢失修改等异常。

11.3.2 SQLite 数据库操作

SQLite 数据库功能十分强大，但使用起来却特别简单。通过几个简单的操作就可以实现完整的数据读写。SQLite 数据库的操作包括创建和打开数据库、创建表、向表中添加数据、从表中删除数据、修改表数据、关闭数据库、删除指定表、删除数据库、数据查询等。下面逐一介绍每个具体的操作。

(1) 创建和打开数据库

SQLite 中用于创建或打开数据库的方法是 openOrCreateDatabase()，该方法是 Activity 类的方法，调用此方法会自动检测是否存在此数据库，如果数据库已经存在，则执行打开动作，否则创建数据库。创建成功会返回一个 SQLiteDatabase 对象，否则抛出异常 FileNotFoundException。使用方法如下：

```
mSQLiteDatabase =
 this.openOrCreateDatabase("test.db", MODE_PRIVATE, null);
```

(2) 创建表

一个数据库可包含多个表，表中存放着每一条的数据，通过 SQLiteDatabase 对象的 execSQL 方法执行一条 SQL 语句来创建表，使用方法如下：

```
String Create_Table =
 "Create table table1(_id INTEGER PRIMARY KEY, num INTEGER, data TEXT)";
mSQLiteDatabase.execSQL(Create_Table);
```

(3) 向表中添加数据

每个表可存储多条记录，有两种方式实现记录的插入。第一种是通过 SQLiteDatabase 的 insert 方法插入，第二种通过 execSQL 方法并指定 SQL 语句插入记录。使用 insert 方法插入记录时，需要把插入记录的每个数据项放到 android.content.ContentValues 对象中。具体实现如下：

```
ContentValue cv = new ContentValues();
cv.put(table_data, "测试");
mSQLiteDatabase.insert(TABLE_NAME, null, cv);
```

(4) 从表中删除数据

通过 SQLiteDatabase 对象的 delete 方法可以删除表中的一条数据，delete 方法调用一条 SQL 语句实现 delete 操作，使用方法如下：

```
String delete_data = "DELETE FROM table1 WHERE _id=1";
mSQLiteDatabase.delete(delete_data);
```

(5) 修改表数据

向表中修改数据需要用到 SQLiteDatabase 对象的 update 方法。首先需要把数据打包到 ContentValues 对象中，通过其 put 方法将数据加载到 ContentValues 对象中。然后使用 insert 方法将数据更新到指定表中，使用方法如下：

```
ContentValues cv = new ContentValues();
cv.put(TABLE_NUM, 3);
mSQLiteDatabase.update("table1", cv, "num"+"="+Integer.toString(0),null);
```

(6) 关闭数据库

关闭数据库非常重要，这也是开发者经常忘记的操作，在数据库操作使完成之后，务必将数据库关闭。使用 SQLiteDatabase 对象的 close 方法即可关闭：

```
mSQLiteDatabase.close();
```

(7) 删除指定表

使用 SQLiteDatabase 对象 execSQL 方法即可实现对数据表的删除：

```
mSQLiteDatabase.execSQL("DROP TABLE table1");
```

(8) 删除数据库

直接使用 deleteDatabase 方法即可删除数据库：

```
this.deleteDatabase("test.db");
```

下面通过一个实例，介绍数据库的操作过程，此实例首先创建数据库，然后往数据库中写入数据，最后让数据显示到 ListView 组件中。

【例 11.4】数据库操作。

(1) 创建 SQLiteOpenHelper 子类。

首先需要创建一个继承自 SQLiteOpenHelper 类的 DBService 类，用它来完成数据库的初始化工作，例如创建数据库、创建表等操作。SQLiteOpenHelper 是一个抽象类，在该类中有如下两个方法：onCreate 和 onUpgrade，SQLiteOpenHelper 的子类必须实现这两个方法。本类中创建一个名为 colleagues.db 的数据库，代码如下：

```
//DBHelper.java
public class DBService extends SQLiteOpenHelper {
   private final static int DATABASE_VERSION = 1;
   private final static String DATABASE_NAME = "colleagues.db";

   public DBService(Context context) {
      super(context, DATABASE_NAME, null, DATABASE_VERSION);
   }

   @Override
   public void onCreate(SQLiteDatabase db) {
      String sql = "CREATE TABLE [t_colleagues] ("
                 + "[id] AUTOINC,"
                 + "[name] VARCHAR(20) NOT NULL ON CONFLICT FAIL,"
                 + "[telephone] VARCHAR(20) NOT NULL ON CONFLICT FAIL,"
                 + "[email] VARCHAR(20),"
```

```
                + "CONSTRAINT [sqlite_autoindex_t_colleagues_1]
                  PRIMARY KEY([id]))";
        db.execSQL(sql);
    }

    public void onUpgrade(SQLiteDatabase db, int oldVersion,
      int newVersion) {
        String sql = "drop table if exists [colleagues]";
        db.execSQL(sql);

        //此处应该是新的 SQL 语句
        sql = "CREATE TABLE [colleagues] ("
                + "[id] AUTOINC,"
                + "[name] VARCHAR(20) NOT NULL ON CONFLICT FAIL,"
                + "[telephone] VARCHAR(20) NOT NULL ON CONFLICT FAIL,"
                + "[email] VARCHAR(20),"
                + "CONSTRAINT [sqlite_autoindex_t_colleagues_1]
                  PRIMARY KEY([id]))";
        db.execSQL(sql);
    }
}
```

SQLiteOpenHelper 首先会自动检测数据库文件是否存在。如果数据库文件存在，会打开这个数据库，此时 onCreate 方法是不会被调用的。如果数据库文件不存在，SQLiteOpenHelper 首先会创建一个数据库文件，然后打开这个数据库，最后会调用 onCreate 方法。

所以，onCreate 方法一般用在新创建的数据库中建立表、视图等数据库组件。

在 SQLiteOpenHelper 的子类的构造方法中继承了父类的变量，有两个变量需要特别指出：第一个变量是 DATABASE_NAME，表示数据库的文件名，SQLiteOpenHelper 会根据这个文件名来创建数据库；第二个变量是 DATABASE_VERSION，是版本号，如果当前传递的数据库的版本号比上次创建或者升级的数据库的版本号高，就需要对数据库中的表、视图等组件升级，这时候就会调用到 onUpgrade 方法。

(2) 编写操作类。

定义一个 DBService 类，用来实现对数据库的添加、删除、查询等操作，代码如下：

```
//DBService.java
import android.content.Context;
import android.database.Cursor;
import android.database.sqlite.SQLiteDatabase;
import android.text.Editable;

public class DBService {
    private DBHelper dbhelper;

    public DBService(Context context) {
        this.dbhelper = new DBHelper(context);
    }
    //添加同事信息
```

```
    public void add(Editable editable, Editable editable2,
      Editable editable3) {
        String sql =
        "insert into t_colleagues(name, telephone, email) values(?,?,?)";
        SQLiteDatabase db = dbhelper.getWritableDatabase();
        db.execSQL(sql, new Object[] { editable, editable2, editable3 });
    }
    //删除同事信息
    public void delete() {
        SQLiteDatabase db = dbhelper.getWritableDatabase();
        db.execSQL("DROP TABLE t_colleagues");
    }
    //查询同事信息
    public Cursor query() {
        String sql =
        "select id as _id, name,telephone from t_colleagues order by name";
        SQLiteDatabase db = dbhelper.getReadableDatabase();
        Cursor cursor = db.rawQuery(sql, null);
        return cursor;
    }
}
```

其中 Cursor 类用于获取 SQLite 中查询得到的每行数据的集合，使用 moveToFirst()定位第一行。Cursor(游标)是系统为用户开设的一个数据缓冲区，存放 SQL 语句的执行结果。下面介绍 Cursor 类提供的方法。

- close()：关闭游标，释放资源。
- copyStringToBuffer(int columnIndex, CharArrayBuffer buffer)：在缓冲区中检索请求的列的文本，将将其存储。
- getColumnCount()：返回所有列的总数。
- getColumnIndex(String columnName)：返回指定列的名称，若不存在，返回-1。
- getColumnIndexOrThrow(String columnName)：从零开始返回指定列的名称，如果不存在，将抛出 IllegalArgumentException 异常。
- getColumnName(int columnIndex)：从给定的索引返回列名。
- getColumnNames()：返回一个字符串数组的列名。
- getCount()：返回 Cursor 中的行数。
- moveToFirst()：移动光标到第一行。
- moveToLast()：移动光标到最后一行。
- moveToNext()：移动光标到下一行。
- moveToPosition(int position)：移动光标到一个绝对的位置。
- moveToPrevious()：移动光标到上一行。

(3) 编写接收 Cursor 的 Adapter 类。

Adapter 继承了 CursorAdapter 类，用于显示添加到数据库的每项内容，代码如下：

```
//ColleagueAdapter.java
public class ColleagueAdapter extends CursorAdapter
{
```

```
    private LayoutInflater layoutInflater;
    private void setChildView(View view, Cursor cursor)
    {
        //通过 cursor getColumnIndex()方法得到列名，并赋值给 TextView 以显示
        TextView tname = (TextView) view.findViewById(R.id.tname);
        TextView ttelephone =
          (TextView)view.findViewById(R.id.ttelephone);
        tname.setText(cursor.getString(cursor.getColumnIndex("name")));
        ttelephone.setText(
          cursor.getString(cursor.getColumnIndex("telephone")));
        TextView tmail = (TextView)view.findViewById(R.id.email);
        tmail.setText(
          cursor.getString(cursor.getColumnIndex("email")));
    }
    @Override
    public void bindView(View view, Context context, Cursor cursor)
    {
        setChildView(view, cursor);
    }

    @Override
    public View newView(Context context, Cursor cursor, ViewGroup parent)
    {
        View view = layoutInflater.inflate(R.layout.contact_item, null);
        setChildView(view, cursor);
        return view;
    }
    public ColleagueAdapter(Context context, Cursor c,
      boolean autoRequery)
    {
        super(context, c, autoRequery);
        layoutInflater = (LayoutInflater)context
          .getSystemService(Context.LAYOUT_INFLATER_SERVICE);
    }
}
```

(4) 数据显示。

首先通过数据库的 insert 方法添加数据到 SQLite 数据库，然后通过 Cursor 对象获取 SQLite 数据库中的数据文件，并加入到 Adapter 中，最后通过 ListView 的 setAdapter 方法将此数据显示到 ListView 中，代码如下：

```
//MainActivity.java
public class MainActivity extends Activity implements OnClickListener {
    private Button add;
    private Button delete;
    private View addView;
    private EditText et_name, et_phone,et_email;
    private DBService dbService;
    private ListView list;
    private ColleagueAdapter colleagueAdapter;
    private Cursor cursor;
```

```
private Dialog alertDialog;
@Override
public void onCreate(Bundle savedInstanceState) {
    super.onCreate(savedInstanceState);
    setContentView(R.layout.activity_main);
    dbService = new DBService(this);
    add = (Button)findViewById(R.id.add);
    delete = (Button)findViewById(R.id.delete);
    list = (ListView)findViewById(R.id.listView1);
    //查找数据库，获取数据库信息保存至 cursor 变量
    cursor = dbService.query();
    //使用 cursor 变量初始化 ColleagueAdapter
    colleagueAdapter = new ColleagueAdapter(this, cursor, true);
    //设置 Adapter 到 listview
    list.setAdapter(colleagueAdapter);
    add.setOnClickListener(this);
    delete.setOnClickListener(this);
    LayoutInflater layoutInflater = LayoutInflater.from(this);
    addView = layoutInflater.inflate(R.layout.add, null);
    et_name = (EditText)addView.findViewById(R.id.et_name);
    et_phone = (EditText)addView.findViewById(R.id.et_phone);
    et_email = (EditText)addView.findViewById(R.id.et_email);
}

@Override
public void onClick(View arg0) {
    //TODO Auto-generated method stub
    switch(arg0.getId())
    {
    case R.id.add:
        //定义一个 dialog 添加学生信息
        alertDialog = new AlertDialog.Builder(this).
        //设置 dialog 标题
        setTitle("添加学生信息").
        //设置 dialog 图标
        setIcon(R.drawable.ic_launcher).
        //设置 dialog 显示的 view
        setView(addView).
        setPositiveButton("保存",
          new DialogInterface.OnClickListener() {
            @Override
            public void onClick(DialogInterface dialog, int which) {
                //添加数据到 SQLite 数据库
                dbService.add(et_name.getText(),
                  et_phone.getText(), et_email.getText());
                cursor = dbService.query();
                colleagueAdapter =
                  new ColleagueAdapter(MainActivity.this, cursor, true);
                list.setAdapter(colleagueAdapter);
                alertDialog.dismiss();
            }
```

```
                }).setNegativeButton("取消",
                new DialogInterface.OnClickListener() {
                    @Override
                    public void onClick(DialogInterface dialog, int which) {
                        //TODO Auto-generated method stub
                    }
                }).create();
                //显示 dialog
                alertDialog.show();
                break;
            case R.id.delete:
                //删除表格
                dbService.delete();
                list.setAdapter(null);
                break;
        }
    }
}
```

通过如上几个步骤就可以完成了一个学生信息的 SQLite 数据库。运行该实例后，可以单击“添加”按钮来添加学生信息，如图 11-9 所示。

保存成功后，程序会显示 SQLite 数据库的内容，如图 11-10 所示。

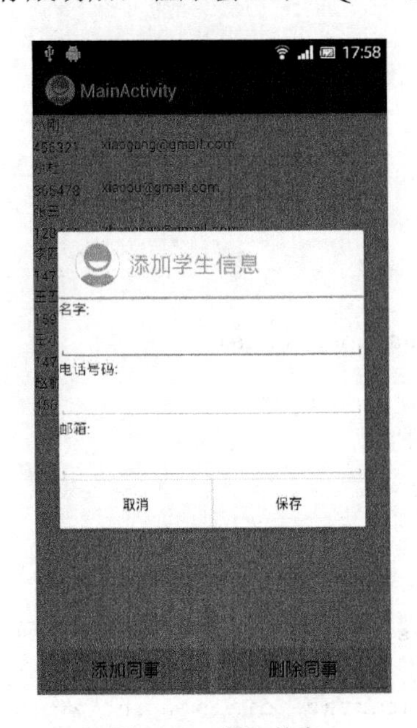

图 11-9　添加信息

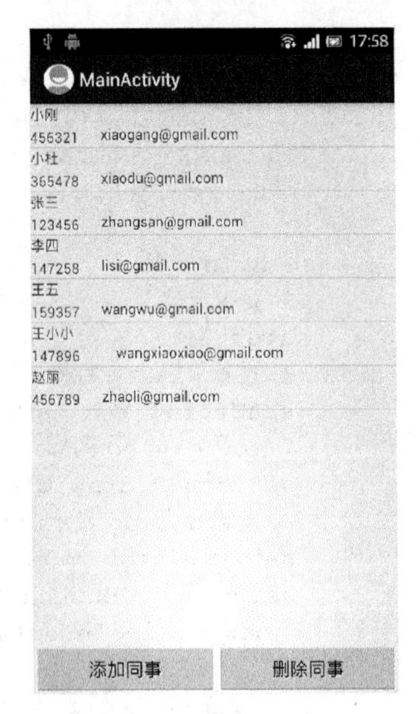

图 11-10　数据库内容显示

11.4　使用 ContentProvider

Android 有一个独特之处就是，数据库只能被它的创建者所使用，其他的应用无权调用，所以如果想实现不同应用之间的数据共享，就需要使用一种特殊的方式。这个时候为解决这样的问题，ContentProvider 就应运而生了。Android ContentProvider 是数据对外的接口，只需通过使用 ContentProvider 访问数据而不需要关心数据具体的存储及访问过程，这样既提高了数据的访问效率，同时也隐藏了数据的存储细节。

Android 为我们提供了 ContentProvider 来实现数据的共享，一个程序如果想让别的程序可以操作自身的数据，就定义自己的 ContentProvider，然后在 AndroidManifest.XML 中注册，其他 Application 可以通过获取 ContentResolver 来操作这个程序的数据。

Android 自身也提供了几个现成的 Content Provider，如 Contacts、Browser、CallLog、Settings 和 MediaStore 等，可以在 Android.provider 包下面找到一些 Android 提供的 Contentprovider，也可以查询它们包含的数据信息，当然前提是已获得适当的读取权限。

一个应用程序可以创建自己的数据，此数据对该应用程序是私有的，其他应用不仅看不到这些数据，也不知道这些数据存储的方式，但是其他应用可以通过 ContentProvider 这一套标准及统一的接口与这个程序里的数据交互。

在应用程序中访问 ContentProvider 提供的数据之前，首先要使用 getContentResolver() 方法获得一个 ContentResolver 对象，然后通过该对象调用其 query、insert、update、delete 方法访问数据。这几种方法分别代表数据库的查询、插入、更新、删除，即数据库的 CRUD 操作。

这 4 种主要的方法介绍如下：

```
//查询操作，返回 Cursor 数据
public Cursor query(Uri uri, String[] projection, String selection,
  String[] selectionArgs, String sortOrder)
//数据插入操作
public Uri insert(Uri uri, ContentValues values)
//数据更新操作
public int update(Uri uri, ContentValues values, String selection,
  String[] selectionArgs)
//删除数据操作
public int delete(Uri uri, String selection, String[] selectionArgs)
```

首先通过一个实例介绍如何获取系统音乐文件数据。

【例 11.5】获取音乐文件的 ContentProvider 数据。

在 Android 系统中内置的应用程序中很多都提供 URI。例如，本地音乐文件的 URI 是 MediaStore.Audio.Media.EXTERNAL_CONTENT_URI，这是 Android SDK 中为该 URI 提供的一个常量。

本实例通过此 URI 获取音乐文件的 ContentProvider 数据，并显示到 ListView 中。获取数据并显示到 ListView 的核心代码如下：

```
public void onCreate(Bundle savedInstanceState) {
    super.onCreate(savedInstanceState);
    setContentView(R.layout.activity_main);
    list = (ListView)findViewById(R.id.listView1);
    ContentResolver provider = getContentResolver();
    Cursor cursor =
      provider.query(MediaStore.Audio.Media.EXTERNAL_CONTENT_URI,
```

```
        new String[] {"_id","name","artist" }, null, null, null);
      SimpleCursorAdapter adapter = new SimpleCursorAdapter(this,
        android.R.layout.simple_list_item_2, cursor,
        new String[] {
            MediaStore.Audio.AudioColumns.TITLE,
            MediaStore.Audio.AudioColumns.ARTIST},
            new int[] {android.R.id.text1, android.R.id.text2});
          list.setAdapter(adapter);
    }
}
```

需要指出的是，在 query 方法中，第 1 个参数是 ContentProvider 的 URL，后面 4 个参数分别表示返回记录的字段、查询条件、查询参数和排列顺序。

运行效果如图 11-11 所示。

图 11-11　系统音乐文件列表(左侧为系统程序，右侧为实例)

有两种查询 ContentProvider 中数据的方法，这两个方法分别是：

- ContentResolver 的 query()方法。
- Activity 的 managedQuery()方法。

无论 query()还是 managedQuery()，它们的第一个参数都是 ContentProvider 的 CONTENT_URI 常量。这个常量用来标识某个特定的 ContentProvider 和数据集。query()和 managedQuery()方法都返回一个 Cursor 对象。两者之间的唯一区别是：Activity 可使用 managedQuery 方法来管理 Cursor 的生命周期，然而 ContentResolver 却无法通过 query()方法来管理 Cursor 的生命周期。

可以通过 Activity.startManagingCursor()方法，让一个 Activity 开始管理一个尚未被管理的游标对象。query()这里不做详述，下面详细介绍 managedQuery()方法，该方法包含 5 个形参：第 1 个形参指定查询记录的 uri；第 2 个形参指定返回数据列的名字；第 3 个形参指定返回行的过滤器，例如 SQL WHERE，若该参数是 null 值，则表示返回所有行，否则返回符合指定条件的行；第 4 个形参为选择参数；第 5 个形参指定返回行的排列顺序，例如 SQL ORDER BY。若该参数为 null 值，则表示以该表格的默认顺序返回，否则以该参

数指定的排列顺序返回指定的行。

如果要公开自己的数据，即将数据存储到 ContentProvider 中，可通过两种方法将数据存放到 ContentProvider 中。这两个方法分别是：

- 创建新的 ContentProvider(继承 ContentProvider 类)。
- 将数据添加到已有的 ContentProvider 中。

上面介绍的是获取系统的 ContentProvider，现在再通过一个实例介绍如何获取非系统应用的 ContentProvider 数据。

【例 11.6】获取非系统应用的 ContentProvider 数据。

在例 11.4 的基础上添加 ContentProvider，以实现其他程序对此 ContentProvider 的访问。添加 ContentProvider 需要如下两步操作。

(1) 编写 ContentProvider 的子类：编写一个类继承 android.content.ContentProvider 的子类，该类需要实现 query、insert、update 和 delete 等方法，以便其他程序对 SQLite 数据库的操作。

(2) 配置 AndroidManifest.XML：在 AndroidManifest.XML 中配置 ContentProvider，在这里要指定 URL 以及 URL 对应的 ContentProvider 类，其中 URL 为其他程序调用之用。

本例只实现了对 SQLite 的查询功能，还有其他如数据插入、更新、删除等操作希望读者可以自行实现。代码如下：

```
//ColleagueContentProvider.java
package com.example.ex_11_6;

import android.content.ContentProvider;
import android.content.ContentValues;
import android.content.UriMatcher;
import android.database.Cursor;
import android.net.Uri;

public class ColleagueContentProvider extends ContentProvider
{
   private static UriMatcher uriMatcher;
   private static final String COLLEAGUE =
     "com.example.ex_11_6.colleague.Colleaguecontentprovider";
   private static final int FLAG_COLLEAGUES = 1;
   private DBService dbService;
   static
   {
      //URL 匹配
      uriMatcher = new UriMatcher(UriMatcher.NO_MATCH);
      uriMatcher.addURI(COLLEAGUE, null, FLAG_COLLEAGUES);
   }
   @Override
   //删除数据
   public int delete(Uri uri, String selection, String[] selectionArgs)
   {
      return 0;
   }
```

```
    @Override
    //获取uri类型
    public String getType(Uri uri)
    {
        //TODO Auto-generated method stub
        return null;
    }
    @Override
    //插入数据
    public Uri insert(Uri uri, ContentValues values)
    {
        //TODO Auto-generated method stub
        return null;
    }
    @Override
    public boolean onCreate()
    {
        //实例化DBService对象
        dbService = new DBService(getContext());
        return true;
    }
    //查询数据
    @Override
    public Cursor query(Uri uri, String[] projection, String selection,
    String[] selectionArgs, String sortOrder)
    {
        //调用DBService中的查询方法
        Cursor cursor = dbService.query();
        return cursor;
    }
    @Override
    //数据更新
    public int update(Uri uri, ContentValues values, String selection,
    String[] selectionArgs)
    {
        //TODO Auto-generated method stub
        return 0;
    }
}
```

同时不要忘记在 AndroidManifest.XML 中配置 ContentProvider，AndroidManifest.XML 中的配置代码如下：

```
<provider android:name=".ColleagueContentProvider"
  android:authorities="com.example.ex_11_4.Colleaguecontentprovider"/>
```

注意： ContentProvider 类中需要使用 UriMatcher 匹配 ContentProvider 的 URI，通过 addURI 方法进行添加。第 1 个参数为 ContentProvider 的 ID；第 2 个参数为 URI 的路径部分，如果没有则为 null；第 3 个参数为满足匹配的时候返回的值。

最后，在其他应用中通过 getContentResolver()方法获得 ContentResolver 对象，然后通过此对象就可以实现数据库的查询等操作了。

11.5 上机实训

1. 实训目的

(1) 掌握 SharedPreferences 的用法。
(2) 了解文件存储的方法。
(3) 学会使用 SQLite 数据库。
(4) 熟练掌握 ContentProvider 应用。

2. 实训内容

(1) 编写一个使用 SharedPreferences 存储的应用。
(2) 编写一个将所有手机联系人信息都输出到外部文件的应用。
(3) 用 SQLite 编写一个学生信息的应用，并实现插入、删除、更新、查找等方法。
(4) 对上一应用添加 ContentProvider 方法，并可在其他应用中实现对其插入、删除、更新、查找等所有操作。

11.6 本章习题

一、填空题

(1) 最轻型的存储方式是______。
(2) 通过_______方法可以获得 SharedPreferences 对象。
(3) 通过___________方法可以将一个 int 变量保存至 SharedPreferences。
(4) 文件存储时___________操作模式可以在原有文件上追加。
(5) 使用________可创建并打开数据库。
(6) __________方法可循环读取 Cursor 内容。
(7) 通过___________方法可以获得 ContentResolver 对象。

二、问答题

(1) Android 中有几种数据存储方式，分别是什么？
(2) 文件存储分为哪几种？
(3) 简要说明 URI 三部分的意义。
(4) 简述两种文件存储的异同点。
(5) 简述几种存储方式的特点。
(6) 数据库包括哪几种操作？
(8) 简述数据库查找方法各个参数的意义。
(9) 创建一个数据库的具体方法是什么？

第 12 章 Android 通信业务开发

学习目的与要求：

打电话、发短信、上网等这些业务相信每个用户每天都会用到，这些都属于通信业务，通信业务是终端用户必不可少的应用，关于这些业务的应用，也深受开发者的青睐。通过学习本章，希望读者可以掌握 Android 通信业务开发的几个模块，以及能熟练地做一些这方面的程序开发。

12.1 Wifi

Wifi(也作 WiFi 或 Wi-Fi)是一种无线网络技术。无线网络的技术既包括允许用户建立远距离无线连接的全球语音和数据网络，也包括为近距离无线连接进行优化的红外线技术及射频技术。无线网络与有线网络的用途十分类似，最大的不同在于传输媒介的不同，利用无线电技术取代网线，可以与有线网络互为备份。自无线网络诞生至今，无线上网这个名词现在已经家喻户晓了，它带给用户更快捷舒服的享受。Android 当然也不会缺少这项功能，本章将详细介绍无线相关的程序开发。

12.1.1 WifiManager 介绍

WifiManager 是 Wifi 管理的主要类，此类提供了 Wifi 连接管理的各方面的基本 API。通过调用 Context.getSystemService(Context.WIFI_SERVICE)获得实例操作。

(1) WifiManager 包含下列功能。

- 配置网络的列表：该列表可以查看和更新，各个条目的属性也可以被修改。
- 查看网络状态：查看目前活跃的 Wifi 网络，可以查询网络状态的动态信息。
- 扫描网络：扫描网络，查看接入点信息。
- 定义广播：定义了各种 Wifi 状态改变的广播。

(2) 下面将具体介绍几个主要 API 的功能和用法。

- isWifiEnabled()：返回 boolean 类型，判断 Wifi 是否开启。
- setWifiEnabled(boolean enabled)：设置开启或者关闭 Wifi。当 enabled 为 true 时，开启 Wifi；为 false 时，关闭 Wifi。
- startScan()：开始 Wifi 扫描，扫描周边的 Wifi 设备。
- getWifiState()：返回 int 型，获取 Wifi 的状态。Wifi 的状态有如下几种。
  - ◆ WIFI_STATE_DISABLED：定值 1(0x00000001)，Wifi 处于关闭状态。
  - ◆ WIFI_STATE_DISABLING：定值 0(0x00000000)，Wifi 正在关闭。
  - ◆ WIFI_STATE_ENABLED：定值 3(0x00000003)，Wifi 处于开启状态。
  - ◆ WIFI_STATE_ENABLING：定值 2(0x00000002)，Wifi 正在打开。
  - ◆ WIFI_STATE_UNKNOWN：定值 4(0x00000004)，未知状态。
- getConnectionInfo()：返回 WifiInfo 类型，获取 Wifi 的信息。
- getScanResults()：返回 List<ScanResult>类型，将会得到扫描到接入点的扫描信息列表。
- addNetwork(WifiConfiguration config)：添加一个新的网络描述的一套配置网络。
- removeNetwork(int netId)：从网络配置中移除指定网络。
- reconnect()：如果当前连接处于断开状态，重新对其进行连接。
- disconnect()：断开当前的连接。
- disableNetwork(int netId)：关闭指定的网络。
- updateNetwork(WifiConfiguration config)：更新配置现有的网络的网络描述。

12.1.2 Socket 和 ServerSocket

网络编程是指通过使用套接字来达到进程间通信目的的编程，目前主流的网络编程模型是客户机/服务器(C/S)结构。一方为服务器端，并作为一个守护进程始终运行，等待客户端提出请求并给予相应的反应，另一方为客户端，在需要数据交互的时候，向服务器发出申请。

在介绍套接字(Socket)之前，需要先了解下网络间的传输协议。网络间传输协议分为两种：TCP 和 UDP。

(1) TCP

TCP(Transfer Control Protocol，传输控制协议)是一种可靠的面向连接的传输协议。要求双方的 Socket 之间建立成对的连接，一个 Socket 作为一个守护进程在等待连接，另外一个 Socket 要求进行连接。当连接成功之后，两个 Socket 之间可以互发互收数据。因为 TCP 是一种可靠的传输协议，所以能够确保完全正确地获取或者发送全部数据，但是在进行数据传输之前要建立连接，所以需要有一个建立的时间。建立 TCP 需要经历三次握手的过程，图 12-1 描述了 TCP 连接建立的过程。

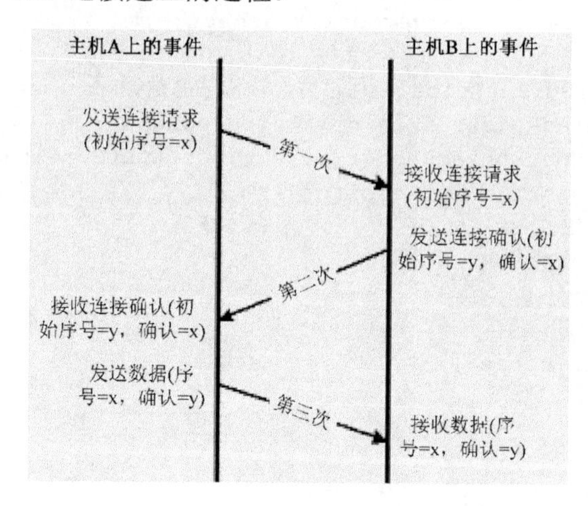

图 12-1 TCP 连接建立的过程

(2) UDP

UDP(User Datagram Protocol，用户数据报协议)是一种无连接的协议，每个数据报都带有完整的地址信息，所以传输的数据报相互独立，并且无需建立连接，在网络上以任何可能的路径被传输，不能保证能否到达目的地、到达时间以及到达后数据的正确性。

TCP 的优点是其可靠性，但同时却牺牲了数据校验的时间和网络带宽。UDP 可靠性差，但操作简单，无需太多监护，只要保证连贯性，亦可以应用在很多方面。

注意： TCP 传输数据大小无限制，连接成功后，双方可按统一格式传输大的数据，UDP 传输数据有大小限制，每个数据报限定在 64KB 之内。

下面通过实例来讲解客户端和服务器端通信的过程，以及发送和接收数据的过程。

客户端程序代码如下：

```
try {
    Socket socket = new Socket(); //新建一个 Socket
```

```
    //连接指定 IP 和 PORT，时间超出 TIME 设置时间，表示连接超时
    socket.connect(new InetSocketAddress(IP, PORT, TIME);
    OutputStream os = socket.getOutputStream(); //定义输出流
    os.write(b); //传输数据
    os.flush(); //刷新数据
    os.close(); //关闭输出流
    socket.close(); //关闭 Socket 连接
} catch (IOException e) {
    //TODO Auto-generated catch block
    e.printStackTrace();
}
```

服务器端程序的代码如下：

```
try {
    System.out.println("S: Connecting...");
    //定义 ServerSocket，指定端口号，响应客户端连接
    ServerSocket serverSocket = new ServerSocket(PORT);
    while (true) {
        //定义 Socket 以获取客户端数据
        Socket client = serverSocket.accept();
        try {
            //定义 BufferReader，保存客户端传输的数据
            BufferedReader in = new BufferedReader(
            new InputStreamReader(client.getInputStream()));
            String str = in.readLine();
        } catch (Exception e) {
            e.printStackTrace();
        } finally {
            //关闭 Socket
            client.close();
        }
    }
} catch (Exception e) {
    e.printStackTrace();
}
```

12.1.3 Wifi 的实现过程

Wifi 的实现过程是一个从开启、扫描、连接，然后到数据传输的过程，下面逐一介绍每个过程的实现方法。

(1) 定义 WifiManager 类，并获取指定服务

首先使用 WifiManager 类定义一个对象，然后通过 Activity 的 getSystemService (Context.Wifi_SERVICE)方法获取一个 WifiManager 的实例。

Context.Wifi_SERVICE 是 Android SDK 中定义的一个常量，通过 getSystemService 方法调用此常量，这时 Android 系统会赋予此 WifiManager 对象以访问 Wifi 的权限。

(2) 判断 Wifi 是否开启，如果没有则开启

获取 Wifi 的实例之后，通过 WifiManager 类提供的 isWifiEnabled 方法判断 Wifi 是否

开启，如果没有开启，则通过 setWifiEnabled 方法指定 true 参数来开启 Wifi。

Wifi 开启需要一定的时间，所以程序开发过程中最好设置一定的等待时间。然后通过 isWifiEnabled 方法判断 Wifi 是否已经开启。

(3) 扫描 Wifi 设备

在 Wifi 被正确打开之后，通过 WifiManager 类提供的 startScan 方法来扫描周围的 Wifi 设备。此方法运行后通常需要等待一段时间，以对周围的设备扫描完全。

(4) 定义广播事件，监听扫描结果

Wifi 开始扫描之后，定义一个 BroadcastReceiver，用来监听 Wifi 状态的改变，当监听到 Wifi 状态的改变后，处理相应的操作。常用的操作有获取周围 Wifi 设备的扫描结果和获取连接设备的信息。通过 WifiManager 类的 getScanResults 方法获取周围的 Wifi 设备扫描结果，并保存至一个 ScanResults 类型的 list，以备程序在需要列出所有 Wifi 时调用。通过 WifiManager 类提供的 getConnectionInfo 方法获取已经连接的设备的信息，并返回一个 WifiInfo 的变量，这些信息包括连接设备的设备号、IP 地址，还有和本机的连接速度等。广播创建完成之后，需要在主程序中通过 registerReceiver 注册此广播，有关广播的注册详见第 8 章，在此不再赘述。需要指出的是，在注册的时候，要添加几个事件来监听广播信息，常用事件有 Wifi 状态改变事件(WifiManager.WIFI_STATE_CHANGED_ACTION)、网络状态改变事件(WifiManager.NETWORK_STATE_CHANGED_ACTION)和扫描事件(WifiManager.SCAN_RESULTS_AVAILABLE_ACTION)。

(5) 指定 Wifi 设备进行连接

选定一个 Wifi 设备，通过 Wifi 的连接方法进行连接。

(6) 通过 Socket 进行数据传输

在正确连接到另一台设备或者 Wifi 路由器之后，就可以在两台设备之间进行数据传输了。两个机器之间通过首先建立 Socket，并由指定的 IP、PORT 连接到服务器端，然后机器之间就可以传输数据了。下面通过实例详细介绍整个 Wifi 传输数据的过程。

12.1.4　应用实例：Wifi Socket 数据传输

通过前面讲到的 Wifi 的实现和 Socket 的传输过程就可以完成 Wifi Socket 数据传输，现在着重介绍如何建立 ListView 显示扫描结果，以及选中 Wifi 设备进行连接的过程。

【例 12.1】 Wifi 数据传输。

(1) 创建布局文件。

该布局文件定义了一个 ListView，用于显示扫描到的 Wifi 设备，定义一个 Button，用于发送数据。代码如下。

Main.xml：

```
<?xml version="1.0" encoding="utf-8"?>
<LinearLayout xmlns:android="http://schemas.android.com/apk/res/android"
 android:layout_width="fill_parent"
 android:layout_height="fill_parent"
 android:orientation="vertical">
   <ListView
     android:layout_width="fill_parent"
```

```
        android:layout_height="wrap_content"
        android:id="@+id/list">
    </ListView>
</LinearLayout>
```

(2) 为 ListView 添加 Adapter。

Adapter 用于显示 Wifi 扫描后得到的周围设备，它继承自 BaseAdapter 类，此类主要负责通过其调用类传过来的数组类型的变量，通过 ListView 的组件的 setAdapter 方法将此 Adapter 指定给 ListView 等组件添加显示数据。在继承 BaseAdapter 类的同时需要继承其几个重要的方法。

- getCount：获取数组变量的项数，同时也是显示到 ListView 等组件的项数。
- getItem：获取数组中每一项的值。
- getItemId：每一项数据在 ListView 等组件中显示的位置。
- getView：获取显示到 ListView 等组件中的视图。

该部分的代码实现如下：

```
public class WifiAdapter extends BaseAdapter {
    private Context mContext;
    private ArrayList <ScanInfo> info = new ArrayList<ScanInfo>();
    private LayoutInflater inflater;
    private ViewHolder holder;
    //构造方法
    public WifiAdapter(Context mContext, ArrayList<ScanInfo>info) {
        super();
        this.mContext = mContext;
        this.info = info;
        this.inflater= (LayoutInflater)mContext
          .getSystemService(Context.LAYOUT_INFLATER_SERVICE);
    }
    //得到项数
    public int getCount() {
        //TODO Auto-generated method stub
        return info.size();
    }
    //得到每一项数值
    public Object getItem(int arg0) {
        //TODO Auto-generated method stub
        return info.get(arg0);
    }
    //得到位置
    @Override
    public long getItemId(int arg0) {
        //TODO Auto-generated method stub
        return arg0;
    }
    //显示每一项信息
    @Override
    public View getView(int arg0, View arg1, ViewGroup arg2) {
        //TODO Auto-generated method stub
```

```
        if(arg1 == null) {
            holder = new ViewHolder();
            arg1 = inflater.inflate(R.layout.listlayout, null);
            holder.ssid = (TextView)arg1.findViewById(R.id.ssid);
            holder.thumbImage =
              (ImageView)arg1.findViewById(R.id.ifconnect);
            arg1.setTag(holder);
        } else {
            holder = (ViewHolder)arg1.getTag();
        }
        //显示 Wifi 设备 SSID
        holder.ssid.setText(info.get(arg0).ssid);
        //标识 Wifi 设备是否连接
        if (!info.get(arg0).state)
            holder.thumbImage.setImageResource(R.drawable.noconnect);
        else
            holder.thumbImage.setImageResource(R.drawable.yesconnect);
        return arg1;
    }
    public class ViewHolder {
        ImageView thumbImage;
        TextView ssid;
    }
}
```

其中，listlayout.xml 为 ListView 中每一项的布局，由两部分组成：TextView 和 ImageView。其中 TextView 用于显示扫描到的设备的 SSID，ImageView 用于显示与此 Wifi 设备的连接状态，以区分当前是否与此设备进行连接。布局代码如下。

listlayout.xml：

```
<?xml version="1.0" encoding="utf-8"?>
<RelativeLayout
  xmlns:android="http://schemas.android.com/apk/res/android"
  android:layout_width="fill_parent"
  android:layout_height="80px" >
    <TextView
      android:id="@+id/ssid"
      android:layout_width="wrap_content"
      android:layout_height="80px"
      android:gravity="center_vertical"
      android:textSize="30px"
      android:text="TextView" />
    <ImageView
      android:id="@+id/ifconnect"
      android:layout_width="65px"
      android:layout_height="65px"
      android:layout_alignParentRight="true"
      android:layout_marginTop="25px"
      android:layout_marginRight="10px"
      android:src="@drawable/noconnect" />
</RelativeLayout>
```

(3) 连接 Wifi 设备。

在扫描并显示出周围的 Wifi 设备之后，就可以对指定的 Wifi 设备进行连接了。

在 ListView 的 item 中点击某个未连接的 Wifi 设备，会调用 AlertDialog 方法启动一个 Dialog，此 Dialog 中定义一个 EditText 组件，用于接收 Wifi 密码输入，定义一个 Button，用于与该 Wifi 设备进行连接，设备连接需要一定的时间，所以定义一个进度条，以等待连接。连接成功之后，此项对应的标识图标会改变，以表示连接成功。

ListView OnItemClick 点击事件的代码如下：

```
list.setOnItemClickListener(new OnItemClickListener() {
   @Override
   public void onItemClick(AdapterView<?> arg0, View arg1, int arg2,
     long arg3) {
       position = arg2;
       //TODO Auto-generated method stub
       //定义 dialog 显示连接对话框
       AlertDialog.Builder alert = new AlertDialog.Builder(connect.this);
       ssid = scanResults.get(position).SSID;
       //设置 Dialog title 为 Wifi 设备 ssid
       alert.setTitle(ssid);
       //设置 Dialog 显示信息
       alert.setMessage("Enter password");
       //定义 EditText 读取 password
       final EditText et_password = new EditText(connect.this);
       et_password.setText("");
       //Set an EditText view to get user input
       alert.setView(et_password);
       //连接按钮
       alert.setPositiveButton("connect",
         new DialogInterface.OnClickListener() {
           public void onClick(DialogInterface dialog,
           int whichButton) {
               //进行连接
               connectwifi(connect.this, et_password.getText()
                 .toString(), scanResults.get(position));
               //等待连接过程，显示一个进度条
               propressdialog = ProgressDialog.show(connect.this, "",
                 "Waiting. wifi is connecting.", true);
               handler.post(R_Connect);
               //显示进度条
               propressdialog.show();
           }
       });
       //取消按钮
       alert.setNegativeButton("Cancel",
         new DialogInterface.OnClickListener() {
           public void onClick(DialogInterface dialog, int whichButton) {
           }
       });
       //创建 Dialog
```

```
        alert.create();
        //显示 Dialog
        alert.show();
    }
});
```

程序运行结果如图 12-2 和 12-3 所示。

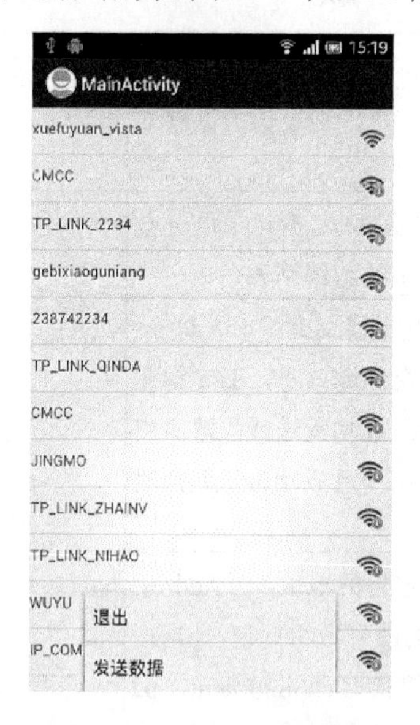

图 12-2　Wifi 的扫描结果

图 12-3　连接设备

连接成功之后，就可以通过 Socket 进行数据传输了，这个过程在此不再赘述，希望读者能自行完成。

12.2　短　消　息

短消息服务是指针对来短信之后的一些服务，包括发送短信的号码，以及信息内容等。Android API 支持开发可以发送和接收 SMS 消息的应用程序。

12.2.1　SmsManager 介绍

SmsManager 是控制发送消息的主要类，管理短信操作，如发送数据、文本和 PDU 短信等。通过其定义的 API，可以轻松地实现短信业务，表 12-1 列举了 SmsManager 中的常用方法。

除此之外，短信服务还定义了一些状态常量以标识当前信息的状态。

- RESULT_ERROR_GENERIC_FAILURE：一般故障。
- RESULT_ERROR_NO_SERVICE：当前服务不可用。
- RESULT_ERROR_NULL_PDU：没有 PDU 服务。
- RESULT_ERROR_RADIO_OFF：收音机关闭。

- STATUS_ON_ICC_READ：接收也阅读。
- STATUS_ON_ICC_SENT：存储发送。
- STATUS_ON_ICC_UNREAD：收到和未读。
- STATUS_ON_ICC_UNSENT：存储和未发送。

表 12-1　SmsManager 的常用方法

方　法	功能描述	返 回 值
getDefault()	SmsManager 类没有构造函数，只能通过该方法获取短信管理器对象，该方法是一个静态的方法	SmsManager
divideMessage(String text)	该方法将过长的短信分割，参数 text 指定了欲分割的短信。该方法返回一个字符串的数组列表	ArrayList<String>
sendDataMessage(String dest, String scAddress, short port, byte[] data, PendingIntent p1, PendingIntent p2)	发送数据短信，参数 dest 指定目的地址，scAddress 指定源地址，port 指定接收信息的端口号，data 指定发送的消息，参数 p1 指定消息成功发送或失败时广播的 PendingIntent，参数 p2 指消息成功传送到接收者时广播的 PendingIntent	void
sendMultipartTextMessage(String dest, String scAddress, ArrayList<String> parts, ArrayList<PendingIntent> p1, ArrayList<PendingIntent> p2)	发送多条短信，参数 dest 指定目的地址，scAddress 指定源地址，parts 指定发送的消息数组列表，p1 指定消息成功发送或失败时广播的 PendingIntent，p2 指消息成功传送到接收者时广播的 PendingIntent	void
sendTextMessage(String dest, String scAddress, String text, PendingIntent p1, PendingIntent p2)	发送文本短信，参数 dest 指定目的地址，scAddress 指定源地址，text 指定发送的消息文本，参数 p1 指定消息成功发送或失败时广播的 PendingIntent，参数 p2 指消息成功传送到接收者时广播的 PendingIntent	void

12.2.2　短信业务的实现过程

短信业务的实现非常简单，通过前面介绍的 SmsManager 类即可完成整个过程。在获取 SmsManager 的默认实例后，调用 SmsManager 的 divideMessage 和 sendTextMessage 方法就可以轻松实现短消息的发送，同时可获取到短信服务的一些状态，如是否发送成功等，最后就是要添加可处理短消息的权限。具体步骤如下。

(1)　定义 SmsManager 类，并获取指定服务

首先使用 SmsManager 类定义一个对象，从 SmsManager 类的 getDefault 方法获取一个 SmsManager 的默认实例。此时 Android 系统会赋予此 SmsManager 对象以对短信息进行操作的权限。

(2)　分割文本

大部分手机用户都知道，短信是有一定字数限制的，当字数大于 70 的时候，手机会将短信分几条进行发送。

在 Android 系统中，如果发送的字数大于 70，就会通过 SmsManager 的 divideMessage 进行数据分割。

(3) 发送短信息

在数据分割完成后，调用 SmsManager 类的 sendTextMessage 方法就可以轻松实现短信的发送。

(4) 接收发送状态

在 sendTextMessage 方法中有两个 PendingIntent 对象，主要用于接收发送状态，给每个 PendingIntent 对象设置一个广播事件，在事件中即可监听短信息发送的一些状态。

(5) 设置发送消息的权限

在 AndroidManifest.xml 中要为程序添加允许进行短信息操作的权限(android.permission.SEND_SMS)，以告知 Android 系统此应用可以进行短信操作。

通过如上操作，即可实现消息发送和状态接收的全过程，下面将通过一个实例进行具体介绍。

12.2.3 应用实例：短信提示的实现

通过前面的介绍，相信读者对短信开发已经不再陌生。本节将通过实例介绍短信的分割发送，以及如何获取发送状态和对方的接收状态等。

【例 12.2】短信业务实现。

首先定义一个简单的布局文件，此文件包括两个 EditText 和一个 Button，两个 EditText 分别用于获取对方手机号码和短信内容，Button 按钮用于发送消息。

布局文件代码如下(Activity_main.xml)：

```
<?xml version="1.0" encoding="utf-8"?>
<LinearLayout xmlns:android="http://schemas.android.com/apk/res/android"
  android:orientation="vertical"
  android:layout_width="fill_parent"
  android:layout_height="fill_parent" >
    <TextView
      android:layout_width="fill_parent"
      android:layout_height="wrap_content"
      android:text="@string/tnumber"/>
    //EditText 用于接收电话号码
    <EditText
      android:layout_width="fill_parent"
      android:layout_height="wrap_content"
      android:inputType="text"
      android:id="@+id/phoneno"/>

    <TextView
      android:layout_width="fill_parent"
      android:layout_height="wrap_content"
      android:text="@string/body"/>
    //EditText 用于接收电话短信内容
    <EditText
```

```
        android:layout_width="fill_parent"
        android:layout_height="wrap_content"
        android:inputType="text"
        //EditText 被分成 4 行
        android:minLines="4"
        android:id="@+id/body"/>
    //Button 用于发送消息
    <Button android:layout_width="wrap_content"
        android:layout_height="wrap_content"
        android:text="@string/send"
        android:id="@+id/send"/>
</LinearLayout>
```

接下来介绍主程序 MainActivity。MainActivity 类中实现了从创建 SmsManager 的默认实例到发送消息以及获取消息反馈状态的全部内容。需要特别指出的是，在此类中定义了两个广播，这两个广播分别与 sendTextMessage 的两个 PendingIntent 进行绑定，以获取发送状态和对方获取到短信时的状态。详细代码如下(MainActivity.java)：

```
package com.example.ex_12_2;
import java.util.ArrayList;
import android.app.Activity;
import android.app.PendingIntent;
import android.content.BroadcastReceiver;
import android.content.Context;
import android.content.Intent;
import android.content.IntentFilter;
import android.os.Bundle;
import android.telephony.SmsManager;
import android.util.Log;
import android.view.Menu;
import android.view.View;
import android.widget.Button;
import android.widget.EditText;
import android.widget.Toast;
public class MainActivity extends Activity {

    //用于监听发送状态的 Action
    private final static String SEND_MSG = "SEND_MSG_ACTION";
    private final static String GET_MSG = "GET_MSG_ACTION";
    EditText e_phoneno;
    EditText e_sms;
    Button b_send;

    @Override
    public void onCreate(Bundle savedInstanceState) {
        super.onCreate(savedInstanceState);
        setContentView(R.layout.activity_main);
        //获取手机号码
        e_phoneno = (EditText)findViewById(R.id.phoneno);
        //获取短信内容
        e_sms = (EditText)findViewById(R.id.body);
```

```
        //发送消息
        b_send = (Button)findViewById(R.id.send);

        b_send.setOnClickListener(new View.OnClickListener() {
            @Override
            public void onClick(View v) {
                Log.i("vista", e_phoneno.getText().toString());
                //TODO Auto-generated method stub
                //判断号码和内容长度是否正确
                if (e_phoneno.getText().toString().length() > 0
                  && e_sms.getText().toString().length() > 0) {
                    sendMessage(e_phoneno.getText().toString(),
                      e_sms.getText().toString());
                }
                else
                    Toast.makeText(MainActivity.this, "号码或者消息不正确",
                Toast.LENGTH_LONG).show();
            }
        });
    }

    @Override
    public boolean onCreateOptionsMenu(Menu menu) {
        getMenuInflater().inflate(R.menu.activity_main, menu);
        return true;
    }

    private void sendMessage(String phoneno, String msg) {
        //获取 SmsManager 默认实例
        SmsManager sms = SmsManager.getDefault();
        //定义 sentIntent
        Intent sentIntent = new Intent(SEND_MSG);
        PendingIntent sentpi =
          PendingIntent.getBroadcast(this, 0, sentIntent, 0);
        //定义 deliverIntent
        Intent deliverIntent = new Intent(GET_MSG);
        PendingIntent deliverpi =
          PendingIntent.getBroadcast(this, 0, deliverIntent, 0);
        //注册发送广播
        registerReceiver(new BroadcastReceiver() {
            @Override
            public void onReceive(Context _context, Intent _intent) {
                switch (getResultCode()) {
                //发送成功
                case Activity.RESULT_OK:
                    Toast.makeText(getBaseContext(), "发送成功",
                      Toast.LENGTH_SHORT).show();
                    break;
                //一般故障
                case SmsManager.RESULT_ERROR_GENERIC_FAILURE:
                    Toast.makeText(getBaseContext(), "一般故障",
```

```
            Toast.LENGTH_SHORT).show();
          break;
        //收音机关闭
        case SmsManager.RESULT_ERROR_RADIO_OFF:
          Toast.makeText(getBaseContext(), "收音机关闭",
            Toast.LENGTH_SHORT).show();
          break;
        //没有 PDU 服务
        case SmsManager.RESULT_ERROR_NULL_PDU:
          Toast.makeText(getBaseContext(), "没有 PDU 服务",
            Toast.LENGTH_SHORT).show();
          break;
        }
        //服务不可用
        case SmsManager.RESULT_ERROR_NO_SERVICE:
          Toast.makeText(getBaseContext(), "服务不可用",
            Toast.LENGTH_SHORT).show();
          break;
        }
    }, new IntentFilter(SEND_MSG));
    //注册接收广播
    registerReceiver(new BroadcastReceiver() {
        @Override
        public void onReceive(Context _context, Intent _intent) {
            switch (getResultCode()) {
            //接收也阅读
            case SmsManager.STATUS_ON_ICC_READ:
                Toast.makeText(getBaseContext(), "接收也阅读",
                  Toast.LENGTH_SHORT).show();
                break;
            //存储发送
            case SmsManager.STATUS_ON_ICC_SENT:
                Toast.makeText(getBaseContext(), "存储发送",
                  Toast.LENGTH_SHORT).show();
                break;
            //收到和未读
            case SmsManager.STATUS_ON_ICC_UNREAD:
                Toast.makeText(getBaseContext(), "收到和未读",
                  Toast.LENGTH_SHORT).show();
                break;
            //存储和未发送
            case SmsManager.STATUS_ON_ICC_UNSENT:
                Toast.makeText(getBaseContext(), "存储和未发送",
                  Toast.LENGTH_SHORT).show();
                break;
            }
        }
    }, new IntentFilter(GET_MSG));
    if (msg.length() > 70) {
        //分割消息
        ArrayList<String> msgs = sms.divideMessage(msg);
```

```
            for (String _msg : msgs) {
                //发送消息
                sms.sendTextMessage(
                  phoneno, null, _msg, sentpi, deliverpi);
            }
        } else {
            sms.sendTextMessage(phoneno, null, msg, sentpi, deliverpi);
        }
        Toast.makeText(MainActivity.this, "消息发送完成",
        Toast.LENGTH_LONG).show();
      }
    }
}
```

运行程序，输入接受短信的号码和文字，单击按钮发送短信。运行效果如图 12-4 所示。

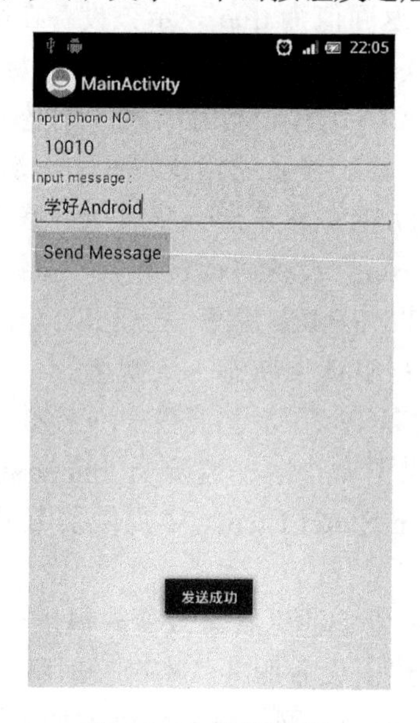

图 12-4　短信实例

本节主要介绍了短信息开发的实现过程，希望通过对本实例的学习，能够更加熟悉短信的发送和得到反馈消息的整个流程。

12.3　电　　话

现实生活中，用手机来打电话是手机用户最常用的功能了。看上去打电话的功能实现不是那么容易，但在 Android 设备上面想实现却是非常简单的。本节将具体介绍电话功能的实现过程。

12.3.1　TelephoneManager 介绍

TelephoneManager 类为手机设备上提供的电话服务的信息。使用 TelephoneManager 类提供的方法，可以确定电话服务和状态，以及访问某些类型的用户信息。同时应用程序还可以注册一个监听器来接收通知的电话状态的变化。TelephoneManager 对象也是通过 Context.getSystemService(Context.TELEPHONY_SERVICE)生成的。

(1) 下面着重介绍 TelephoneManager 常用的 API。

- getCallState()：返回一个常量，表示在设备上的呼叫状态。
- getCellLocation()：返回移动设备的当前位置。
- getDataState()：返回当前的数据连接状态。
- getDeviceId()：返回唯一的设备 ID。
- getLine1Number()：返回第一个线的电话号码的字符串。
- getPhoneType()：返回设备的电话类型。
- getSimState()：返回一个常数，指示 SIM 卡的移动设备的状态。
- isNetworkRoaming()：返回值为 true 表示该设备在网络漫游。

(2) 除此之外，电话服务还定义了一些状态常量，以标识当前信息的状态。

- ACTION_PHONE_STATE_CHANGED：呼叫状态已经改变。
- CALL_STATE_IDLE：移动设备通话状态——无活动。
- CALL_STATE_OFFHOOK：设备通话状态——摘机。
- CALL_STATE_RINGING：设备通话状态——振铃。
- SIM_STATE_ABSENT：SIM 卡状态——无 SIM 卡提供的设备。
- SIM_STATE_READY：SIM 卡状态——就绪。
- SIM_STATE_UNKNOWN：SIM 卡状态——未知。

(3) Android 还为电话提供了一个附加监听类 PhoneStateListener，用来监听电话服务状态、信号强度、消息等。PhoneStateListener 中提供了用于监听的 API 和状态，以供开发者使用。

- onCallStateChanged()：设备通话状态改变时调用。
- onServiceStateChanged()：设备服务状态改变时调用。
- onSignalStrengthsChanged()：网络信号强度改变时调用。

12.3.2 电话业务实现过程

Android 电话业务的实现非常容易。首先需要定义一个 Intent 对象，此对象包括两个参数：Intent.ACTION_CALL 和一个 Uri。其中 Intent.ACTION_CALL 是 Android SDK 中定义的一个常量，Uri 用于获取对方手机号。当使用 StartActivity 方法调用此 Intent 对象时，Android 系统检测到 Intent.ACTION_CALL 这个 Action，然后会启动系统默认打电话程序并将 Uri 中的电话号码呼叫出去(有关 Intent 的用法，详情可参考第 8 章)。

下面通过一个实例，介绍电话业务的实现过程。

【例 12.3】电话业务的实现。

首先定义一个布局文件，此布局文件包括一个 EditText(输入号码)和一个 Button(打电话)，代码如下(activity_main.xml)：

```
<?xml version="1.0" encoding="utf-8"?>
```

```
<LinearLayout xmlns:android="http://schemas.android.com/apk/res/android"
  android:layout_width="match_parent"
  android:layout_height="match_parent"
  android:orientation="vertical">
    <TextView
      android:id="@+id/e_phone"
      android:layout_width="wrap_content"
      android:layout_height="wrap_content" />

    <Button
      android:id="@+id/b_call"
      android:layout_width="wrap_content"
      android:layout_height="wrap_content" />
</LinearLayout>
```

然后在主程序的 onCreate 方法中，对按钮的点击事件添加定义和发送 Intent 的动作，获取到 EditText 中电话号码的内容后，通过 StartActivity 的方法启动打电话程序。在 onCreate 方法的最后用 startservice 方法启动一个服务，此服务用于监听电话状态，如挂断、响铃中等。代码如下(MainActivity.java)：

```
public class MainActivity extends Activity {
    EditText e_phone;
    Button b_call;
    @Override
    public void onCreate(Bundle savedInstanceState) {
        super.onCreate(savedInstanceState);
        setContentView(R.layout.activity_main);
        //定义 EditText，接收电话号码
        e_phone = (EditText)findViewById(R.id.e_phone);
        //定义 Button，点击拨打电话
        b_call = (Button)findViewById(R.id.b_call);
        b_call.setOnClickListener(new View.OnClickListener() {
            @Override
            public void onClick(View v) {
                //TODO Auto-generated method stub
                //发送 ACTION_CALL 事件，播放电话
                Intent intent = new Intent(Intent.ACTION_CALL,
                  Uri.parse("tel:" + e_phone.getText()));
                //启动处理传入的 call 服务
                MainActivity.this.startActivity(intent);
            }
        });
        //启动服务，监听电话状态
        Intent serviceIntent = new Intent(this, MyService.class);
        startService(serviceIntent);
    }

    @Override
    public boolean onCreateOptionsMenu(Menu menu) {
        getMenuInflater().inflate(R.menu.activity_main, menu);
        return true;
```

```
    }
}
//电话监听服务
public class MyService extends Service {
    private MyPhoneCallListener myPhoneCallListener;
    private TelephonyManager tm;
    private final static String TAG = "MyServer";

    @Override
    public void onCreate() {
        //TODO Auto-generated method stub
        //获取 TelephoneManager 类实例
        tm =
        (TelephonyManager)getSystemService(Context.TELEPHONY_SERVICE);
        //实例化 PhoneCallListener 类
        myPhoneCallListener = new MyPhoneCallListener();
        super.onCreate();
    }
    @Override
    public IBinder onBind(Intent arg0) {
        //TODO Auto-generated method stub
        return null;
    }
    @Override
    public int onStartCommand(Intent intent, int flags, int startId) {
        //TODO Auto-generated method stub
        //监听电话状态改变
        tm.listen(myPhoneCallListener,
          PhoneStateListener.LISTEN_CALL_STATE);
        return super.onStartCommand(intent, flags, startId);
    }
    //定义 MyPhoneCallListener 类，继承 PhoneStateListener
    class MyPhoneCallListener extends PhoneStateListener
    {
        @Override
        public void onCallStateChanged(int state, String incomingNumber) {
            //TODO Auto-generated method stub
            switch (state) {
            //电话接通状态
            case TelephonyManager.CALL_STATE_OFFHOOK:
                Log.i(TAG,"电话接通中...");
                break;
            //来电振铃中
            case TelephonyManager.CALL_STATE_RINGING:
                Log.i(TAG,"振铃中...");
                break;
            //通话结束状态
            case TelephonyManager.CALL_STATE_IDLE:
                Log.i(TAG,"结束通话...");
                break;
            }
```

```
            super.onCallStateChanged(state, incomingNumber);
        }
    }
}
```

运行程序之前，需要在 AndroidManifest.xml 中注册 MyService 和添加特定的打电话权限，代码如下：

```
//注册服务
<service android:enabled="true" android:name=".MyService" />
//添加电话权限
<uses-permission android:name="android.permission.CALL_PHONE" />
```

程序运行后，输入想要呼叫的号码，点击呼叫对方，程序会自动启动打电话程序呼叫对方号码。程序启动后，服务随之启动，当有电话呼入时，会获得相应的状态。

需要指出的是，监听到这些电话状态之后，可以利用这些状态做一些小应用。例如，来电翻转静音的应用，此应用为在监听手机处于响铃状态的时候，利用 M senser 的特性(X、Y、Z 代表手机的三个方向坐标值，当手机位置改变时其值会改变)和 AudioManager 类(Android 中负责处理声音的类)在用户将手机翻转的时候实现手机静音。还有一个电话挂断提示应用，此应用是在监听到电话挂掉的时候发出一声提示音，以告知用户通话结束。希望读者可以自行实现这些应用。

12.4　上　　网

移动网络的兴起势必引起一场新的网络革命，如今的 Android 应用大部分都加入了网络的功能，在给用户带来最新的资讯的同时，也成为一种盈利手段。Android SDK 中提供了大量网络相关的类和方法，以供开发者使用。

12.4.1　使用 WebView 组件访问 Internet

在介绍 WebView 之前，先对 WebKit 有个大体了解。WebKit 是一个开源的浏览器网页排版引擎，包含 WebCore(WebCore 是苹果公司开发的排版引擎，它是从 KHTML 的基础上而来的。苹果电脑于 2002 年采纳了 KHTML，作为开发 Safari 浏览器之用。后来发表了开放源代码的 WebCore 及 WebKit 引擎，它们均是 KHTML 的衍生产品。Android 平台的 Web 引擎框架采用了 WebKit 项目中的 WebCore 和 JSCore 部分，上层由 Java 语言封装，并且作为 API 提供给 Android 应用开发者，而底层使用 WebKit 核心库(WebCore 和 JSCore)进行网页排版。

WebView 类是 WebKit 模块 Java 层的视图类，所有需要使用 Web 浏览功能的 Android 应用程序都要创建该视图对象，显示和处理请求的网络资源。因此可以将 WebView 当成一个完整的浏览器使用。

目前，WebKit 模块不仅支持 HTTP、HTTPS、FTP，同时还支持 JavaScript。WebView 作为应用程序的 UI 接口，为用户提供了一系列的网页浏览、用户交互接口，客户程序通过这些接口访问 WebKit 核心代码。

WebView 提供的 API 可轻松实现加载网址、本地 Web 支持的文件，浏览缓存历史，清空缓存等。主要 API 如下。

- loadUrl(String Url)：加载 URL 信息，Url 可以是网络地址，也可以是本地的网络文件。
- goBack()：向后浏览历史页面。
- goForward()：向前浏览历史页面。
- clearCache()：清除缓存内容。
- loadData(String data, String mimeType, String encoding)：添加一个给定的数据到 WebView。参数 data 表示 HTML 代码；参数 mimeType 代表 Mime 类型，参数 encoding 表示 HTML 代码的编码。
- loadDataWithBaseURL(String baseUrl, String data, String mimeType, String encoding, String historyUrl)：添加一个给定的数据到 WebView，如果没有，则为 baseURL 指定数据。参数 baseUrl 表示相对路径的根 URL，如果为 null 则默认值是 about:blank；参数 failUrl 表示如果 HTML 代码加载失败或者为 null 时，WebView 组件会装载这个参数指定的 URL；其他参数与 loadData 方法中的参数含义一致。
- addJavascriptInterface(Object object, String name)：添加一个 JavaScript 访问对象。参数 obj 是 JavaScript 要访问的对象；interfaceName 是将该对象映射到 JavaScript 中的对象名。系统会根据 Java 反射技术调用 obj 对象中的方法。

有关 WebView 更详细的其他 API 介绍，可参考 Android SDK：

```
http://developer.android.com/reference/android/webkit/WebView.html
```

下面通过一个实例，介绍 WebView 的应用。

【例 12.4】手机浏览器。

此程序的主要功能是，在输入网址后首先使用 isNetworkUrl 方法判断输入 URL 的有效性，如果 URL 有效，则通过 loadUrl 方法跳转至此 URL 指定的页面，以显示此页面内容。同时在程序中添加了对 menu 键的响应，按 menu 键时会弹出向后向前按钮，相应地浏览历史页面。单击“跳转”按钮即可跳转到指定的页面。代码如下：

```
//MainActivity.java
Package com.example.ex_12_4;
import android.app.Activity;
import android.os.Bundle;
import android.view.Menu;
import android.view.MenuItem;
import android.view.View;
import android.view.MenuItem.OnMenuItemClickListener;
import android.view.View.OnClickListener;
import android.webkit.URLUtil;
import android.webkit.WebView;
import android.widget.EditText;
import android.widget.ImageButton;
import android.widget.Toast;
```

```
public class MainActivity extends Activity implements OnClickListener,
  OnMenuItemClickListener
{
   private WebView webView;
   private EditText etAddress;
   private Button jump;
   @Override
   public boolean onMenuItemClick(MenuItem item)
   {
      switch (item.getItemId())
      {
         //向后(back)
         case 0:
            webView.goBack();
            break;
         //向前(Forward)
         case 1:
            webView.goForward();
            break;
      }
      return false;
   }
   @Override
   public boolean onCreateOptionsMenu(Menu menu)
   {
      MenuItem miBack = menu.add(0, 0, 0, " back");
      MenuItem miForward = menu.add(0, 1, 1, "Forward");
      miBack.setOnMenuItemClickListener(this);
      miForward.setOnMenuItemClickListener(this);
      return super.onCreateOptionsMenu(menu);
   }
   @Override
   public void onCreate(Bundle savedInstanceState)
   {
      super.onCreate(savedInstanceState);
      setContentView(R.layout.main);
      //VebView 控件，显示网页
      webView = (WebView)findViewById(R.id.webview);
      //EditText 接收 URL
      etAddress = (EditText)findViewById(R.id.address);
      //跳转到指定网页
      jump = (Button)findViewById(R.id.jump);
      jump.setOnClickListener(new View.OnClickListener() {
         @Override
         public void onClick(View v) {
            //TODO Auto-generated method stub
            String url = address.getText().toString();
            if (URLUtil.isNetworkUrl(url))
               //加载网址
               webview.loadUrl(url);
            else
```

```
                    Toast.makeText(MainActivity.this, "网址错误",
                     Toast.LENGTH_LONG).show();
                }
            });
        }
}
```

注意： 要在 AndroidManifest.xml 中添加允许访问网络的权限，否则程序运行会异常退出，代码如下：

```
<uses-permission android:name="android.premisson.INTERNET" />
```

运行效果如图 12-5 所示。

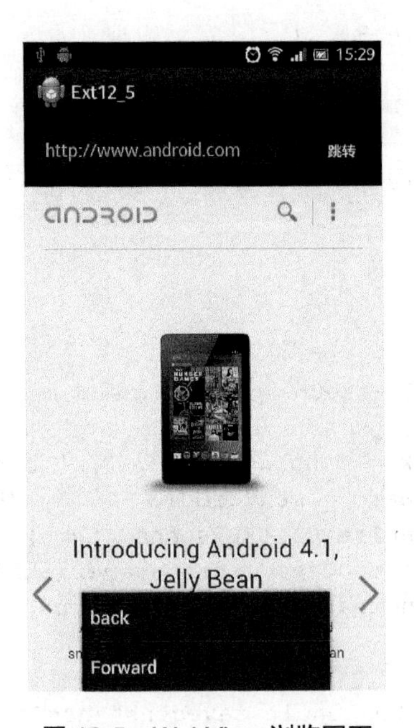

图 12-5　WebView 浏览网页

此外，WebView 类还提供了通过 JavaScript 调用 Java 方法的能力，这就意味着在 Web 页面上可以实现 Android 系统的所有功能。WebView 类通过 addJavascriptInterface 方法添加一个 JavaScript 可访问的对象来调用 Java 方法。

【例 12.5】获取信息并显示到 WebView。

首先，在主入口 Activity 中定义 WebView 类，通过此类的 addJavascriptInterface 方法添加一个 JavaScript 对象(students)到全局对象 window。同时定义 getstudentsinfo，以便在 js 脚本中可调用 Students_info 对象。代码如下：

```
Ex_12_5Activity.java
package com.example.ex_12_5;

import android.app.Activity;
import android.os.Bundle;
import android.webkit.WebView;
public class Ex_12_5Activity extends Activity {
```

```
    /** Called when the activity is first created. */
    private Students_info students_info;
    private WebView webview;
    @Override
    public void onCreate(Bundle savedInstanceState) {
        super.onCreate(savedInstanceState);
        setContentView(R.layout.main);
        students_info = new Students_info();
        webview = (WebView)this.findViewById(R.id.webview);
        //设置支持 JavaScript
        webview.getSettings().setJavaScriptEnabled(true);
        //把本类的一个实例添加到 JavaScript 的全局对象 window 中,
        //以使用 window.students 调用
        webview.addJavascriptInterface(this, "students");
        //加载网页
        webview.loadUrl("file:///android_asset/StudentsInfo.html");
    }
    //在 JavaScript 脚本中调用得到 Students_info 对象
    public Students_info getstudentsinfo()
    {
        return students_info;
    }
}
```

然后，定义 Students_info 类，同时定义一些公共方法。JavaScript 脚本会调用这些公共方法以获取此类中的数据，以便实现最后对数据的显示。代码如下：

```
//Students_info.java
package com.example.ex_12_5;
//JavaScript 脚本中调用显示的资料
public class Students_info {
    String  name;
    String  no;
    String  sex;
    String  age;
    String  p_native;
    public Students_info()
    {
        this.name = "王小小";
        this.no = "123456";
        this.sex = "男";
        this.age = "20";
        this.p_native = "北京市朝阳区";
    }
    //获取名字
    public String getname()
    {
        return name;
    }
    //获取学号
    public String getno()
```

```
    {
        return no;
    }
    //获取性别
    public String getsex()
    {
        return sex;
    }
    //获取年龄
    public String getage()
    {
        return age;
    }
    //获取籍贯
    public String getnative()
    {
        return p_native;
    }
}
```

之后，在定义好 WebView 和 Students_info 之后，就可以在 JavaScript 中使用 window.students.getstudentsinfo()获取 Java 对象，并调用 Students_info 中的公共方法获取数据了。JavaScript 中的代码如下：

```
//info.js
window.onload=function() {
    // 获取 Java 对象
    var studentsinfo = window.students.getstudentsinfo();
    if(studentsinfo)
    {
        var StudentsInfo = document.getElementById("students");
        pnode = document.createElement("p");
        //访问数据
        tnode = document.createTextNode("Name:" + studentsinfo.getname());
        pnode.appendChild(tnode);
        StudentsInfo.appendChild(pnode);
        pnode = document.createElement("p");
        tnode = document.createTextNode("No:" + studentsinfo.getno());
        pnode.appendChild(tnode);
        StudentsInfo.appendChild(pnode);
        pnode = document.createElement("p");
        tnode = document.createTextNode("Sex:" + studentsinfo.getsex());
        pnode.appendChild(tnode);
        StudentsInfo.appendChild(pnode);
        pnode = document.createElement("p");
        tnode = document.createTextNode("Age:" + studentsinfo.getage());
        pnode.appendChild(tnode);
        StudentsInfo.appendChild(pnode);
        pnode = document.createElement("p");
        tnode = document.createTextNode("Pative:"
          + studentsinfo.getnative());
```

```
        pnode.appendChild(tnode);
        StudentsInfo.appendChild(pnode);
    }
}
```

最后，在 Java 代码中同时调用 JavaScript 方法，就可以实现相互获取数据了，效果如图 12-6 所示。

图 12-6　实例运行结果

12.4.2　使用 HttpComponents 访问 Internet

Internet 中应用最广的协议就是 HTTP 协议，所有的开发语言和 SDK 都会不同程度地支持 HTTP，当然 Android SDK 也不例外。

Android 中提供了多种方法访问 HTTP 资源，其中常用的有 HttpURLConnection、HTTP GET 和 HTTP POST，本节将逐一介绍这 3 种方法。

1. HTTP GET 和 HTTP POST

HTTP GET 和 HTTP POST 分别用于提交和请求，它们涉及两个主要类 HttpGet 和 HttpPost，通过这两个方法，可以向指定服务器提交请求信息，访问 HTTP 资源。其访问过程一般都需要如下几个步骤。

(1)　创建对象

创建 HttpGet 或者 HttpPost 对象，参数 url 表示要传入到 HttpGet 或 HttpPost 的对象。代码如下：

```
HttpGet httpGet = new HttpGet(url);
```

(2)　发送请求

调用 DefaultHttpClient 类的 execute 方法，execute 方法会接收一个 HttpGet 或 HttpPost 类型的参数，以达到发送 HttpGet 请求或者 HttpPost 请求的目的。同时，也将返回一个

HttpResponse 的方法为下一步接收相应信息做准备。代码如下：

```
HttpResponse httpResponse = new DefaultHttpClient().execute(httpGet);
```

(3) 判断响应码

判断请求响应码数值，代码如下：

```
httpResponse.getStatusLine().getStatusCode();
```

(4) 获取返回结果

判断得到正确的响应码之后，使用 HttpResponse 接口的 getEntity 方法获取响应信息。代码如下：

```
httpResponse.getEntity();
```

通过如上几个步骤，就可以使用 HTTP GET 或 HTTP POST 向服务器发送请求，并获取服务器数据。

2. HttpURLConnection

除了可使用 GET 和 POST 访问 HTTP 资源外，Android 还提供了 HttpURLConnection 类，也可以访问 HTTP 资源。HttpURLConnection 的使用过程分为以下几个步骤。

(1) 获取 HttpURLConnection 对象

通过 URL 的 openConnection 方法返回一个 HttpURLConnection 对象，代码如下：

```
HttpURLConnection httpURLConnection =
  (HttpURLConnection)url.openConnection();
```

(2) 设置权限

当需要与服务器端进行数据交互的时候(上传或下载)，必须设置应用具有输入输出权限，代码如下：

```
//下载资源，设置 setDoInput 参数为 true
httpURLConnection.setDoInput(true);
//上传数据，设置 setDoOutput 参数为 true
httpURLConnection.setDoOutput(true);
```

(3) 设置请求方式

设置请求方式，POST 或者 GET，代码如下：

```
httpURLConnection.setRequestMethod("GET");
```

(4) 输入输出数据

如果要对 HTTP 资源进行读写操作，就需要通过 InputStream 和 OutputStream 方法读取和写入数据，其读写顺序视程序需求而定。代码如下：

```
//读取 HTTP 资源数据
InputStream is = httpURLConnection.getInputStream();
//写入数据到服务器端
OutputStream os = httpURLConnection.getoutputStream();
```

通过如上步骤即可使用 HttpURLConnection 向服务器发送请求，并获取服务器数据。

12.5　上机实训

1. 实训目的

(1) 掌握 Wifi 开发流程。
(2) 学会 Socket 编程技术。
(3) 掌握短信开发流程。
(4) 掌握电话开发技术。
(5) 学会使用 WebView 浏览网页。
(6) 学会使用 HTTP GET、HTTP POST 或 HttpURLConnection 访问 HTTP 资源。

2. 实训内容

(1) 编写基于 Wifi 的 Socket 程序。
(2) 编写电话黑名单程序。
(3) 使用 HttpURLConnection 类上传本地文件到服务器。

12.6　本章习题

一、填空题

(1) Android 中用于 Wifi 开发的主要类是____________。
(2) 开启 Wifi 的 API 是____________。
(3) 网络间传输协议分为__________ 和__________两种。
(4) Android 中用于监听电话状态的类是______________。
(5) WebView 类中访问 JavaScript 的方法是________________。
(6) 访问 HTTP 资源主要有______________、_____________、____________三种方式。
(7) 通过 HttpURLConnection 访问 HTTP 资源的时候，用到的输入输出流分别是_____________________、______________________。

二、问答题

(1) 简述网络编程的概念。
(2) 简述 TCP 网络协议的概念。
(3) 简述 TCP 和 UDP 两种网络协议的异同点。
(4) 通过 Wifi 开发数据传输程序的基本步骤是什么？
(5) 简述 Android 中短消息业务的几种状态。
(6) 简述 Android 中电话业务的几种状态。
(7) 简述用 HTTP GET 方法访问 HTTP 资源的步骤。
(8) 简述使用 HttpURLConnection 访问 HTTP 资源的步骤。

第 13 章 Android GPS 业务开发

学习目的与要求：

全球定位系统(Global Positioning System，GPS)起初被军方用于收集情报、监测特殊位置和应急通信，它的工作原理是以高速运动的卫星瞬间位置作为已知的起算数据，采用空间距离后方交会的方法，确定待测点的位置。随着移动终端系统的推广普及，GPS 已成为移动终端的一个必备功能。通过移动终端的 GPS，使用者可以很方便地使用基于地理位置的应用，例如导航、广告推送、附近好友搜索等。

Android 提供了有关位置的 API，这些 API 封装在 android.location 包里。通过这些 API，开发人员可实现位置相关的应用。

本章将介绍 Android 中的 GPS 业务的 API，讲解 Android 的 GPS 应用相关的技术，重点讲述用 Google Map 实现地图的应用的流程。通过本章的学习，读者能够了解 GPS 的工作原理，掌握 Android 地理位置相关的接口，特别是 LocationManager 和 LocationProvider 组件的用法，熟悉使用模拟器来设置地理位置的过程以及模拟器支持的两种 GPS 标准。

13.1 GPS 工作原理

GPS(Global Positioning System)是全球定位系统，它最初是为陆、海、空三大领域提供的实时、全天候和全球性的导航服务，并用于情报收集、核爆监测和应急通信等一些军事目的。

GPS 系统由卫星网、地面控制部分、接收机等 3 部分构成。

1．卫星网

起初，美国军方计划将 24 颗卫星均匀分布在地球上空的 3 个空间轨道上，这 3 个轨道之间的角度是 120°。之后由于预算的问题，美国军方只发射了 18 颗卫星，这 18 颗卫星均匀分布在 6 个空间轨道上。

到了 20 世纪 80 年代，美国军方为了提高定位的准确性，将卫星数量扩大到起初计划的 24 颗，这 24 颗卫星均匀分布在 6 个空间轨道上，在地球上的任何位置都能至少处于 4 颗卫星的监测范围。这就是现在的 GPS 卫星网，如图 13-1 所示。

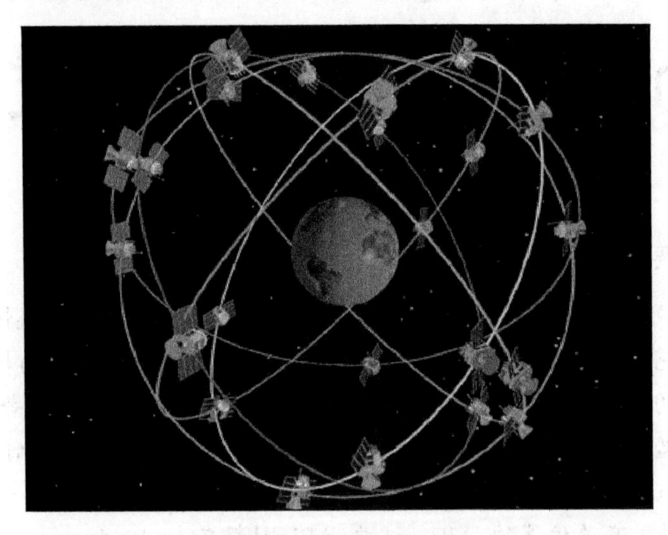

图 13-1　全球定位系统

注意： 为了提高 GPS 网络的可靠性，GPS 网络的 24 颗卫星并不全部处于工作状态，其中只有 21 颗卫星处于工作状态，另外的 3 颗卫星作为备用卫星，没有处于工作状态。当处于工作状态的卫星出现故障时，备用卫星会切换到工作状态来替换故障卫星。

2．地面控制

地面控制系统由主控制站(Master Monitor Station，MMS)、监测站(Monitor Station，MS)、地面天线(Ground Antenna，GA)所组成。对于导航定位来说，GPS 卫星是一动态已知点。卫星的位置是依据卫星发射的星历描述、卫星运动及其轨道的参数算得的。而每颗 GPS 卫星所播发的星历，是由地面监控系统提供的。卫星上的各种设备是否正常工作，以及卫星是否一直沿着预定轨道运行，都要由地面设备进行监测和控制。

3. 接收机

接收机是用户设备部分，例如车载 GPS 设备、Android 手机，用户需要通过接收机与卫星网之间交互才能实现位置的定位。GPS 接收机分为天线单元和接收单元两部分。接收机一般采用机内和机外两种直流电源。设置机内电源的目的在于更换外电源时不中断连续观测，而在用机外电源时机内电池自动充电，关机后机内电池为 RAM 存储器供电，以防止数据丢失。接收机的定位流程是：当接收机捕获到跟踪的卫星信号后，就可测量出接收天线至卫星的伪距离和距离的变化率，解调出卫星轨道参数等数据；然后根据这些数据，接收机中的微处理计算机就可按定位解算方法进行定位计算，计算出用户所在地理位置的经纬度、高度、速度、时间等信息。

从整体上看，使用 GPS 进行定位的过程描述如下。

(1) 卫星不断地使用伪随机码来发射导航电文，导航电文包括卫星星历、工作状况、时钟改正、电离层时延修正、大气折射修正等信息。GPS 系统使用的伪码分为民用 C/A 码和军用 P(Y)码两种。接收机按照一定的规则选择待测的卫星，并跟踪这些卫星

(2) 当接收机捕获到卫星的信号后，计算卫星信号传播到用户所经历的时间，再将其乘以光速。由此得到接收机到卫星之间的伪距离(由于大气层电离层的干扰，这一距离并不是用户与卫星之间的真实距离)。

(3) 接收机根据解析出的卫星轨道参数等信息和接收机到卫星之间的伪距离，计算出用户所在地理位置的经纬度、高度、速度、时间等信息。

13.2 Android Location-Based API 简介

Android 提供了位置相关的 API，这些 API 封装在 android.location 包里。通过这些 API，开发人员可实现位置相关的应用。Android.location 定义了 3 个接口和 7 个类，Android.location 定义的接口是位置相关的监听器，Android.location 定义的类提供了处理位置相关的方法。

1. Android.location 接口

(1) GpsStatus.Listener

GPS 状态监听器，这些状态包括定位启动、结束、第一次定位、卫星变化等。GpsStatus 类中定义了这些状态，如下所述。

- GpsStatus.GPS_EVENT_STARTED：定位启动。
- GpsStatus.GPS_EVENT_STOPPED：定位结束。
- GpsStatus.GPS_EVENT_FIRST_FIX：第一次定位。
- GPS_EVENT_SATELLITE_STATUS：卫星变化。

(2) GpsStatus.NmeaListener

NMEA 数据更新监听器，即接收 NMEA(National Marine Electronics Association)信息时，GpsStatus.NmeaListener 的 onNmeaReceived 方法被调用。

(3) LocationListener

位置变化监听器，包括位置信息变化、GPS 状态变化和 GPS 开启，下面列举了 LocationListener 处理这些状态的方法。

- void onLocationChanged()：在位置信息变化时被调用。
- void onStatusChanged()：在 GPS 状态变化时被调用，包括 GPS 可用、GPS 不在服务区和 GPS 暂停服务，LocationProvider 中定义了这几个状态。
    - LocationProvider.AVAILABLE：GPS 可用。
    - LocationProvider.OUT_OF_SERVICE：GPS 不在服务区。
    - LocationProvider.TEMPORARILY_UNAVAILABLE：GPS 暂停服务。
- OnProviderEnabled：在激活 GPS 时被调用。
- OnProviderDisabled：在禁止 GPS 时被调用。

2．Android.location 类

(1) Geocoder：功能类似于 TCP/IP 协议中的 ARP 和 RARP，提供地理编码解析和反向解析功能。地理编码解析是指将街道地址转变为经度和纬度，而地理编码反向解析是将经度和纬度转变为街道地址，如图 13-2 所示。

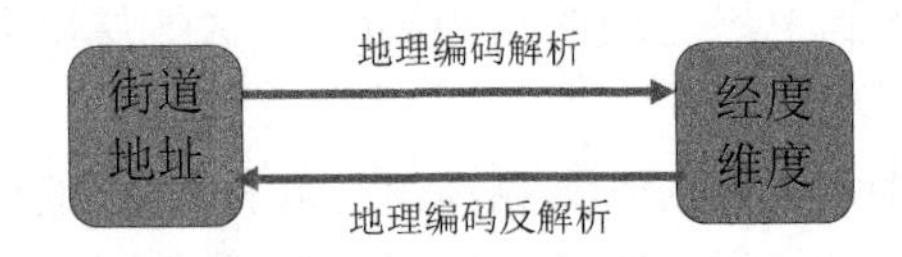

图 13-2　Geocoder 功能

(2) Criteria：使应用能够通过 LocationProvider 中设置的属性来灵活选择合适的定位提供者。

(3) GpsSatellite：描述当前 GPS 卫星的状态。

(4) GpsStatus：描述以前 GPS 的状态。

(5) Location：描述位置信息。

(6) LocationManager：获取系统位置服务。

(7) LocationProvider：描述位置提供商的类。

13.3　Android 模拟器支持的 GPS 定位文件

Android 支持两种 GPS 的位置格式：KML 和 NMEA。其中 KML(Keyhole Markup Language)是 Keyhole 标记语言，NMEA(National Marine Electronics Association)是美国海军电子协会制定的协议。

13.3.1　KML

KML 用于描述和保存地理信息(如点、线、图像、多边形和模型等)，采用 XML 语法与格式的语言，可以被 Google Earth 和 Google Maps 识别并显示，用于表达基于因特网、

二维地图和三维地球地图浏览器的地理注释和可视化。像 HTML 一样，KML 使用包含名称、属性的标签(tag)来确定显示方式。KML 是 Open Geospatial Consortium 的一个国际标准，这种标准是为 Google Earth 而开发的一种语言，可以说 Google Earth 是第一个能够浏览和编辑 KML 文件的程序。

Google Earth 处理 KML 文件的方式与网页浏览器处理 HTML 和 XML 文件的方式类似，因而用户可以通过 Google Earth 使用 KML 分享位置信息。

下面是一个 KML 简单代码的例子：

```
<?xml version="1.0" encoding="UTF-8"?>
<kml xmlns="http://www.opengis.net/kml/2.2">
   <Placemark>
      <name>Simple placemark</name>
      <description>
         Attached to the ground. Intelligently places itself
         at the height of the underlying terrain.
      </description>
      <Point>
         <coordinates>
            -122.0822035425683, 37.42228990140251, 0
         </coordinates>
      </Point>
   </Placemark>
</kml>
```

该例子的第一行为 KML 文件开头，这一行既不能改变，也不能在之前出现其他字符。第二行描述了 KML 名称空间“http://www.opengis.net/kml/2.2”。第三行开始是地理位置的描述(<Placemark>标签包含的内容)，包含以下的信息。

- <name>标签：地标名字。
- <description>标签：地标描述。
- <Point>标签：定位信息。

13.3.2 NMEA

NMEA(National Marine Electronics Association，美国国家海洋电子协会)是为海用电子设备制定的标准协议。

NMEA 协议有 NMEA 0180、NMEA 0182 和 NMEA 0183 等 3 种形式，其中 NMEA 0183 是常用的协议，大多数的 GPS 设备都支持这种协议。

NMEA 通信协议以 ASCII 码作为字符编码，NMEA0183 协议规定协议数据单元必须以“$”符号作为开始，以“/”作为结束，其中“$”符号是协议单元的起始符号，而“/”为协议单元终止符；“,”为协议中域的分隔符；“*”为校验和识别符，其后面的两位数为校验和，代表“$”和“*”之间所有字符的按位异或值。

NMEA 通信协议所定义的标准通信接口参数如表 13-1 所示。

NMEA 0183 协议支持的操作有 GPGGA、GPGSA、GPGSV、GPRMC、GPVTG、GPGLL 和 GPZDA。

表 13-1　NMEA 通信接口参数

参　数	值
波特率(Band Rate)	默认为 4800b/s
停止位(Stop Bit)	1 位
数据位(Data Bits)：8 位	8 位
奇偶校验(Parity)	无

以 GPGGA 为例，GPGGA 的格式为：$GPGGA, <字段 0>, <字段 1>, <字段 2>, <字段 3>, <字段 4>, <字段 5>, <字段 6>, <字段 7>, <字段 8>, <字段 9>, <字段 10>, <字段 11>, <字段 12>, <字段 13> *hh <CR> <LF>。

对各字段的含义说明如下。

- 字段 0：$GPGGA，语句 ID，表明该语句为 Global Positioning System Fix Data(GGA)GPS 定位信息。
- 字段 1：UTC 时间，hhmmss.sss，时分秒格式。
- 字段 2：纬度 ddmm.mmmm，度分格式(前导位数不足则补 0)。
- 字段 3：纬度 N(北纬)或 S(南纬)。
- 字段 4：经度 dddmm.mmmm，度分格式(前导位数不足则补 0)。
- 字段 5：经度 E(东经)或 W(西经)。
- 字段 6：GPS 状态，0=未定位，1=非差分定位，2=差分定位，3=无效 PPS，6=正在估算。
- 字段 7：正在使用的卫星数量(00～12)(前导位数不足则补 0)。
- 字段 8：HDOP 水平精度因子(0.5～99.9)。
- 字段 9：海拔高度(-9999.9～99999.9)。
- 字段 10：地球椭球面相对大地水准面的高度。
- 字段 11：差分时间(从最近一次接收到差分信号开始的秒数，如果不是差分定位将为空)。
- 字段 12：差分站 ID 号 0000～1023(前导位数不足则补 0，如果不是差分定位，将为空)。
- 字段 13：校验值。

13.4　LocationManager 和 LocationProvider

Android LocationManager 提供了一系列方法来处理地理相关的问题，例如注册/注销 LocationProvider 周期性的位置更新。LocationProvider 是描述位置提供商的类，有两种类型的 LocationProvider：GPS_PROVIDER 和 NETWORK_PROVIDER。

这两种类型的 LocationProvider 适合不同的应用场景，程序开发人员可以根据实际需要来权衡使用哪种类型的 LocationProvider。

表 13-2 列举了 GPS_PROVIDER 和 NETWORK_PROVIDER 的区别。

表 13-2　GPS_PROVIDER 和 NETWORK_PROVIDER 的区别

特　性	GPS_PROVIDER	NETWORK_PROVIDER
精度	精度高	精度低
耗电	耗电多	耗电少
获取信息速度	速度慢	速度快
定位方式	GPS	网络
是否受天气原因或者障碍物影响	是	否

13.4.1　LocationManager

Android 中 LocationManager 的提供了一系列方法来处理地理位置相关的问题，包括注册/注销来自某个 LocationProvider 的周期性的位置更新；查询上一个已知位置；注册/注销接近某个坐标时对一个已定义 Intent 的触发等。

要使用 LocationManager，需要使用 getSystemService 方法来生成获取 LocationManager 的一个实例。

注意创建 LocationManager 对象不需要使用构造函数，而是通过 getSystemService 获得相应的对象。例如：

```
LocationManager locationManager;
locationManager =
  (LocationManager)getSystemService(Context.LOCATION_SERVICE);
```

要实时地获取位置信息，需要创建一个 LocationListener 并使用 LocationManager 注册该 LocationListener。需要注意 LocationListener 包含了在位置信息更新时被调用的方法，其中包括 onLocationChanged、onProviderDisabled、onProviderEnabled、onStatusChanged，在创建时要重写这些方法。例如：

```
LocationListener locationListener = new LocationListener()
{
    public void onLocationChanged(Location location)
    {
        //位置信息更新时被触发
    }

    public void onProviderDisabled(String provider)
    {
        //禁止位置提供商时被触发
    }

    public void onProviderEnabled(String provider)
    {
        //激活位置提供商时被触发
    }

    public void onStatusChanged(String provider, int status,
```

```
    Bundle extras)
    {
        //provider 状态时被触发
    }
};
```

13.4.2 LocationProvider

除了直接使用 LocationManager 提供的静态 Provider(NETWORK_PROVIDER 和 GPS_PROVIDER)外，还可以使用自己创建的 LocationProvider 对象。

在创建 LocationProvider 对象之前，需要先创建 Criteria 对象，Criteria 对象用来设置 LocationProvider 需要满足的特性, 例如：

```
Criteria myCriteria = new Criteria(); //创建 Criteria 对象
//设置 LocationProvider 满足的精确度
myCriteria.setAccuracy(Criteria.ACCURACY_FINE);
myCriteria.setAltitudeRequired(false); //不需要海拔
myCriteria.setCostAllowed(true); //允许收费
myCriteria.setPowerRequirement(Criteria.POWER_LOW); //要求低耗电
String myLocationProvider =
  locationManager.getBestProvider(myCriteria, true);
```

表 13-3 列举了 android.location.Criteria 类常用的方法。

表 13-3 android.location.Criteria 类的方法

方 法	功能描述	返 回 值
setAccuracy(int accuracy)	设置位置解析的精度， 如 Criteria.ACCURACY_FINE 精确模式和 Criteria.ACCURACY_COARSE 模糊模式	void
setAltitudeRequired(boolean altitudeRequired)	是否提供海拔高度信息	void
etBearingRequired(boolean bearingRequired)	是否提供方向信息	void
setCostAllowed(boolean costAllowed)	是否允许运营商计费	void
setPowerRequirement(int level)	电池消耗，如 Criteria.NO_REQUIREMENT	void
setSpeedRequired(boolean speedRequired)	是否提供速度信息	void

以上介绍了 LocationManager 和 LocationProvider。下面结合这两个对象，详细讲解使用 LocationManager 和 LocationProvider 获取位置信息的流程。

(1) 创建 LocationManager 对象。

(2) 若使用自定义的位置提供商，则创建 Criteria 对象，并使用 Criteria 设置筛选标准；否则，可直接使用系统提供的 NETWORK_PROVIDER 或者 GPS_PROVIDER。

(3) 创建 LocationListener 实例，根据需要重写 LocationListener 实例中的方法。

(4) 使用 requestLocationUpdates 注册 LocationListener，实现位置变化的监听机制。

(5) 计算位置信息。

(6) 使用 removeUpdates 取消对位置变化的监听。

下面通过一个实例，来介绍 GPS 程序实现的过程。

【例 13.1】确定当前位置的 GPS 程序。

MyLocation.java 实现，该类实现了确定当前位置的 GPS 程序的功能：

```
package com.sch.Ex_13_1;

import android.app.Activity;                    //导入 Activity 类
import android.content.Context;                  //导入上下文类
import android.location.Criteria;                //导入位置的 Criteria 类
import android.location.Location;               //导入 Location 类
import android.location.LocationListener;       //导入位置监听器类
import android.location.LocationManager;        //导入位置管理器
import android.os.Bundle;                        //导入 Bundle 类
import android.util.Log;                        //导入日志类
import android.widget.TextView;                  //导入文本视图类
import android.widget.Toast;                    //导入 Toast 类

public class MyLocation extends Activity
{
   /** Called when the activity is first created. */
   private LocationManager locationManager;      //声明位置管理器对象
   private LocationListener locationlistener;      //声明位置监听器对象
   String locationprovider;                       //声明字符串变量
   private TextView textview;                     //声明文本视图

   /* onCreate 方法是 Activity 的执行入口*/
   public void onCreate(Bundle bunlde)
   {
      //必须执行父类的 onCreate 方法，参数和子类方法的参数一致
      super.onCreate(bunlde);
      setContentView(R.layout.main);          //使用 main.xml 初始化程序 UI
      //根据 XMl 定义创建文本视图对象
      textview = (TextView)findViewById(R.id.textview);

      /* try 块包含可能出现异常的代码*/
      try
      {
         Criteria locationcriteria = new Criteria();  //新建 criteria 类

         //设置精确度为精准模式
         locationcriteria.setAccuracy(Criteria.ACCURACY_FINE);
         locationcriteria.setAltitudeRequired(false);//是否提供海拔高度信息
         locationcriteria.setBearingRequired(false); //是否提供方向信息
         locationcriteria.setCostAllowed(true); //是否允许运营商计费

         //设置电池消耗为低耗模式
         locationcriteria.setPowerRequirement(Criteria.POWER_LOW);
         String context = Context.LOCATION_SERVICE;

         //使用 getSystemService 方法获取位置管理器对象
```

```
        locationManager = (LocationManager)getSystemService(context);
        Toast.makeText(MyLocation.this, "getSystemService",
          Toast.LENGTH_LONG).show();

        if (checkgps())  //检查 GPS 功能是否开启
        {
            //激活 GPS
            locationManager.setTestProviderEnabled("gps", true);
            //设置位置提供商
            locationprovider =
              locationManager.getBestProvider(locationcriteria, true);
            Log.d("provider", locationprovider);
            locationlistener = new MyLocationListener(); //注册位置监听器
        }
    }
    /* catch 捕捉异常，若出现异常，则显示异常的 Toast 消息*/
    catch (Exception e)
    {
        Toast.makeText(MyLocation.this, "异常错误: " + e.toString(),
          Toast.LENGTH_LONG).show();
    }
    /* finally 中可添加处理异常的代码*/
    finally
    {
        //TODO
    }
}

/* MyLocationListener 为地理位置监听器，需要实现 onStatusChanged、
onProviderEnabled、onProviderDisabled 和 onProviderDisabled 等方法*/
private class MyLocationListener implements LocationListener
{
    //若位置发生变化，onLocationChanged 方法被调用
    public void onLocationChanged(Location location)
    {
        //TODO Auto-generated method stub
        Log.i("MyLocationListener onLocationChanged", "Invoke");
        if (location != null)
        {
            String display = "Current altitude = "
              + location.getAltitude() + "\nCurrent latitude = "
              + location.getLatitude();
            textview.setText(display);
        }

        //若位置有效，则显示当前经纬度
        locationManager.removeUpdates(this);
        locationManager.setTestProviderEnabled(
          locationprovider, false);
    }
```

```
        //若屏蔽提供商，该方法被调用
        @Override
        public void onProviderDisabled(String provider)
        {
            //TODO Auto-generated method stub
            Log.i("MyLocationListener onProviderDisabled", "Invoke");
        }

        //若激活提供商，该方法被调用
        @Override
        public void onProviderEnabled(String arg0) {
            //TODO Auto-generated method stub
            Log.i("MyLocationListener onProviderEnabled", "Invoke");
        }

        //若状态发生变化，该方法被调用
        @Override
        public void onStatusChanged(String provider, int status,
          Bundle extras) {
            //TODO Auto-generated method stub
            Log.i("MyLocationListener onStatusChanged", "Invoke");
        }
    }

    /* checkgps 检查 GPS 是否激活*/
    private boolean checkgps()
    {
        boolean providerEnabled = locationManager.isProviderEnabled(
          android.location.LocationManager.GPS_PROVIDER);
        //判断 Provider 是否被激活
        //若被激活，则返回真值
        if (providerEnabled == true)
        {
            Toast.makeText(this, "GPS 模块正常", Toast.LENGTH_SHORT).show();
            return true;
        }
        //若未被激活，则返回假值
        else
        {
            Toast.makeText(this, "请开启 GPS! ", Toast.LENGTH_SHORT).show();
            return false;
        }
    }
}
```

注意： 需要在清单文件中添加权限 ACCESS_FINE_LOCATION、ACCESS_MOCK_LOCATION 和 UPDATE_DEVICE_STATS，才能实现 GPS 的应用。

用 Android 模拟器测试 GPS 程序时，需要指定其 GPS 位置信息。有两种设置 GPS 信息的方式：DDMS 和 cmd 方式。

第一种方式是使用 DDMS 的 Emulator Control 设置经纬度。

在 Eclipse 下，选择 windows → open perspective → DDMS → Emulator control → Manual，如图 13-3 所示。

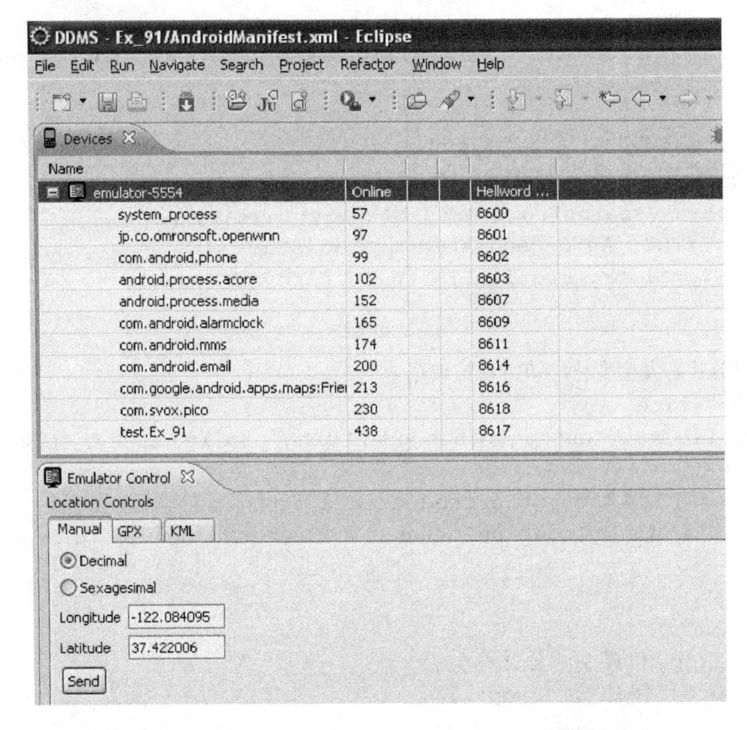

图 13-3　使用 DDMS 的 Emulator Control 设置经纬度

第二种方法是使用 cmd 设置经纬度，首先在 Dos 下，使用 telnet 连入到 Android 模拟器中(如图 13-4 所示)。

图 13-4　连接模拟器终端

使用 telnet localhost 5554 连入仿真器后进入 Android 的命令行界面，如图 13-5 所示。

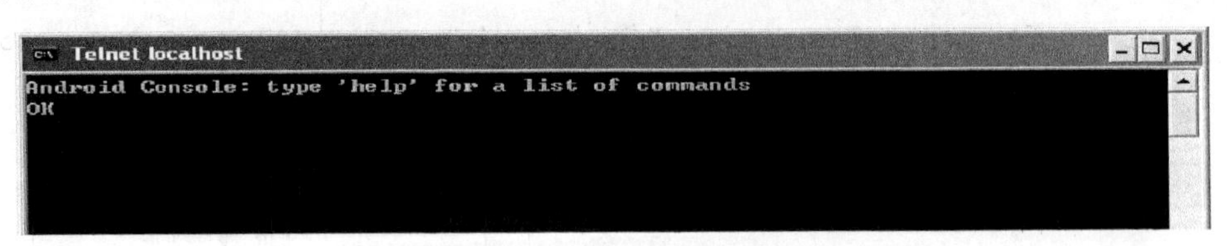

图 13-5　进入 Android 的命令行界面

然后使用“geo fix 经度 纬度”发送经纬度信息给 Android 仿真器，如图 13-6 所示。

输入 geo fix 命令之后，按 Enter 键，即发送该信息给 Android 仿真器。发送成功后，模拟器返回 OK，如图 13-7 所示。

```
Telnet localhost
Android Console: type 'help' for a list of commands
OK
geo fix -122.084095 37.422006
```

图 13-6　发送经纬度信息给 Android 仿真器

```
Telnet localhost
Android Console: type 'help' for a list of commands
OK
geo fix -122.084095 37.422006
OK
```

图 13-7　发送成功

13.5　基于 Google Map 的应用

13.5.1　将定位信息传递给 Google Map

使用 Android 模拟器测试 GPS 程序时，如上所述，需要指定其 GPS 位置信息。有两种设置 GPS 信息的方式：DDMS 和 cmd 方式。

第一种方式是使用 DDMS 的 Emulator Control 设置经纬度。在 Eclipse 下，选择 Windows → Open perspective → DDMS → Emulator control → Manual。

第二种方法是使用 cmd 设置经纬度，在 Dos 下，使用 telnet 连入到 Android 模拟器。

13.5.2　使用 MapView 下载显示地图

MapView 类是属于 com.google.android.maps 包，是用来显示地图的视图。MapView 提供了显示地图的 3 种模式：交通模式、街道模式和卫星模式。

1．交通模式

使用 setTraffic(boolean mode)方法设置交通模式。若参数为 true，则当前地图为交通模式；否则地图不是交通模式。图 13-8 显示了交通模式的例子。

2．街道模式

使用 setStreetView(boolean mode)方法设置街道模式。若参数为 true，则当前地图为街道模式；否则地图不是街道模式。图 13-9 显示了街道模式的例子。

3．卫星模式

使用 setSatellite((boolean mode)方法设置卫星模式。若参数为 true，则当前地图为卫星模式；否则地图不是卫星模式。图 13-10 显示了卫星模式的例子。

图 13-8　交通模式

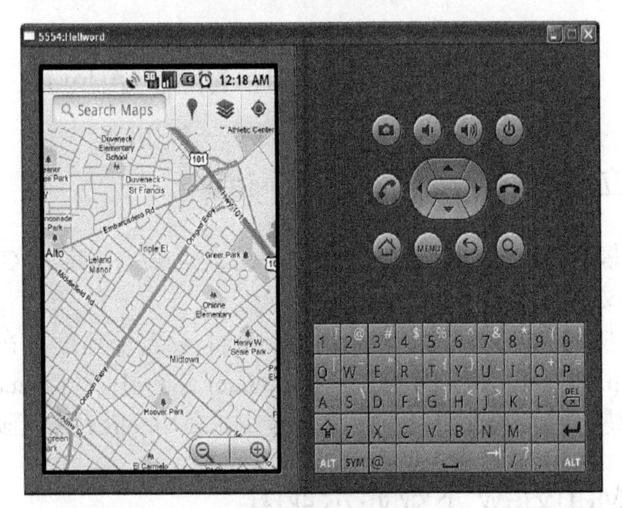

图 13-9　街道模式

图 13-10　卫星模式

使用 MapView 时需要申请 apiKey，下面讲述申请 apiKey 的流程。

(1) 选择 Windows → preferences → Android → Build，查看 Defaultdebug keystore 位置，例如 C:\Documents and Settings\sailsh\.android\debug.keystore，如图 13-11 所示。

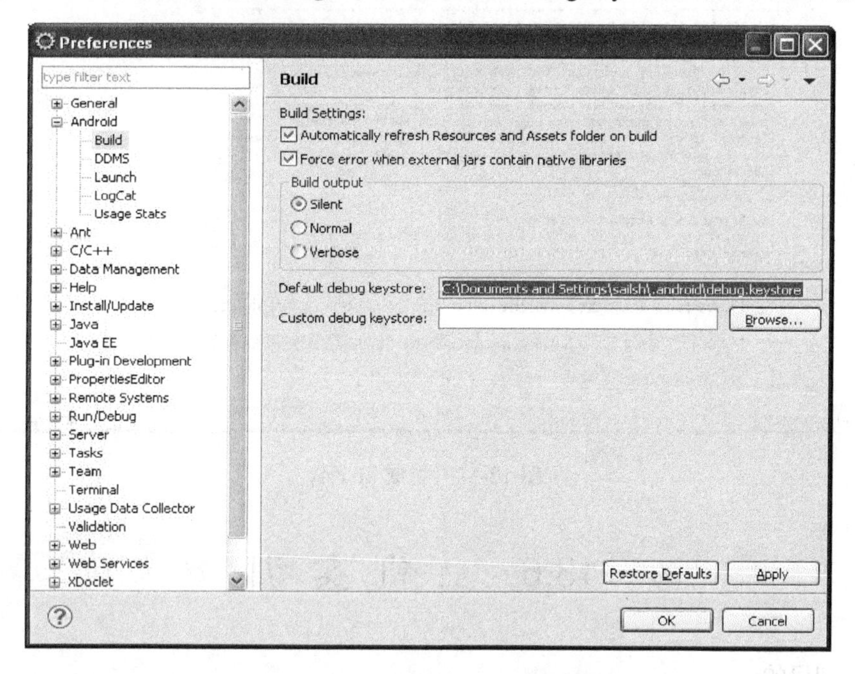

图 13-11　查看 keystore 位置

(2) 获取指纹认证。

查看 keyStore 位置之后，使用 keytool 命令获取其对应的 MD5 值(见图 13-12)：

```
keytool -list -alias androiddebugkey -keystore "C:\Documents and
Settings\sailsh\.android\debug.keystore" -storepass android
-keypass android
```

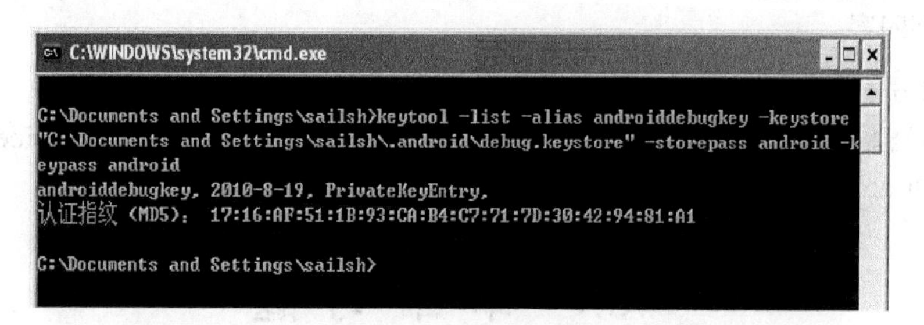

图 13-12　获取 MD5 值

(3) 生成 apiKey。

打开 http://code.google.com/intl/zh-CN/android/maps-api-signup.html，在 MD5 对应的文本框里填入刚刚获得的 MD5 的值(17:16:AF:51:1B:93:CA:B4:C7:71:7D:30: 42:94:81:A1)。点击 Generate API Key 即可生成 apiKey，如图 13-13 所示。

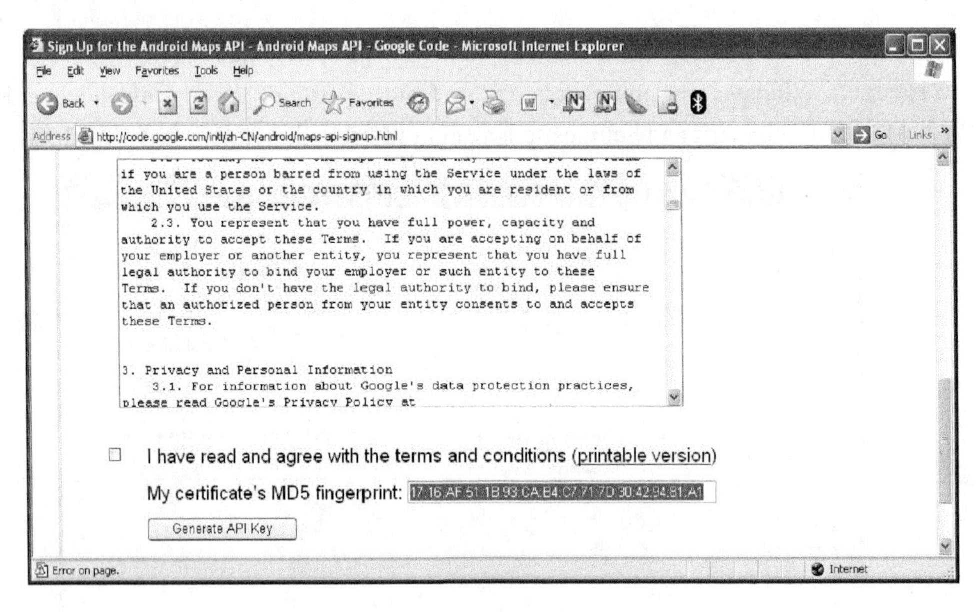

图 13-13 生成 apiKey

13.6 上机实训

1. 实训目的

(1) 了解 GPS 的工作原理，掌握 Android 提供的 GPS API。

(2) 学会使用 Google Map 实现地图的应用。

(3) 掌握 Android 地理位置相关的接口，特别是 LocationManager 和 LocationProvider 组件的用法。

(4) 熟悉使用模拟器来设置地理位置，了解模拟器支持的两种 GPS 标准。

2. 实训内容

(1) 编写程序，将经纬度转换成街道地址。

(2) 编写程序，来实现定位的功能，重写 Location Listener onProviderEnabled 和 onProviderDisabled 方法，分别打印出方法被调用的 log。

13.7 本章习题

一、填空题

(1) GPS 系统由__________、__________和__________三部分构成。

(2) GPS 系统由________个卫星构成，这些卫星均匀分布在________个空间轨道上。

(3) Geocoder 提供了________和________两种功能。

(4) Android 支持________和________两种 GPS 的位置格式。

(5) NMEA 协议有________、________和________等三种形式，其中________是常用的协议。

(6) Android 提供了两种 LocationProvider: ____________和____________。

(7) LocationManager 是通过__________方法生成的。

(8) 设置 LocationProvider 需要满足的特性是通过_________对象实现的。

二、问答题

(1) GPS 系统采用什么机制来提高系统的可靠性?

(2) 描述 GPS 系统定位的过程。

(3) 列举 GpsStatus 类中定义了 GPS 的状态。

(4) 有哪些事件能够触发 LocationListener 的 onStatusChanged 方法?

(5) 介绍地理编码解析和地理编码反解析的作用。

(6) 描述 NEMA 的通信接口参数。

(7) 简述 GPS_PROVIDER 和 NETWORK_PROVIDER 的区别。

(8) 介绍使用 LocationManager 和 LocationProvider 获取位置信息的流程。

第 14 章 Android 多媒体开发

学习目的与要求：

随着科技的进步，人们对手机功能的要求也越来越高，智能手机除了打电话、发短信、浏览网页之外，另外一个重要的主流应用就是多媒体应用。多媒体通常意义上包括播放音频、播放视频，还有录制音视频等。本章将逐一介绍这几个模块的功能实现。

Android 系统能够录制、播放各种不同形式的本地和流式多媒体文件，为 Android 设备多媒体的开发和应用提供了非常好的平台。希望通过对本章的学习，可以让读者对 Android 多媒体的开发有个很好的了解。

14.1 多媒体开发组件

多媒体是指播放音频、视频，以及录制音视频等，Android 为这些功能提供了一些开发组件。

1．MediaPlayer

播放音频、视频和流媒体的组件。可以使用两种方式来创建 MediaPlayer 的实例。

(1) 使用 new 关键字，例如：

```
MediaPlayer mp = new MediaPlayer();
```

(2) 使用 MediaPlayer 提供的 create 方法：

```
MediaPlayer mp = MediaPlayer.create(this, R.raw.test);
```

2．MediaRecorder

录制音频和视频的组件。使用 MediaRecorder 进行声音录制简单方便，不需要理会中间录制的过程。结束录制后可以直接播放录制的音频文件。

3．VideoView

用来播放视频文件的组件。VideoView 类可以从不同的来源(例如资源文件或内容提供器)读取视频。

注意： VideoView 组件和 MediaPlayer 组件都可用于播放视频。VideoView 组件的视频播放功能实现简单，可以完成简单的播放任务，但可控性不强；而 MediaPlayer 组件的视频播放功能复杂，但是可控性极强。

14.1.1 MediaPlayer

Android MediaPlayer 包括播放 Music 和 Video 的功能。通过 MediaPlayer 组件可以实现对音视频的播放。与 Activity 类似，MediaPlayer 也有一个生命周期，熟练掌握 MediaPlayer 的生命周期是用 MediaPlayer 编写程序的基础。

MediaPlayer 的生命周期如图 14-1 所示，该图描述了 MediaPlayer 的各个状态，以及方法的调用时序，每种方法只能在一些特定的状态下使用，如果使用时 MediaPlayer 的状态不正确，则会引发状态异常。下面详细介绍 MediaPlayer 的各个状态。

(1) Idle 状态：当使用 new 关键字或者调用了 reset()方法时，该 MediaPlayer 对象处于 Idle 状态。

这两种方法的一个重要差别就是：如果在这个状态下调用了 getDuration()等方法(相当于调用时机不正确)，通过 reset()方法进入 Idle 状态会触发 OnErrorListener.onError()，并且 MediaPlayer 会进入 Error 状态；如果是新创建的 MediaPlayer 对象，则并不会触发 onError()，也不会进入 Error 状态。

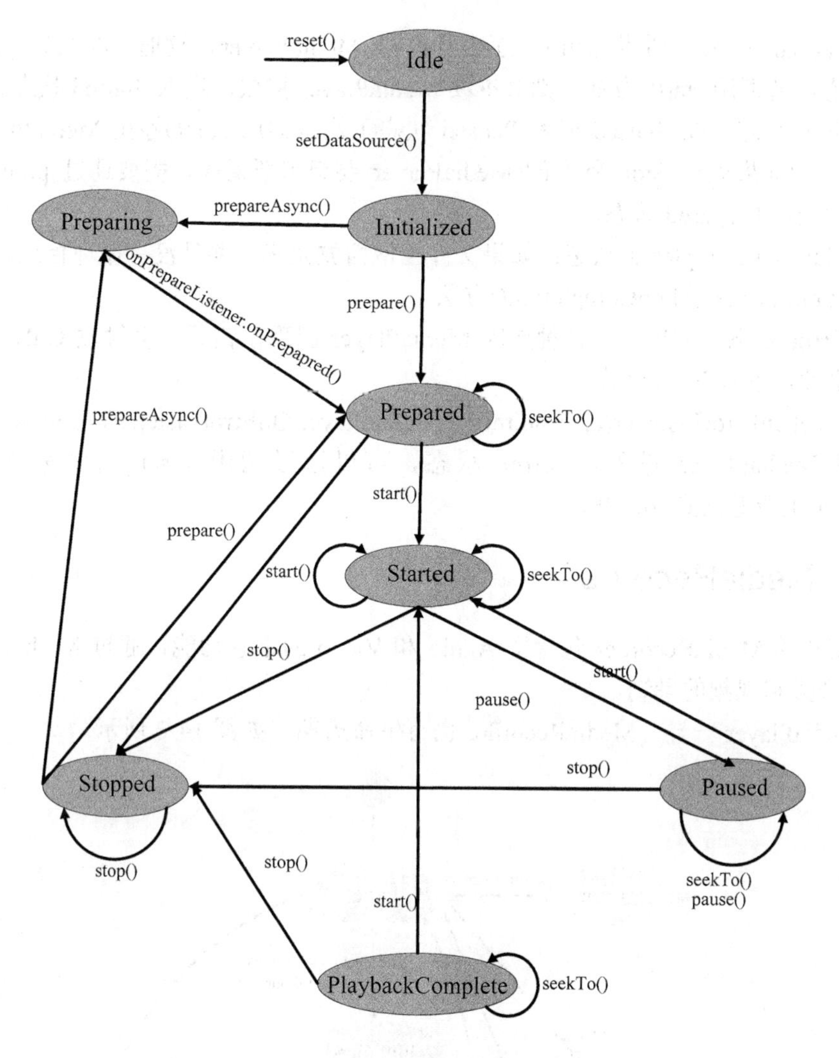

图 14-1　MediaPlayer 的生命周期

(2) End 状态：只要 MediaPlayer 对象不再被使用，就要通过 release()方法释放，即进入到 End 状态，如果 MediaPlayer 进入到 End 状态，就不会转换成其他状态了。因而 End 状态是一个终态，标志 MediaPlayer 生命周期的结束。

(3) Initialized 状态：调用 setDataSource()方法后，MediaPlayer 就会进入 Initialized 状态，这个状态表示播放文件已经准备就绪。

(4) Prepared 状态：调用 prepare()方法后，MediaPlayer 就会进入到 Prepared 状态，这个状态表示可以播放媒体文件了。

(5) Preparing 状态：调用 prepareAsync()后，MediaPlayer 会进入到 Preparing 的状态，如果异步准备完成，则触发 OnPreparedListener 的 onPrepared()方法，该状态表示 MediaPlayer 转变成 Prepared 状态了。

(6) Started 状态：通过 start()方法播放文件，此时 MediaPlayer 处于 Started 状态，表明 MediaPlayer 正在播放文件。可通过 isplaying 方法查看是否处于 Started 状态。如果该状态下又调用 seekTo()，或者 start()方法，则 MediaPlayer 仍处于 Started 状态。

(7) Paused 状态：调用 pause()方法可暂停 MediaPlayer，这时 MediaPlayer 进入到 Paused 状态，若调用 start()方法，则会继续 MediaPlayer 播放，进入 Started 状态。

(8) Stop 状态：在 Started 或者 Paused 状态下均可调用 stop()停止 MediaPlayer，进入 Stop 状态。但如果处于 Stop 状态的 MediaPlayer 要想重新播放，需要通过 prepareAsync() 和 prepare()回到 Prepared 状态。

(9) PlaybackCompleted 状态：如果文件正常播放完毕，并且没有循环播放，就会触发 OnCompletionListener 的 onCompletion()方法。

(10) Error 状态：如果由于某种原因 MediaPlayer 出现了错误，会触发 OnErrorListener.onError()事件，进入 Error 状态。

通过 setOnErrorListener(android.media.MediaPlayer.OnErrorListener) 可以设置该监听器。如果 MediaPlayer 进入了 Error 状态，可以通过调用 reset()方法来恢复，使得 MediaPlayer 重新返回到 Idle 状态。

14.1.2 MediaRecorder

Android 的 MediaRecorder 包含了 Audio 和 Video 的记录功能，通过 MediaRecorder 可以实现对音频和视频的录制。

与 MediaPlayer 一样，MediaRecorder 也有生命周期，如图 14-2 所示。

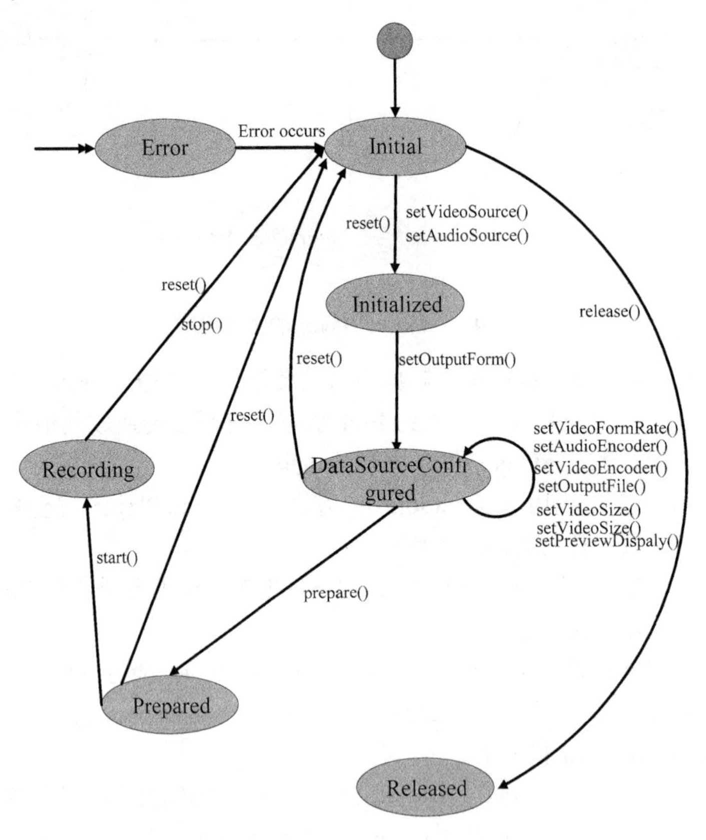

图 14-2 MediaRecorder 的生命周期

下面介绍 MediaRecorder 的各个状态。

(1) Initial 状态：初始化状态，设定视频源或者音频源后将转换为 Initialized 状态。

(2) Initialized 状态：已初始状态，该状态可以通过设置输出格式转换成 DataSource-Configured 状态，或者通过重新启动转换成 Initial 状态。

(3) DataSourceConfigured 状态：数据源配置状态，这期间可以设定编码方式、输出文件、屏幕旋转、预览显示等。

可以重启跳转到 initial 状态，或者跳转到 Prepared 状态。

(4) Prepared 状态：就绪状态仍然可以通过重新启动方法回到 Initialized 状态，或者通过 start 方法进入录制状态。

(5) Recording 状态：录制状态，进入录制状态开始录制。

(6) Released 状态：释放状态，释放所有与 MediaRecorder 对象绑定的资源。

(7) Error 状态：错误状态，当错误发生的时候进入这个状态，它可以重新启动，进入 Initial 状态。

14.1.3　VideoView

VideoView 是一个用来播放视频文件的组件。VideoView 类可以加载各种来源的图像，以便它可以在任何布局管理器中使用，并提供诸如缩放和着色的各种显示选项，它的实现过程如下。

(1) 定义一个 VideoView 布局，用来加载显示视频，布局代码如下：

```
<VideoView android:id="@+id/videoview"
  android:layout_width="fill_parent"
  android:layout_height="wrap_content" />
```

(2) 定义一个 VideoView 控件，指向此布局：

```
VideoView mVideoView = (VideoView)findViewById(R.id.videoview);
```

(3) 定义一个控制器，用于控制此 VideoView：

```
MediaController mMediaController = new MediaController(this);
//设置 MediaController
mVideoView.setMediaController(mMediaController);
```

(4) 加载视频文件：

```
//文件路径
mUri =
  Uri.parse(Environment.getExternalStorageDirectory() + "/test.mp4");
mVideoView.setVideoURI(mUri);
```

(5) 播放视频文件：

```
mVideoView.start();
```

(6) 停止播放：

```
mVideoView.stopPlayback();
```

以上操作可实现 VideoView 播放视频，具体代码操作将在以后面的章节中介绍。

14.2 播放音频媒体

随着智能手机的普及，播放音频文件的功能也显得越来越重要，通过 MediaPlayer 组件可以轻松实现播放音频文件的功能。这些音频文件不仅包括工程的资源文件，还包括手机 SD 卡或内存卡中的文件。下面是一个播放音频的实例。

【例 14.1】播放音频。

代码如下：

```
public void onClick(View view)
{
    try
    {
        switch (view.getId())
        {
        case R.id.src:
            mediaPlayer = MediaPlayer.create(this, R.raw.music);
            mediaPlayer.setOnCompletionListener(this);
            if (mediaPlayer != null)
                mediaPlayer.stop();
            mediaPlayer.prepare();
            mediaPlayer.start();
            break;
        case R.id.sd:
            mediaPlayer = new MediaPlayer();
            mediaPlayer.setDataSource("/sdcard/music.mp3");
            mediaPlayer.prepare();
            mediaPlayer.start();
            break;
        case R.id.Stop:
            if (mediaPlayer != null)
            {
                mediaPlayer.stop(); //单击停止按钮时调用 stop 方法停止媒体播放器
            }
            break;
        case R.id.Pause:
            if (mediaPlayer != null)
            {
                mediaPlayer.pause();//单击暂停按钮时调用 pause 方法暂停媒体播放器
            }
        }
    }
    /*捕获异常*/
    catch (Exception e)
    {
        //若产生异常，则弹出相应的 Toast 消息
```

```
        Toast.makeText(this, "异常: " + e.toString(),
          Toast.LENGTH_SHORT).show();
    }
    finally
    {
        //添加最后处理代码
    }
}
```

上面的代码添加了按钮 R.id.src、R.id.sd、R.id.Stop 和 R.id.Pause 点击事件时的处理，分别用来播放 apk 中的资源文件、播放 sd 卡文件、通知媒体播放器和暂停媒体播放器等。播放 apk 中资源文件的代码如下：

```
//通过 MediaPlayer 类的 create 方法指定保存在 res\raw 下的 MP3 资源文件
mediaPlayer = MediaPlayer.create(this, R.raw.music);
//如果当前 MediaPlayer 类处于使用状态，则停止使用
if (mediaPlayer != null)
    mediaPlayer.stop();
//使用 MediaPlayer 之前，调用 prepare 做一些准备工作
mediaPlayer.prepare();
//开始播放
mediaPlayer.start();
```

播放 sd 卡中文件，代码如下：

```
//加载指定 MP3 文件
mediaPlayer.setDataSource("/sdcard/music.mp3");
```

暂停和停止播放使用 MediaPlayer 类的 pause 和 stop 方法，代码如下：

```
mediaPlayer.pause();                            //暂停播放
mediaPlayer.stop();                             //停止播放
```

播放界面的效果如图 14-3 所示。

图 14-3　MediaPlayer 播放 MP3 的界面效果

14.3　录制视频媒体

智能机发展到今天，录音这个功能当然是必不可少的，下面将通过实例来介绍如何经由 MediaRecorder 组件实现录音的功能。

【例 14.2】录制声音。

代码实现如下：

```
public void onClick(View view)
{
   try
   {
      switch (view.getId())
      {
      case R.id.Record:
         recordAudioFile = File.createTempFile("record_test", ".amr");
         mediaRecorder = new MediaRecorder();
         //指定音频来源(麦克风)
         mediaRecorder.setAudioSource(MediaRecorder.AudioSource.MIC);
         //指定输出格式(MPEG4)
         mediaRecorder.setOutputFormat(
          MediaRecorder.OutputFormat.MPEG_4);
         //指定视频编码方式
         mediaRecorder.setAudioEncoder(
          MediaRecorder.AudioEncoder.DEFAULT);
         //指定录制的音频信息输出的文件
         mediaRecorder.setOutputFile(recordAudioFile.getAbsolutePath());
         mediaRecorder.prepare();
         mediaRecorder.start();
         break;
      case R.id.Stop:
         if (mediaRecorder != null)
         {
            mediaRecorder.stop();
            mediaRecorder.release();
            mediaRecorder = null;
         }
         break;
      case R.id.Play:
         mediaPlayer = new MediaPlayer();
         mediaPlayer.setDataSource(recordAudioFile.getAbsolutePath());
         mediaPlayer.prepare();
         mediaPlayer.start();
         break;
      case R.id.Delete:
         recordAudioFile.delete();
         break;


      }
   }
   catch (Exception e)
   {

   }
}
```

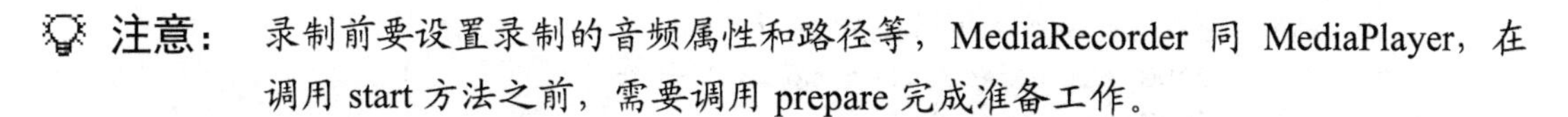

注意： 录制前要设置录制的音频属性和路径等，MediaRecorder 同 MediaPlayer，在调用 start 方法之前，需要调用 prepare 完成准备工作。

录制完成后，需要释放录制的音频文件，以便其他程序可继续使用此音频文件：

```
mediaRecorder.stop();                                    //停止录音
mediaRecorder.release();                                 //释放录制的音频文件
```

如果想在录制完成后删除文件，需调用如下代码：

```
recordAudioFile.delete();
```

录音界面效果如图 14-4 所示。

图 14-4　录音界面的效果

14.4　播放视频媒体

常用的播放视频的组件有两种：VideoView、SurfaceView，下面将逐一介绍。

1. VideoView 播放视频

用 VideoView 控件播放视频的时候，首先需要构造一个 VideoView 的布局，用于显示需播放的视频文件。

下面是一个使用 VideoView 播放视频的实例。

【例 14.3】使用 VideoView 播放视频。

布局如下：

```
<VideoView android:id="@+id/videoView"
  android:layout_width="600px"
  android:layout_height="600px" />
```

播放功能的实现代码如下：

```
public void onCreate(Bundle savedInstanceState)
{
    super.onCreate(savedInstanceState);
    setContentView(R.layout.main);
    videoView = (VideoView)findViewById(R.id.videoView);
    videoView.setVideoURI(Uri.parse("file:///sdcard/test.mp4"));
    play = (Button)findViewById(R.id.play);
    stop = (Button)findViewById(R.id.stop);
    play.setOnClickListener(new OnClickListener() {
        @Override
```

```
        public void onClick(View v) {
            //TODO Auto-generated method stub
            videoView.start();
        }
    });

    stop.setOnClickListener(new OnClickListener() {
        @Override
        public void onClick(View v) {
            // TODO Auto-generated method stub
            videoView.stopPlayback();
        }
    });
    /* try 块包含可能产生异常的代码*/
    try
    {
        videoView.setMediaController(new MediaController(this));
    }
    catch (Exception e)
    {
        //若产生异常，则弹出相应的 Toast 消息
        Toast.makeText(this, "异常："+ e.toString(),
          Toast.LENGTH_SHORT).show();
    }
}
```

实现过程如下，首先指定所需视频文件(/sdcard/test.mp4)，然后定义两个 Button，用于控制播放和停止，点击播放按钮调用 start 方法进行播放，点击停止按钮调用 stopPlayback 方法停止播放，如图 14-5 所示。同时添加一个媒体控制器，当触摸播放界面时，会在屏幕下方显示一个媒体控制器，可快进、快退和暂停视频，也可以调整视频的位置，以及查看总时间和播放时间，如图 14-6 所示。

图 14-5　VideoView 播放视频

图 14-6　媒体控制器

2. SurfaceView 播放视频

虽然 VideoView 组件可以播放视频，但在大小和位置的控制上面存在一些弊端。为了更好地控制视频，可以使用 MediaPlayer 和 SurfaceView 相结合的方法来播放视频。使用 SurfaceView 组件之前，需要创建 SurfaceHolder 对象，并对其进行相应的设置。例如：

```
//创建 SurfaceHolder 对象
surfaceHolder = surfaceView.getHolder();
//设置视频界面的固定大小
surfaceHolder.setFixedSize(100, 100);
//设置视频播放类型
surfaceHolder.setType(SurfaceHolder.SURFACE_TYPE_PUSH_BUFFERS);
```

下面是一个使用 SurfaceView 播放视频的实例。

【例 14.4】通过 SurfaceView 播放视频。

播放视频的代码如下：

```
mediaPlayer.setAudioStreamType(AudioManager.STREAM_MUSIC);
mediaPlayer.setDisplay(surfaceHolder);
mediaPlayer.setDataSource("/sdcard/test.mp4");
mediaPlayer.prepare();
mediaPlayer.start();
```

通过 MediaPlayer 组件的 setDisplay 方法加载用于显示视频的 SurfaceHolder 对象，就可以在定义的 SurfaceView 中播放视频文件了，视频的控制方法，如播放、停止、暂停等等都可以通过调用 MediaPlayer 的方法进行控制，关于其控制方法，可参照播放音频媒体的章节。程序运行效果如图 14-7 所示。

图 14-7 通过 SurfaceView 播放视频

14.5 上机实训

1. 实训目的

(1) 学会使用 MediaPlayer 播放音频和视频。

(2) 学会使用 MediaRecorder 录制音频和视频。

(3) 学会使用 VideoView 播放视频。

2. 实训内容

(1) 编程实现 MediaPlayer 播放器。
(2) 编程实现 MediaRecorder 录制工具。
(3) 编程实现 VideoView 播放视频。

14.6 本章习题

一、填空题

(1) 调用 setDataSource()方法后，MediaPlayer 就会进入______________状态，这个状态表示播放文件已经准备就绪。

(2) 可通过_________方法查看 MediaPlayer 是否处于 Started 状态。

(3) 处于 started 状态的 MediaPlayer 调用 seekTo()后，则 MediaPlayer 会进入到_________状态。

(4) 使用 MediaPlayer 播放时，音频准备的 API 是_______。

(5) 使用 MediaPlayer 播放时负责播放的 API 是_______。

(6) 使用 MediaPlayer 播放使用_________________方法添加音频文件。

(7) 为 VideoView 添加控制器的方法是_________________。

(8) 使用 SurfaceView 组件前需要用_____________方法创建 SurfaceHolder 对象。

二、问答题

(1) Android 提供的多媒体开发组件有哪几种？
(2) 简述 VideoView 和 MediaPlayer 的共同点和区别。
(3) MediaPlayer 的生命周期中包含哪些状态？
(4) MediaRecorder 的生命周期中包含哪些状态？
(5) 介绍 MediaRecorder 的 Initial 状态。
(6) 介绍 MediaPlayer 的 Idle 状态。

第 15 章 Android NDK 技术

学习目的与要求：

从 Android SDK 1.5 开始，Google 就发布了 Android NDK(Native Development Kit)。

Android NDK 技术用来支持 C/C++语言程序的编译和执行，使得 Android 系统能够支持 C/C++语言的开发。本章将详细介绍 NDK 的下载、安装以及配置过程，和 Windows 下 Cygwin 工具的下载、安装以及应用过程，并介绍如何用 NDK 开发 Android 应用程序。

希望通过本章的学习，读者能够熟练应用 NDK 进行 Android 程序开发。

15.1 NDK 介绍

Android NDK(Native Development Kit)是 Android 应用程序的一套开发包，这个开发包使得开发人员能够将本地的 C/C++代码嵌入到 Android 系统中执行。因此可以将 Android 应用程序的部分功能通过 C/C++语言来实现，通过 NDK 工具绕过 Android Dalvik 虚拟机，直接将 C/C++的程序运行在 Android 平台上。这种技术功能看似简单，其实不然，NDK 技术就像一座连接 C/C++语言和 Android 的桥梁，大大扩展了 Android 的应用开发能力。

没有支持 NDK 技术之前，程序开发人员只能设计和开发高级应用，无法设计和开发操作系统底层相关的应用，例如设备驱动程序等。并且由于 C/C++是直接操作底层的语言，使用 NDK 来调用 C/C++程序能够提高 Android 应用程序的运行速度。采用 NDK 技术的 Android 系统模型如图 15-1 所示。

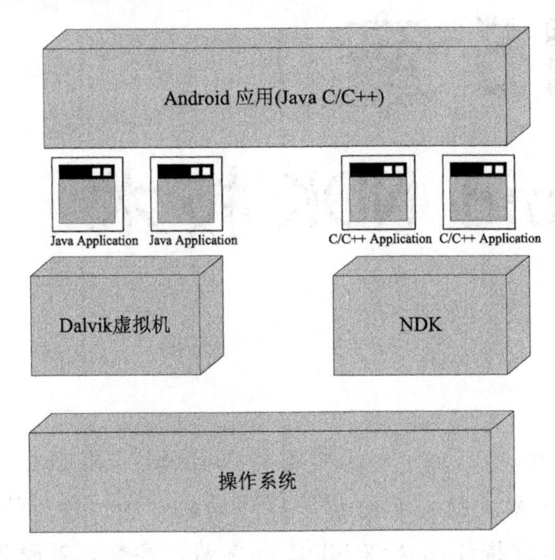

图 15-1 采用 NDK 技术的 Android 系统模型

注意： Dalvik 是 Android 移动设备平台的核心组成，是 Google 为 Android 系统设计的虚拟机，Dalvik 允许在有限的内存中同时运行多个虚拟机的实例。Dalvik 使用.dex 作为压缩格式，这种压缩格式能够减少整体文件尺寸，提高 I/O 的查找速度。Dalvik 虚拟机不同于 Java 虚拟机，前者是一种基于寄存器的虚拟机，而 Java 虚拟机是一种基于栈的虚拟机。因而 Dalvik 能够降低程序编译的时间。在 Dalvik 的系统中，每个应用程序都有独立的 Dalvik 虚拟机，应用程序之间的空间是相互隔离的。

NDK 开发包分为工具集合和 NDK 库两个部分。

1. 工具集合

(1) 交叉编译工具

用于生成原生的 ARM 二进制码，生成后缀为“.s”的文件。

(2)　代码转换工具

将 C/C++源代码生成本地代码。下面通过一个例子来介绍代码转换的过程。

翻译前的 C 代码：

```
#include "com_test_JNITest.h"
#define LOG_TAG "JNITest"
#undef LOG
#include <utils/Log.h>

JNIEXPORT jstring JNICALL Java_test_JNITest_Test(JNIEnv *env,
 jobject obj) {
   return (*env)->NewStringUTF(env, (char*)"JNITest Native String");
   LOGD("Hello NDK!\n");
}
```

使用 ndk-build 将该代码生成一个后缀为“.so”的本地文件。

2. NDK 库

NDK 提供了 C 标准库(libc)、标准数学库(libm)、压缩库(libz)、Log 库(liblog)等。

15.2　搭建 NDK 开发环境

因为 Android NDK 要操作 C/C++的程序，所以配置 NDK 开发环境时除了安装 NDK 外，还要安装和配置 C/C++开发环境。另外，由于 NDK 编译代码时 make 和 gcc 是必不可少的命令，所以须先搭建一个 Linux 环境。Windows 下 Cygwin 提供了 Linux 的运行环境，通过 Cygwin 可以在不安装 Linux 的情况下使用 NDK 来编译 C、C++代码。本章会讲述 NDK、Cygwin 的下载、安装及配置过程。

15.2.1　安装环境

这里将介绍 Android NDK 运行所需要的操作系统平台，支持的 SDK 版本，以及所需的开发环境，需要注意 Linux、Mac OS 和 Windows 下的开发工具略有不同。

1. 操作系统平台

(1)　Linux(32 位/64 位)。

(2)　Windows XP(32 位)。

(3)　Windows Vista(32 位/64 位)。

(4)　Mac OS X 10.4.8 及以上版本。

2. Android SDK

(1)　Android SDK 是 Android NDK 的使用前提。

(2)　需要 SDK 1.5 及以上版本，SDK 1.0 以及 SDK 1.1 不支持 Android NDK。

3. 开发工具

(1) Linux 和 Mac OS 下可直接开发。

(2) Windows 下需要使用 Cygwin 工具模拟 Linux 开发环境。

15.2.2 下载和安装 NDK

Linux 系统一般都会包含 C/C++的编译环境(make 和 gcc)，因此可以直接使用 Android NDK。但是 Windows 没有包含 make 和 gcc，需要安装 Linux 环境的 C/C++编译器，才能使用 Android NDK。表 15-1 列举了 Android 发布的 NDK 版本。

表 15-1 NDK 版本介绍

NDK 版本	发布日期
NDK R1	2009 年 6 月
NDK R2	2009 年 9 月
NDK R3	2010 年 3 月
NDK R4	2010 年 6 月
NDK R5	2010 年 12 月
NDK R6	2011 年 7 月
NDK R7	2012 年 4 月
NDK R8	2012 年 5 月

目前 NDK 的最新安装版本是 R8，下载地址为：

```
http://developer.android.com/intl/zh-CN/tools/sdk/ndk/index.html
```

选择红色框选中的部分下载该安装包，如图 15-2 所示。

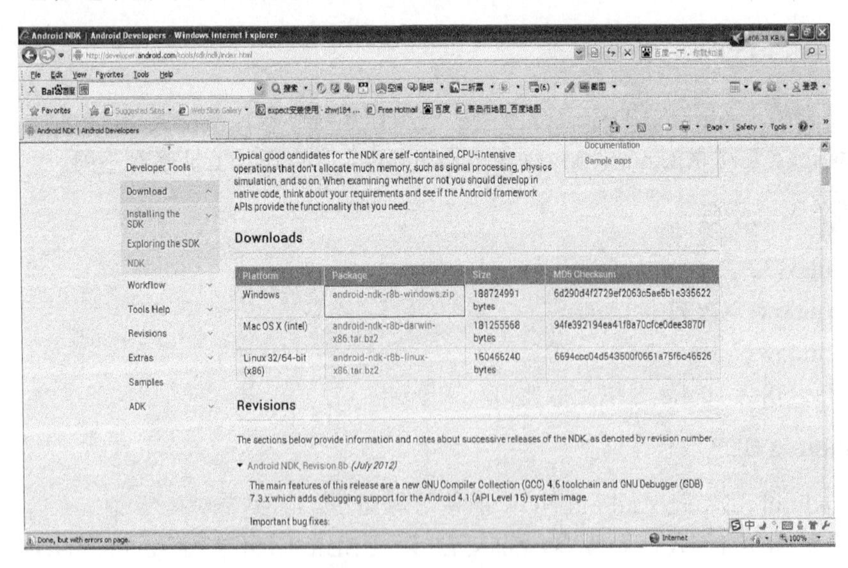

图 15-2 下载页面

下载后解压缩，NDK 的安装就完成了，解压后内容如图 15-3 所示。

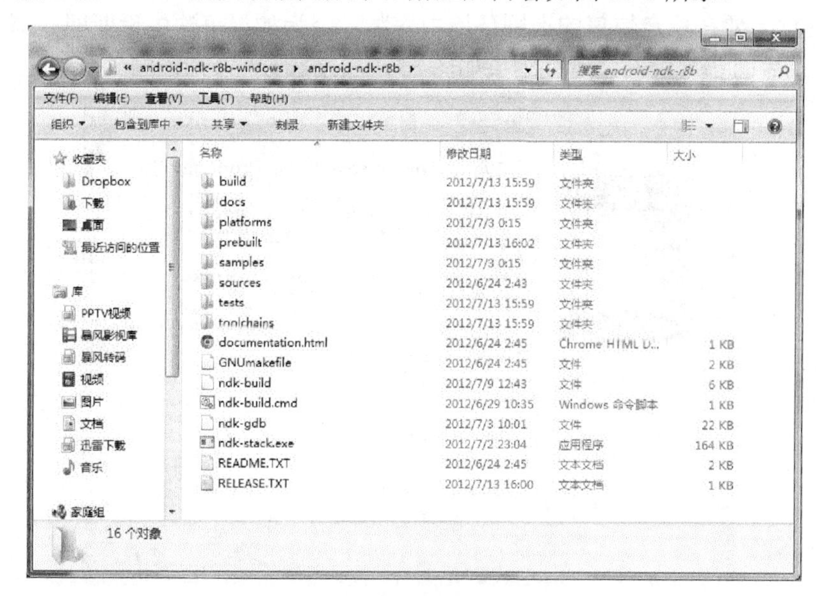

图 15-3　NDK 解压后的内容

Android NDK 包含 build、docs、samples、sources、GNUmakefile、ndk-build、ndk-gdb 及 readme 等内容。samples 下面包含几个实例开发演示项目，后面会以其中某个示例来讲解 NDK 程序。

15.2.3　下载和安装 Cygwin

Cygwin 是 Cygnus Solutions 公司开发的开源免费软件，用于模拟 Linux 的运行和开发环境，可以在 Windows 平台上运行。对于学习 Unix/Linux 操作环境，应用程序的移植，特别是在 Windows 系统使用 gnu 工具进行嵌入式系统开发，Cygwin 都非常实用。运行 Cygwin 将得到一个类似 Linux 的 Shell 环境，大部分 Linux 的命令都可以使用，如 Gcc、Make、Vim、Emacs 等。

Cygwin 包括了以下的内容。

(1)　API 库：提供了 POSIX 系统调用的 API。

(2)　GNU 开发工具集：用于 Linux 开发的工具集，例如编译器 GCC、调试器 GDB 等都包含在里面。

(3)　X Window System：运行在 Linux 操作系统上的桌面系统。

(4)　MinGW 库：一些头文件和端口库的集合，允许在没有第三方动态链接库的情况下使用 GCC 产生 Windows 程序。

下面介绍下载和安装 Cygwin 的过程。

首先从如下网址下载最新版本的 Cygwin，这个网站是 Cygwin 的官方网站：

```
http://www.Cygwin.com/
```

下载后的文件为 setup.exe。

默认情况下，Cygwin 安装的目录为 C:/Cygwin，也可以更改安装路径(建议使用默认路径)，需要注意，要在稳定快速的上网环境中安装，因为如果每次中途断网，都需要重新安装。双击下载后的 setup.exe，运行结果如图 15-4 所示。

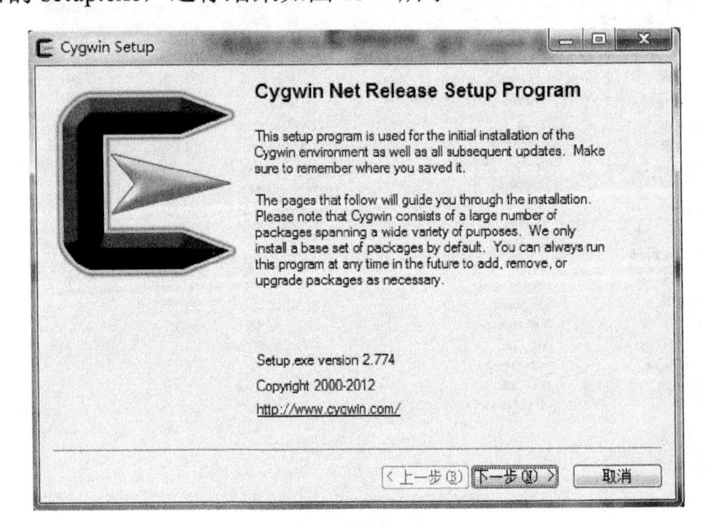

图 15-4　Cygwin 安装

单击“下一步”按钮后，选择安装类型，一般选择默认的在线安装，如图 15-5 所示。

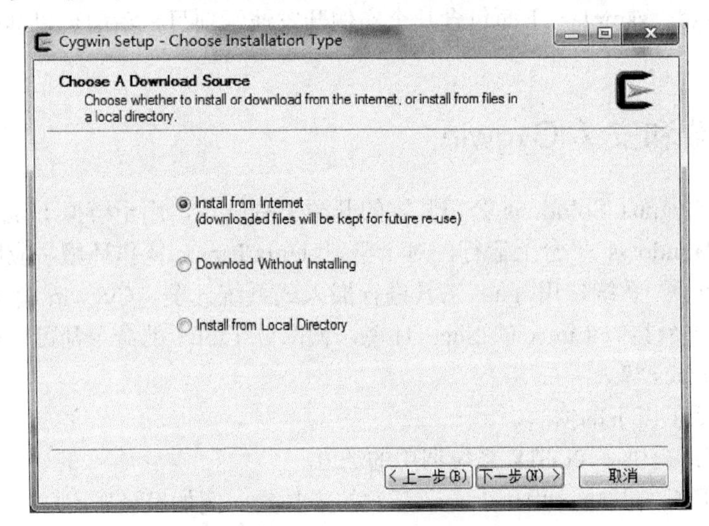

图 15-5　选择安装类型

单击“下一步”按钮，选择安装路径，一般选择默认的 C:/Cygwin，如图 15-6 所示。

单击“下一步”按钮，选择下载的文件所在路径，如图 15-7 所示。

单击“下一步”按钮，选择连接类型，一般选默认的直接连接，如果需要代理，可选择其他项，如图 15-8 所示。

单击“下一步”按钮，进入下个界面后，需要选择一个下载速度最快的网址，中国用户建议选择：http://www.Cygwin.cn，如果地址列表中没有此选项，可在 User URL 中输入“http://www.Cygwin.cn”，然后单击 Add 按钮，如图 15-9 所示。

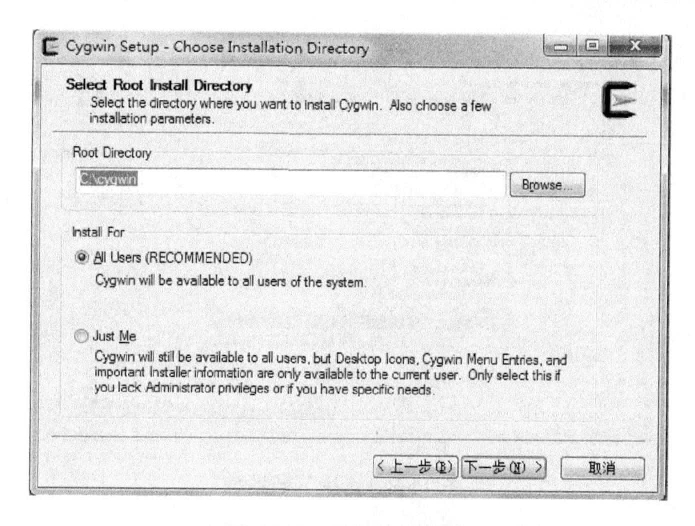

图 15-6　选择安装目录

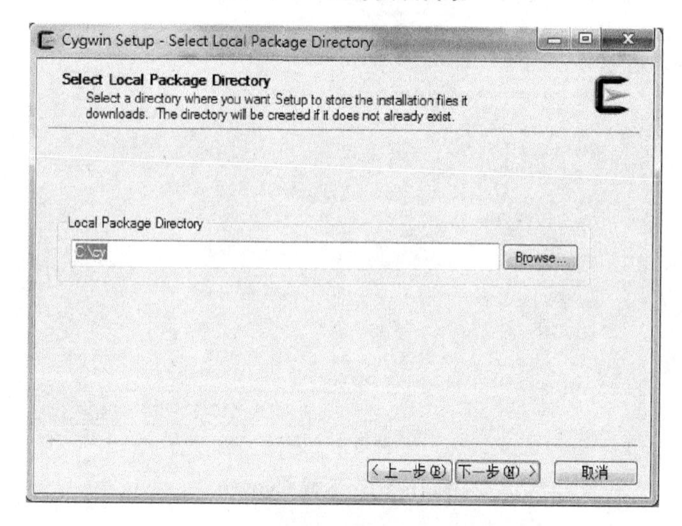

图 15-7　选择下载的文件所在路径

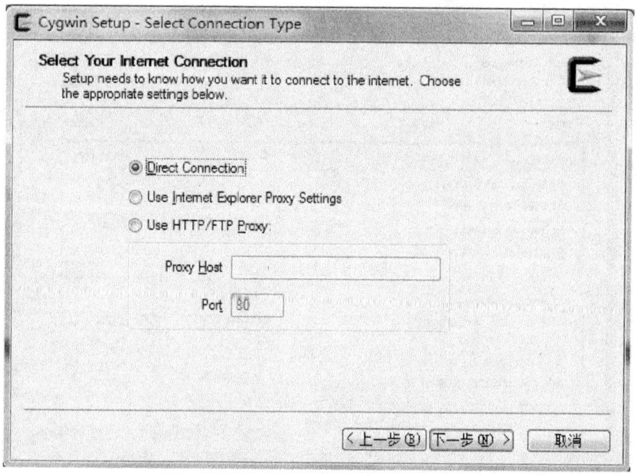

图 15-8　选择连接类型

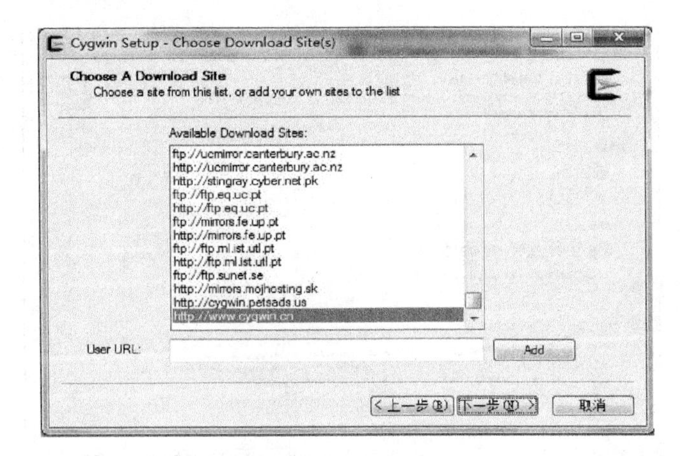

图 15-9　选择下载地址

单击“下一步”按钮，进入下载界面，如图 15-10 所示。

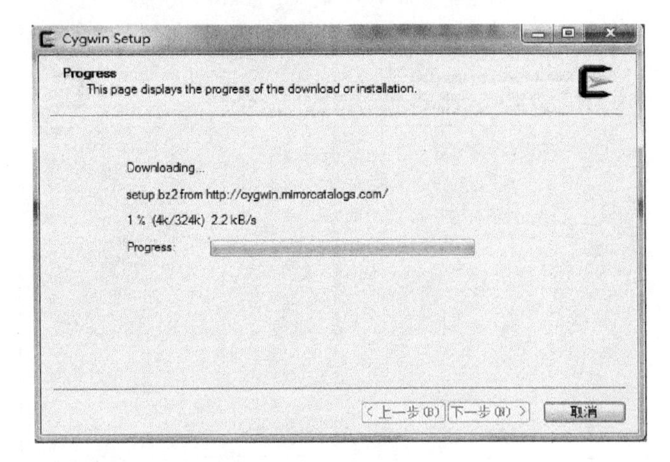

图 15-10　下载 Cygwin

下载完成后，选择安装包进行安装，如图 15-11 所示。

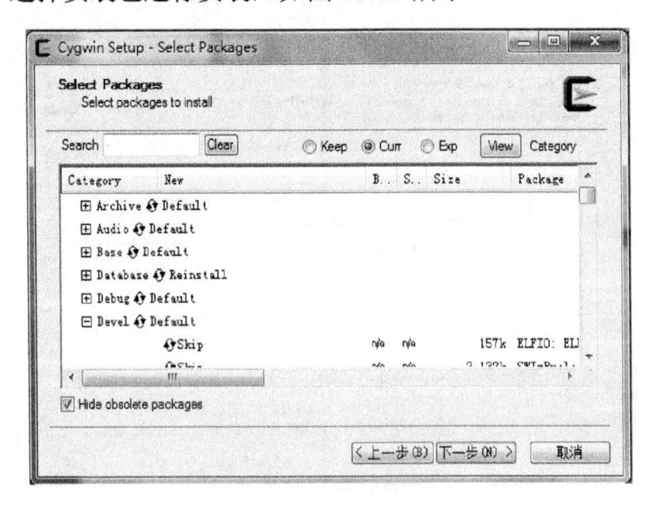

图 15-11　选择安装包

选择完之后，单击“下一步”按钮就可进行安装。

注意： Cygwin 文件非常大，仅 devel 安装包就有 1.8GB，如果 C 盘空间不是很足，建议只选择编译 C/C++开发环境所需的 Package(Package 是 Linux 系统的安装文件，相当于 Windows 的 EXE 文件)即可，或者将其安装在其他盘。

综上所述，完成了 NDK 的安装，通过桌面上的 Cygwin 图标或者 Cygwin 安装目录下的 Cygwin.bat 文件启动 Cygwin，然后就可以在 Cygwin 控制台输入 Linux 命令，运行效果如图 15-12 所示。

图 15-12　Cygwin 命令行

下面验证 make 和 gcc 的版本，在控制台输入如下命令：make -v 和 gcc -v，如图 15-13 所示。

```
vista@vista_pc ~
$ make -v
GNU Make 3.82.90
Built for i686-pc-cygwin
Copyright (C) 2010  Free Software Foundation, Inc.
License GPLv3+: GNU GPL version 3 or later <http://gnu.org/licenses/gpl.html>
This is free software: you are free to change and redistribute it.
There is NO WARRANTY, to the extent permitted by law.

vista@vista_pc ~
$ gcc -v
使用内建 specs。
COLLECT_GCC=gcc
COLLECT_LTO_WRAPPER=/usr/lib/gcc/i686-pc-cygwin/4.5.3/lto-wrapper.exe
目标：i686-pc-cygwin
配置为：/gnu/gcc/releases/respins/4.5.3-3/gcc4-4.5.3-3/src/gcc-4.5.3/configure
-srcdir=/gnu/gcc/releases/respins/4.5.3-3/gcc4-4.5.3-3/src/gcc-4.5.3 --prefix=
sr --exec-prefix=/usr --bindir=/usr/bin --sbindir=/usr/sbin --libexecdir=/usr/
b --datadir=/usr/share --localstatedir=/var --sysconfdir=/etc --datarootdir=/u
/share --docdir=/usr/share/doc/gcc4 -C --datadir=/usr/share --infodir=/usr/sha
/info --mandir=/usr/share/man -v --with-gmp=/usr --with-mpfr=/usr --enable-boo
trap --enable-version-specific-runtime-libs --libexecdir=/usr/lib --enable-sta
c --enable-shared --enable-shared-libgcc --disable-__cxa_atexit --with-gnu-ld
with-gnu-as --with-dwarf2 --disable-sjlj-exceptions --enable-languages=ada,c,c
,fortran,java,lto,objc,obj-c++ --enable-graphite --enable-lto --enable-java-aw
gtk --disable-symvers --enable-libjava --program-suffix=-4 --enable-libgomp --
able-libssp --enable-libada --enable-threads=posix --with-arch=i686 --with-tun
generic --enable-libgcj-sublibs CC=gcc-4 CXX=g++-4 CC_FOR_TARGET=gcc-4 CXX_FOR
ARGET=g++-4 GNATMAKE_FOR_TARGET=gnatmake GNATBIND_FOR_TARGET=gnatbind --with-e
-jar=/usr/share/java/ecj.jar
线程模型：posix
gcc 版本 4.5.3 (GCC)

vista@vista_pc ~
$ |
```

图 15-13　查看 make 和 gcc 版本

从图 15-13 可以看出，make 的版本为 3.82.90，gcc 的版本为 4.5.3，所以，完全满足开发环境的要求。

Cygwin 和 Android NDK 下载和安装完成之后，需配置 Android NDK 开发环境，才能开发 Android NDK 程序。

配置 Android NDK 环境变量。

(1) 找到 Cygwin 的安装目录\home\<你的用户名>\.bash_profile 文件。

(2) 打开 bash_profile 文件，添加如下内容，然后保存：

```
NDK= /cygdrive/e/Android/Android_sdk_eclipse/android-ndk-r8
export NDK
```

打开 Cygwin，输入 cd $NDK，如果输出如下信息，表示设置成功(见图 15-14)：

```
cygdrive/e/Android/Android_sdk_eclipse/android-ndk-r8
```

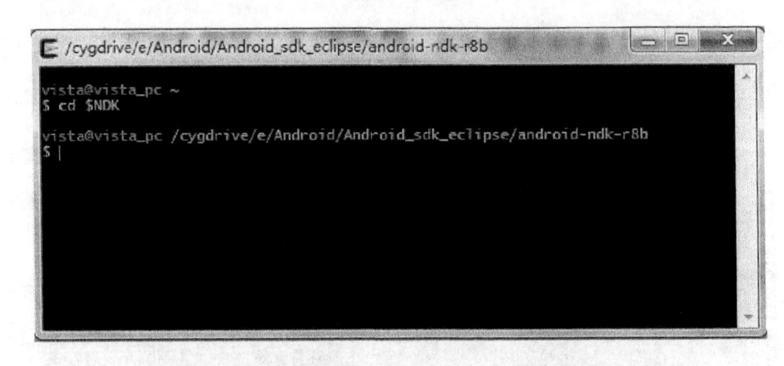

图 15-14　配置 Android NDK 环境变量

注意： 在编辑.bash_profile 文件时，保存后运行 Cygwin，可能会出现类似“'/r' command not found”的问题，这是因为编辑器(记事本等)的原因造成的，输入如下命令可解决问题：

```
dos2Unix.exe .bash_profile
```

15.2.4　运行一个 NDK 程序

这里将通过运行一个 NDK 中自带的实例，来展示 NDK 程序的编译和运行过程。Android NDK 开发包带有不少例子，在 NDK 主目录\samples 下，我们运行一个简单的例子 Hello-Jni。该程序主要分为两个部分，Java 代码(HelloJni.java)和 C 代码(hello-jni.c)。下面介绍这两部分。

hello-jni.c 中定义了一个输出“Hello from JNI !”字符串的方法：

```
#include <string.h>
#include <jni.h>

/* This is a trivial JNI example where we use a native method
 * to return a new VM String. See the corresponding Java source
 * file located at:
 *
 * apps/samples/hello-jni/project/src/com/example/hellojni/HelloJni.java
 */
jstring
Java_com_example_hellojni_HelloJni_stringFromJNI(
  JNIEnv *env, jobject thiz)
{
   return (*env)->NewStringUTF(env, "Hello from JNI !");
}
```

HelloJni.java 调用上述 hello-jni.c 的动态链接库来获取输出的字符串，并显示到

Android 设备屏幕上：

```
public class HelloJni extends Activity
{
    public void onCreate(Bundle savedInstanceState)
    {
        super.onCreate(savedInstanceState);

        /* Create a TextView and set its content.
         * the text is retrieved by calling a native
         * function.
         */
        TextView  tv = new TextView(this);
        tv.setText(stringFromJNI());
        setContentView(tv);
    }

    /* A native method that is implemented by the
     * 'hello-jni' native library, which is packaged
     * with this application.
     */
    public native String stringFromJNI();

    /* This is another native method declaration that is *not*
     * implemented by 'hello-jni'. This is simply to show that
     * you can declare as many native methods in your Java code
     * as you want, their implementation is searched in the
     * currently loaded native libraries only the first time
     * you call them.
     *
     * Trying to call this function will result in a
     * java.lang.UnsatisfiedLinkError exception !
     */
    public native String  unimplementedStringFromJNI();

    /* this is used to load the 'hello-jni' library on application
     * startup. The library has already been unpacked into
     * /data/data/com.example.hellojni/lib/libhello-jni.so at
     * installation time by the package manager.
     */
    static {
        System.loadLibrary("hello-jni");
    }
}
```

注意： Java 代码调用 C 代码相应的方法时，必须在 Java 代码中做该方法的声明。例如 HelloJni.java 要使用 hello-jni.c 的 Java_com_example_hellojni_HelloJni_stringFromJNI 方法时，HelloJni.java 中要添加该方法的声明语句：public native String stringFromJNI();。

使用 Eclipse 的 import 语句将该项目添加到工作目录中，如图 15-15 和 15-16 所示。

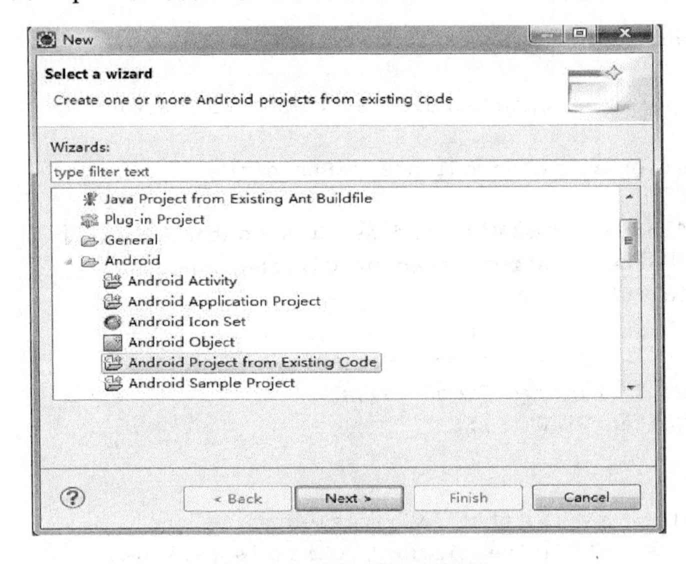

图 15-15　导入存在的工程

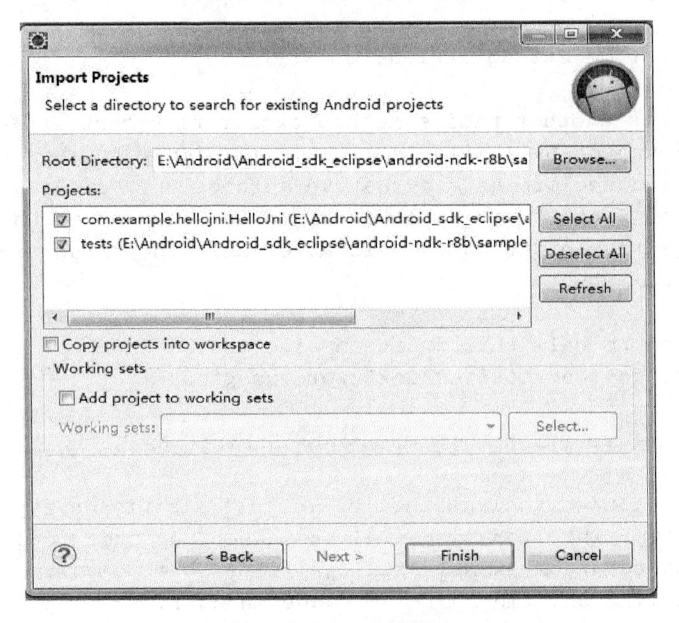

图 15-16　选择工程目录

然后，编译 C 程序的代码。

(1)　启动 Cygwin 命令行，进入到 NDK 主目录/samples/hello-jni：

```
cd $NDK/samples/hello-jni
```

(2)　在命令行中输入以下命令来编译 C 代码：

```
../../ndk-build
```

然后在 Eclipse 中运行该程序，运行结果如图 15-17 所示。

图 15-17　运行结果

15.3　Android NDK 开发

Java 因其跨平台的特性被大众所推崇，但同时也因为这个特性，使得它与本地机器的各种内部联系变得很少，Java 所提供的功能在一定程度上受到限制。因此 Java 推出了一种 JNI 的机制，用于解决 Java 对本地操作的问题。JNI 定义一个简单明了的 API 在 Java 代码和(C/C++)之间进行通信，通过调用本地的库文件的内部方法，使 Java 可以实现与本地机器的紧密联系，调用系统级的各接口方法。Android NDK 就是使用 JNI 调用本地的库(在 Windows 平台上是后缀为 DLL 的文件，在 Linux 平台上是后缀为 SO 的文件)或者方法，将 Java 程序和 C 程序结合起来。

本章将逐一从如下几个方面入手，讲解 Android NDK 开发过程：

- 设计 JNI 接口。
- 用 C/C++实现本地方法。
- 编译文件实现。
- 生成动态链接库。

15.3.1　设计 JNI 接口

在 Linux 平台中，本地库文件是以 SO 文件形式存放的，这个库文件是实现 Java 和本地机器之间联系的接口。我们将通过实例介绍如何设计 JNI 接口，设计步骤如下。

1. 创建工程目录

在 NDK 主目录\apps\FirstNDKProgram\project 创建一个工程，如图 15-18 所示。

下面是所创建的工程的细节。

- 程序名：FirstNDKProgram。
- 工程名：FirstNDKProgram。
- 包名：com.test.firstndkprogram。
- 编译 SDK 版本：Android 4.0。
- 最小要求 SDK 版本：Android 2.2。
- 工程路径：$NDK\apps\FirstNDKProgram\project。

2. 创建 JNI 类

创建一个 JNI 类，用关键字 native 声明需要调用的本地方法，此处只需声明即可，无需具体实现。在 Eclipse 中单击工程名，选择 New→Class 菜单命令，出现 New Java Class 对话框，如图 15-19 所示。

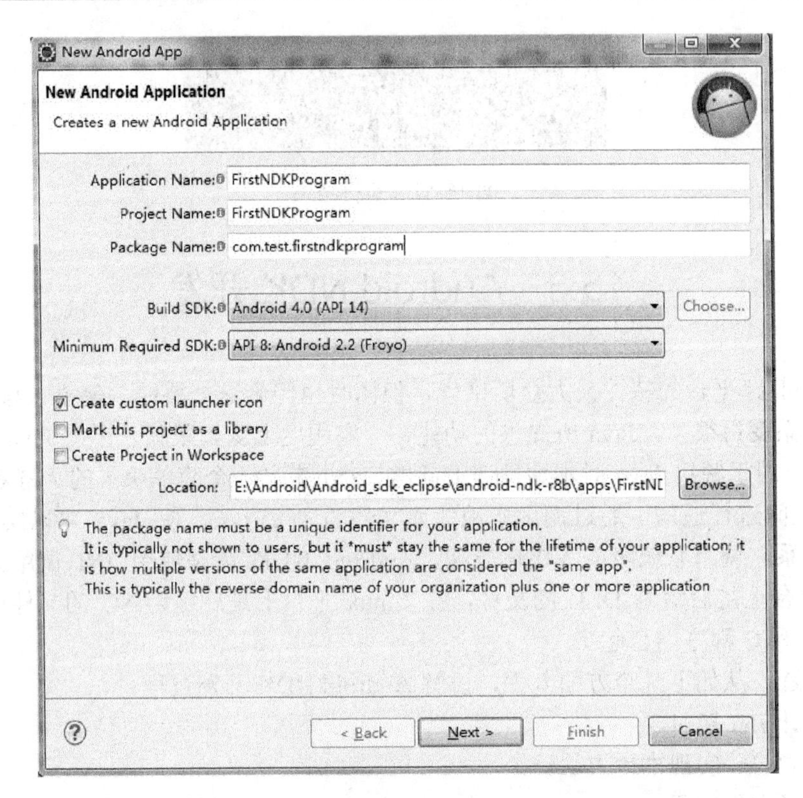

图 15-18　创建 FirstNDKProgram 工程

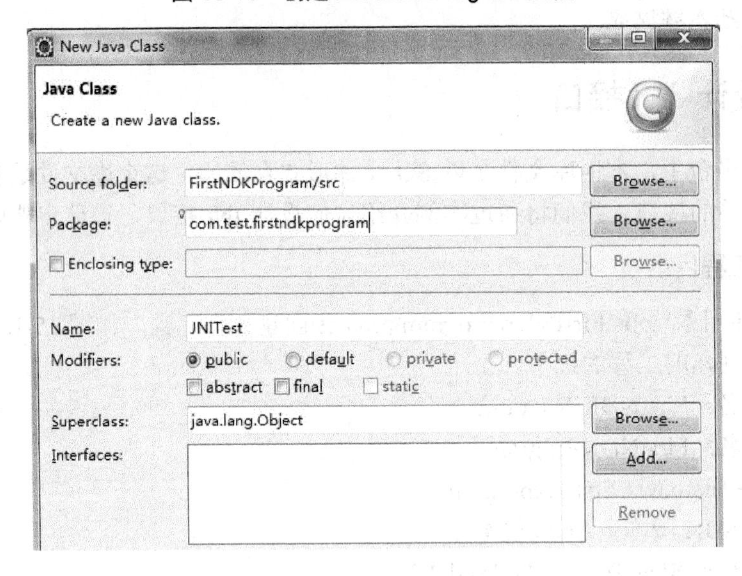

图 15-19　创建 JNI 类

下面是所创建 JNI 类的细节。

- 源文件夹：FirstNDKProgram/src(此 Java 文件所在路径)。
- 包名：com.test.firstndkprogram(如在此工程下创建的，默认即可)。
- 名称：JNITest(Java 类文件的名字)。
- 超类：此类继承的父类(Object 类为所有类的父类)。

3．编写 JNI 类代码

JNI 类包含了 getString 和 getInt 两个方法，下面是 JNI 类的代码：

```
package com.test.firstndkprogram;
public class JNITest {
    //得到一个 String 型数据
    public native String getString();
    //得到一个 int 型数据
    public native int getInt();
}
```

4．复制 Java 文件

将 JNITest.java 文件复制到工程目录下的 bin 文件夹下，即 NDK 主目录：

```
\apps\FirstNDKProgram\project\bin
```

5．编译 JNITest.java 文件

从命令行进入该工程的 bin 目录，运行如下命令，生成 Jni.class 文件(见图 15-20)：

```
javac jniTest.java
```

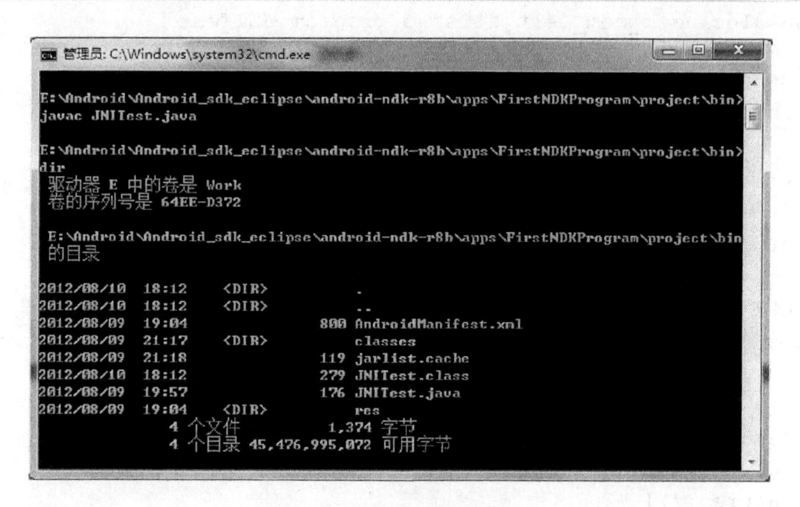

图 15-20　编译 JNI 文件

6．替换 class 文件

复制生成的 JNITest.class 文件，替换 project\bin\classes\com\test\firstndkprogram 下的 JNITest.class 文件。

7．生成头文件

从命令行进入此工程的 bin\classes 目录，执行以下命令：

```
javah -jni com.test.firstndkprogra.JNITest
```

生成名为 com_test_firstndkprogram_JNITest.h 的 C 头文件，如图 15-21 所示。

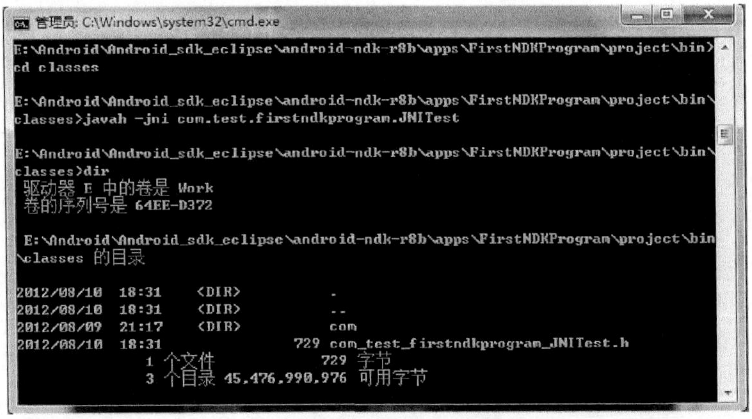

```
管理员: C:\Windows\system32\cmd.exe
E:\Android\Android_sdk_eclipse\android-ndk-r8b\apps\FirstNDKProgram\project\bin>
cd classes

E:\Android\Android_sdk_eclipse\android-ndk-r8b\apps\FirstNDKProgram\project\bin\
classes>javah -jni com.test.firstndkprogram.JNITest

E:\Android\Android_sdk_eclipse\android-ndk-r8b\apps\FirstNDKProgram\project\bin\
classes>dir
 驱动器 E 中的卷是 Work
 卷的序列号是 64EE-D372

 E:\Android\Android_sdk_eclipse\android-ndk-r8b\apps\FirstNDKProgram\project\bin
\classes 的目录

2012/08/10  18:31    <DIR>          .
2012/08/10  18:31    <DIR>          ..
2012/08/09  21:17    <DIR>          com
2012/08/10  18:31               729 com_test_firstndkprogram_JNITest.h
               1 个文件            729 字节
               3 个目录 45,476,990,976 可用字节
```

图 15-21　生成头文件

打开 com_test_firstndkprogram_JNITest.h，代码如下：

```
/* DO NOT EDIT THIS FILE - it is machine generated */
#include <jni.h>
/* Header for class com_test_firstndkprogram_JNITest */

#ifndef _Included_com_test_firstndkprogram_JNITest
#define _Included_com_test_firstndkprogram_JNITest
#ifdef __cplusplus
extern "C" {
#endif
/*
* Class:     com_test_firstndkprogram_JNITest
* Method:    getString
* Signature: ()Ljava/lang/String;
 */
JNIEXPORT jstring JNICALL
Java_com_test_firstndkprogram_JNITest_getString(JNIEnv*, jobject);

/*
 * Class:     com_test_firstndkprogram_JNITest
 * Method:    getInt
 * Signature: ()I
 */
JNIEXPORT jint JNICALL Java_com_test_firstndkprogram_JNITest_getInt
  (JNIEnv*, jobject);

#ifdef __cplusplus
}
#endif
#endif
```

其中，jni.h 主要用来处理 C/C++和 Java 中的一些定义的差别，比如数据类型等。JNIEXPORT 和 JNICALL 为 JNI 定义的关键字，表示它们所定义的函数是要被 JNI 进行调用的。

8．复制头文件

在本工程的根目录下(即 project 目录下)创建 jni 文件夹，将上一步生成的 com_test_firstndkprogram_JNITest.h 复制到此处。

如此，JNI 接口的实现已经完成，总结起来，实现 JNI 接口的过程如图 15-22 所示。

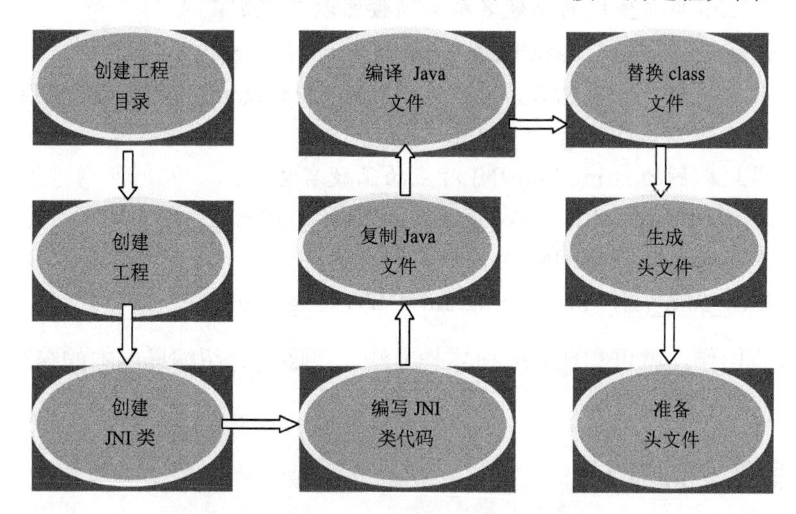

图 15-22　JNI 接口的实现流程

实现 JNI 接口只是 Android NDK 开发的一部分。要编写一个完整的 NDK 程序，除此之外还需要用 C/C++来实现本地方法。

15.3.2　使用 C/C++实现本地方法

通过上节的介绍，已经实现了 JNI 接口，Android 程序通过 JNI 接口可以调用本地的 C/C++程序。但是上一节还没有具体的 C/C++代码的实现，本节将介绍如何实习本地方法。具体步骤如下。

(1) 在 NKD 主目录 apps\FirstNDKProgram\project\jni 下创建一个 com_test_firstndkprogram_JNITest.c 文件，用来实现 JNITest.java 中的两个方法。

(2) 编辑 C 代码。打开 com_test_firstndkprogram_JNITest.c 文件，编辑 C 代码，并实现 com_test_firstndkprogram_JNITest.h 中的声明。代码如下：

```
#include <stdio.h>
#include <stdlib.h>
#include "com_test_firstndkprogram_JNITest.h"
JNIEXPORT jstring JNICALL
  Java_com_test_firstndkprogram_JNITest_getString(JNIEnv *env,
  jobject thiz) {
     (*env)->NewStringUTF(env, "JNI Test");
}
JNIEXPORT jint JNICALL Java_com_test_firstndkprogram_JNITest_getInt(
  JNIEnv *env, jobject thiz) {
      int a = 100;
      int b = 100;
```

```
    return a+b;
}
```

上面的代码中实现了 getString 方法和 getInt 方法，getString 方法输出“JNI Test”字符串。而 getInt 方法获得两个整数的和。

注意： 在上述步骤生成的函数名称必须按照以下规则定义:
<Java 关键字>_<Java 包名>_<类名>_<方法名称>
在本例中，Java 包名为 com_test_firstndkprogram，类名为 JNITest，两个方法的名称为 getString 和 getInt。
因此本例的 stringFromJNI 对应的函数名称为:
Java_com_test_firstndkprogram_JNITest_getString。
本例的 stringFromJNI 对应的函数名称为:
Java_com_test_firstndkprogram_JNITest_ getString。

按如上几步操作，就可实现 C/C++本地方法，下面将介绍编译脚本的编写以及对 C 代码的编译。

15.3.3 编译文件实现

编译 NDK 工程需要用到两个编译文件：Android.mk 和 Application.mk，下面逐一进行介绍。

1. Android.mk 文件

Android.mk 文件是 GNU Makefile 的一小部分，GNU Makefile 通过这个文件编译 C/C++代码。除了 C/C++代码之外，Android.mk 文件还可以编译其他类型的程序。

- Java 程序：将 Java 库文件编译成 JAR 文件。
- apk 程序：将 Android 程序编译成 apk 文件。
- C/C++动态库：将 C/C++动态库编译成后缀名为“.so”的文件。
- C/C++静态库：将 C/C++静态库编译成后缀名为“.a”的文件。

针对上面构建的 FirstNDKProgram 工程，需要在 jni 文件夹下添加一个 Android.mk 文件，如下所示：

```
LOCAL_PATH:=$(call my-dir)
include $(CLEAR_VARS)
LOCAL_MODULE:=JNITtest
LOCAL_SRC_FILES:=com_test_firstndkprogram_JNITest.c
include $(BUILD_SHARED_LIBRARY)
```

下面逐一介绍每个变量的含义。

- LOCAL_PATH := $(call my-dir)：这个变量必须在 Android.mk 的开头定义，用于表示当前文件的路径。
- include $(CLEAR_VARS)：CLEAR_VARS 变量是由编译系统提供的，该语句目的是将 CLEAR_VARS 变量所指向的脚本文件包含进来。

- LOCAL_MODULE := JNITtest：Android.mk 中必须包含 LOCAL_MODULE 变量，该变量的名称必须是唯一的，起到标识的作用。编译成功后会在生成 lib$(LOCAL_MODULE).so 或者 lib$(LOCAL_MODULE).a 文件。

注意： 如果 LOCAL_MODULE 的变量名的前缀为“lib”，编译后的文件为 (LOCAL_MODULE).so 或者(LOCAL_MODULE).a，不会在原有的文件名之前添加“lib”。

- LOCAL_SRC_FILES := com_test_firstndkprogram_JNITest.c：LOCAL_SRC_FILES 用于指定 C 或 C++源代码文件。
- include $(BUILD_SHARED_LIBRARY)：BUILD_SHARED_LIBRARY 是用于编译静态库的变量，指向一个 GNU Makefile 脚本。如果想生成静态库，则用 BUILD_STATIC_LIBRARY。

除上面介绍的几个变量之外，NDK 还定义了一些其他变量。

(1) GNU Make 系统变量

① TARGET_ARCH

目标 CPU 架构的名字，例如下面的语句指定了目标的 CPU 架构为 arm：

```
TARGET_ARCH=arm
```

② TARGET_PLATFORM

指定目标 Android 系统，例如下面指定了目标 Android 系统为 android-3：

```
TARGET_PLATFORM=android-3
```

这里 android-3 对应的是 Android 1.5，其他 Android 版本对应的 TARGET_PLATFORM 值如表 15-2 所示。

表 15-2 Android 版本对应的 TARGET_PLATFORM 值

Android 版本	TARGET_PLATFORM 值
Android 1.6	android-4
Android 1.6	android-5
Android 2.0	android-6
Android 2.1	android-7
Android 2.2	android-8
Android 2.3	android-9
Android 4.0	android-14

更多关于 TARGET_PLATFOR 的详情，可参考 ndk 安装目录下的 docs\STABLE-APIS.html。

③ TARGET_ARCH_ABI

指定目标设备支持的机器指令集，下面列举了 TARGET_ARCH_ABI 支持的指令集的类型。

- Armeabi：支持 ARMv5TE 指令集的目标机器使用这个值。

- Armeabi：支持 Thumb-2 和 FPU 指令集的目标机器使用这个值。
- x86：支持 x86 或者 IA-32 的目标机器使用这个值。
- mips：支持 MIPS32r1 的目标机器使用这个值。
- mips：支持 MIPS32r1 的目标机器使用这个值。

注意： 虽然所有基于 ARM 的 ABI 都会把'TARGET_ARCH'定义为'arm'，但是会有不同的'TARGET_ARCH_ABI'。

(2) 模块描述变量

很容易理解，这些变量用于描述模块，例如 LOCAL_PATH 用于描述当前文件的路径，LOCAL_MODULE 用于描述模块名。

- LOCAL_CPP_EXTENSION：可选变量，指定 C++文件的扩展名，默认是.cpp。
- LOCAL_C_INCLUDES：可选变量，指定头文件的搜索路径。
- LOCAL_CFLAGS：可选变量，指定 C 文件的宏定义或者编译器选项。
- LOCAL_CXXFLAGS：可选变量，指定 CXX 源文件的宏定义或者编译器选项。
- LOCAL_CPPFLAGS：可选变量，指定 C++源文件的宏定义或者编译器选项。
- LOCAL_STATIC_LIBRARIES：指定所使用的静态库，以便在编译时进行链接。
- LOCAL_STATIC_LIBRARIES：指定运行时所使用的动态库，以便在生成文件时嵌入其相应的信息。
- LOCAL_LDLIBS：编译模块时要使用的附加的链接器选项。

(3) 自定义变量

GNU Make 系统变量和模块描述是系统级的变量，即 Android 系统所定义的变量。可以在 Android.mk 中使用定义的变量。

例如下面的例子使用自定义的变量来构造 LOCAL_SRC_FILES 值。

```
MY_C_SOURCE_FILE1 := abc.c
MY_C_SOURCE_FILE2 := def.c
MY_C_SOURCE_FILE3 := ghi.c

MY_C_SOURCE_FILE += MY_C_SOURCE_FILE1
MY_C_SOURCE_FILE += MY_C_SOURCE_FILE2
MY_C_SOURCE_FILE += MY_C_SOURCE_FILE3

LOCAL_SRC_FILES += $( MY_C_SOURCE_FILE)
```

注意： 自定义的变量需要满足以下规则：①变量名不能以 LOCAL_作为开头；②变量名不能以 PRIVATE_作为开头；③变量名不能以 NDK_作为开头；④变量名不能以 APP_作为开头；⑤变量名不能与 Android 提供的宏重名。

2. Application.mk 文件

编译 C\C++代码时，不仅需要 Android.mk 文件，还需要 Application.mk 文件。

Application.mk 用于描述当前应用程序需要的动态库和静态库，一般放置在<项目目录>/jni/Application.mk 下。

针对 FirstNDKProgram 实例，Application.mk 文件如下：

```
APP_PROJECT_PATH:=$(call my-dir)/project
APP_MODULES:=JNITtest
```

注意：my-dir 是返回当前 Android.mk 所在目录路径的 Make 函数宏，而“$(call)”是调用函数宏的语句。因此，$(call my-dir)/project 的结果是“<Android.mk 所在目录路径>/Project”。

下面介绍 Application.mk 常用的变量。

- APP_PROJECT_PATH：必选变量，工程根目录的一个绝对路径。
- APP_MODULES：可选变量，当 Application.mk 中没有该变量时，NDK 会自动编译 android.mk 文件中定义的所有模块及其包含的子模块。
- APP_OPTIM：可选变量，有两个值 release 或者 debug。这个选项用于变更编译程序模块时的优化级别。默认的选项是 release，此选项下会得到较高级别的优化。debug 下为了便于调试，不会进行过多优化。
- APP_CFLAGS：C 编译器开关集合，在编译任意模块的任意 C 或 C++源代码时进行传递。
- APP_BUILD_SCRIPT：查找 android.mk 文件的路径，默认情况下，系统会到工程目录下的 jni 文件夹下查找。
- APP_STL：默认条件下，NDK 编译系统会使用 Android 系统提供的轻量级 C++运行时库/system/lib/libstdc++.so。NDK 本身为用户提供了可选择的 C++库，用户可以使用或是链接到应用程序中。下面是 NDK 提供的库。
  - APP_STL := stlport_static：静态 STLport 库。
  - APP_STL := stlport_shared：共享 STLport 库。
  - APP_STL := system：默认的 C++运行时库。

15.3.4 编译 NDK 程序

经过上面的准备工作，我们需要编译 C/C++代码的并且生成 Java 文件需要的.so 文件了。编译过程非常简单，首先启动 Cygwin，进入到 NDK 主目录，然后输入“make APP=FirstNDKProgram”命令。

运行成功之后，会生成 libFirstNDKProgram.so 文件，并安装到“\lib\armeabi”目录中。最后在工程代码中加载动态库 libFirstNDKProgram.so，并且调用本地原生方法获取 C\C++中的数据，并显示到 TextView 中。代码如下：

```
public class MainActivity extends Activity {

   static
   {
      System.loadLibrary("FirstNDKProgram"); //加载 FirstNDKProgram 库
   }

   @Override
```

```
    public void onCreate(Bundle savedInstanceState) {
        super.onCreate(savedInstanceState);
        setContentView(R.layout.activity_main);
        TextView tv = (TextView)findViewById(R.id.tv);
        tv.setText(getString() + "--------" + String.valueOf(getInt()));
    }

    public native String  getString(); //声明 C 语言中的方法
    public native int getInt(); //声明 C 语言中的方法
}
```

运行效果如图 15-23 所示。

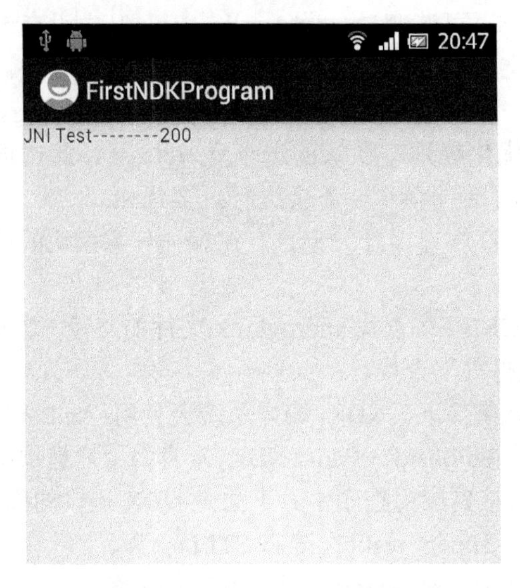

图 15-23　NDK 程序的运行效果

15.4　上 机 实 训

1. 实训目的

(1)　学会下载 Cygwin 和 NDK。
(2)　掌握 Cygwin 的搭建过程。
(3)　学会搭建 NDK 开发环境。
(4)　掌握 JNI 开发流程。

2. 实训内容

(1)　搭建 Cygwin 和 NDK 开发环境。
(2)　能正确运行 samples 中的 Jni 实例。
(3)　自行编写简单 Jni 程序，并调试运行。

15.5　本 章 习 题

一、填空题

(1) Android NDK 的全称是______________。

(2) Cygwin 需要在________________文件中配置环境变量。

(3) 使用__________、_____________命令查看 make 和 gcc 版本。

(4) 使用________________________命令编译 C\C++文件。

(5) 编译后的二进制文件为_____________________格式。

(6) Android.mk 中使用________________定义路径。

(7) Application.mk 的 APP_OPTIM 有__________和____________两个取值。

(8) TARGET_PLATFORM=__________代表目标 Android 平台版本为 Android 1.5。

(9) 在 Android.mk 中，指定头文件的搜索路径的变量是__________________格式。

二、问答题

(1) 简述 NDK 的环境配置过程。

(2) 简述 JNI 接口实现的大致过程。

(3) 简述 JNI 函数名称的构造。

(4) 列举 TARGET_ARCH_ABI 支持的指令集。

(5) 函数宏 my-dir 的作用是什么？如何调用该函数宏？

(6) Dalvik 虚拟机与 Java 虚拟机的区别是什么？

(7) 在 Android.mk 中，变量 LOCAL_STATIC_LIBRARIES 的作用是什么？

(8) 在 Application.mk 中，变量 APP_MODULES 的作用是什么？

第 16 章
常见错误与分析

学习目的与要求：

本章主要介绍 Android 开发过程中编码、编译以及运行时常见的一些错误，有些错误可能是开发人员的疏忽，有些错误也可能是因为缺少某些东西造成的。不管是什么样的错误，一旦出错，程序肯定是无法正常运行的。

本章重点介绍一些常见错误和错误的捕捉方法，希望通过本章的学习，开发人员在以后的开发过程中能尽量避免错误，并能快速地纠正错误。

16.1 常见错误

Android 开发过程中遇到的错误可能会有很多，而且错误的形式也是多种多样。如果每一种错误都详细列出，相信都可以写一本书了。所以在此就不一一列举，这里只介绍一些在开发中经常遇到的错误，对开发者来说，能了解这些错误并且能正确地定位，在程序开发过程中会起到事半功倍的作用。

(1) 权限错误(Permission denied)

权限错误是指在程序运行一些特定的需求时，需要一些权限才能正确地执行，而如果忘记添加此权限，就会造成程序运行时的权限错误。这种错误有时候会导致程序崩溃，有时候不会影响程序运行，但是却得不到正确的运行结果。

例如，现在需要在系统开机的时候执行某项操作，这就需要定义一个静态的广播接收器接收开机事件。但是，如果发现开机之后，系统还是没有执行相应的操作，那就可能是该程序没有接收开机广播事件的这个权限，需要在 AndroidManifest.xml 中添加此权限，代码如下：

```
<uses-permission android:name="android.permission.RECEIVE_BOOT_COMPLETED" />
```

权限错误是 Android 系统中比较常见的错误，例如通过 Wifi 连接网络的时候，需要连接网络权限，要读写卡数据的时候，需要对 SD 卡的读写权限，如果牵涉到此类的问题，应多考虑一下权限的问题。

经常用到的权限有如下几种：

- 修改文件系统权限(android.permission.MOUNT_UNMOUNT_FILESYSTEMS)。
- 使用振动(android.permission.VIBRATE)。
- 电量统计(android.permission.BATTERY_STATS)。
- 访问网络(android.permission.INTERNET)。
- 设置系统时间(android.permission.SET_TIME)。
- 录音(android.permission.RECORD_AUDI)。
- 安装应用程序(android.permission.INSTALL_PACKAGES)。
- 开机自动允许(android.permission.RECEIVE_BOOT_COMPLETED)。
- 找不到 Activity(android.content.ActivityNotFoundException: Unable to find explicit activity class)。

出现这种情况的主要原因是在创建一个 Activity 的时候没在 AndroidManifest.xml 进行声明，导致在调用此 Activity 的时候出现错误。

这种问题容易解决，其解放方法是在 AndroidManifest.xml 中添加此 Activity 的声明。

为了避免到这种错误，要养成良好的编程习惯，每创建一个 Activity，就在 AndroidManifest.xml 中添加该 Activity 声明。

添加声明的代码如下：

```
<activity android:name=".TestActivity" />
```

(2) 数组越界异常(java.lang.ArrayIndexOutOfBoundsException)

这种异常的场景是在给数组赋值或者进行其他操作的时候，数组下标超出了数组的总长度，试图访问数组以外的内存区域。比如说数组的长度只有 m，却想对第 m+1 个元素进行赋值，而对这个数组来说，第 m+1 个元素是不存在的，所以就会出现数组越界异常。示例代码如下：

```
int[] i = new int [5];
for (int j=0; j<6; j++)
{
    i[j] = j;
}
```

因为此数组只有 5 个元素，对第 6 个元素进行赋值的时候就会出错了。运行此代码后，系统会产生数组越界异常，错误码如下：

```
10-2416:39:00.624:E/AndroidRuntime(24120): Caused by:
java.lang.ArrayIndexOutOfBoundsException:
length=5; index=5
10-2416:50:23.904:E/AndroidRuntime(24704):at com.vista.testerror.
TesterrorActivity. onCreate
(TesterrorActivity.java:18)
```

注意： 以上信息分别代表：程序出错日期、时间、错误代码、引起错误的原因。

解决此错误的方法，就是在为数组元素赋值的时候注意数组的长度，不可越界赋值。

(3) 空指针异常(java.lang.NullPointerException)

由名字不难看出，这种异常是因为指针为空造成的。如果一个变量为空，则对他的一些操作或者对其方法的一些调用，都有可能抛出此类异常。示例代码如下：

```
View view; //定义一个 view
...//省略代码
setContentView(view); //以 view 设置当前的界面
```

这种情况就会出现空指针异常，因为 view 没有实际的值，setContentView 方法找不到正确的 View 界面设置当前的 View。下面是一个空指针异常产生的错误码例子：

```
10-24 16:50:23.904: E/AndroidRuntime(24704): Caused by:
java.lang.NullPointerException
10-2416:50:23.904:E/AndroidRuntime(24704):at com.vista.testerror.
TesterrorActivity. onCreate
(TesterrorActivity.java:13)
```

解决此错误的方法需要从两个方面入手：第一，在定义变量之后，要进行初始化；第二，在引用变量之前，要首先查看和判断用到的变量是否为空，不为空时才能引用：

```
View view = new View(); //定义一个 view
...//省略代码
if(view ! = null)
{
    setContentView(view); //以 view 设置当前的界面
}
```

(4) INSTALL_PARSE_FAILED_INCONSISTENT_CERTIFICATES 错误解决

上面介绍的错误都是程序编译或者运行时的错误，而这个错误是程序安装时的错误，下面是个程序的错误代码例子：

```
Application already exists. Attempting to re-install instead...
Re-installation failed due to different application signatures.
You must perform a full uninstall of the application. WARNING: This will
remove the application data!
Please execute 'adb uninstall com.android.xxx' in a shell.
```

这样的问题主要是由于签名冲突造成的，比如你使用了 ADB 的 debug 权限签名，但后来使用标准 sign 签名后再安装同一个文件，会出现这样的错误提示，解决的方法只有先卸载原有版本再进行安装。

16.2 捕 捉 错 误

捕捉错误是指通过某些方法使错误能够清晰地呈现在开发者面前，方便开发者及时地发现问题并予以处理。下面将分别介绍三种捕获错误的方法，针对不同的情况，使用不同的捕获方式，可以获得事半功倍的效果。

16.2.1 使用 LogCat 捕捉错误

因为 LogCat 调试简单，显示信息明确，因此用 LogCat 进行程序调试，可以说是开发人员常用的调试方法。

开发者通常会在觉得容易出问题或者相关值不确定的地方添加 LogCat，然后通过查看 log 的方式，查找所需的信息。

在 Eclipse 中，可以轻松查看 LogCat 信息，如图 16-1 所示。

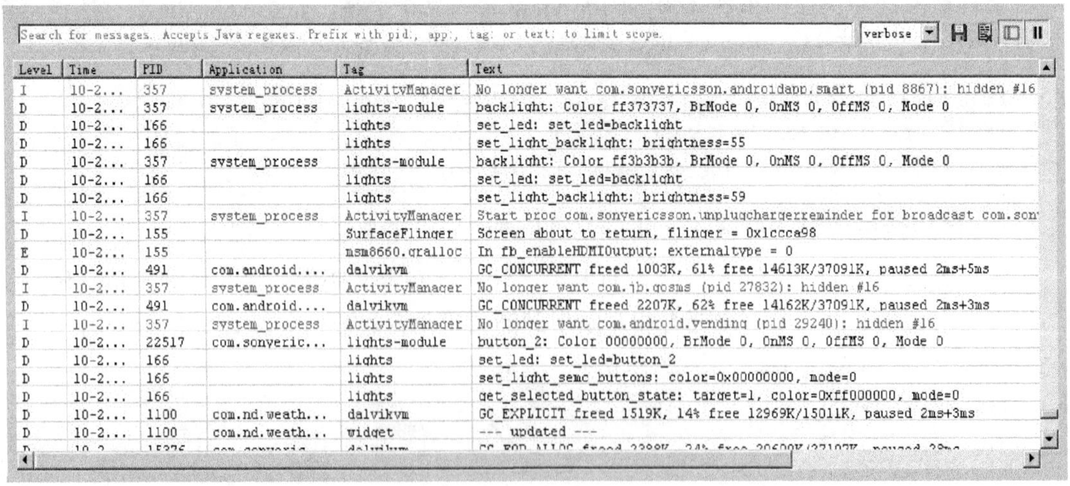

Search for messages. Accepts Java regexes. Prefix with pid:, app:, tag: or text: to limit scope. verbose

Level	Time	PID	Application	Tag	Text
I	10-2...	357	system_process	ActivityManager	No longer want com.sonyericsson.androidapp.smart (pid 8867): hidden #16
D	10-2...	357	system_process	lights-module	backlight: Color ff373737, BrMode 0, OnMS 0, OffMS 0, Mode 0
D	10-2...	166		lights	set_led: set_led=backlight
D	10-2...	166		lights	set_light_backlight: brightness=55
D	10-2...	357	system_process	lights-module	backlight: Color ff3b3b3b, BrMode 0, OnMS 0, OffMS 0, Mode 0
D	10-2...	166		lights	set_led: set_led=backlight
D	10-2...	166		lights	set_light_backlight: brightness=59
I	10-2...	357	system_process	ActivityManager	Start proc com.sonyericsson.unplugchargerreminder for broadcast com.son
D	10-2...	155		SurfaceFlinger	Screen about to return, flinger = 0x1ccca98
E	10-2...	155		msm8660.gralloc	In fb_enableHDMIOutput: externaltype = 0
D	10-2...	491	com.android....	dalvikvm	GC_CONCURRENT freed 1003K, 61% free 14613K/37091K, paused 2ms+5ms
I	10-2...	357	system_process	ActivityManager	No longer want com.jb.gosms (pid 27832): hidden #16
D	10-2...	491	com.android....	dalvikvm	GC_CONCURRENT freed 2207K, 62% free 14162K/37091K, paused 2ms+3ms
I	10-2...	357	system_process	ActivityManager	No longer want com.android.vending (pid 29240): hidden #16
D	10-2...	22517	com.sonyeric...	lights-module	button_2: Color 00000000, BrMode 0, OnMS 0, OffMS 0, Mode 0
D	10-2...	166		lights	set_led: set_led=button_2
D	10-2...	166		lights	set_light_semc_buttons: color=0x00000000, mode=0
D	10-2...	166		lights	get_selected_button_state: target=1, color=0xff000000, mode=0
D	10-2...	1100	com.nd.weath...	dalvikvm	GC_EXPLICIT freed 1519K, 14% free 12969K/15011K, paused 2ms+3ms
D	10-2...	1100	com.nd.weath...	widget	--- updated ---

图 16-1 查看 LogCat 信息

由图 16-1 可以看出，LogCat 由下面几个部分构成：Level 显示 LogCat 的信息等级，D 代表 debug，I 代表 Info，W 代表 Warning，E 代表 Error；Time 显示打印此条 LogCat 的时间；PID 显示此 LogCat 所在程序的 ID；Application 显示运行此 LogCat 的程序名；Tag 显示 LogCat 的标识符；Text 显示 LogCat 的内容。

LogCat 在代码中使用方法如下，其中 X 表示信息等级，TAG 显示 LogCat 的标识符，MESSAGE 为显示内容：

```
Log.X(TAG, MESSAGE);
```

下面通过一个实例，介绍 LogCat 的用法。

【例 16.1】使用 LogCat 获取信息。

在使用 LogCat 之前，需要先导入 android.util.Log 类，这个实例的功能就是以 LogCat 来打印出用户在文本框中输入的内容，方便用户调试程序。

使用下面的代码：

```
package com.vista.testerror;

import android.app.Activity;
import android.os.Bundle;
import android.util.Log;
import android.view.View;
import android.widget.Button;
import android.widget.EditText

public class TesterrorActivity extends Activity {

    /** Called when the activity is first created. */
    private final static String TAG = "TesterrorActivity";
    private EditText et;
    private Button b_output;

    @Override
    public void onCreate(Bundle savedInstanceState) {
        super.onCreate(savedInstanceState);
        setContentView(R.layout.main);
        et = (EditText)findViewById(R.id.editText1);
        b_output = (Button)findViewById(R.id.button1);
        b_output.setOnClickListener(new View.OnClickListener() {
            @Override
            public void onClick(View v) {
                // TODO Auto-generated method stub
                //将文本框的内容输出到 LogCat 的 log 中
                Log.d(TAG, et.getText().toString());
            }
        });
    }
}
```

程序运行后，在文本框中输入内容，效果如图 16-2 所示。

图 16-2　程序运行效果

然后查看 LogCat 信息，log 中包含了文本框中输入的内容，效果如图 16-3 所示。

Search for messages. Accepts Java regexes. Prefix with pid:, app:, tag: or text: to limit scope.　verbose

Level	Time	PID	Application	Tag	Text
D	10-2...	28368	com.vista.testerror	TesterrorActivity	Test logcat
D	10-2...	1100	com.nd.weather.wi...	dalvikvm	GC_EXPLICIT freed 1392K, 14% free 12960K/15011K, paused 1ms+3ms
D	10-2...	1100	com.nd.weather.wi...	widget	--- updated ---
D	10-2...	164		fast-dormancy	[FDM]: ind_id=2
D	10-2...	164		fast-dormancy	[FDM]: req_state=1 param_mask=4
E	10-2...	28488		iddd	Another iddd is already running
D	10-2...	164		fast-dormancy	[FDM]: ind_id=2
D	10-2...	164		fast-dormancy	[FDM]: req_state=1 param_mask=4
D	10-2...	666	com.android.phone	SomcTransmitPow...	Battery changed with Voltage: 3908 mV
D	10-2...	666	com.android.phone	SomcTransmitPow...	Old PowerLevel: 3, current PowerLevel: 3
W	10-2...	357	system_process	ActivityManager	finishReceiver called but no pending broadcasts

图 16-3　LogCat 信息

16.2.2　使用断点捕捉错误

使用 Eclipse 进行编程，断点的使用是必不可少的，通过设置断点调试的方式，可以轻松地调试每个方法以及每个变量的变化。断点分为很多种，有 Line Breakpoint、Watchpoint、Method Breakpoint 等，下面通过一个实例，详细介绍各种断点的使用。

【例 16.2】使用断点捕捉错误。

这个实例非常简单，定义了一个 setrandom 方法，用于设置整型变量 Random 的值，然后在 Activity 的 onCreate 方法中调用此方法，并将 Random 的值显示到 TextView 中。

Ext16_2Activity.java：

```
public class Ext16_2Activity extends Activity {
    private int Random = 1;
    private Button show;
    /** Called when the activity is first created. */
    @Override
    public void onCreate(Bundle savedInstanceState) {
```

```
        super.onCreate(savedInstanceState);
        setContentView(R.layout.main);
        show = (Button)findViewById(R.id.button1);
        show.setOnClickListener(new View.OnClickListener() {
            @Override
            public void onClick(View v) {
                //TODO Auto-generated method stub
                setrandom();
                Toast.makeText(Ext16_2Activity.this, String.valueOf(Random),
                  Toast.LENGTH_LONG).show();
            }
        });
    }
    private void setrandom() {
        for (int i=0; i<5; i++)
        {
            Random = (int)(Math.random()*1000);
        }
    }
}
```

(1) Line Breakpoint

Line Breakpoint 顾名思义就是行断点，设置断点到程序的指定行，当用 debug 模式运行程序的时候，程序会在此断点处停止运行，并显示一些调试信息。Line Breakpoint 是最简单的断点。在 Eclipse 开发环境中，其设置方式非常简单，如果想调试哪一行的内容，只要双击此行代码对应的左侧栏，就对该行设置了断点，设置断点处将出现一个蓝点作为标记。

针对例 16.2，如果要调试 Button 的点击事件中 setrandom 方法执行的情况，就需要在如图 16-4 所示的第 22 行代码设置 Line Breakpoint，双击第 22 行左侧即可。

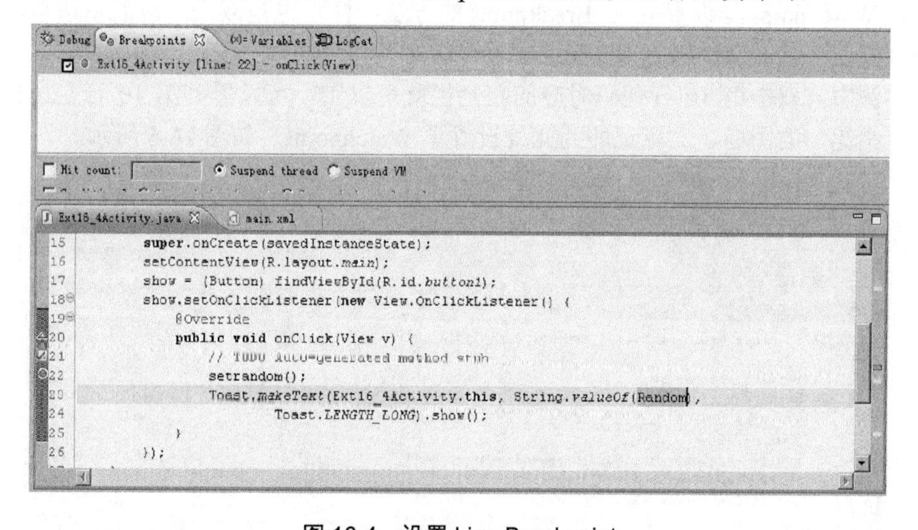

图 16-4 设置 Line Breakpoint

程序运行后，单击界面中的 Button 控件。点击 Button 后，Eclipse 中会指定到引起程序中断的地方。这时程序中断在 Button 的 click 事件的 setrandom()方法处，可以通过

Debug 菜单来查看断点的详细信息，如图 16-5 所示。

```
Thread [<1> main] (Suspended (breakpoint at line 22 in Ext16_4Activity$1))
    Ext16_4Activity$1.onClick(View) line: 22
    Button(View).performClick() line: 3574
    View$PerformClick.run() line: 14293
    ViewRootImpl(Handler).handleCallback(Message) line: 605
    ViewRootImpl(Handler).dispatchMessage(Message) line: 92
    Looper.loop() line: 137
```

```
15        super.onCreate(savedInstanceState);
16        setContentView(R.layout.main);
17        show = (Button) findViewById(R.id.button1);
18        show.setOnClickListener(new View.OnClickListener() {
19            @Override
20            public void onClick(View v) {
21                // TODO Auto-generated method stub
22                setrandom();
23                Toast.makeText(Ext16_4Activity.this, String.valueOf(Random),
24                        Toast.LENGTH_LONG).show();
25            }
26        });
```

图 16-5　Line Breakpoint 断点效果

(2)　Watchpoint

Line Breakpoint 的重点在于关注程序运行的“过程”，这种断点的调试也被称为单步调试，通过设置某个语句的 Line Breakpoint 来确认这个语句的执行情况。Line Breakpoint 是一种静态的调试方式，适合开发者对程序的流程不熟悉的场景，但是很多时候，开发者对程序的整个流程都熟知，但是对某个变量的值的变化或者使用情况不是非常了解，这个时候，设置 Line Breakpoint 已经不起作用了，需要另外一种断点——Watchpoint。

对某个变量设置 Watchpoint 的时候，程序会在此变量被定义和其值被改变的时候中断，这个时候可以方便地查看此变量的值被改变的过程。针对例 16.2，如果要查看成员变量 Random 的值的变化过程，就可以需要为这个变量设置一个 Watchpoint。

设置 Watchpoint 与设置 Line Breakpoint 的方法一样，也是双击对应的左边栏，唯一不同的是需要在变量定义的地方双击。

此实例中，双击第 10 行代码对应的左侧栏就可以了，可以看到第 10 行左边栏中显示出一个“铅笔”的图标，此标记即为此处设置了 Watchpoint，如图 16-6 所示。

```
<terminated>Ext16_4 [Android Application]
    <disconnected>DalvikVM[localhost:8638]
```

```
8   public class Ext16_2Activity extends Activity {
9
10      private int Random = 1;
11      private Button show;
12      /** Called when the activity is first created. */
13      @Override
14      public void onCreate(Bundle savedInstanceState) {
15          super.onCreate(savedInstanceState);
16          setContentView(R.layout.main);
```

图 16-6　设置 Watchpoint

右击此断点，可以设置此断点的属性。

默认时，当此变量被访问或者值被修改的时候程序都会中断，但本例中只希望值在被修改的时候中断，所以取消“Access”的勾选，如图 16-7 所示。

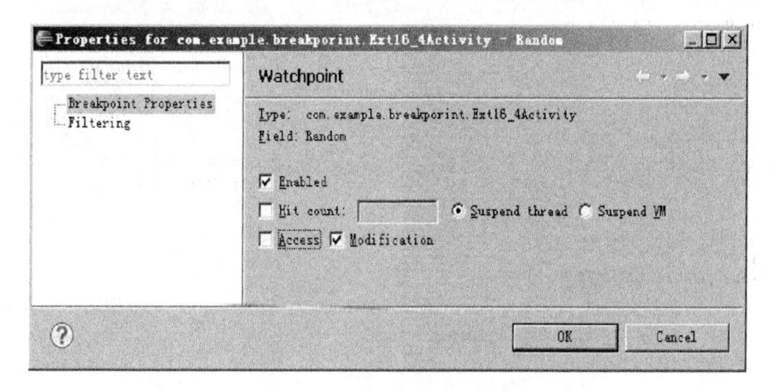

图 16-7　断点属性的设置

当修改属性设置之后，断点处的“铅笔”图标也会发生相应变化，如图 16-8 所示。

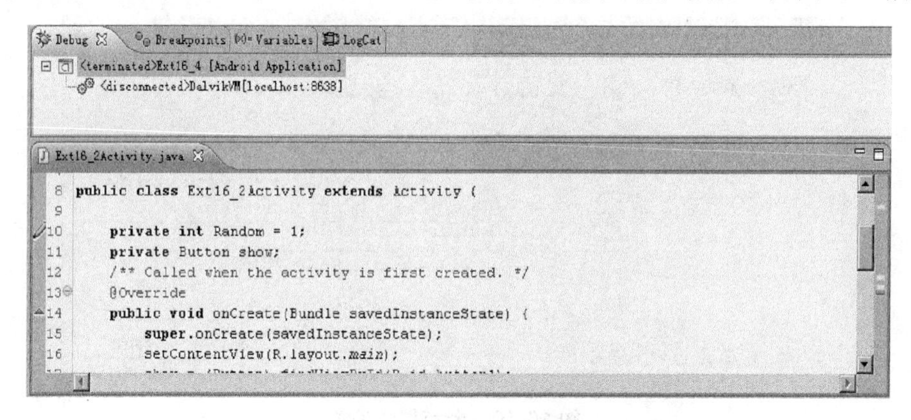

图 16-8　去掉 Access 选项，图标发生了变化

程序运行后，单击 Button 控件，程序调用 setrandom()方法，因为在 setrandom()方法中对变量值做出了修改，所以程序将在此处中断。

(3) Method Breakpoint

Method Breakpoint 方法与 Watchpoint 方法类似，Watchpoint 断点关注的是对变量的访问和修改，而 Method Breakpoint 断点关注的是对程序方法的监控。设置方法与设置 Watchpoint 方法相同，在方法声明的位置左边栏双击，此时左边栏将会出现一个蓝点加蓝色√的符号，表示开发者在此处对此处方法设置了 Method Breakpoint 断点，启动 Debug 模式后，程序运行至此处时，会在 Method Breakpoint 这个断点处中断。

注意： 默认情况下，在进入或者退出 Method Breakpoint 设置的方法的时候，程序都会中断。

针对例 16.2，如果要对 setrandom()方法设置 Method Breakpoint 断点，双击如图 16-9 所示的第 28 行代码对应的左侧栏即可。

Method Breakpoint 断点与 Watchpoint 断点相同，都有其各自不同的属性。在断点图标处查看断点属性，同时勾选 Entry 和 Exit 方法，表示当进入该方法(调试开始)时，程序被中断；离开方法(调用结束)时，程序也会被中断，如图 16-10 所示。

```
Debug  Breakpoints  Variables  LogCat
☑ Ext16_4Activity [entry] - setrandom()

Ext16_4Activity.java  main.xml
23                 Toast.makeText(Ext16_4Activity.this, String.valueOf(Random),
24                         Toast.LENGTH_LONG).show();
25             }
26         });
27     }
28     private void setrandom() {
29         for (int i=0;i<5;i++)
30         {
31             Random = (int) (Math.random() * 1000);
32         }
33     }
34 }
```

图 16-9　设置 Method Breakpoint

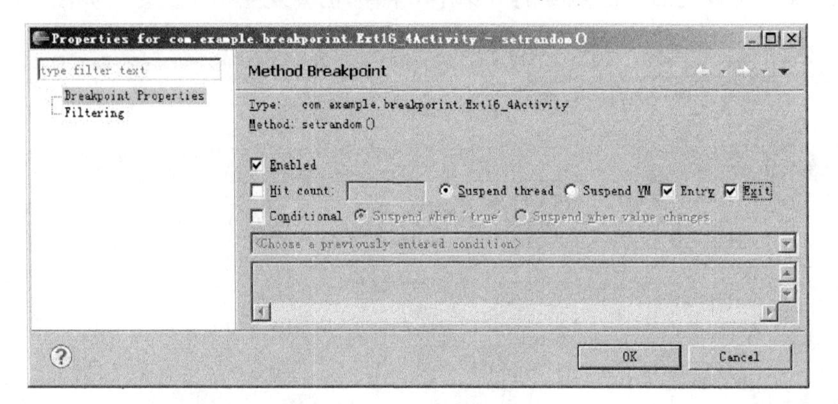

图 16-10　断点属性设置

根据这里的设置，当程序运行到第 22 行后，会在第 29 行被中断，尽管这里没有显式的断点，但这就是 setrandom()方法的入口(Entry)。同时程序会在第 33 行被中断，这是 setrandom()调用结束的地方。调试效果如图 16-11 所示。

```
Debug  Breakpoints  Variables  LogCat
Thread [<1> main] (Suspended (entry into method setrandom in Ext16_4Activity))
    Ext16_4Activity.setrandom() line: 29
    Ext16_4Activity.access$0(Ext16_4Activity) line: 28
    Ext16_4Activity$1.onClick(View) line: 22
    Button(View).performClick() line: 3574
    View$PerformClick.run() line: 14293

Ext16_4Activity.java  main.xml  GalleryMessage.java
23                 Toast.makeText(Ext16_4Activity.this, String.valueOf(Random),
24                         Toast.LENGTH_LONG).show();
25             }
26         });
27     }
28     private void setrandom() {
29         for (int i=0;i<5;i++)
30         {
31             Random = (int) (Math.random() * 1000);
32         }
33     }
34 }
```

图 16-11　Method Breakponit 断点效果

16.2.3　使用异常来捕捉错误

异常处理是 Java 安全性的一个重要保护手段，Java 的异常处理机制不仅可以增进程序的稳定性和效率，还能方便程序员进行对程序的调试。Java 异常处理及实现的方法有抛出异常、捕获异常、抛出和捕获相结合、方法覆盖异常和隐瞒异常。

程序抛出异常后，就会自动从导致异常的代码处跳出，与此同时 Java 虚拟机会检测寻找与 try 关键字匹配的处理该异常的 catch 块，如果找到相应的 catch 块，程序会执行 catch 块中相应的代码，之后程序继续运行。如果没有找到匹配的 catch 块，程序会执行 finally 中定义的代码，之后程序继续运行。

Java 中 Throwable 是所有异常的基类，所有异常类都是继承此基类。根据异常的性质，可把 Java 异常分为 3 类。

(1) Error：Error 指程序运行期间错误比较严重的、不可恢复的异常。如果出现此种异常，应用程序只能终止。如 Java 虚拟机错误等。

(2) Runtime Exception：Runtime Exception 异常又被称作为 Unchecked Exception，这种异常不必捕获，编译器也不会检测程序是否对此种异常做出处理。一旦有这种异常发生，说明出现了编程错误，应到程序中进行修改。

(3) Checked Exception：与 Runtime Exception 异常相对，所有继承于 Exception 而非 Runtime Exception 的异常都属于 Checked Exception 异常。程序必须对这种异常进行处理，否则不能编译通过。这种异常可被恢复，异常发生后不会导致程序处理错误，进行处理后可继续后续操作。

Runtime Exception 和 Checked Exception 异常都可以通过 try-catch 格式进行捕获，规范如下：

```
try {
    method();  //method 抛出 ExceptionA
}
catch(ExceptionA e)
{
    e.printStackTrace();
}
```

其中，method()是抛出异常的方法，ExceptionA 是抛出的异常，e.printStackTrace()是输出异常的信息。

下面通过简单的实例分别介绍对 Runtime Exception 和 Checked Exception 异常进行捕获的方法。

【例 16.3】异常捕获：

```
import java.io.IOException;
import java.net.Socket;
import java.net.UnknownHostException;

public class Ex_16_3 {
    public static void main(String[] args)
```

```
    {
        runtimeexception();
        checkedexception();
    }

    private static void runtimeexception()
    {
        int[] array = new int [5];
        try
        {
            for (int i=0; i<6; i++)
            {
                array[i] = (int)(100*Math.random());
                System.out.println(array[i]);
            }
        } catch (ArrayIndexOutOfBoundsException e) {
            //数组越界时，该代码被执行
            System.out.println("数据越界异常:" + e.getMessage());
        }
    }

    private static void checkedexception()
    {
        Socket socket;
        try {
            socket = new Socket("192.168.1.1", 4321);
        } catch (UnknownHostException e) {
            //TODO Auto-generated catch block
            e.printStackTrace();
            System.out.println("连接异常: " + e.getMessage());
        } catch (IOException e) {
            //TODO Auto-generated catch block
            e.printStackTrace();
            System.out.println("输入输出异常: " + e.getMessage());
        }
    }
}
```

本实例定义了两个方法 runtimeexception()和 checkedexception()。

其中 runtimeexception()方法中处理 Runtime Exception 异常，checkedexception()方法中处理 Checked Exception 异常。

runtimeexception()方法中定义的数组长度为 5，当在循环语句中访问数组的第 6 个元素时，程序会产生数组越界访问的异常，因而使用 cacth(ArrayIndexOutOfBoundsException)可以捕获该异常。

checkedexception()方法中试图建立创建 IP 地址为 192.168.1.1 且端口为 4321 的 Socket，然而这个主机和端口都是不存在的。因此在建立这个连接时，程序会产生 ConnectionException 异常，然而该方法设置了 UnknownHostException 和 IOException。由于 ConnectionException 属于 IOException，因此产生 ConnectionException 异常时，catch

(IOException e)中的语句会被执行。

注意： Checked Exception 异常必须使用 try-catch 处理，否则编译不会通过。然而 Runtime Exception 异常如果不用 try-catch 捕获，程序也是可通过编译的，只是在程序运行过程中会出错。

运行该实例，程序会产生 ArrayIndexOutOfBoundsException 和 ConnectionException，效果如图 16-12 所示。

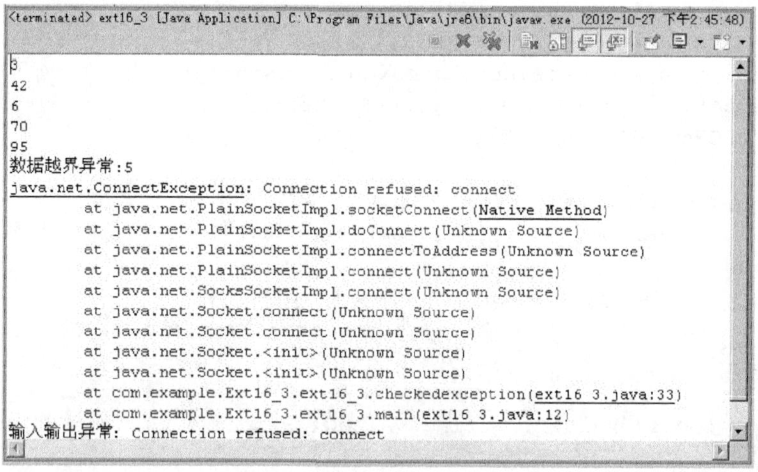

```
<terminated> ext16_3 [Java Application] C:\Program Files\Java\jre6\bin\javaw.exe (2012-10-27 下午2:45:48)
3
42
6
70
95
数据越界异常:5
java.net.ConnectException: Connection refused: connect
	at java.net.PlainSocketImpl.socketConnect(Native Method)
	at java.net.PlainSocketImpl.doConnect(Unknown Source)
	at java.net.PlainSocketImpl.connectToAddress(Unknown Source)
	at java.net.PlainSocketImpl.connect(Unknown Source)
	at java.net.SocksSocketImpl.connect(Unknown Source)
	at java.net.Socket.connect(Unknown Source)
	at java.net.Socket.connect(Unknown Source)
	at java.net.Socket.<init>(Unknown Source)
	at java.net.Socket.<init>(Unknown Source)
	at com.example.Ext16_3.ext16_3.checkedexception(ext16_3.java:33)
	at com.example.Ext16_3.ext16_3.main(ext16_3.java:12)
输入输出异常: Connection refused: connect
```

图 16-12　异常处理运行效果

在进行异常处理的时候，有以下几点需要注意。

(1)　Checked Exception 后续处理

在使用 try-catch 捕获 Checked Exception 时，如果没有在 catch 块中做一些处理，那么势必会影响到以后的操作。第一是有可能在其他地方抛出异常，使得程序调试变得复杂；另一个可能会得到一个错误的结果。要想避免以上情况的发生，就需要在 catch 块中添加异常的处理方式。

(2)　逐项捕获异常

在同一个 catch 块中处理多个异常，代码如下：

```
try {
    method1();  //method1 抛出 Exception1
    method2();  //method1 抛出 Exception2
}
catch(Exception e)
{
    ...
}
```

尽量避免在一个 catch 语句中捕获所有异常。因为 try 块中抛出的异常很可能不是同一种类型的异常，所以异常的处理和恢复方式也不同，在同一 catch 块中无法分别处理。

(3)　捕获 Runtime Exception 异常

尽量避免捕获 Runtime Exception 异常，尽可能不对 Runtime Exception 异常做任何处

理，否则会增加程序的调试难度。如果捕获了 Runtime Exception，程序执行完 catch 之后，会继续执行后续的语句。然而，如果后续程序语句再出现这样的 Runtime Exception，程序就会被异常终止，事实上，这个引起异常终止的语句并不是产生问题的根本原因，因此增加了程序调试的难度。

例如，下面的代码会产生两次的越界访问的异常：

```
public class MainActivity extends Activity {

    private int[] Random = new int [5];

    public void onCreate(Bundle savedInstanceState) {
        super.onCreate(savedInstanceState);
        setContentView(R.layout.activity_main);
        try {
            for (int i=0; i<6; i++) {
                Random[i] = (int)(Math.random()*10); //取随机数对数组赋值
            }
        } catch(ArrayIndexOutOfBoundsException e) {
            Log.i("Exception", e.getMessage()); //抛出异常信息
        }
        for (int i=0; i<6; i++) {
            Log.i("Value", String.valueOf(Random[i])); //输出 Random 数组
        }
    }
}
```

在 try 语句中产生了一个越界访问的异常，这个异常在第一次发生时被后续的 catch 捕获，程序会正常运行。第二次发生时，程序才终止。事实上，在第一次发生这种异常时，程序就应该被终止。

(4) try 块不要太大

try 块过大不仅会影响程序员排除异常的复杂程度，同时还会降低异常的捕获效率。

16.3 上机实训

1. 实训目的

(1) 了解 Android 编程的几种常见错误。

(2) 掌握 LogCat 捕获异常的方法。

(3) 掌握如何使用断点。

(4) 学会异常捕获错误的方法。

2. 实训内容

(1) 编写程序，使用 LogCat 查看调试信息。

(2) 编写程序，可同时验证 Runtime Exception 和 Checked Exception。

16.4　本 章 习 题

一、填空题

(1) 在 AndroidMainfest.xml 中，添加权限的关键字是__________。

(2) 数组越界的异常信息是________________________________。

(3) 空指针的异常信息是__________________________________。

(4) Java 异常主要有______________、______________、____________三种。

(5) 程序中使用 LogCat 的标准格式是________________________。

(6) 卸载应用程序的命令是__________________________________。

(7) 用 LogCat 捕捉信息，E 等级代表_____________。

(8) 断点调试主要有_____________、______________、______________三种。

二、问答题

(1) 程序开发中需要如何添加运行网络权限？

(2) 简述空指针异常的解决方案和预防措施。

(3) 简述 Java 的三类异常。

(4) 简述 LogCat 各个等级所代表的意义。

(5) 简述 Runtime Exception 和 Checked Exception 异常的异同点。

(6) 简述三种断点的含义。

(7) 简述使用异常处理的注意事项。

第 17 章 Android 综合实例开发——Android 手机新浪微博

学习目的与要求：

当今社会进入了高科技、高效率、高度竞争的时代。随着 3G 手机推入市场，一种新的网络沟通的方式——“微博”也应运而生。“微博”可以说一夜之间成了网络时代新的代名词。如果能自己动手实现一个微博的客户端程序，岂不是一件很有成就感的事情。Android 平台 SDK 为第三方微博应用提供了简单易用的微博 API 调用服务，使第三方客户端无需了解复杂的内部实现，只需通过 API 的调用，就可实现微博的所有功能，例如分享到微博的功能，分享文字或者多媒体信息到内置的分享页面。

本章实现了手机新浪微博功能，该实例涉及到 Android 开发的主要组件。通过本章的学习，不仅有利于读者了解一个完整的 Android 综合应用的设计和实现过程，还能加深对以前所学知识的理解和运用。

17.1 Android 手机新浪微博功能需求

微博(MicroBlog)是一个基于用户关系的信息分享、传播以及获取平台，用户可以通过Web、WAP以及各种客户端组建个人社区，以每次140字左右的文字更新信息，并实现即时分享。最早推出微博功能的是美国的Twitter公司，之后新浪在2009年8月份推出新浪微博，成为门户网站中第一家提供微博服务的网站，从此，微博开始被世人所熟知。截止到目前，中国微博用户总数已经接近2.5亿，成为微博用户最多的国家。

微博提供了这样一个公共的平台，在这上面，每个用户既是观众，也是发布者。作为观众，可以在微博上浏览感兴趣的信息，对这些信息进行评论或者转播；作为发布者，在微博上发布内容以供别的微博用户浏览。发布的内容一般较短。正是因为有字数的限制，微博也由此得名。微博不仅可以发送文字内容，也可以发布图片，分享视频等。其最大的特点就是发布信息和信息传播的速度快。例如你有1000听众，你发布的信息会在瞬间传播给1000个人，而且他们会在同一时间收听到。

微博有其两方面的含义，首先，相对于强调版面布置的博客来说，在微博的内容上，其组成只是由简单的只言片语构成。从这一点来讲，微博的技术门槛是相对较低的，没有博客那么高。其次，微博开通了多种API，使得大量的用户可以通过手机、网络等方式来即时更新自己的个人信息。

手机新浪微博系统类似于微信、米聊等，也是一套完整实用的即时交互的系统。手机新浪微博包含4大功能模块：用户登录设置、微博应用设置、微博广播大厅、好友粉丝设置。在这4个模块中，功能最多的当属微博应用设置模块，该模块又包括了4个子模块：发表微博、评论微博、转发微博以及收藏微博等。

(1) 用户登录设置

登录界面为微博系统的首界面，进入微博客户端需要先注册一个ID唯一的用户名，然后才能使用此客户端(如果已有账号，可直接登录)。

(2) 微博应用设置模块

此模块包括4个部分：微博发表功能、微博评论、微博转发以及微博收藏等。

- 微博发表功能：登录进入个人主页面后，可以在个人主页或者广播大厅发表微博，在此界面发表的信息会被所有的用户收看到。
- 微博评论功能：登录进入个人主页面后，可以在主页或者广播大厅模块中对感兴趣的微博进行评论和回复，当然这也是全部公开的。
- 微博转发功能：登录进入个人主页面后，可以在主页或者广播大厅模块中对感兴趣的微博进行转发，转发的时候还可以@几个其他的用户，给予一起分享。
- 微博收藏功能：登录进入个人主页面后，可以在主页或者广播大厅模块中对感兴趣的微博进行收藏，收藏的微博进入登录用户的收藏夹中。

(3) 广播大厅模块

广播大厅模块是一个集合用户发表的微博的模块，在此模块中对用户的个人主页进行实时更新，同时还可以进行评论、回复、转发以及收藏微博等操作，能有效地增加其他用

户对你的熟知度。

(4) 好友模块

好友模块主要为显示用户好友的模块，其内容就是当用户在其他用户中点击了“加关注”之后，该用户就已经成了用户的关注用户，同理，如果其他用户对注册用户点击了“加关注”，那么该用户也成了其他用户的关注用户，也就是“互相关注”。

互相关注之后，两个用户发布的消息就可以及时地被对方所知晓。

(5) 系统管理模块

系统管理模块主要是用于更新和更改的模块，分为下面几部分。

- 搜索功能：通过关键字，搜索与关键字相关的话题。
- 实名认证功能：申请实名验证，增加个人公众效果。
- 会员验证功能：申请会员认证，成功后可以通过一定的渠道获得积分，换取注册用户的一些增值服务。

17.2　Android 手机新浪微博设计和实现

虽然手机新浪微博的功能如此强大，但是它的设计和实现并不是非常复杂。设计和实现主要包括如下一些内容。

(1) OAuth 认证

OAuth 认证用于验证用户登录信息，并将第一次用户的登录信息保存，避免用户再次登录的认证。

(2) 核心控制类实现(MainService)

MainService 是整个微博控制的后台，包括记录用户信息，收发微博信息等。

(3) 主页面实现

主页面实现整个微博的显示页面，在此页面上将显示所有关于微博的操作按钮，例如好友、广场等。主页面利用 MainService 实现其全部后台控制。

(4) 其他页面实现

其他页面作为主页面的辅助功能，是主页面操作后的跳转页面。

17.2.1　OAuth 认证

在开始设计之前，首先需要对 OAuth 和 Base OAuth 两种认证方式有一定的了解。OAuth 协议为用户资源的授权提供了一个安全、开放而又简易的标准。

与以往的授权方式不同之处是 OAuth 的授权不会使第三方触及到用户的账号信息(如用户名与密码)，即第三方无需使用用户的用户名与密码就可以申请获得该用户资源的授权，因此 OAuth 是安全的。

本项目采用 OAuth 认证方式，采用这种方式调用新浪的开发接口的前提就需要用户有新浪 UserID、Access Token、Access Secret。特别是当用户第一次使用本程序的时候，会进行一次授权认证，认证通过后，UserID、Access Token 以及 Access Secret 都会被程序保存在 SharedPreferences 下，下次再运行此程序时直接从 SharedPreferences 中读取数据，无需再次验证。设计流程如图 17-1 所示。

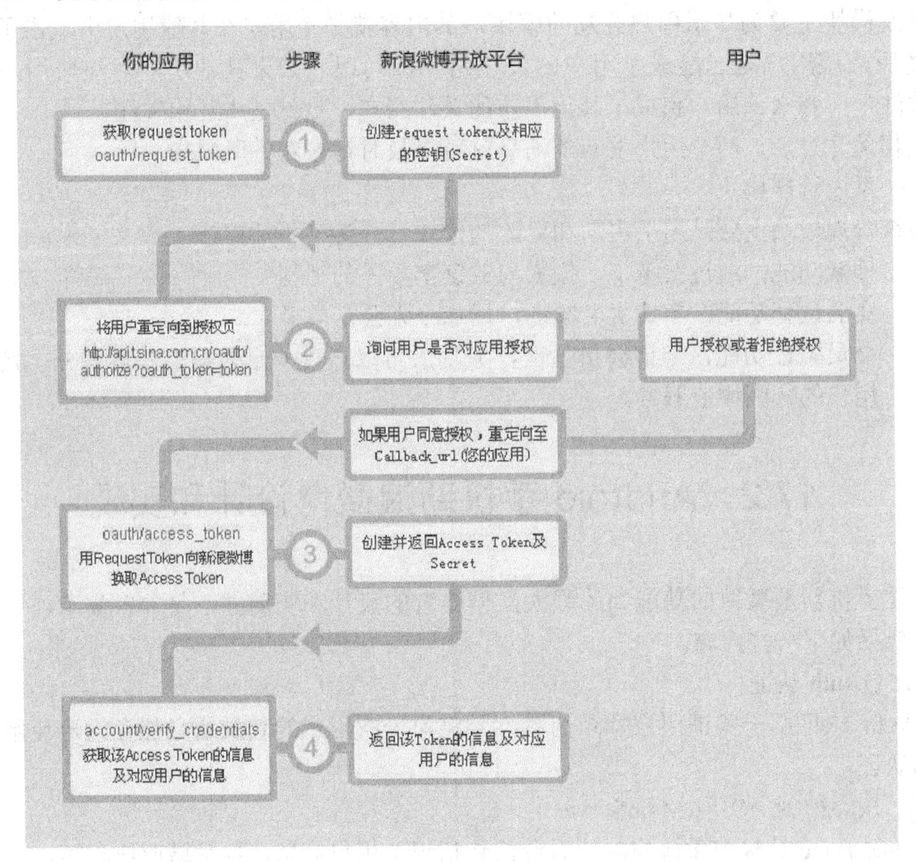

图 17-1　设计流程图

下面描述本实例的 OAuth 认证过程。首先，程序检查 SharedPreferences 是否保存用户的 UserID、Access Token、Access Secret 等记录，如果没有，则跳到认证授权页面进行授权认证操作，并获取这 3 个值，保存到指定的 SharedPreferences 中；如果有，则读取这些记录的 UserID、Access Token、Access Secret 值并通过新浪提供的 API 登录到新浪微博系统中。

下面是登录功能的实现，该功能主要提供用户登录和授权判断的操作：

```
//Login.java
public class Login extends Activity implements IWeiboActivity {
    HashMap<String, String> param;
    public static Weibo weibo;
    public static String token = null;
    public static String secret = null;
    public Dialog dialog;
    public ProgressDialog pd;
    private CheckBox autologin; //自动登录选择框
    boolean isautologin;
    public static final int REFRESH_LOGIN = 1; //登录
```

```
@Override
protected void onCreate(Bundle savedInstanceState) {
    super.onCreate(savedInstanceState);
    setContentView(R.layout.login);
    //将当前的 Activity 添加到 Servicre 的 activity 集合中
    MainService.allActivity.add(this);
    Button btlogin=(Button)this.findViewById(R.id.login_Button);
    init(); //初始化部分信息
    btlogin.setOnClickListener(new OnClickListener() {
        @Override
        public void onClick(View v) {
            if (token!=null) {
                goHome(); //执行跳转到主页面
            } else { //如果当前的首选项没有用户信息则到 OAuth 认证页面
                new Thread(connect).start();
                //goOAuth(Login.this);
                dialog.dismiss(); //要先关闭 dialog，否则会泄露窗体
                Login.this.finish(); //关闭当前 Activity
            }
        }
    });
}
@Override
protected void onResume() {
    super.onResume();
    //通过隐式意图启动 Service
    Intent it = new Intent("weibo4android.logic.MainService");
    this.startService(it);
}
//第一次登录是提示去 Author 认证的 Dialog
public void dialogshow() {
    View dialogview = LayoutInflater.from(
      Login.this).inflate(R.layout.dialogshow, null);
    dialog = new Dialog(Login.this, R.style.oauthdialog);
    dialog.setContentView(dialogview);
    Button btstart = (Button)dialogview.findViewById(R.id.btn_start);
    try {
        dialog.show();
    } catch (Exception e) {
        e.printStackTrace();
    }
    btstart.setOnClickListener(new OnClickListener() {
        @Override
        public void onClick(View v) {
            //goOAuth(Login.this);
            new Thread(connect).start();
            dialog.dismiss();
            Login.this.finish(); //关闭当前 Activity
        }
    });
}
```

```
//跳转到主页面
@SuppressWarnings("unchecked")
public void goHome() {
    if (pd==null) {
        pd = new ProgressDialog(Login.this);
    }
    pd.setMessage("正在登录中...");
    pd.show();
    @SuppressWarnings("rawtypes")
    HashMap parm = new HashMap();
    parm.put("token", token); //登录请求参数 token
    parm.put("secret", secret); //登录请求参数 secret
    //将 map 放到 Task 参数中，传递到 Service 中
    Task loginTask = new Task(Task.TASK_USER_LOGIN, parm);
    MainService.newTask(loginTask); //将当前任务发送到 Service 的任务队列中
}
//拼装当前的 URL
public static void goOAuth(Context context) {
    System.setProperty("weibo4j.oauth.consumerKey",
      Weibo.CONSUMER_KEY);
    System.setProperty("weibo4j.oauth.consumerSecret",
      Weibo.CONSUMER_SECRET);
    Weibo weibo = new Weibo();
    RequestToken requestToken;
    try {
        requestToken = weibo.getOAuthRequestToken(
          "weibo4android://OAuthActivity");
        OAuthConstant.getInstance().setRequestToken(requestToken);
        Uri uri = Uri.parse(requestToken.getAuthenticationURL()
          + "&display=mobile");
        context.startActivity(new Intent(Intent.ACTION_VIEW, uri));
    } catch (WeiboException e) {
        e.printStackTrace();
    }
}
Runnable connect = new Runnable()
{
    public void run() {
        //TODO Auto-generated method stub
        goOAuth(Login.this);
    }
};
//初始化数据，判断首选项是否保存了当前用户的信息
@Override
public void init() {
    InitViewInfo(); //初始化一些基本信息
    if (WeiboUtil.checkNet(Login.this)) {
        //判断自动登录
        if (isautologin) {
            autologin.setChecked(true);
            goHome();
```

```
            }
        } else {
            MainService.AlertNetError(this);
        }
    }
    private void InitViewInfo() {
        //判断是否是自动登录
        autologin = (CheckBox)this.findViewById(R.id.auto_login);
        autologin.setOnCheckedChangeListener(
          new OnCheckedChangeListener() {
            @Override
            public void onCheckedChanged(CompoundButton buttonView,
              boolean isChecked) {
                SaveLoginParam.savaautoLogin(Login.this, isChecked);
            }
        });
        isautologin = SaveLoginParam.getauto(Login.this);
        EditText editText = (EditText)this.findViewById(R.id.user);
        param = SaveLoginParam.getnowuserparam(this);
        if (param.get("token") != null) { //有的话将用户昵称显示在 EditText 中
            editText.setText(param.get("userName"));
            token = param.get("token");
            secret = param.get("secret");
        } else { //如果没有
            dialogshow(); //弹出认证 Dialog
        }
    }
    @Override
    public boolean onKeyDown(int keyCode, KeyEvent event) {
        if (keyCode == KeyEvent.KEYCODE_BACK) {
            Exit.btexit(Login.this); //当我们按下返回键的时候要执行的动作
            return true;
        } else {
            return super.onKeyDown(keyCode, event);
        }
    }
    @Override
    public void refresh(Object... param) {
        int flag = ((Integer)param[0]).intValue(); //获取第一个参数
        switch (flag) {
        case REFRESH_LOGIN:
            Toast.makeText(Login.this, "登录成功", 3000).show();
            Log.i("yanzheng",
              ((Integer)param[0]).intValue() + "loginrafush");
            if (pd != null) {
                pd.dismiss();
            }
            Intent it = new Intent(this, MainActivity.class);
            this.startActivity(it);
            MainService.allActivity.remove(this);
            finish();
```

```
        break;
    }
    ...
```

Login.java 主要做了程序初始化的一些动作，程序开始调用 init()方法，判断是否为自动登录。如果是自动登录，则直接跳转到用户的主界面 gohome()；如果不是自动登录，则判断 SharedPreferences 中是否保存了 token。如果保存过 token 值，则获取该值，并保存至 HashMap 中。代码片段如下：

```
param = SaveLoginParam.getnowuserparam(this);
if (param.get("token") != null)
    //获取 token 等信息
public static  HashMap<String, String> getnowuserparam(
  Context context) {
    SharedPreferences spuser = context.getSharedPreferences(
      "loginparam", Activity.MODE_PRIVATE);
    HashMap<String, String> loginfo = new HashMap<String, String>();
    loginfo.put("userid", spuser.getString("userid", null));
    loginfo.put("userName", spuser.getString("userName", null));
    loginfo.put("token", spuser.getString("token", null));
    loginfo.put("secret", spuser.getString("secret", null));
    return loginfo;
}
```

如果先前保存过，这说明该用户已经认证过，无需再次认证，则可点击“登录”按钮跳转到用户主界面；如果没有保存过，说明用户第一次进入，则启动授权登录窗口，进入到网络授权。启动登录窗口的代码如下：

```
//启动授权登录窗口
dialogshow()
//开始网络授权
goOAuth(Login.this);
```

随后，调用 goOAuth 方法进入 OAuthActivity.java 开始网络授权，点击 Dialog 中的确定按钮，会先打开 getOAuthRequestToken 所带参数(URL)回调的页面，即进入到 OAuthActivity.java，同时获取网络反馈的数据，通过此数据就可以在 OAuthActivity.java 中处理相应的请求信息了。页面跳转代码如下：

```
requestToken =
  weibo.getOAuthRequestToken("weibo4android://OAuthActivity");
OAuthConstant.getInstance().setRequestToken(requestToken);
Uri uri =
  Uri.parse(requestToken.getAuthenticationURL() + "&display=mobile");
context.startActivity(new Intent(Intent.ACTION_VIEW, uri));
```

其中 RequestAccessToken 方法的参数 weibo4android://OAuthActivity 是用户在新浪的页面中输入账户密码完成认证后返回的地址，在 AndroidManifest.xml 中给 OAuthActivity 添 myapp://OAuthActivity 指向到 OAuthActivity 的配置，这样当页面返回到 OAuthActivity 中，就可以获取到传过来的参数。

AndroidManifest.xml 中配置 OAuthActivity 的代码如下：

```
<activity android:name=".ui.OAuthActivity" >
    <intent-filter>
        <action android:name="android.intent.action.VIEW" />
        <category android:name="android.intent.category.DEFAULT" />
        <category android:name="android.intent.category.BROWSABLE" />
        <data android:host="OAuthActivity"
          android:scheme="weibo4android" />
    </intent-filter>
</activity>
```

下面详细介绍认证界面 OAuthActivity 类的实现过程，在此类中通过获取网络得到的数据进行授权处理：

```
//OAuthActivity.java
public class OAuthActivity extends Activity {
    public static Weibo weibo;
    String toke = null;
    String secret = null;
    User u;
    public void onCreate(Bundle savedInstanceState) {
        super.onCreate(savedInstanceState);
        setContentView(R.layout.timeline);
        Uri uri = this.getIntent().getData();
        try {
            RequestToken requestToken =
              OAuthConstant.getInstance().getRequestToken();
            AccessTokenaccessToken = requestToken.getAccessToken(
              uri.getQueryParameter("oauth_verifier"));
            OAuthConstant.getInstance().setAccessToken(accessToken);
            TextView textView = (TextView)findViewById(R.id.TextView01);
            if (accessToken.getToken() == null) {
                textView.setText("由于您的网络环境的问题，您需要返回重新授权，
                  或者检查您的网络重新授权!!!");
            } else {
                textView.setText("得到 AccessToken 的 key 和 Secret,
                  可以使用这两个参数进行授权登录了"
                  + ".\n Access token:\n"
                  + accessToken.getToken()
                  + "\n Access token secret:\n"
                  + accessToken.getTokenSecret());
                toke = accessToken.getToken();
                secret = accessToken.getTokenSecret();
                System.out.println(toke + "密钥" + secret);
            }
        } catch (WeiboException e) {
            e.printStackTrace();
        }
        Button btgologin = (Button)this.findViewById(R.id.btgologin);
        btgologin.setOnClickListener(new OnClickListener() {
            @Override
            public void onClick(View v) {
```

```
                try {
                    weibo = OAuthConstant.getInstance().getWeibo();
                    //根据我们 URL 返回的密匙去认证登录
                    weibo.setToken(toke, secret);
                } catch (Exception e) {
                    e.printStackTrace();
                    Toast.makeText(OAuthActivity.this, "网络失败",
                      3000).show();
                    return;
                }
                try {
                    //如果认证成功，返回一个 User 对象
                    u = weibo.verifyCredentials();
                } catch (WeiboException e) {
                    Toast.makeText(OAuthActivity.this, "登录失败",
                      3000).show();
                    e.printStackTrace();
                }
                //将认证的密匙以及当前用户的信息保存在首选项
                SaveLoginParam.savanowuserparam(OAuthActivity.this,
                String.valueOf(u.getId()), secret, u.getScreenName(), toke);
                Toast.makeText(OAuthActivity.this, "认证信息以已保存",
                 3000).show();
                //跳转到登录页面进行登录
                Intent intent = new Intent(OAuthActivity.this, Login.class);
                startActivity(intent);
            }
        });
    }
}
```

此程序实现了这样的功能：程序首先从网络得到数据，接着使用获得的 token 和 Secret 进行登录，然后保存到 SharedPreference。

在此有几个重要的地方需要详细说明。

(1) 获得网络返回数据，代码如下：

```
Uri uri = this.getIntent().getData();
```

(2) 获取 requestToken 变量，并根据这个变量得到 token 和 secret 值，代码如下：

```
RequestToken requestToken =
  OAuthConstant.getInstance().getRequestToken();
toke = accessToken.getToken();
secret = accessToken.getTokenSecret();
```

(3) 认证无误后，返回一个 User 对象，代码如下：

```
u = weibo.verifyCredentials();
```

(4) 保存 token、secret 和 User 的内容，代码如下：

```
//调用保存数据的方法
SaveLoginParam.savanowuserparam(OAuthActivity.this,
```

```
  String.valueOf(u.getId()), secret, u.getScreenName(), toke);

//保存数据到 SharedPreferences，具体实现
public static void savanowuserparam(Context context, String userID,
  String Secret, String UserName, String token) {
    SharedPreferences spuserID =
      context.getSharedPreferences("loginparam", Activity.MODE_PRIVATE);
    spuserID.edit().putString("userName", UserName)
      .putString("userid", userID)
      .putString("token", token)
      .putString("secret", Secret)
      .commit(); //提交信息
}
```

(5) 调转到登录界面，代码如下：

```
Intent intent = new Intent(OAuthActivity.this, Login.class);
startActivity(intent);
```

综上所述，登录或授权后登录到用户主页的具体流程如图 17-2 所示。

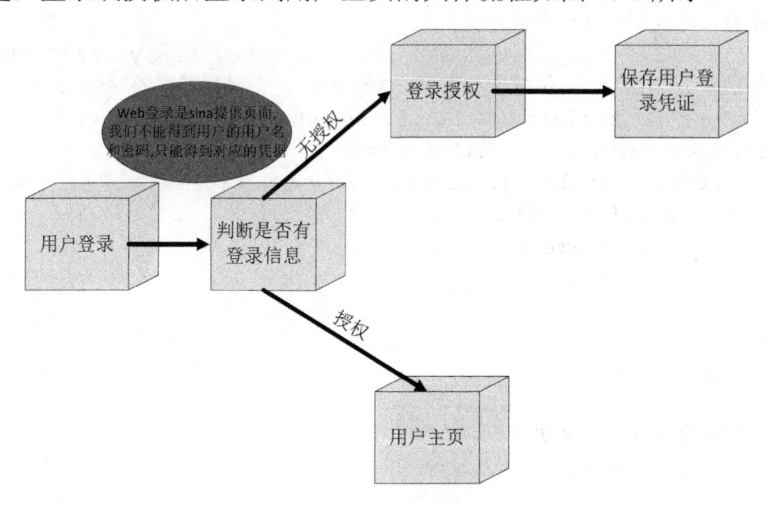

图 17-2　微博登录流程

17.2.2　核心控制类的实现(MainService)

在微博客户端程序中，有个很重要的核心控制类 MainService，主要负责控制监听数据状态和处理一些逻辑，其功能如下：

- 调动程序的运行。
- 监听 UI 层数据，处理数据逻辑。
- 通过数据分析，更新 UI。
- 继承 service 类，后台执行。
- 多线程执行。

MainService 的流程如图 17-3 所示。

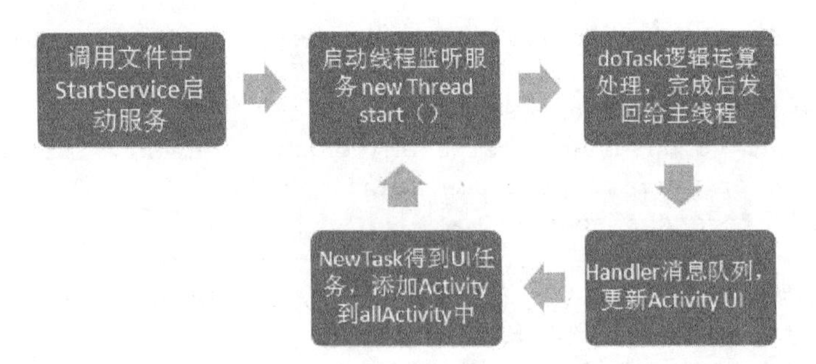

图 17-3　MainService 的流程

MainService.java 的代码如下：

```
public class MainService extends Service implements Runnable {
    public static Weibo weibo;
    public static User nowuser; //当前的用户
    //将当前的 activity 加到 Service 中，方便管理和调用
    public static ArrayList<Activity> allActivity =
      new ArrayList<Activity>();
    //将所有任务放到任务集合中
    public static ArrayList<Task> allTask = new ArrayList<Task>();
    //遍历所有 activity，根据名称在 allActivity 中找到需要的 activity
    public static Activity getActivityByName(String name) {
        for (Activity ac : allActivity) {
            if (ac.getClass().getName().indexOf(name) >= 0) {
                Log.i("status", ACTIVITY_SERVICE.getClass()
                  .getName().toString());
                return ac;
            }
        }
        return null;
    }
    //将当前的任务加到任务集合中
    public static void newTask(Task task)
    {
        allTask.add(task);
    }
    public boolean isrun = true; //线程开关

    private Handler handler = new Handler() {

        @Override
        public void handleMessage(Message msg) {
            super.handleMessage(msg);
            switch (msg.what) {
            case Task.TASK_USER_LOGIN: //通知 Login 页面登录成功
                //获得请求任务的 Activity
                IWeiboActivity login = (IWeiboActivity)MainService
                  .getActivityByName("Login");
                //调用 Login Activity 刷新页面的方法
                login.refresh(new Integer(Login.REFRESH_LOGIN), msg.obj);
```

```
            break;
        case Task.TASK_GET_USER_HOMETIMEINLINE:
            IWeiboActivity ia = (IWeiboActivity)MainService
              .getActivityByName("HomeActivity");
            ia.refresh(HomeActivity.REFRESH_WEIBO, msg.obj);
            break;
        case Task.TASK_SEARCH_WEIBO:
            IWeiboActivity ia2 = (IWeiboActivity)MainService
              .getActivityByName("SearchUser");
            ia2.refresh(SearchUser.SEARCH_WEIBO, msg.obj);
            break;
        }
    }
};
private void doTask(Task task) {
    Message mess = handler.obtainMessage();
    mess.what = task.getTaskID(); //将当前任务的 ID 放到 Message 中
    switch (task.getTaskID()) {
    case Task.TASK_USER_LOGIN: //得到登录任务
        //接到登录任务，执行登录
        System.setProperty("weibo4j.oauth.consumerKey",
          Weibo.CONSUMER_KEY);
        System.setProperty("weibo4j.oauth.consumerSecret",
          Weibo.CONSUMER_SECRET);
        String toke = ((String)task.getTaskParam().get("token"));
        String secret = ((String)task.getTaskParam().get("secret"));
        Log.i("yanzheng", toke + "token <----->" + "两个密钥" + secret);
        weibo = OAuthConstant.getInstance().getWeibo();
        weibo.setToken(toke, secret);
        User  u = null;
        try {
            //验证当前用户身份是否合法。验证成功，返回一个 user 对象
            u = weibo.verifyCredentials();
        } catch (WeiboException e) {
            e.printStackTrace();
        }
        MainService.nowuser = u;
        mess.obj = u;
        break;
    case Task.TASK_GET_USER_HOMETIMEINLINE: //得到刷新主页面信息的任务
        try {
            //HomeActivity 传递来的分页参数
            Paging paging = new Paging(
             (Integer)task.getTaskParam().get("nowPage"),
             (Integer)task.getTaskParam().get("pageSize"));
            //获取当前登录用户及其所关注用户的最新 20 条微博消息，
            //其中 paging 是请求的分页
            List<Status> allweibo = weibo.getFriendsTimeline(paging);
            mess.obj = allweibo; //将获取的信息放入到 Message 中发送
        } catch (WeiboException e) {
            e.printStackTrace();
```

```
            }
            break;
        case Task.TASK_SEARCH_WEIBO:
            Paging paging = new Paging(
             (Integer)task.getTaskParam().get("nowPage"),
             (Integer)task.getTaskParam().get("pageSize"));
            String content = (String)task.getTaskParam().get("content");
            List<Status> searchweibo =
              WeiboUtil.getThrendweibo(MainService.this, content, paging);
            mess.obj = searchweibo;
            break;
        }
        handler.sendMessage(mess); //发送当前消息
        //当前任务执行完毕。把任务从任务集合中 remove，不然会重复执行
        allTask.remove(task);
    }
    @Override
    public void onCreate() {
        super.onCreate();
        isrun = true; //启动线程
        Thread t = new Thread(this);
        t.start();
    }
    @Override
    public void onDestroy() {
        super.onDestroy();
        this.stopSelf(); //停止服务
        isrun = false; //关闭线程
    }

    @Override
    public IBinder onBind(Intent intent) {
        return null;
    }
    @Override
    public void run() {
        while (isrun) {
            Task lastTask = null;
            synchronized (allTask) {
                if (allTask.size() > 0) {
                    lastTask = allTask.get(0);
                    Log.i("yanzheng", "任务 ID" + lastTask.getTaskID());
                    doTask(lastTask);
                }
            }
            //每隔一秒钟检查是否有任务
            try {
                Thread.sleep(1000);
            } catch (Exception e) { }
        }
    }
```

```
    /**
    * 退出应用程序
    * @param context
    */
    public static void exitAPP(Context context) {
        Intent it = new Intent("weibo4android.logic.util.MainService");
        context.stopService(it); //停止服务
        //杀死进程。这种方式最直接了当
        android.os.Process.killProcess(android.os.Process.myPid());
        for (Activity activity : allActivity) { //遍历所有 Activity 并删除
            activity.finish();
        }
    }
    /**
    * 网络连接异常
    * @param context
    */
    public static void AlertNetError(final Context context) {
        AlertDialog.Builder alerError = new AlertDialog.Builder(context);
        alerError.setTitle(R.string.main_fetch_fail);
        alerError.setMessage(R.string.NoSignalException);
        alerError.setNegativeButton(R.string.apn_is_wrong1_exit,
          new OnClickListener() {
            @Override
            public void onClick(DialogInterface dialog, int which)
            {
                dialog.dismiss();
                exitAPP(context);
            }
        });
        alerError.setPositiveButton(R.string.apn_is_wrong1_setnet,
          new OnClickListener() {
            @Override
            public void onClick(DialogInterface dialog, int which)
            {
                dialog.dismiss();
                context.startActivity(new Intent(
                  android.provider.Settings.ACTION_WIRELESS_SETTINGS));
            }
        });
        alerError.create().show();
    }
}
```

下面介绍 MainService 中的重要方法和变量。

(1) allActivity 变量：保存当前的所有 Activity，方便各个 Activity 之间进行切换。

(2) allTask 变量：保存当前的所有任务集合。

(3) 主线程：在 Task 中遍历并执行任务。主线程代码如下：

```
public void run() {
    while (isrun) {
```

```
        Task lastTask = null;
        synchronized (allTask) { //这里有可能同时有多个任务并发，所以要加锁同步
            if (allTask.size() > 0) {
                lastTask = allTask.get(0);
                doTask(lastTask);
            }
        }
        //每隔一秒钟检查是否有任务
        try {
            Thread.sleep(1000);
        } catch (Exception e) { }
    }
}
```

(4) doTask(Task task)方法：当主线程检测到有任务的时候，调用此方法执行任务。doTask 的功能是通过 sendMessage 发送消息。代码如下：

```
Message mess = hand.obtainMessage();
mess.what = task.getTaskID(); //将当前任务的 ID 放到 Message 中
hand.sendMessage(mess); //发送当前消息
allTask.remove(task); //当前任务执行完毕，把任务从任务集合中删除
```

(5) public void handleMessage(Message msg)方法：接收由 doTask 方法发出的 Message 消息，并根据任务的类型来处理消息，目前有两种任务类型。

- TASK_GET_USER_HOMETIMEINLINE：得到刷新主页面信息的任务。
- TASK_SEARCH_WEIBO：微博搜索任务。

代码如下：

```
switch (msg.what) {
    caseTask.TASK_GET_USER_HOMETIMEINLINE: //任务 ID
    ...
}
```

(6) Refresh 方法：通过 IWeiboActivity 的 refresh 方法，就可以刷新其他 Activity 了，刷新数据的主要代码如下：

```
IWeiboActivity login = (IWeiboActivity)MainService //获得请求任务的 Activity
    .getActivityByName("Login");
//调用 Login Activity 刷新页面的方法
login.refresh(new Integer(Login.REFRESH_LOGIN), msg.obj);
```

Login.java 中继承 IWeiboActivity 接口，通过定义 refresh 方法对 fresh 动作进行具体的实现，代码如下：

```
public void refresh(Object... param) {
    int flag = ((Integer)param[0]).intValue(); //获取第一个参数
    switch (flag) {
    case REFRESH_LOGIN:
        ...
        Intent it = new Intent(this, MainActivity.class);
        this.startActivity(it);
```

```
        MainService.allActivity.remove(this);
        ...
    }
}
```

17.2.3 主页面的实现

有了上面两节讲到的认证和核心控制类作为基础，就可以开始主页面的实现，首先，看一下主界面的效果图，如图 17-4 所示。

图 17-4　微博主页面

主页面包含 TabActivity 和 HomeActivity 两个模块。

- TabActivity：定义了图 17-4 中所看到的“首页”、“消息”、“好友”、“广场”和“更多”5 个 Tab。
- HomeActivity：包括如下几项。
    - ◆ 内容展示：用于显示用户所收听的其他用户发出的微博内容。
    - ◆ 菜单：用于设置当点击菜单键时出现的信息。
    - ◆ 标题：用于显示当前用户的名称等。
    - ◆ 发微博：用于发布微博内容。

下面分别介绍 TabActivity 和 HomeActivity 的实现过程。

1. TabActibity 的实现

首先定义一个布局文件，其父容器是<TabHost>。这个布局用于创建图 17-4 所看到的“首页”、“消息”、“好友”、“广场”和“更多”5 个 Tab。布局代码如下：

```
<?xml version="1.0" encoding="UTF-8"?>
<TabHost android:id="@android:id/tabhost"
  android:layout_width="fill_parent" android:layout_height="fill_parent"
  xmlns:android="http://schemas.android.com/apk/res/android">
    <LinearLayout android:orientation="vertical"
```

```
    android:layout_width="fill_parent"
    android:layout_height="fill_parent">
      <FrameLayout android:id="@+id/msg_title" android:visibility="gone"
        android:layout_width="fill_parent"
        android:layout_height="wrap_content">
      </FrameLayout>
      <FrameLayout android:id="@android:id/tabcontent"
        android:layout_width="fill_parent"
        android:layout_height="0.0dip"
        android:layout_weight="1.0" />
      <!-- TabHost必须要有 TabWidget 否则要报错,我们这里设置它不可见-->
      <TabWidget android:id="@android:id/tabs" android:visibility="gone"
        android:layout_width="fill_parent"
        android:layout_height="wrap_content"
        android:layout_weight="0.0" />
      <!-- 底部按钮 -->
      <RadioGroup android:gravity="center_vertical"
        android:layout_gravity="bottom" android:orientation="horizontal"
        android:id="@+id/main_radio"
        android:background="@drawable/maintab_toolbar_bg"
        android:layout_width="fill_parent"
        android:layout_height="wrap_content">
          <RadioButton android:id="@+id/radio_button0"
            android:tag="radio_button0" android:layout_marginTop="2.0dip"
            android:text="@string/main_home"
            android:drawableTop="@drawable/icon_1_n"
            style="@style/main_tab_bottom" />
          <RadioButton android:id="@+id/radio_button1"
            android:tag="radio_button1" android:layout_marginTop="2.0dip"
            android:text="@string/main_news"
            android:drawableTop="@drawable/icon_2_n"
            style="@style/main_tab_bottom" />
          <RadioButton android:id="@+id/radio_button2"
            android:tag="radio_button2" android:layout_marginTop="2.0dip"
            android:text="@string/main_my_info"
            android:drawableTop="@drawable/icon_3_n"
            style="@style/main_tab_bottom" />
          <RadioButton android:id="@+id/radio_button3"
            android:tag="radio_button3" android:layout_marginTop="2.0dip"
            android:text="@string/menu_search"
            android:drawableTop="@drawable/icon_4_n"
            style="@style/main_tab_bottom" />
          <RadioButton android:id="@+id/radio_button4"
            android:tag="radio_button4" android:layout_marginTop="2.0dip"
            android:text="@string/more"
            android:drawableTop="@drawable/icon_5_n"
            style="@style/main_tab_bottom" />
      </RadioGroup>
    </LinearLayout>
</TabHost>
```

上述的 XML 中创建了一个 RadioGroup 按钮组，由 5 个 RadioButton 组成，每个 RadioButton 用于控制一个 Activity，当 RadioGroup 被点击的时候，就会跳转到代码中设定的 Activity 界面，执行每个 Activity 指定的动作。

这 5 个 Tab 的具体实现方法过程如下：首先使用 setContent 方法指向每个 Activity 页面，然后使用 add 方法将其添加到 tab 组中。代码如下：

```
TabSpec ts1 = tab1.newTabSpec(TAB_HOME).setIndicator(TAB_HOME);
//指定一个加载 Activity 的 Intent 对象作为选项卡内容
ts1.setContent(new Intent(MainActivity.this, HomeActivity.class));
tab1.addTab(ts1); //添加第一个子页
TabSpec ts2 = tab1.newTabSpec(TAB_MSG).setIndicator(TAB_MSG);
//tab 子标签跳转到 MsgActivity
ts2.setContent(new Intent(MainActivity.this, MSGActivity.class));
tab1.addTab(ts2); //第二个子页
TabSpec ts3 = tab1.newTabSpec(TAB_USERDATA).setIndicator(TAB_USERDATA);
//tab 子标签跳转到 UserInfoActivity
ts3.setContent(new Intent(MainActivity.this, UserInfoActivity.class));
tab1.addTab(ts3); //第三个子页
TabSpec ts4 = tab1.newTabSpec(TAB_SEARCH).setIndicator(TAB_SEARCH);
//tab 子标签跳转到 SearchUser
ts4.setContent(new Intent(MainActivity.this, SearchUser.class));
tab1.addTab(ts4); //第二个子页
TabSpec ts5 = tab1.newTabSpec(TAB_MORESET).setIndicator(TAB_MORESET);
//tab 子标签跳转到 MoreSetting
ts5.setContent(new Intent(MainActivity.this, MoreSetting.class));
tab1.addTab(ts5); //第二个子页
```

然后，RadioGroup 的子项的 setOnCheckedChangeListener 监听器的 onCheckedChanged 方法使用 setCurrentTabByTag 方法指定每个 Activity 的 ID，实现每个 Activity 的跳转。代码如下：

```
indexGroup.setOnCheckedChangeListener(new OnCheckedChangeListener() {
   @Override
   public void onCheckedChanged(RadioGroup group, int checkedId) {
      switch (checkedId) {
      case R.id.radio_button0: //首页
         tab1.setCurrentTabByTag(TAB_HOME);
         break;
      case R.id.radio_button1: //信息
         tab1.setCurrentTabByTag(TAB_MSG);
         break;
      case R.id.radio_button2: //个人资料
         tab1.setCurrentTabByTag(TAB_USERDATA);
         break;
      case R.id.radio_button3: //搜索
         tab1.setCurrentTabByTag(TAB_SEARCH);
         break;
      case R.id.radio_button4: //更多
         tab1.setCurrentTabByTag(TAB_MORESET);
         break;
```

```
            }
        }
});
```

经过如上步骤，主界面的 TabActivty 就搭建完成了。

2. HomeActivity 的实现

主页面的布局文件中需要实现 3 部分：标题、进度条以及显示所有微博信息的 listview。根据前面 MainSerivce 的介绍，HomeActivity 只需实现 IWeiboActivity 接口。在 init()方法中实例化任务，并把任务添加到 MainService 中，MainService 中主线程会调用 doTask 方法，然后调用 WeiBo 类来执行具体的实现过程。下面是主页面的实现具体实现过程。

首先，获取当前登录用户及其所关注用户的消息，保存到一个 List 中，代码如下：

```
List<Status> allweibo = weibo.getFriendsTimeline();
```

然后，handmessage 方法将 message(mess.obj=allweibo)传来的数据放入 refresh(Object... param)方法中，Activity 通过传过来的数据(allweibo)，调用 adapter 机制进行微博内容的显示和刷新。adapter 中传入 status 参数，里面包含微博的所有信息。status 定义如下：

```
private User user = null;
private Date createdAt;                       //status 创建时间
private long id;                              //status id
private String text;                          //微博内容
private String source;                        //微博来源
private boolean isTruncated;                  //保留字段
private long inReplyToStatusId;
private long inReplyToUserId;
private boolean isFavorited;                  //保留字段，未弃用
private String inReplyToScreenName;
private double latitude = -1;         //纬度
private double longitude = -1;        //经度
private String thumbnail_pic;         //微博内容中的图片的缩略地址
private String bmiddle_pic;           //中型图片
private String original_pic;          //原始图片
private Status retweeted_status;      //转发的微博内容
private String mid;                 //mid
private int reposts_count;    //转发数
private int comments_count;   //评论数
```

接下来，根据 status 的内容，在 WeiboAdapter 中加载每个项目的 ListView 以此来显示信息，这里的 ListView 中包含 status 定义的所有变量。由于屏幕尺寸有限，所以每次只显示 5 条微博信息，当点击“更多”时，会再加载 5 条信息。要做到如上功能，需要用到分页方法 Paging(int page, int count)，方法中 page 参数代表请求页数，count 参数代表每页条数。在 MainService 请求加载微博的时候，把这两个参数传递到任务中就可以实现。传递的过程在 init()方法中实现，代码如下：

```
public void init() {
    //任务参数。就是我们当前的分页信息
```

```
    HashMap<String, Integer> param = new HashMap<String, Integer>();
    param.put("nowPage", new Integer(nowPage));
    param.put("pageSize", new Integer(pageSize));
    //加载主页面微博信息的任务
    Task task = new Task(Task.TASK_GET_USER_HOMETIMEINLINE, param);
    MainService.allTask.add(task);
    btrefaush.setVisibility(View.GONE);
    titleprogressBar.setVisibility(View.VISIBLE);
}
```

最后说明一点，weiboAdapter 是一个 adapter，用于负责显示和刷新 ListView 数据，即主页中显示的数据。数据用 addmorcDate()方法进行添加，并使用 getview()方法显示。adapter 有一个 notifyDataSetChanged()方法，可以对传入的 adapter 的数据进行及时的刷新。显示效果如图 17-5 所示。

下面介绍 HomeActivity 各个功能的实现。

(1) 发表微博

点击书写微博按钮后弹出发表新微博的窗口，在这里不仅可以发表文字微博，也可以发布图片和视频文件。先看一下效果图，如图 17-6 所示。

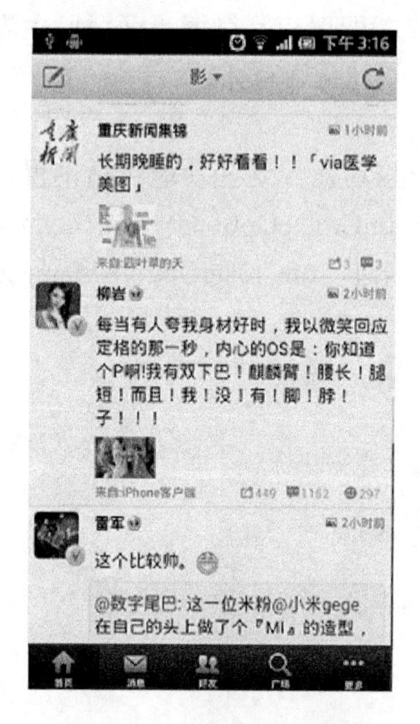

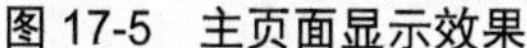
图 17-5　主页面显示效果

图 17-6　发表微博

当点击发微博的按钮时，程序会启动 WriteWeibo 这个 Activity，用来处理微博的编写和发送。WriteWeibo.java 中按钮的点击事件代码如下：

```
public class ontitlebtclick implements OnClickListener {
    @Override
    public void onClick(View v) {
        switch (v.getId()) {
        case R.id.title_bt_left:
            //返回。结束当前 Activity
            WriteWeibo.this.finish();
```

```
            break;
        case R.id.title_bt_right:
            //发送。进度布局
            updatelay.setVisibility(View.VISIBLE);
            //获取 EditText 中用户写的微博内容
            String bloginfo = etblogEditText.getText().toString();
            boolean isok = updateStatus(bloginfo, WriteWeibo.this);
            if (isok) { //如果发送成功
                Toast.makeText(WriteWeibo.this, "发送成功", 3000).show();
                WriteWeibo.this.finish();
            } else {
                updatelay.setVisibility(View.GONE);
                Toast.makeText(WriteWeibo.this, "发送错误.", 3000).show();
            }
            break;
        }
    }
}
```

其中，etblogEditText 用于接受用户输入的信息，点击“发送”按钮，即可发送 etblogEditText 中接收到的用户输入信息。微博发送成功即退出写微博界面跳回主界面，点击主界面的刷新按钮，即可看到刚发表的微博。

(2) 菜单实现

菜单界面，就是当用户点击菜单选项时弹出的一些功能。这些功能包括设置、意见反馈、账号、关于、官方微博、退出等。主要功能是在 onCreateOptionsMenu(Menu menu)方法中进行实现，在此方法中添加菜单的位置和图标等信息，onCreateOptionsMenu 方法代码如下：

```
public boolean onCreateOptionsMenu(Menu menu) {
    /*此处是菜单项的设置*/
    menu.add(1, SETTING, 0, R.string.menu_setting)
      .setIcon(R.drawable.setting);
    menu.add(1, ACCOUNT, 1, R.string.menu_switchuser)
      .setIcon(R.drawable.switchuser);
    menu.add(1, OFICEAWEIBO, 2, R.string.menu_officialweibo)
      .setIcon(R.drawable.officialweibo);
    menu.add(1, COMMONT, 0, R.string.menu_comment)
      .setIcon(R.drawable.comment);
    menu.add(1, ABOUTWEIBO, 1, R.string.menu_aboutweibo)
      .setIcon(R.drawable.aboutweibo);
    menu.add(1, EXIT, 2, R.string.exit_app)
      .setIcon(R.drawable.menu_exit);
    return super.onCreateOptionsMenu(menu);
}
```

其中，menu.add 方法负责添加项目到菜单中。该方法有 4 个参数，第 1 个参数表示在第几组，第 2 个参数是一个标识符(相应点击事件的时候会用到)，第 3 个参数表示在第几个位置，第 4 个参数指显示的字符串。setIcon 方法用来显示图片。

点击事件方法 onOptionsItemSelected(MenuItem item)将根据每个标识符判断点击了哪

个按钮，然后执行相应的动作。效果如图 17-7 所示。

设置 意见反馈 账号
关于 官方微博 退出

图 17-7 菜单项

17.2.4 子页面的实现

子页面是除了主页面之外的其他页面，大致分为如下 3 部分。

- 微博信息：主要包括微博信息的功能，如查看微博、转发微博、评论等。
- 用户信息：主要包括个人的账号信息，如微博数、关注的人数等。
- 广场：搜索微博和找人等。

下面介绍这几个部分的实现过程。

1. 微博信息

(1) 查看微博信息

当点击主页面的微博信息时，可以跳转到微博信息页面。代码中通过新建一个名为 WeiboInfo 的 Activity，来实现微博信息页面的显示。在主页面中的 ListView 用于显示微博的缩略信息，当具体点击每一条微博时，会跳转到微博信息页面。

该跳转方法在 ListView 的 onItemClick 事件里实现。由于每个 item 显示的微博信息(status)不一样，所以给 WeiboInfo 传输的数据也不相同。

首先，点击每条 item 会跳转到 WeiboInfo 界面，代码如下：

```
//当我们点击某一条微博信息的时候，就可以跳转到信息页面
weibolist.setOnItemClickListener(new OnItemClickListener() {
   @Override
   public void onItemClick(AdapterView<?> parent, View view,
     int position, long id) {

       //从适配器中获取当前点击项的内容
       Status nowstu = (Status)parent.getAdapter().getItem(position);
       Intent intent = new Intent(HomeActivity.this, WeiboInfo.class);
       //跳转到 WeiboInfo，并传送 status 值
       intent.putExtra("status", nowstu);
       HomeActivity.this.startActivity(intent);
   }
});
```

然后，在 WeiboInfo.java 中会定义所有需要用到的变量，通过主界面传过来的 status 变量对这些变量进行赋值，定义的变量信息代码如下：

```
ImageView tweet_profile_preview; //发微博人的头像
TextView tweet_profile_name; //发微博的人
```

```
TextView tweet_message; //微博内容
ImageView tweet_upload_pic;
TextView tweet_oriTxt; //转发内容
ImageView tweet_upload_pic2; //转发内容图片
public Status status; //返回的微博内容
public Status tweetstatus; //转发内容
LinearLayout tweetstatusview; //转发微博内容页面
ImageView back; //返回
View progress; //圆形进度条
Button comment, redirect; //评论和转发按钮
TextView comment_num, redirect_num; //条数
TextView tvtitle;
Anseylodar anseylodar;
RelativeLayout tweet_profile;
List<PostParameter> params;
```

显示效果如图 17-8 所示。

图 17-8　微博正文

(2) 转发微博

转发界面实现微博的转发，当看到喜欢的微博时，点击此条微博进入到微博正文后，再点击转发按钮，就可是实现对微博的转发，转发后，所有关注你的用户也会第一时间看到此条微博。其实现方法是在 WeiboInfo Activity 中点击“转发”按钮，然后程序会跳转到 Respostweibo 类执行，由 Respostweibo 实现转发功能。代码如下：

```
redirect.setOnClickListener(new OnClickListener() {
    @Override
    public void onClick(View v) {
        goRediret();
    }
});
//跳转到转发页面
private void goRediret() {
```

```
    Intent intent = new Intent(WeiboInfo.this, Respostweibo.class);
    //当前微博 ID
    intent.putExtra("sid", String.valueOf(status.getId()));
    intent.putExtra("status", "@" + status.getUser().getScreenName()
      + " " + status.getText().toString());
    intent.putExtra("user", status.getUser().getName().toString());
    WeiboInfo.this.startActivity(intent);
}
//调用转发微博的方法
boolean isok = WeiboUtil.Repostweibo(Respostweibo.this, status, sid);
```

其中，status 表示转发时同时发布的信息，sid 为微博的 id 号。

转发功能如图 17-9 所示。

图 17-9　微博转发

(3) 评论

评论界面实现微博的评论，当看到喜欢的微博，点击此条微博进入到微博正文后，再点击“评论”按钮，就可是实现对微博的评论了，评论后，所有关注你的用户也会第一时间看到此条微博。其实现方法是在 WeiboInfo Activity 中点击“转发”按钮，然后程序跳转到 AddComment 类执行，由 AddComment 类实现评论功能。代码如下：

```
comment.setOnClickListener(new OnClickListener() {
    @Override
    public void onClick(View v) {
        goComment();
    }
});

//跳转到评论页面(单条评论)
private void goComment() {
    long statusid = status.getId();
    Intent intent = new Intent(WeiboInfo.this, AddComment.class);
```

```
    intent.putExtra("statusid", statusid);
    WeiboInfo.this.startActivity(intent);
}
// 发送微博评论，调用 WeiboUtil 的方法
boolean isok =
  WeiboUtil.sendComment(AddComment.this, staus, String.valueOf(statusID));
```

其中，staus 为发布的信息，statusID 为微博的 ID 号。效果如图 17-10 所示。

图 17-10　评论

2. 用户信息

本部分布局分为 5 个部分。

- 头布局：显示标题头信息。
- 头像及用户名：显示用户头像及用户名称。
- 用户地址：显示用户的地址信息。
- 微博粉丝等条数：显示关注、微博、粉丝、话题等的个数。
- 收藏和黑名单：显示收藏的微博和加入黑名单的信息。

布局部分是通过 ScrollView 来实现的，这种布局能够方便用户浏览，具体布局可参考 userinfo.xml，效果如图 17-9 所示。

代码部分主要通过在登录认证的时候得到当前的 User 对象，将 User 对象的需要显示的各种属性显示在用户信息的页面。UserInfoActivity 是用户信息这个部分的代码实现，当点击关注、微博、粉丝、话题等按钮时，程序会跳到相应的 Activity，执行相应的代码。

3. 广场

广场的功能是为用户查找信息提供便利，可以通过这个功能查看用户可能感兴趣的微博和人等。其布局实现分为 3 部分：搜索部分、选择搜索选项和 ListView(见图 17-11)。

搜索部分采用相对布局，使用 AutoCompleteTextView 控件和搜索按钮；选择搜索选项采用一组 RadioGroup，包含两个 RadioButton；Listview 布局方式与主页面中的 ListView 完全一样。

图 17-11　用户设置和搜索

代码如下：

```
<style name="search_radiobutton_user">
    <item name="android:textColor">#ff7f7f7f</item>
    <item name="android:ellipsize">marquee</item>
    <item name="android:background">@drawable/search_radio_user</item>
    <item name="android:paddingLeft">55.0dip</item>
    <item name="android:layout_width">fill_parent</item>
    <item name="android:layout_height">fill_parent</item>
    <item name="android:button">@null</item>
    <item name="android:singleLine">true</item>
    <item name="android:drawablePadding">6.0dip</item>
    <item name="android:layout_weight">1.0</item>
</style
```

当点击搜索按钮后，会调用 SearchUser.java 代码来发送一个任务到 MainService。上面介绍过，MainService 主线程会一直处于监听状态中，当这个线程收到此任务后，会根据传入的字段搜索相应的微博。搜索完成后，会返回微博信息，可以查看完整的微博信息，也可以转发、评论等。搜索功能的代码如下：

```
public void init() {
    titleProgressBar.setVisibility(View.VISIBLE); //设置显示顶部进度条
    HashMap param = new HashMap();
    param.put("nowPage", new Integer(nowPage));
    param.put("pageSize", new Integer(pageSize));
    param.put("content", conten); //将任务参数传递过去
    //加载搜索微博信息的任务
    Task task = new Task(Task.TASK_SEARCH_WEIBO, param);
    MainService.allTask.add(task);
}
```

17.3　新浪微博功能演示

上面几个章节从代码方面介绍了如何实现一个新浪微博的客户端，下面演示一下微博的整个运行流程。

运行程序，授权第三方应用，如图 17-12 所示。

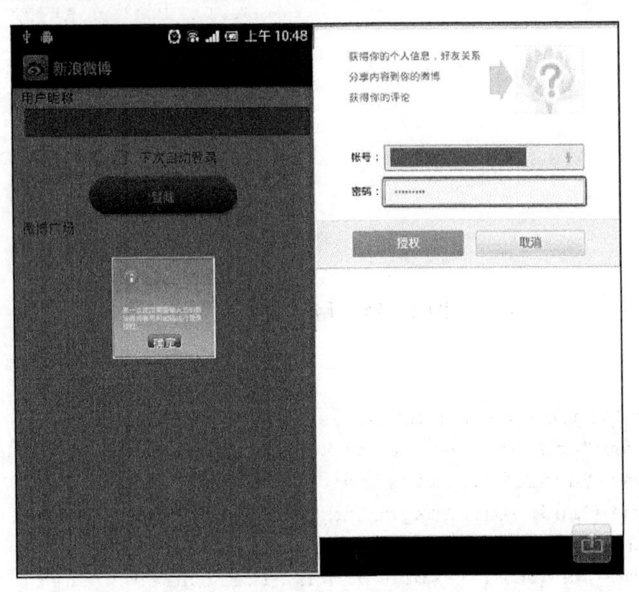

图 17-12　授权

授权后，进入到主页面，如图 17-13 所示。

图 17-13　主页面和消息界面

单击“好友”和“广场”按钮，会看到如图 17-14 所示的界面。

图 17-14　好友和广场功能

发表微博和微博正文，如图 17-15 所示。

图 17-15　发表微博、微博正文

也可以转发和评论，如图 17-16 所示。

图 17-16　转发和评论微博